专用于国家职业技能鉴定

国家职业资格培训教程

核燃料元件性能测试工

（化学成分分析中级技能　高级技能
技师技能　高级技师技能）

中国核工业集团有限公司人力资源部
中国原子能工业有限公司　组织编写

U0247535

中国原子能出版社

图书在版编目（CIP）数据

核燃料元件性能测试工：化学成分分析中级技能
高级技能　技师技能　高级技师技能 / 中国核工业
集团有限公司人力资源部，中国原子能工业有限公司
组织编写 .—北京：中国原子能出版社，2019.12
国家职业资格培训教程
ISBN 978-7-5022-7011-7

Ⅰ．①核…　Ⅱ．①中…②中…　Ⅲ．①燃料元件—化
学成分—化学分析—技术培训—教材　Ⅳ．①TL352

中国版本图书馆 CIP 数据核字（2016）第 002187 号

核燃料元件性能测试工（化学成分分析中级技能　高级技能　技师技能　高级技师技能）

出版发行	中国原子能出版社（北京市海淀区阜成路 43 号　100048）
责任编辑	王　青
装帧设计	赵　杰
责任校对	冯莲凤
责任印制	潘玉玲
印　　刷	保定市中画美凯印刷有限公司
经　　销	全国新华书店
开　　本	787 mm×1092 mm　1/16
印　　张	21
字　　数	524 千字
版　　次	2019 年 12 月第 1 版　2019 年 12 月第 1 次印刷
书　　号	ISBN 978-7-5022-7011-7　　　定　价　95.00 元

网址：http://www.aep.com.cn　　　　　E-mail：atomep123@126.com
发行电话：010-68452845　　　　　　　版权所有　侵权必究

国家职业资格培训教程

核燃料元件性能测试工（化学成分分析中级技能 高级技能 技师技能 高级技师技能）

编审委员会

主　任	余剑锋
副主任	祖　斌

委　员

王安民	赵积柱	刘春胜	辛　锋
霍颖颖	陈璐璐	周　伟	金　玲
牛　宁	任宇洪	彭海青	李卫东
郧勤武	黎斌光	邱黎明	任菊燕
郑绪华	张　涵	张士军	刘玉山
何　石			

主　编	陈　岚			
编　者	张时红	陈道军	吴顺停	林维智
	张建生			
主　审	廖　琪			
审　者	张时红	陈　岚	高玉娟	

前　言

为推动核行业特有职业技能培训和职业技能鉴定工作的开展,在核行业特有职业从业人员中推行国家职业资格证书制度,在人力资源和社会保障部的指导下,中国核工业集团有限公司组织有关专家编写了《国家职业资格培训教程——核燃料元件性能测试工》(以下简称《教程》)。

《教程》以国家职业标准为依据,内容上力求体现"以职业活动为导向,以职业技能为核心"的指导思想,紧密结合实际工作需要,注重突出职业培训特色;结构上针对本职业活动的领域,按照模块化的方式,分为中级、高级、技师和高级技师四个等级进行编写。本《教程》按职业标准的"职业功能":"化学成分分析""物理性能测试""零部件及组件检测"分册编写。每章对应于职业标准的"工作内容";每节包括"学习目标""检验准备""样品制备""分析检测""数据处理""测后工作"等单元,涵盖了职业标准中的"技能要求"和"相关知识"的基本内容。此外,针对职业标准中的"基本要求",还专门编写了《核燃料元件性能测试工(基础知识)》一书,内容涉及:职业道德;相关法律法规知识;安全及辐射防护知识;测试项目及测试基本原理;计算机应用基本知识。

本《教程》适用于核燃料元件性能测试工(化学成分分析)的中级、高级、技师和高级技师的培训,是核燃料元件性能测试工职业技能鉴定的指定辅导用书。

本《教程》由陈岚、张时红、陈道军、吴顺停、林维智、张建生等编写,由廖琪、张时红、陈岚、高玉娟审核。中核建中核燃料元件有限公司承担了本《教程》的组织编写工作。

由于编者水平有限,时间仓促,加之科学技术的发展,教材中不足与错误之处在所难免,欢迎读者提出宝贵意见和建议。

中国核工业集团有限公司人力资源部
中国原子能工业有限公司

目　　录

第一部分　核燃料元件性能测试工中级技能

第二部分　核料元件性能测试工高级技能

第三部分　核燃料元件性能测试工技师技能

第四部分　核燃料元件性能测试工高级技师技能

第一部分　核燃料元件性能测试工中级技能

第一章　检验准备

学习目标:掌握实验室样品的管理,掌握化学成分分析实验室通用器具的清洗和使用,掌握试剂、溶液及配制等相关基础操作技能。会识别实验室受控计量器具的状态及标识。

第一节　实验室样品的管理

学习目标:通过学习实验室样品管理,了解实验室样品接收的基本要求,掌握核材料样品的交接、使用、存放方法,会正确填写样品接收记录和样品使用记录。

实验室样品的代表性、有效性和完整性将直接影响到检测结果的准确性,因此必须对样品的取样、接收、存放、标识以及样品处置的各个环节实施有效的控制,确保检验结果的准确、可靠,并做好样品的保密与安全工作。

一、实验室样品的管理

实验室首先应该建立《实验室样品管理制度》,制度应该对目的、适用范围、职责责任、样品交接、样品存放、样品标识等内容进行规定。

特别是在含铀核物料的实验室样品管理中,为加强核材料的控制、规范核材料的使用,样品交接记录应清楚、完整,账物相符。

二、样品接收与处理

1. 样品的接收

实验室在接收样品时,应了解要求分析测试项目的具体内容、指定的分析测试方法,并应对照样品实物,核对委托单上提供的信息,诸如:样品名称、样品数量、样品标志(编号)、样品形态、特殊性能(富集度、主要基体等相关特征)。若样品用容器盛放,需注意盛放样品的容器是否符合规定的要求,包装容器外是否存在沾污等。有时还需检查包装容器的密合性是否良好。如果随意接收样品,比如对委托方要求不清楚,样品提供的信息不全面,则会对下一步的样品处理及分析测试带来影响。同样盛放样品的容器不符合要求,送检前的样品制备不符合规定,也会对分析测试的最终结果评估带来不确定因素。

接收样品的同时,要做好样品接收登记记录,尽可能登记好了解核实的一切信息,记下样品委托单位名称及接收样品日期。

接收样品后,要做到样品在测试前保证样品的物理性能、化学性能不发生变化,即使在样品保管、再加工制备过程中,也要确保样品被测试的主要性能特征不破坏、不丢失、不沾污。

2. 实验室样品的处理

实验室样品的处理包含两方面内容:一是把实验室样品加工制备成可用于测试的试样,二是直接从不需加工的实验室样品中取得试料进行测量(见图1-1)。

图 1-1　实验室样品的处理流程

实验室的样品按形态可分为液体、气体、固体三类,按分析测试要求可分为物理性能测试样品和化学性能测试样品。

化学性能测试样品,除可以用试样直接进行分析的样品外,通常还要把样品溶解成溶液再进行分析测试,有些样品,还要进行分解、富集。为了利于测试时的试料处理,缩短分析周期,需要对实验室样品(主要是大颗粒或块状样品)进行再加工。

(1)对不需溶解成溶液的试料处理要求

在对试样进行加工处理(如混匀、压碎、清洗、外形加工等)过程中,应保持其待测特性不发生任何改变。

(2)对需制成液体的试料处理时的要求

1)试料需分解完全,制成的试样溶液不应残留试料的屑粒或粉末。

2)试料处理过程中待测成分不应挥发和损失。如待测成分为试料中的 S^{2-}、CO_3^{2-} 时,不能用酸处理试料。

3)试料处理过程中,不应引入被测组分和干扰物质。如待测组分是试料中的氮含量,显然不能用 HNO_3 或铵盐等含氮的试剂处理试料。当分析测试试料中微量杂质元素时,应当用优级纯试剂处理试料,若用一般试剂则可能引入数十倍甚至百倍的被测组分。

4)处理试料时,应考虑加入的试剂可能干扰化学反应,保证这种干扰不影响最终的测试结果。

3. 样品容器及标签

加工制备好的试样,需在一定的容器内存放。样品容器的选择应保证容器的材质不含与样品中待测元素相同的成分,且不与样品发生作用;根据样品性质及待测元素特性,有的样品还要求盛样容器不透光,或良好的密合性。

盛样容器使用前都必须按规定清洗干净并干燥,容器内外不应有沾污。

盛有样品的容器外壁应随即贴上标签,标签内容包括:样品名称及编号、送检单位名称、样品量、制样日期、分析测试项目、制样人姓名。必要时,还需注明样品保留期限。

4. 样品的保留及保管

样品经粉碎、混合、缩分后一般将其等量分为两份,一份供试验用,另一份留作备用,也可以把试验后剩余的试样保留备用的,但应注意在称取一定量的试样操作中,必须确保试样容器内的试样不被沾污。绝对不允许把试验过后的试样再放入试样容器内。

保留样品的作用:复核备考,考查分析人员检验数据的可靠性,做对照样品用;比对仪器、试剂、实验方法的分析误差;委托方对数据有疑议时,做跟踪检验;必要时也可作仲裁试验用。

一般保留样品时间不超过六个月,可根据委托方要求,实际需要或物料特性,适当延长或缩短。

保留样品的保管要注意不损坏容器外壁贴的标签;确保试样在保管期内其待测特性不被破坏;试样的均匀性、稳定性有一定保障。对剧毒、危险样品、涉密样品的保存和撤销,除遵循一般规定外,还必须遵守相关的安全法规。

三、核物料的交接、使用和存放管理

在核燃料元件生产中,需要对含铀核材料和产品进行理化性能的检测,燃料组件中使用的核物料包括:UF_6、UO_2F_2、$UO_2(NO_3)_2$、ADU、U_3O_8、UO_2粉末、UO_2芯块和含钆 UO_2芯块等。

1. 核物料的交接

(1) 核物料领用单位,需填报核材料领用申请报告,经审批后方可领用。

(2) 外单位送检样品需要有检验委托单,专人负责样品的接收,交接时需双方签字确认。

(3) 物料容器或物料卡片上必须注明富集度、批号、容器号、重量(毛重、皮重、净重)等内容。

(4) 所有样品交接必须记录规范,做到有据可查。

2. 核物料的使用

(1) 物料员制备样品并将样品分发至检验岗位,样品瓶标签上应详细填写送样时间、富集度、样品编号、数量、分析检测项目等信息。

(2) 检验员核查样品瓶标签与检验任务单是否一致。

(3) 待检和已检样品必须分开,标识清楚。样品分析完成后,检验员负责将剩余物料(连同样品瓶标签)放到已检物料存放区。

(4) 含钆样品的分析应在指定的专门场所进行。

3. 核物料的存放

(1) 不同富集度分析样品应隔离存放,并标识清楚。

(2) 物料员负责按照样品的不同形态,不同富集度进行分类收集、称重,并粘贴标签,标签上要有富集度、物料名称、重量、回收日期。登记入账,做好退料工作。

(3) 含钆物料必须贮存在带钆标识的容器中。

(4) 物料存放区内禁止水源(包括上下水源),避免由于管道腐蚀、房屋漏雨、洪水等因素造成存放区进水。

（5）物料存放量应符合岗位临界安全操作细则的规定。

四、填写样品登记表

按照样品交接记录表(见表 1-1)和样品使用记录(见表 1-2)的要求进行样品交接以及使用记录的填写。记录内容可不仅限于表中内容。

表 1-1　样品交接记录

样品交接记录							表格编号				
							版本				
							记录编号				
送样单位			富集度			样品性质			计量单位:		
送检样品交接记录						回收样品交接记录					
送样日期	样品编号	样品毛重	累计瓶数	累计毛重	送样人	接收人	退料日期	样品编号	样品毛重	累计瓶数	累计毛重	交样人	取样人

表 1-2　样品使用记录

样品使用记录					表格编号	
					版本	
					记录编号	
送样单位		样品性质		富集度：　　%	钆含量：　　%	计量单位:g
日期	样品编号	检测项目	检测前样品重量	检测后样品重量	物料员	检验员	消耗量	回收登记

第二节　实验室常用器皿

学习目标: 通过学习实验室常用器皿基本知识,应掌握实验室常用器皿的类型、用途和使用要求。掌握玻璃器皿的清洗及干燥的方法,会正确使用移液管、滴定管等玻璃仪器。

一、仪器玻璃

玻璃的化学组成主要是:SiO_2、Al_2O_3、B_2O_3、Na_2O、K_2O、CaO 等,其化学稳定性较好,不易受酸、碱、盐的侵蚀。

硬质玻璃含有较高的 SiO_2 和 B_2O_3 成分,属于高硼硅酸盐玻璃,具有较好的热稳定性、化学稳定性、受热不易发生破裂,常用于生产烧器类耐热产品和各种玻璃仪器。

石英玻璃是一种只含二氧化硅(SiO_2)单一成分的高纯特种玻璃。由于原料不同,石英玻璃可分为"透明石英玻璃"和半透明、不透明"熔融石英"玻璃,前者的理化性能优于后者。石英玻璃主要用于制造实验室玻璃仪器和光学仪器等。石英玻璃具有以下优点:① 线膨胀系数(5.5×10^{-7}/℃)比所有材料的线膨胀系数都低,热膨胀系数只有普通玻璃的 $1/12 \sim 1/20$,因此它耐极冷极热。② 既可以透过远紫外光谱,又可透过可见光和近红外光谱。可以根据需要从 $185 \sim 3\,500\ \mu m$ 波段范围内任意选择所需品种。③ 石英玻璃属酸性材料,除氢氟酸和热磷酸(150 ℃以上与其发生反应)外,对其他任何酸均表现为惰性,是最好的耐酸材料。因此石英是痕量分析的好材料,也是高纯水和高纯试剂制备中常采用的器皿。

氢氟酸对玻璃有很强的腐蚀作用,故不能使用玻璃仪器进行含有氢氟酸的实验;碱液,特别是浓的或热的碱液对玻璃有明显的腐蚀。因此玻璃容器不能用于长时间存放碱液,更不能使用磨口玻璃容器存放碱液,会使磨口粘在一起无法打开。

二、常用的玻璃仪器

实验室所用到的玻璃仪器种类很多,下面介绍一些常用玻璃仪器(见图1-2)的名称、规格、用途和使用要求。

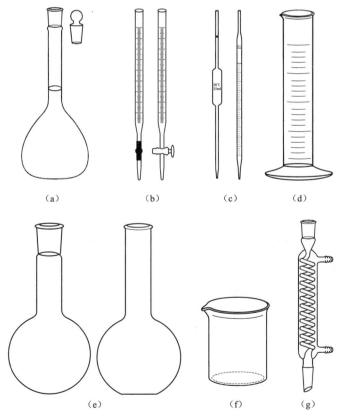

图 1-2 常用玻璃仪器

(a) 容量瓶;(b) 滴定管;(c) 吸量管;(d) 量筒;(e) 烧瓶;(f) 烧杯;(g) 冷凝管

1. 容量瓶

用途:用于配制准确体积的标准溶液或被测溶液。

规格:量入式,分为无色、棕色瓶两种。常用容量:5 mL、10 mL、25 mL、50 mL、100 mL、200 mL、250 mL、500 mL、1 000 mL、2 000 mL。

使用要求:

(1) 非标准磨口塞要保持原配,漏水的不能使用;

(2) 长期不用时,应将磨口处洗涤擦干并垫上纸片;

(3) 容量瓶不能用火直接加热,更不得在烘箱中烘烤;

(4) 不要用容量瓶贮存溶液。

2. 滴定管

用途:用于准确放出不确定量液体的容量仪器,进行容量分析滴定操作。

规格:量出式;分为碱式滴定管和酸式滴定管,有无色、棕色两种。常用容量:5 mL、10 mL、25 mL、50 mL、100 mL。

使用要求:

(1) 酸式滴定管不得用于装碱性溶液,因为玻璃的磨口部分易被碱性溶液侵蚀,使塞子无法转动。

(2) 碱式滴定管不宜于装对橡皮管有侵蚀性的溶液,如碘、高锰酸钾和硝酸银等。

(3) 活塞要原配,漏水的不能使用。

(4) 不能加热。

3. 吸量管

用途:用于准确移取一定体积的溶液的量器。

规格:量出式,分为单标线吸量管和分度吸量管。常用容量:0.1 mL、0.2 mL、0.25 mL、0.5 mL、1 mL、2 mL、5 mL、10 mL、25 mL、50 mL(分度吸量管);1 mL、2 mL、5 mL、10 mL、15 mL、20 mL、25 mL、50 mL、100 mL(单标线吸量管)。

使用要求:

(1) 如果吸量管未标明"吹"字,则残留在管尖末端内的溶液不可吹出,因为移液管所标定的量出容积中并未包括这部分残留溶液;

(2) 吸量管主要用于定量分析时,移取液体使用。

4. 量筒(量杯)

用途:用于粗略量取液体体积的容器。向量筒里注入液体时,应用左手拿住量筒,使量筒略倾斜,右手拿试剂瓶,使瓶口紧挨着量筒口,使液体缓缓流入。待注入的量比所需要的量稍少时,把量筒放平,改用胶头滴管滴加到所需要的量。

规格:量出式、量入式。常用容量:5 mL、10 mL、25 mL、50 mL、100 mL、1 000 mL、2 000 mL。

使用要求:

(1) 量筒不能加热,也不能用于量取过热的液体,更不能在量筒中进行化学反应或配制溶液。

(2) 应根据所取溶液的体积,尽量选用能一次量取的最小规格的量筒。如量取 70 mL

液体,应选用 100 mL 量筒。

（3）向量筒里注入液体时,应用左手拿住量筒,使量筒略倾斜,右手拿试剂瓶,使瓶口紧挨着量筒口,使液体缓缓流入。待注入的量比所需要的量稍少时,把量筒放平,改用胶头滴管滴加到所需要的量。

（4）注入液体后,等待 1～2 min,使附着在内壁上的液体流下来,再读出刻度值。否则,读出的数值偏小。

（5）观察刻度时,应把量筒放在平整的桌面上,视线与量筒内液体的凹液面的最低处保持水平,读数时应将刻度面对着操作人,再读出所取液体的体积数。否则,读数会偏高或偏低。

5. 烧瓶

用途:

（1）加热;

（2）用于装配气体反应发生器（常温、加热）;

（3）可与胶塞、导管、冷凝器组成蒸馏或分馏玻璃仪器装置,用于蒸馏或分馏液体（用带支管烧瓶又称蒸馏烧瓶）。

规格:分为圆底（平底）烧瓶和圆底蒸馏烧瓶。常用容量:30 mL、60 mL、125 mL、250 mL、500 mL、1 000 mL。

使用要求:

（1）平底烧瓶不能长时间用来加热,注入的液体不超过其容积的 2/3;

（2）加热时使用石棉网,使均匀受热。可进行加热浴加热;

（3）不加热时,若用平底烧瓶作反应容器,需用铁架台固定。

6. 烧杯

用途:

（1）用于配制溶液;

（2）用于溶解、结晶某物质;

（3）用于盛取、蒸发浓缩或加热溶液。

常用规格:10 mL,15 mL,25 mL,50 mL,100 mL,250 mL,400 mL,500 mL,600 mL,1 000 mL,2 000 mL。

注意事项:

（1）给烧杯加热时要垫上石棉网,不能用火焰直接加热烧杯,否则会造成玻璃受热不匀而引起炸裂;

（2）用烧杯加热液体时,不要超过烧杯容积的 2/3,一般以烧杯容积的 1/2 为宜,以防沸腾时液体外溢,加热时,烧杯外壁须擦干;

（3）加热腐蚀性药品时,可将一表面皿盖在烧杯口上,以免液体溅出;

（4）不可用烧杯长期盛放化学药品,以免落入尘土和使溶液中的水分蒸发;

（5）溶解或稀释过程中,用玻璃棒搅拌时,不要触及杯底或杯壁。

7. 冷凝管

用途:利用热交换原理使冷凝性气体冷却凝结为液体的一种玻璃仪器。

规格:分为直形、球形、蛇形和空气冷凝管等。全长:320 mm、370 mm、490 mm 等。

注意事项:

(1) 不可骤冷骤热;

(2) 注意从下口进水、上口出水;

(3) 蛇形管适用于低沸点液体蒸气,空气冷凝管适用冷凝沸点 150 ℃以上的液体蒸汽。

三、常用玻璃器皿的洗涤方法

洗涤玻璃仪器是一项很重要的操作。不仅是一个实验前必须做的准备工作,也是一个技术性的工作。仪器洗得是否合格,器皿是否干净,直接影响实验结果的可靠性与准确度。不同的分析任务对仪器洁净程度的要求不同,但至少都应达到倾去水后器壁上不挂水珠的程度。

1. 水刷洗

可除去可溶物、其他不溶性杂质及附着在器皿上的尘土,但洗不去油污和有机物。

2. 合成洗涤剂

最常用的合成洗涤剂有去污粉、洗衣粉、洗液等。

去污粉是由碳酸钠、白土和细沙混合而成。但细沙有损玻璃,一般不使用。

肥皂、洗衣粉一般用于可以用毛刷直接刷洗的仪器,如烧杯、烧瓶等非计量及光学要求的玻璃仪器。可配成 1%～5%的水溶液刷洗仪器,温热的洗涤液去污能力更强,必要时可短时间浸泡。

洗液多用于不能用毛刷刷洗的玻璃仪器,如滴定管、容量瓶、比色管、烧瓶等特殊要求和特殊形状的玻璃仪器。

3. 铬酸洗液

铬酸洗液的配制:称 20 g 重铬酸钾,于干燥研钵中研细。将细粉加入盛有 40 mL 水的玻璃容器内,加热溶解。冷却后,沿玻璃棒慢慢加入 360 mL 浓硫酸,边加边搅。冷却后转入棕色细口瓶中备用。

铬酸洗液有很强的氧化性和酸性,对有机物和油垢的去污能力特别强。洗涤时,被洗涤器皿尽量保持干燥,倒少许洗液于器皿中,转动器皿使其内壁被洗液浸润(必要时可用洗液浸泡),然后将洗液倒回洗液瓶以备再用。

当洗液颜色变绿即失效,可加入固体高锰酸钾使其再生。再生方法:将失效洗液过滤除去杂质,缓慢加入高锰酸钾粉末,每升约加入 6～8 g,不断搅拌至反应完毕溶液呈棕色为止。静止使其沉淀,取上层清液,在 160 ℃以下加热,使其水分蒸发,得到浓稠状棕黑色液体,冷却后加入适量浓硫酸,混匀,使析出的重铬酸钾溶解。

4. 纯酸洗液

采用 1∶1、1∶2 或 1∶9 的盐酸或硝酸溶液,将常法洗净的仪器浸泡于纯酸洗液中 24 h,用于去除微量的重金属离子。

5. 碱性高锰酸钾洗液

4 g 高锰酸钾溶于少量水,加入 10 g 氢氧化钠,在加水至 100 mL。主要用于洗涤有油污的器皿。该洗液浸泡后器壁上会留下二氧化锰棕色污迹,可用盐酸洗去。

不论用上述哪种方法洗涤器皿,最后都必须用水冲洗,当倾去水后,内壁只留下均匀一薄层水,如壁上挂着水珠,说明没有洗净,必须重洗。直到器壁上不挂水珠,再用蒸馏水或去离子水荡洗三次。

洗液对皮肤、衣服、桌面、橡皮等有腐蚀性,使用时要特别小心。六价铬对人体有害,又污染环境,应尽量少用。

四、玻璃仪器的干燥

不同的化验操作,对仪器是否干燥及干燥程度要求不同。有些可以是湿的,有的则要求是干燥的。应根据实验要求来干燥仪器。

1. 晾干

仪器洗净后倒置,控去水分,可放在仪器架上,在无尘处自然干燥。

2. 烘干

将洗净后的仪器放入烘箱中烘干,烘箱温度为 110～120 ℃条件下烘 1 h 左右。玻璃量器的烘干温度不得超过 150 ℃,以免引起容积的变化。

3. 吹干

急需干燥或不便于烘干的玻璃仪器,可以使用电吹风吹干。用少量乙醇、丙酮(或最后用乙醚)等有机试剂倒入仪器润湿,然后流净溶剂,再用吹风机吹干。开始先用冷风,然后吹入热风至干燥,再用冷风吹去残余的溶剂蒸气。此法要防止中毒,要求通风良好,并避免接触明火。

五、玻璃仪器的操作方法

1. 滴定管的操作

(1)使用前的准备

1)洗涤

无明显油污的滴定管,直接用自来水冲洗。若有油污,则可用洗涤液或铬酸洗液洗涤。不可用去污粉刷洗。

用洗液洗涤时,先关闭酸式滴定管的活塞,倒入 10～15 mL 洗液于滴定管中,两手平端滴定管,并不断转动,直到洗液布满全管为止,然后打开活塞,将洗液放回原瓶中。若滴定管油污严重,可倒入温热洗液浸泡一段时间。碱式滴定管洗涤时,要注意不能使铬酸洗液直接接触橡皮管,否则胶管会变硬损坏。为此,可将碱式滴定管将胶管连同尖嘴部分一起拔下,在滴定管下端套上一个滴瓶塑料帽,然后装入洗液洗涤。洗液洗涤后,先用自来水将管中附着的洗液冲净,再用蒸馏水冲洗 3～4 次,洗净的滴定管内壁完全被水均匀润湿而不挂水珠。否则,应再用洗液洗涤,直到洗净为止。

2)涂油和检漏

涂油:酸式滴定管使用前,为保证活塞转动灵活、活塞与套塞密合不漏,应在活塞上涂上薄薄一层凡士林或真空脂。

操作步骤:

① 取下活塞,用滤纸擦干净活塞及活塞槽内壁。

② 在活塞粗端和活塞槽细端各涂上少量凡士林(禁止在活塞细端或活塞槽粗端涂凡士林,避免凡士林堵塞活塞上下孔)。

③ 将活塞径直插入活塞槽内,向同一方向转动活塞(不要来回转),直到从外观观察时,

凡士林均匀透明为止。

④ 碱式滴定管不用涂油，将部件连接好即可。

若凡士林用量太多，堵塞了活塞中间小孔时，可取下活塞，用细铜丝捅出。如果是滴定管的出口管尖堵塞，可先用水充满全管，将出口管尖浸入热水中，温热片刻后，打开活塞，使管内的水流突然冲下，将熔化的油脂带出。或者取下活塞，用细铜丝捅出。为了避免滴定管的活塞偶然被挤出跌落破损，可在活塞小头的凹槽处，套一橡皮圈（可从橡皮管上剪一窄段），或用橡皮筋缠在塞座上。

检漏：酸式滴定管，关闭活塞，装入蒸馏水至一定刻度线，把它垂直夹在滴定管架上，放置 2 min。观察管尖处是否有水滴滴下，活塞缝隙处是否有水渗出，然后将活塞旋转 180°，静置 2 min，再观察一次，无漏水现象即可使用。碱式滴定管装入蒸馏水至一定刻度线，直立滴定管 2 min，若管尖处无水滴滴下即可使用。如有漏液的滴定管，必须重新装配或更换玻璃珠，直至不漏，滴定管才能使用。

3）装入溶液和赶气泡

首先将试剂瓶中的标准溶液摇匀，使凝结在瓶内壁上的液珠混入溶液。标准溶液应小心地直接倒入滴定管中，尽量不用其他容器（如烧杯、漏斗等）转移溶液，以免浓度改变。其次，在加入标准溶液之前，应先用少量此种标准溶液洗滴定管数次，以除去滴定管内残留的水分，确保标准溶液的浓度不变。加入标准溶液时，关闭活塞，用左手大拇指和食指与中指持滴定管上端无刻度处，稍微倾斜，右手拿住细口瓶往滴定管中倒入操作溶液，让溶液沿滴定管内壁缓缓流下。每次用约 10 mL 标准溶液洗滴定管。用标准溶液洗滴定管时，要注意务必使标准溶液洗遍全管，并使溶液与管壁接触 1～2 min，每次都排除气泡并冲洗滴定管出口管尖，并尽量放尽残留液。然后，关好酸管活塞，倒入操作溶液至"0"刻度以上为止。为使溶液充满出口管（不能留有气泡或未充满部分），在使用酸式滴定管时，右手拿滴定管上部无刻度处，滴定管倾斜约 30°，左手迅速打开活塞使溶液冲出，从而可使溶液充满全部出口管。如出口管仍留有气泡或未充满部分，可重复操作几次。如仍不能使溶液充满，可能是出口管部分没洗干净，必须重洗。

对于碱式滴定管应注意玻璃珠下方的洗涤。用标准溶液洗完后，将其装满溶液垂直地夹在滴定管架上，左手拇指和食指放在稍高于玻璃珠所在的部位，并使橡皮管向上弯曲，出口管斜向上，往一旁轻轻挤捏橡皮管，使溶液从管口喷出，再一边捏橡皮管，一边将其放直，这样可排除出口管的气泡，并使溶液充满出口管。注意，应在橡皮管放直后，再松开拇指和食指，否则出口管仍会有气泡。排尽气泡后，加入标准溶液使之在"0"刻度上，再调节液面在 0.00 mL 刻度处，备用。如液面不在 0.00 mL 时，则应记下初读数。

（2）滴定管的操作

将滴定管垂直地夹于滴定管架上的滴定管夹上。使用酸式滴定管时，用左手控制活塞，无名指和小指向手心弯曲。轻轻抵住出口管，大拇指在前，食指和中指在后，手指略微弯曲，轻轻向内扣住活塞，手心空握，如图 1-3 所示。转动活塞时切勿向外（右）用力，以防顶出活塞，造成漏液。也不要过分往里拉，以免造成活塞转动困难，不能自如操作。

使用碱式滴定管时，左手拇指在前，食指在后，捏住橡皮管中玻璃珠所在部位稍上的地方，向右方挤橡皮管，使其与玻璃珠之间形成一条缝隙，从而放出溶液如（见图 1-4）。注意不要用力捏压玻璃珠，也不要使玻璃珠上下移动，不能捏玻璃珠下方的橡皮管，以免当松开手时空气进入而形成气泡。

要求做到能熟练控制滴定管中溶液流速的技术：

① 使溶液逐滴流出；

② 只放出一滴溶液；

③ 使液滴悬而未落(即练习加半滴的技术)。

1) 滴定操作

滴定通常在锥形瓶中进行,锥形瓶下垫一白瓷板作背景,右手拇指、食指和中指捏住瓶颈,瓶底离瓷板约 2~3 cm。调节滴定管高度,使其下端伸入瓶口约 1 cm。左手按前述方法操作滴定管,右手运用腕力摇动锥形瓶,使其向同一方面作圆周运动,边滴溶液边摇动锥形瓶。在整个滴定过程中,左手一直不能离开活塞(见图 1-3)。摇动锥形瓶时,要注意勿使溶液溅出;勿使瓶口碰滴定管口;也不要使瓶底碰白瓷板,不要前后振动。一般在滴定开始时,无可见的变化,滴定速度可稍快,一般为 10 mL/min,即 3~4 滴/s。滴定到一定时候,滴落点周围出现暂时性的颜色变化。在离滴定终点较远时,颜色变化立即消失。监视近终点时,变色甚至可以暂时地扩散到全部溶液,不过在摇动 1~2 次后变色完全消逝。此时,应改为滴 1 滴,摇几下。等到必须摇 2~3 次后,颜色变化才完全消逝时,表示离终点已经很近,微微转动活塞使溶液悬在出口管嘴上形成半滴,但未滴下,用锥形瓶内壁将其沾下。然后将瓶倾斜把附于壁上的溶液洗入瓶中。再摇匀溶液。如此重复直到刚刚出现达到终点时出现的颜色而又不再消逝为止。一般 30 s 内不再变色即到达滴定终点。

每次滴定最好都从读数 0.00 开始,也可从 0.00 附近的某一读数开始,这样在重复测定时,使用同一段滴定管,可减小误差,提高精密度。滴定完毕,滴定管内剩余的溶液不得倒回原瓶。

2) 滴定管读数

滴定开始前和滴定终了都要读取数值。读数时可将滴定管夹在滴定管夹上,也可以从管夹上取下,用右手大拇指和食指捏住滴定管上部无刻度处,使管自然下垂,两种方法都应使滴定管保持垂直。在滴定管中的溶液由于附着力和内聚力的作用,形成一个弯液面,无色或浅色溶液的弯液面下缘比较清晰,易于读数。读数时,使弯液面的最低点与分度线上边缘的水平面相切,视线与分度线上边缘在同一水平面上,以防止视差。因为液面是球面,改变眼睛的位置会得到不同读数,见图 1-5。

图 1-3 酸式滴定管的操作

图 1-4 碱式滴定管的操作

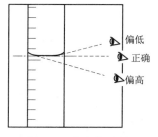

图 1-5 滴定管读数

为了便于读数,可在滴定管后衬一读数卡,读数卡为黑纸卡片(约 3 cm×1.5 cm)。读数时,手持读数卡放在滴定管背后,使黑色部分在弯液面下约 1 mm 处,此时即可看到弯液面的反射层成为黑色，然后读此黑色弯液面下缘的最低点。颜色太深的溶液，如 $KMnO_4$、I_2 溶液等，弯液面很难看清楚，可读取液面两侧的最高点，此时视线就与该点成水平。必须注意，初读数与终读数应采用同一读数方法。刚刚添加完溶液或刚刚滴定完毕，不要立即调整零点或读数，而应等 $0.5\sim1\ min$，以使管壁附着的溶液流下来，使读数准确可靠。读数须准确至 $0.01\ mL$。读取初读数前，若滴定管尖悬挂液滴时，应该用锥形瓶外壁将液滴沾去。

（3）滴定管使用后的放置

1）滴定管使用完毕后，应倒去滴定管内的剩余溶液，用自来水洗净，装入蒸馏水至刻度以上，用烧杯套在管口上；也可洗净后倒置夹在滴定管夹上。

2）长期不使用时：酸式滴定管的活塞部分应垫上纸，避免长时间放置后活塞不易打开；碱式滴定管应将胶管拔下，蘸些滑石粉保存。

2. 容量瓶的操作

容量瓶是用来精密配制一定体积溶液的具有细长的颈和磨口玻塞（亦有塑料塞）的瓶子，塞与瓶应编号配套或用绳子相连接，以免调错，在瓶颈上有环状刻度。量瓶有无色、棕色两种，应注意选用。

容量瓶的操作：

将溶液定量转移入容量瓶中，将玻璃棒伸入容量瓶中，使其下端靠住瓶颈内壁，上端不要碰瓶口，烧杯嘴紧靠玻璃棒，使溶液玻璃棒和内壁流入。如图1-6所示。溶液全部转移后，将玻璃棒稍上提起，同时使烧杯直立，将玻璃棒放回烧杯。用洗瓶蒸馏水吹洗玻璃棒和烧杯内壁，将洗涤液也转移至容量瓶中。如此重复洗涤多次（至少3次）。完成定量转移后，加水至容量瓶容积的 3/4 左右时，将容量瓶摇动几周（勿倒转），使溶液初步混匀。然后把容量瓶平放在桌上，慢慢加水到接近标线 1 cm 左右，等 $1\sim2\ min$，使黏附在瓶颈内壁的溶液流下。用细长滴管伸入瓶颈接近液面处，眼睛平视标线，加水至弯液面下缘最低点与标线相切。立即塞上干的瓶塞，按图1-7握持容量瓶的姿式（对于容积小于 100 mL 的容量瓶，只用左手操作即可），将容量瓶倒转，使气泡上升到顶。将瓶正立后，再次倒立振荡，如此重复 $10\sim20$ 次，使溶液混合均匀。最后放正容量瓶，打开瓶塞，使其周围的溶液流下，重新塞好塞子，再倒立振荡 $1\sim2$ 次，使溶液全部充分混匀。

图1-6　溶液的转移

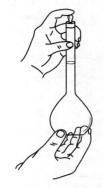

图1-7　溶液摇匀

注意不能用手掌握住瓶身，以免体温造成液体膨胀，影响容积的准确性。热溶液应冷至室温后，才能注入容量瓶中，否则可造成体积误差。

3. 吸量管的操作

（1）使用时，应先将吸量管洗净，自然沥干，并用待量取的溶液少许荡洗 3 次。

（2）然后以右手拇指及中指捏住管颈标线以上的地方，将吸量管插入溶液液面下约 1 cm，不应伸入太多，以免管尖外壁粘有溶液过多，也不应伸入太少，以免液面下降后而吸空。这时，左手拿洗耳球轻轻将溶液吸上，眼睛注意正在上升的液面位置，吸量管应随容器内液面下降而下降，当液面上升到刻度标线以上约 1 cm 时，迅速用右手食指堵住管口，取出吸量管，用滤纸条拭干吸量管下端外壁，并保持与地面垂直，稍微松开右手食指，使液面缓缓下降，此时视线应平视标线，直到弯月面与标线相切，立即按紧食指，使液体不再流出，并使出口尖端接触容器外壁，以除去尖端外残留溶液。再将吸量管移入准备接受溶液的容器中，使其出口尖端接触器壁，使容器微倾斜，而使吸量管直立，然后放松右手食指，使溶液自由地顺壁流下，待溶液停止流出后，一般等待 15 s 后拿出。

（3）刻度吸量管有"吹"、"快"两种形式。使用标有"吹"字的刻度吸管时，溶液停止流出后，应将管内剩余的溶液吹出；使用标有"快"字的刻度吸管时，待溶液停止流出后，一般等待 15 s 后拿出。

（4）量取时，最好选用略大于量取量的刻度吸量管，这样溶液可以不放至尖端，而是放到一定的刻度（读数的方法与滴定管相同）。

4. 容量仪器使用时的注意事项

（1）吸量管一定用洗耳球吸取溶液，不可用嘴吸取。

（2）应选用适合容量的吸量管一次性量取整数体积的溶液，不采用两个或多个吸量管分取相加的方法来量取整数体积的溶液。

（3）使用同一吸量管量取不同浓度溶液时要充分注意荡洗（3 次），应先量取较稀的一份，然后量取较浓的。在吸取第一份溶液时，高于标线的距离最好不超过 1 cm，这样吸取第二份不同浓度的溶液时，可以吸得再高一些荡洗管内壁，以消除第一份的影响。

（4）容量仪器（滴定管、量瓶、移液管及刻度吸管等）需校正后再使用，以确保测量体积的准确性。

六、常用坩埚

坩埚是用耐火材料（如黏土、石墨、瓷土或较难熔化的金属）所制的器皿或熔化罐。主要用于：① 溶液的蒸发、浓缩或结晶；② 灼烧固体物质。坩埚可分为瓷坩埚、石墨坩埚和金属坩埚三大类。

1. 瓷坩埚

瓷坩埚可耐热 1 200 ℃左右。适用于 $K_2S_2O_7$ 等酸性物质熔融样品。一般不能用于以 NaOH、Na_2O_2、Na_2CO_3 等碱性物质作熔剂熔融，以免腐蚀瓷坩埚。瓷坩埚不能和氢氟酸接触。

瓷坩埚一般可用稀 HCl 煮沸清洗。

2. 石墨坩埚

石墨坩埚分为普型石墨坩埚、异型石墨坩埚和高纯石墨坩埚三种。

石墨坩埚的主体原料是结晶形天然石墨，致密、有金属光泽，渗透性小，易清洗，具有良好的热导性和耐高温性，它能耐除高氯酸以外的一切强酸（包括王水），耐中、低温下强碱作用,耐过氧化钠和高温熔盐的腐蚀,使用寿命长,能取代一些贵金属坩埚使用。

3. 镍坩埚

镍的熔点为 1 455 ℃,由于其抗碱性和抗侵蚀能力较强,镍坩埚适用于 NaOH、Na_2O_2、Na_2CO_3、$NaHCO_3$ 以及含有 KNO_3 等强碱性溶剂熔融样品。

镍在空气中灼烧易氧化,加热时质量有变化,因此镍坩埚不能用于恒重沉淀。

镍坩埚的使用规则:

(1) 镍易溶于酸,浸取熔块时不可用酸;

(2) 不能在镍坩埚中熔融含有 Al、Zn、Pb、Sn、Hg 等金属盐和硼砂,会使镍坩埚变脆;

(3) 镍坩埚中常含有微量铬,使用时应注意;

(4) 新的镍坩埚应先在马弗炉中灼烧成蓝紫色,除去表面的油污,然后用 1:20 的 HCl 煮沸片刻,再用水冲洗干净。

4. 铂坩埚

铂是一种贵重金属,熔点约为 1 770 ℃,在空气中灼烧不起变化,而且大多数试剂与它不发生反应。

铂是热的良导体,它表面吸附的水汽很少,适用于灼烧与称量沉淀用。

铂制品的使用规则:

(1) 铂质软,拿取坩埚时不能太用力,以防变形和引起凹凸。不可用玻璃棒捣刮铂坩埚内壁,以防损伤。也不要将红热的铂坩埚放入冷水中骤冷。

(2) 铂坩埚的加热和灼烧,均应在垫有石棉板或陶瓷板的电炉或电热板上进行,不能与电炉丝、铁板及还原焰接触,因为在高温下铁易与铂形成合金,还原性气体能与铂形成碳化铂,使铂坩埚变脆。在铂坩埚中灼烧滤纸时,应先在低温和空气充足的情况下,让炭化的滤纸完全燃烧后,才能提高温度。

(3) 铂在高温下能与以下物质进行反应,故不可接触以下物质:

1) 卤素和能析出卤素的物质。如王水、$HClO_3$,以及某些氧化剂的混合物,对铂坩埚均有侵蚀作用。

2) 易还原金属的化合物及这些金属,如银、汞、铅、铋、铜等及其盐类。高温下它们与铂形成合金或化合物,从而损坏铂坩埚。

3) 碱金属氧化物、氢氧化物、硝酸盐、亚硝酸盐、氰化物、氧化钡等在高温熔融时能侵蚀铂坩埚。但碳酸钠和碳酸钾可以使用,其对铂坩埚无侵蚀作用。

(4) 组分不明的试样不能使用铂坩埚加热或熔融。

(5) 铂坩埚内、外壁应经常保持清洁和光亮。使用过的铂坩埚可用 1:1 的 HCl 溶液煮沸清洗。如清洗不净,可用 $K_2S_2O_7$ 低温熔融 5~10 min,或 Na_2CO_3 或硼砂熔融。如仍有污点,则可用纱布包 100 目筛孔以下的细沙加水润湿后,轻轻擦拭铂坩埚以恢复其表面的光泽。

(6) 热的铂坩埚要用铂坩埚钳夹取。铂坩埚变形时,可放在木板上,一边滚动,一边用木器按压坩埚内壁整形。

5. 石英坩埚

石英坩埚可在 1 700 ℃ 以下灼烧,但灼烧温度高于 1 100 ℃ 石英会变成不透明,因此熔融温度不应超过 800 ℃。

石英坩埚不能和 HF 接触,高温时,易和苛性碱及碱金属的碳酸盐作用。

石英坩埚适于用 $K_2S_2O_7$、$KHSO_4$ 作熔剂熔融样品和用 $Na_2S_2O_7$(先在 212 ℃烘干)作熔剂处理样品。

石英质脆,易破,使用时要注意。除 HF 外,稀无机酸可用作清洗液。

6. 聚四氟乙烯坩埚

聚四氟乙烯耐热温度近 400 ℃,但一般控制在 200 ℃左右使用,最高不要超过 280 ℃。

聚四氟乙烯坩埚能耐酸、耐碱,不受 HF 侵蚀,主要用于以氢氟酸作溶剂溶样,如 HF-$HClO_4$ 等,但用 HF-H_2SO_4 作溶剂时不能冒烟,否则损坏坩埚。

聚四氟乙烯坩埚表面光滑耐磨,不易损坏,溶样时不会带入金属杂质,是其最大优点。

7. 坩埚的使用方法

当有固体要以高温加热时,就必须使用坩埚。

坩埚使用时应将坩埚盖斜放在坩埚上,以防止受热物跳出,并让空气能自由进出以进行可能的氧化反应。

坩埚底部很小,一般需要架在泥三角上才能以火直接加热。视实验的需求,坩埚在铁三角架上可正放或斜放。

坩埚加热后不可立刻将其置于冷的金属桌面上,避免因急剧冷却而破裂。也不可立即放在木质桌面上,以避免烫坏桌面或是引起火灾。应留置在铁三角架上自然冷却,或是放在石棉网上令其慢慢冷却。

坩埚的取用应使用坩埚钳。

第三节　实验室分析用水

学习目标:通过学习分析检验用水基本知识,应掌握分析检验用水的基本要求,并能够在测试活动中正确选用分析检验用水。

化验中水是不可缺少的必须用的物质。天然水和自来水存在很多杂质,如 Na^+、K^+、Ca^{2+}、Mg^{2+}、Fe^{3+} 等阳离子,CO_3^{2-}、SO_4^{2-}、Cl^- 等阴离子和某些有机物质,以及泥沙、细菌、微生物等,不能直接用于化验用水。必须根据化验的要求将水纯化后才能使用。

一、源水的杂质

纯水是由源水(天然水或自来水)净化制得,根据源水中主要杂质选择不同的纯化方法、制水工艺及制水设备。水中的杂质一般包括以下五类。

1. 电解质

水中电解质包括可溶性无机物、有机物和带电的胶体粒子等,如 H^+、K^+、Na^+、Mg^{2+}、Ca^{2+}、OH^-、Cl^- 等。电解质的存在会导致水中电导率的增加。

2. 有机物

水中有机物主要包括天然或人工合成的有机物质,常以阴性或中性状态存在,如有机酸等。

3. 颗粒物质

水中颗粒物质包括泥沙、尘埃以及胶体颗粒等。

4. 微生物

水中微生物包括细菌、浮游生物和藻类。

5. 溶解气体

水中溶解气体包括氮气、氧气、一氧化碳、二氧化碳等。

二、化验用水的质量要求

1. 分析实验室用水级别

根据国家标准 GB 6682—2008 规定,分析实验室用水共分三个等级:一级水、二级水和三级水。

一级水:用于有严格要求的分析试验,包括对悬浮颗粒有要求的实验。如高效液相色谱分析用水。一级水可用二级水经过石英设备蒸馏或离子交换混合床处理后,再经 0.2 μm 微孔滤膜过滤来制取。

二级水:用于无机痕量分析等试验,如原子吸收光谱分析用水。二级水可用多次蒸馏或离子交换等方法制取。

三级水:用于一般化学分析试验,可用蒸馏或离子交换等方法制取。

2. 分析实验室用水规格

分析实验室用水符合表 1-3 所列规格。

表 1-3 分析实验室用水的技术要求(GB 6682—2008)

名 称		一级	二级	三级
pH 范围(25 ℃)		—	—	5.0～7.5
电导率(25 ℃),mS/m	≤	0.01	0.1	0.5
可氧化物质(以 O 计)mg/L	<	—	0.08	0.4
吸光度(254 nm,1 cm 光程)	≤	0.001	0.01	—
蒸发残渣(105±25)℃,mg/L	≤	—	1	2
可溶性硅(以 SiO_2 计),mg/L	<	—	0.02	—

注:1. 由于在一级水、二级水的纯度下,难以测定其真实的 pH,因此对一级水、二级水的 pH 范围不做规定。

2. 由于在一级水的纯度下,难以测定可氧化物质和蒸发残渣,对其限量不做规定,可用其他条件和制备方法来保证一级水的质量。

三、分析实验室用水的容器与贮存

按照国标 GB/T 6682—2008 中贮存的规定:各级用水均使用密闭、专用聚乙烯容器。三级水也可使用密闭的、专用玻璃容器。新容器在使用前需用 20% 盐酸溶液浸泡 2～3 天,再用化验用水反复冲洗数次,并注满待测水浸泡 6 h 以上。

各级用水在贮存期间,其沾污的主要来源是容器可溶成分的溶解、空气中二氧化碳和其他杂质。因此,一级水不可贮存,临使用前制备。二级水、三级水可适量制备,分别贮存于预先经同级水清洗过的相应容器中。

各级水在运输过程中应避免污染。

第四节　实验室常用试剂

学习目标：通过学习实验室常用试剂基本知识，应掌握实验室常用试剂的分类、标志、用法及溶液的配置方法，并在测试活动中能够正确、安全地使用试剂。

一、化学试剂的分类和规格

化学试剂是化验中不可缺少的物质。正确选择化学试剂的等级是分析测试质量保证的重要内容。因此了解试剂的规格、分类、性质及使用常识是非常必要的。

1. 化学试剂的规格和标志

化学试剂的规格反映试剂的质量，试剂规格一般按实际的纯度及杂质含量划分若干级别。国家标准或部颁标准中对各级化学试剂的纯度及杂质含量进行了规定。表 1-4 列出了我国化学试剂的规格及不同颜色的标志。

表 1-4　我国化学试剂的分级

级别	中文标志	英文标志	标签颜色	附　注
一级	保证试剂，优级纯	GR	深绿色	纯度很高，适用于精确分析和研究工作，有的可作为基准物
二级	分析试剂，分析纯	AR	红色	纯度较高，适用于一般分析及科研用
三级	化学试剂，化学纯	CP	蓝色	适用于工业分析与化学试验
四级	实验试剂	LR	棕色	只适用于一般化学实验用

此外，还有光谱纯试剂（符号 S. P.）、基准试剂、色谱纯试剂等。

光谱纯试剂的杂质含量用光谱分析法已测不出来或杂质含量已低于某一限度的试剂，主要作为光谱分析中的标准物质。基准试剂的纯度相当于或高于保证试剂。用基准试剂作为滴定分析中的基准物质是非常方便的，也可用于直接配制标准滴定溶液。

国外试剂规格有的和我国相同，有的不一致，可根据标签上所列杂质的含量对照加以判断。

2. 化学试剂的包装单位

化学试剂的包装单位的大小是根据化学试剂的性质、用途和经济价值决定的。

我国化学试剂规定以下列五类包装单位包装：

第一类：0.1 g、0.25 g、0.5 g、5 g 或 0.5 mL、1 mL；

第二类：5 g、10 g、25 g 或 5 mL、10 mL、25 mL；

第三类：25 g、50 g、100 g 或 20 mL、25 mL、50 mL、100 mL；

第四类：100 g、250 g、500 g 或 100 mL、250 mL、500 mL；

第五类：500 g、1 000 g 至 5 000 g（每 500 g 为一间隔）或 500 mL、1 L、2.5 L、5 L。

应根据实际工作中对某种试剂的需要量决定采购化学试剂的量，不过量贮存易燃易爆的试剂，也要避免试剂因变质失效、过度挤压造成的浪费。

二、化学试剂的使用常识

1. 化学试剂的合理选用

根据不同工作要求合理选用相应级别的化学试剂,在满足实验要求的前提下,选用试剂采用级别就低不就高的原则。

2. 化学试剂的使用要求

(1) 应熟知化学试剂的性质,如试剂浓度、腐蚀性、毒性等。

(2) 保护试剂瓶上的标签。分装或配制溶液后应及时贴上标签;不得在试剂瓶中盛装与标签不符的物质;无标签的试剂应慎重处理,不得乱倒。

(3) 保证试剂不受沾污。固体试剂采用洁净的药匙从试剂瓶分取;液体试剂采用量筒倒取,取出试剂不得倒回原试剂瓶。

3. 化学试剂常见的变质原因

对于性质不稳定的化学试剂,由于保存条件不当或储存时间过长,都会造成变质,影响使用。有些试剂应注明储存的条件。以下常见的引起试剂变质的原因有:

(1) 氧化和吸收二氧化碳

空气中的氧或二氧化碳对试剂的影响。如易被氧化的还原剂(硫酸亚铁),易吸收二氧化碳的碱性物质(氢氧化钠)。

(2) 温度和湿度

有些试剂会吸收空气中的水分发生潮解,如氯化钙、氯化镁等。高温会加快试剂的挥发或升华,温度过低会造成试剂的冻结。

(3) 挥发或升华

试剂瓶如果密封不严,会造成易挥发的试剂逸出。常见有氨水及挥发性有机试剂。

(4) 见光分解

硝酸在光照下会分解,生成棕色的 NO_2,过氧化氢见光会分解成水和氧。

三、溶液配制基本知识

1. 溶液浓度的表示方法

在分析测试工作中,溶液的浓度常用表示方法有:质量分数、质量浓度、物质的量浓度、体积分数、滴定度、比例浓度等表示。表 1-5 所示为分析化学中溶液浓度的一般表示方法。

表 1-5　分析化学中溶液浓度的一般表示方法(以物质 B 为例)

量的名称和符号	定　义	常用单位	应用实例	备　注
质量分数,ω_B	物质 B 的质量与混合物的质量之比 $\omega_B = \dfrac{m_B}{m}$	无量纲量	$\omega(KNO_3)=10\%$,即表示 100 g 该溶液中含有 10 g KNO_3	常用于一般溶液
体积分数,φ_B	对于液体来说则为物质 B 的体积除以混合物的体积	无量纲量	$\varphi(HCl)=5\%$,即表示 100 mL 该溶液中含有浓 HCl 5 mL	常用于溶质为液体的一般溶液

续表

量的名称和符号	定　义	常用单位	应用实例	备　注
质量浓度，ρ_B	物质 B 的质量除以混合物的体积 $\rho_B = \dfrac{m_B}{V}$	g/L mg/L mg/mL μg/mL	$\rho(Cu) = 2$ mg/mL $\rho(NaCl) = 50$ g/L $\rho(Au) = 1$ μg/mL	一般用于元素标准溶液及基准溶液，亦可用于一般溶液
物质的量浓度，c_B	物质 B 的物质的量除以混合物的体积 $c_B = \dfrac{n_B}{V}$	mol/L mmol/L	$c(H_2SO_4) = 0.100\,3$ mol/L	一般用于标准滴定液，基准溶液
滴定度，$T_{B/A}$	单位体积的标准溶液 A，相当于被测物质 B 的质量	g/mL mg/mL	$T_{Ca/EDTA} = 3$ mg/mL，即 1 mL EDTA 标准溶液可定量滴定 3 mg Ca	用于标准滴定液
比例浓度，$V_1 + V_2$	两种溶液分别 V_1 体积与 V_2 体积相混，或 V_1 体积的特定溶液与 V_2 体积的水相混	无量纲量	HCl(1+2)，即 1 体积浓盐酸与 2 体积的水相混，HCl + NHO$_3$ = 3+1，即表示 3 体积的浓盐酸与 1 体积的浓硝酸相混	常用于溶质为液体的一般溶液，或两种一般溶液相混时的浓度表示

2. 溶液的配制和基本计算方法

（1）物质 B 的质量分数（ω_B）

表示物质 B 的质量与混合物的质量之比，它是无量纲量，也可以用"%"符号表示。如果分子、分母两个质量单位不同，则质量分数应写上单位，如 mg/g、μg/g 等。

市售浓酸、浓碱大多用这种浓度表示，如 $\omega_{H_2SO_4} = 0.96$ 或 $\omega_{H_2SO_4} = 0.96\%$，表示此 100 g 硫酸溶液中含 96 g 的 H_2SO_4 和 4 g 的水。

1）溶质为固体物质的溶液配制方法

例 1-1：欲配 15%NaCl 溶液 500 g，如何配制？

解：配制此液需要溶质（NaCl）的克数 m_1：$m_1 = 500 \times 15\% = 75$（g）

配制此液需要溶剂（水）的克数 m_2：$m_2 = 500 - 75 = 425$（g）

即称取 75 gNaCl，加 425 g 水，溶解混匀即成。

2）溶质为浓溶液的溶液配制方法

计算的依据是溶质的总量在稀释前后不变。表 1-6 列出常用酸、碱试剂的密度与浓度。

表 1-6　常用酸、碱试剂的密度与浓度

试剂名称	化学式	相对分子量	相对密度，ρ	质量百分浓度/%	物质的量浓度，c_B[①]
硫酸	H_2SO_4	98.08	1.84	96	18
浓盐酸	HCl	36.46	1.19	37	12
浓硝酸	HNO_3	63	1.42	70	16
浓磷酸	H_3PO_4	98.00	1.69	85	15

续表

试剂名称	化学式	相对分子量	相对密度，ρ	质量百分浓度/%	物质的量浓度，c_B[①]
冰乙酸	CH_3COOH	60.05	1.05	99	17
高氯酸	$HClO_4$	100.46	1.67	70	12
浓氢氧化钠	$NaOH$	40.00	1.43	40	14
浓氨水	NH_3	17.03	0.90	28	15

注：① c_B 以化学式为基本单元。

$$\rho_0 V_0 W_0 = \rho V W$$

$$V_0 = \frac{\rho V W}{\rho_0 W_0} \tag{1-1}$$

式中：V_0——浓溶液的体积，mL；

　　　ρ_0——浓溶液的密度，g/mL；

　　　W_0——浓溶液的质量百分数，%；

　　　V——欲配溶液的体积，mL；

　　　ρ——欲配溶液的密度，g/mL；

　　　W——欲配溶液的质量百分数，%。

例 1-2：欲配 30% H_2SO_4 溶液（$\rho = 1.22$）500 mL，如何配制？

解：由表 1-6 查出市售硫酸 $\rho = 1.84$，96%（m/m%）。

$$V_0 = \frac{\rho V W}{\rho_0 W_0} = \frac{1.22 \times 500 \times 30\%}{1.84 \times 96\%} = 103.6(\text{mL})$$

配法：量取市售硫酸 103.6 mL，在不断搅拌下慢慢倒入适量水中，冷却后用水稀释至 500 mL，混匀即可。

（2）物质 B 的体积分数（φ_B）

表示混合前物质 B 的体积与混合物的体积之比。用于表示溶质为液体的溶液浓度。常以"%"符号来表示其浓度值，如 $\varphi_{(HCl)} = 5\%$，即表示 100 mL 溶液中含有 5 mL 浓 HCl。

$$\varphi_B = \frac{\text{溶质 B 的体积}(V_1)}{\text{混合物的体积}(V)} \tag{1-2}$$

体积分数也常用于表示气体中某一组分的含量，如氩气中氧含量 $\varphi_{O_2} = 2.0\%$，表示氧气的体积占总体积的 2%。

（3）比例浓度（$V_A + V_B$）

表示 A 体积溶液溶质和 B 体积溶剂相混的体积比。如（1+5）HCl 溶液表示 1 体积市售盐酸与 5 体积水相混合而成的溶液。

（4）滴定度（$T_{B/A}$）

滴定度是滴定分析中标准溶液使用的浓度表示方法之一。$T_{B/A}$ 表示单位体积的标准溶液 A 相当于被测物质 B 的质量。常用单位为 g/mL、mg/mL。

例 1-3：$T_{Ca/EDTA} = 3$ mg/mL，即 1 mL EDTA 标准溶液可定量滴定 3 mgCa。

（5）物质的量浓度（c_B）

B 的物质的量浓度表示单位体积溶液中含溶质 B 的物质的量，或 1 L 溶液中含溶质 B 的物质的量（mol），常简称为 B 的浓度。

$$c_B = \frac{n_B}{V} \tag{1-3}$$

式中：c_B——物质的量浓度，mol/L；

$\qquad n_B$——物质 B 的物质的量，mol；

$\qquad V$——溶液的体积，L。

凡涉及物质的量 n_B 时，必须用元素符号或化学式指明基本单元，例如 $c(H_2SO_4) =$ 1 mol/L H_2SO_4 溶液，表示 1 L 溶液中含 H_2SO_4 1 mol，即 98.08 g。

物质 B 的摩尔质量 M_B、质量 m 与物质的量 n_B 之间存在关系为：

$$n_B m = M_B$$

所以

$$m = c_B V M_B \tag{1-4}$$

1）溶质为固体物质的计算方法

例 1-4：欲配制 $c(Na_2CO_3) = 0.5$ mol/L 溶液 500 mL，如何配制？

解：$m = c_B V \times M_B$，$M_B = 106$

$$m(Na_2CO_3) = 0.5 \times 0.500 \times 106 = 26.5（g）$$

配法：称取 Na_2CO_3　26.5 g，溶于适量水中，并稀释至 500 mL 混匀。

2）溶质为溶液的计算方法

例 1-5：欲配制 $c(H_3PO_4) = 0.5$ mol/L 溶液 500 mL，如何配制？（浓 H_3PO_4 密度 $\rho =$ 1.69，m/m% 为 85%，浓度为 15 mol/L）。

解 1：因溶液稀释前后其溶质的量不会改变，所以

$$c_浓 V_浓 = c_稀 V_稀$$

$$V_浓 = \frac{C_稀 V_稀}{C_浓} = \frac{0.5 \times 500}{15} \approx 17（mL）$$

解 2：根据下式：

$$m = c_B V_B M_B$$

其中单元 B 为 H_3PO_4，上式写成：

$$m(H_3PO_4) = c(H_3PO_4) \times V(H_3PO_4) \times M(H_3PO_4) = 0.5 \times 0.500 \times 98.00 = 24.5（g）$$

$$V_0 = \frac{m}{\rho_0 \times \omega_B} = \frac{24.5}{1.69 \times 85\%} \approx 17（mL）$$

配法：量取浓 H_3PO_4 17 mL，加水稀释至 500 mL，混匀即成 $c(H_3PO_4) = 0.5$ mol/L 溶液。

（6）质量浓度（ρ_B）

表示 1 L 溶液中所含物质 B 的质量（g）。常用单位为 g/L、mg/L、μg/L。

$$\rho_B = m_B / V \tag{1-5}$$

式中：ρ_B——物质 B 的质量浓度，g/L；

$\qquad m_B$——溶质的质量，g；

V——溶质的体积，L。

$\rho_B = 50$ g/L 的 NH_4Cl 浓度，表示 1 L NH_4Cl 溶液中含 NH_4Cl 50 g。

四、实验室常用酸碱溶液的配制

按照表 1-6 列出的常用酸、碱试剂的密度与浓度，可按照表 1-7 配制相应浓度的酸碱溶液。

表 1-7　普通酸碱溶液的配制

名称（分子式）	欲配溶液的摩尔浓度/（mol/L）			
	6	3	2	1
	配制 1 L 溶液所用的 mL 数（或 g）			
盐酸（HCl）	500	250	167	83
硝酸（HNO₃）	381	191	128	64
硫酸（H₂SO₄）	84	42	28	14
冰醋酸（Hac）	253	177	118	59
磷酸（H₃PO₄）	39	19	12	6
氨水（NH₃·H₂O）	400	200	134	77
氢氧化钠（NaOH）	240	120	80	40
氢氧化钾（KOH）	339	170	113	56.5

五、溶液标签的书写要求

溶液标签的书写内容包括：溶液名称、溶液浓度、介质、配制日期、配制人、有效日期等信息，要求字迹清晰，符号准确。

第五节　滤纸及滤器使用知识

学习目标：通过学习滤纸、滤器的基本知识，应掌握使用不同滤纸、滤器的基本要求，并能够在实验中正确选用和使用。

一、滤纸

滤纸是一种具有良好过滤性能的纸，纸质疏松，对液体有强烈的吸收性能。分析实验室常用滤纸作为过滤介质，使溶液与固体分离。

滤纸分为定量分析滤纸，定性分析滤纸和层析定性分析滤纸三类。型号与性质见表 1-8。

表 1-8　国产滤纸的型号与性质

分类与标志		型号	灰分/(mg/张)	孔径/μm	过滤物晶形	适应过滤的沉淀	相对应的沙芯玻璃坩埚号
定量	快速黑色或白色纸带	201	<0.10	80~120	胶状沉淀物	$Fe(OH)_3$ $Al(OH)_3$ H_2SiO_3	G-1 G-2 可抽滤稀胶体
	中速蓝色纸带	202	<0.10	30~50	一般结晶形沉淀	SiO_2 $MgNH_4PO_4$ $ZnCO_3$	G-3 可抽滤粗晶形沉淀
	慢速红色或橙色纸带	203	0.10	1~3	较细结晶形沉淀	$BaSO_4$ CaC_2O_4 $PbSO_4$	G-4 G-5 可抽滤细晶形沉淀
定性	快速黑色或白色纸带	101	/	>80	无机物沉淀的过滤分离及有机物重结晶的过滤		/

1. 定量分析滤纸

定量分析滤纸,分快速、中速、慢速三类,在滤纸盒上分别用白带(快速)、蓝带(中速)、红带(慢速)为标志分类。滤纸的外形有圆形和方形两种,圆形定量滤纸的规格按直径分有:9 cm、11 cm、12.5 cm、15 cm 和 18 cm 数种。方形定量滤纸的常用规格有:60 cm×60 cm 和 30 cm×30 cm。

定量滤纸灼烧后残留灰分很少(≤0.000 9%),对分析结果几乎不产生影响,适于作精密定量分析。

2. 定性分析滤纸

定性分析滤纸的类型和规格与定量分析滤纸基本相同,在滤纸盒上以快速、中速、慢速字样为标志。

定性分析滤纸灼烧后残留灰分较多(不超过 0.13%),仅供一般的定性分析和用于过滤沉淀用,不能用于质量分析。

3. 层析定性分析滤纸

层析定性分析滤纸主要是在纸色谱分析法中用作担体,进行待测物的定性分离。层析定性分析滤纸有 1 号和 3 号两种,每种又分为快速、中速和慢速三种。

二、玻璃砂芯滤器

玻璃砂芯滤器在化验中是经常用到的过滤器具,有漏斗式和坩埚式两种,常分别称为古氏漏斗和古氏过滤坩埚。玻璃砂芯漏斗常与吸滤瓶配套进行减压过滤;玻璃砂芯坩埚适用于化验分析操作时物质的过滤、干燥、称量联合操作,多用于处理一些不稳定的或避免使用滤纸过滤的试剂和沉淀。其滤孔的大小由滤片号数表示,号数越大孔径越小。根据孔径大小不同可过滤不同的物质,使用时应注意避免碱液和氢氟酸的腐蚀。

同类器皿还有砂芯滤球和微孔滤膜。砂芯滤球多用于连续过滤;微孔滤膜是一种具有无数均匀细孔的薄塑料、纤维素或脂膜加工成的一种新型过滤器,比其他滤器的过滤速度快,应用于水质分析、细菌检验等方面。

第六节　实验室常用干燥剂与吸收剂

学习目标:通过学习实验室常用的干燥剂与吸收剂基本知识,应掌握干燥剂与吸收剂的分类及功能,并能够在测试活动中正确选择和使用。

一、干燥剂

干燥通常是指除去产品中的水分或保护某些物质免除吸收空气中水分的过程。因此,凡是能吸收水分的物质,一般都可以用作为干燥剂。

1. 干燥剂的分类

干燥剂分固体、液体和气体三类。又可分为碱性、酸性和中性物质干燥剂,以及金属干燥剂等。常用干燥剂见表 1-9。

表 1-9　常用干燥剂

名称	分子式	吸水能力	干燥速度	酸碱性	再生方式
硫酸钙	$CaSO_4$	小	快	中性	在 163 ℃(脱水温度)下脱水再生
硫酸铜	$CuSO_4$	大	—	微酸性	150 ℃下烘干再生
硫酸镁	$MgSO_4$	大	较快	中性、有的微酸性	200 ℃下烘干再生
硫酸钠	Na_2SO_4	大	慢	中性	烘干再生
氧化钡/氧化钙	BaO/CaO	—	慢	碱性	不能再生
五氧化二磷	P_2O_5	大	快	酸性	不能再生
氯化钙(熔融过的)	$CaCl_2$	大	快	含碱性杂质	200 ℃下烘干再生
高氯酸镁	$Mg(ClO_4)_2$	大	快	中性	烘干再生(251 ℃分解)
氢氧化钾/氢氧化钠(熔融过的)	$KOH/NaOH$	大	较快	碱性	不能再生
活性氧化铝	Al_2O_3	大	快	中性	在 110～300 ℃下烘干再生
浓硫酸	H_2SO_4	大	快	酸性	蒸发浓缩再生
碳酸钾	K_2CO_3	中	较慢	碱性	100 ℃下烘干再生
金属钠	Na	—	—	—	不能再生
硅胶	SiO_2	大	快	酸性	120 ℃下烘干再生
分子筛	结晶的铝硅酸盐	大	较快	酸性	烘干,温度随型号而异

2. 干燥剂的选择

在使用时要充分考虑干燥剂的特性和要干燥溶剂的性质,才能达到有效干燥的目的。

（1）选择原则

选择干燥剂时,应按照酸性物质的干燥最好选用酸性物质干燥剂,碱性物质的干燥用碱性物质干燥剂,中性物质的干燥用中性物质干燥剂的使用原则。确保进行干燥的物质与干燥剂不发生任何反应;干燥剂兼作催化剂时,应不使被干燥的物质发生分解、聚合,不生成加成物。

此外,还要考虑干燥速度、干燥效果和干燥剂的吸水量。干燥剂的适用条件见表 1-10。

表 1-10　干燥剂适用条件

名称	适 用 条 件	适 用 物 质
碱石灰 BaO、CaO	特别适用于干燥气体,与水作用生成 $Ba(OH)_2$、$Ca(OH)_2$	中性和碱性气体,胺类,醇类,醚类
$CaSO_4$	常先用 Na_2SO_4 作预干燥剂	普遍适用
$NaOH$、KOH	容易潮解,因此一般用于预干燥	氨,胺类,醚类,烃类(干燥器),肼类,碱类
K_2CO_3	容易潮解	胺类,醇类,丙酮,一般的生物碱类,酯类,腈类,肼类,卤素衍生物
$CaCl_2$	一种价格便宜的干燥剂,可与许多含氮、含氧的化合物生成溶剂化物、络合物或发生反应;一般含有 CaO 等碱性杂质	烷烃类,链烯烃类,醚类,酯类,卤代烃类,腈类,丙酮,醛类,硝基化合物类,中性气体,氯化氢,CO_2
P_2O_5	使用其干燥气体时必须与载体或填料(石棉绒、玻璃棉、浮石等)混合;一般先用其他干燥剂预干燥;本品易潮解,与水作用生成偏磷酸、磷酸等	大多数中性和酸性气体,乙炔,二硫化碳,烃,各种卤代烃,酸溶液,酸与酸酐,腈类
浓 H_2SO_4	不适宜升温干燥和真空干燥	大多数中性与酸性气体(干燥器、洗气瓶),各种饱和烃,卤代烃,芳烃
金属 Na	一般先用其他干燥剂预干燥;与水作用生成 $NaOH$ 与 H_2	醚类,饱和烃类,叔胺类,芳烃类
$Mg(ClO_4)_2$	大多用于分析目的,适用于各种分析工作,能溶于多种溶剂中;处理不当会发生爆炸危险	含有氨的气体(干燥器)
Na_2SO_4、$MgSO_4$	一种价格便宜的干燥剂;Na_2SO_4 常作预干燥剂	普遍适用,特别适用于酯类、酮类及一些敏感物质溶液
硅胶	加热干燥后可重复使用	置于干燥器中使用
分子筛	一般先用其他干燥剂预干燥;特别适用于低分压的干燥	温度 100 ℃ 以下的大多数流动气体;有机溶剂(干燥器)

（2）使用的注意事项

1）干燥剂的用量应稍过量,避免因干燥剂吸收过量水分发生溶解。

2）当被干燥物质中有大量水存在时,应避免选用与水接触着火(如金属钠等)或者发热猛烈的干燥剂,可选用如氯化钙一类缓和的干燥剂进行干燥脱水,使水分减少后再使用金属钠干燥。

3）使用分子筛或活性氧化铝等干燥剂时,应装填于玻璃管内,溶剂自上而下流动或从下向上流动进行脱水。大多数溶剂脱水都可采用这种方法。

4) 溶剂与干燥剂的分离一般采用倾析法,将残留物进行过滤。

3. 分子筛干燥剂

(1) 分子筛干燥剂可用于气体、液体的干燥。如空气、天然气、氩气、氦气、氧气、氢气、裂解气乙醇、乙醚、丙酮、苯、汽油等。干燥后的物质中含水量一般小于 10^{-6}。

(2) 分子筛的化学组成及特性分子筛的种类较多,目前作为商品出售和应用最广泛的是 A 型、X 型和 Y 型。分子筛的化学组成及特性见表 1-11。

表 1-11　分子筛的化学组成及特性

类型	孔径 10^{-8} cm	化学组成	水吸附量/%	特性和应用
3A(或钾 A 型)	3.0	$(0.75K_2O、0.25Na_2O):Al_2O_3:2SiO_2$	25	只吸附水,不吸附乙烯、乙炔、二氧化碳、氨和更大的分子
4A(或钠 A 型)	4.0	$Na_2O:Al_2O_3:2SiO_2$	27.5	吸附水、甲醇、乙醇等
5A(或钙 A 型)	5.0	$(0.75CaO、0.25Na_2O):Al_2O_3:2SiO_2$	27	用于正异构烃类的分离
10X(或钙 X 型)	9.0	$(0.75CaO、0.75Na_2O):Al_2O_3:(2.5\pm0.5)SiO_2$	—	用于芳烃类异构体分离
13X(或钠 X 型)	10.0	$Na_2O:Al_2O_3:(2.5\pm0.5)SiO_2$	39.5	用于催化载体和水－二氧化碳、水－硫化氢的共吸附
Y 型	10.0	$Na_2O:Al_2O_3:(3-6)SiO_2$	35.2	经过蒸汽处理后

4. 常用基准物质的干燥

常用基准物质的干燥条件见表 1-12。

表 1-12　常用基准物质的干燥

物质名称	干　燥　条　件
邻苯二甲酸氢钾($KHC_8H_4O_4$)	110～120 ℃烘 1～2 h,于干燥器中冷却
重铬酸钾($K_2Cr_2O_7$)	研碎后于 100～110 ℃保持 3～4 h,硫酸干燥器中冷却
碘酸钾(KIO_3)	120～140 ℃烘 1.5～2 h后,硫酸干燥器中冷却
三氧化二砷(As_2O_3)	于硫酸干燥器中干燥至恒重,或常温下于真空硫酸干燥器中保持 24 h
氯化钠(NaCl)	铂坩埚中 500～650 ℃灼烧 40～50 min后,硫酸干燥器中冷却
碳酸钠(Na_2CO_3)	铂坩埚中 270～300 ℃烘烤 40～50 min后,硫酸干燥器中冷却
草酸钠($Na_2C_2O_4$)	105～110 ℃烘 2 h后,硫酸干燥器中冷却
氟化钠(NaF)	钳坩埚 500～550 ℃灼烧 40～50 min,硫酸干燥器中冷却
金属锌(Zn)	依次用(1+3)盐酸-水和丙酮洗净,立即放入氯化钙或硫酸干燥器中放置 24 h 以上
金属铜(Cu)	依次用(2+98)乙酸-水和 95%乙醇洗净,放入氯化钙或硫酸干燥器中放 24 h 以上

5. 常用化合物的干燥

常用的化合物的干燥条件见表 1-13。

表 1-13 常用化合物的干燥条件

化合物名称	分子式	干燥后的组成	干燥条件
硝酸银	$AgNO_3$	$AgNO_3$	110 ℃
氢氧化钡	$Ba(OH)_2 \cdot 8H_2O$	$Ba(OH)_2 \cdot 8H_2O$	室温(真空干燥器)
苯甲酸	C_6H_6COOH	C_6H_5COOH	125～130 ℃
EDTA 二钠	$C_{10}H_{14}O_8N_2Na_2 \cdot 2H_2O$	$C_{10}H_{14}O_8N_2Na_2 \cdot 2H_2O$	室温(空气干燥)
碳酸钙	$CaCO_3$	$CaCO_3$	110 ℃
硝酸钙	$Ca(NO_3)_2 \cdot 4H_2O$	$Ca(NO_3)_2$	200～400 ℃
硫酸镉	$CdSO_4 \cdot 7H_2O$	$CdSO_4$	500～800 ℃
硝酸钴	$Co(NO_3)_2 \cdot 6H_2O$	$Co(NO_3)_2 \cdot 6H_2O$	室温(空气干燥)
	$Co(NO_3)_2 \cdot 6H_2O$	$Co(NO_3)_2 \cdot 6H_2O$	硅胶、硫酸等作干燥剂
硫酸钴	$CaSO_4 \cdot 7H_2O$	$CoSO_4 \cdot 7H_2O$	室温空气干燥
硫酸铜	$CuSO_4 \cdot 5H_2O$	$CuSO_4 \cdot 5H_2O$	室温(空气干燥)
	$CuSO_4 \cdot 5H_2O$	$CuSO_4$	330～400 ℃
硫酸亚铁铵	$(NH_4)_2Fe(SO_4)_2 \cdot 6H_2O$	$(NH4)_2Fe(SO_4)_2 \cdot 6H_2O$	室温(真空干燥)
硼酸	H_3BO_3	H_3BO_3	室温(空气干燥保存)
草酸	$H_2C_2O_4 \cdot 2H_2O$	$H_2C_2O_4 \cdot 2H_2O$	室温(空气干燥)
	$H_2C_2O_4 \cdot 2H_2O$	$H_2C_2O_4$	硅胶、硫酸等作干燥剂(失水),加热 110 ℃ (全部脱水)
碘	I_2	I_2	室温(干燥器中保存,硫酸、硅胶等作干燥剂)
硫酸铝钾	$KAl(SO_4)_2 \cdot 12H_2O$	$KAl(SO_4)_2 \cdot 12H_2O$	室温(空气干燥)
	$KAl(SO_4)_2 \cdot 12H_2O$	$KAl(SO_4)_2$	260～500 ℃
溴化钾	KBr	KBr	500～700 ℃
溴酸钾	$KBrO_3$	$KBrO_3$	150 ℃
碳酸钾	$K_2CO_3 \cdot 2H_2O$	K_2CO_3	270～300 ℃
	K_2CO_3	K_2CO_3	270～300 ℃
氯化钾	KCl	KCl	500～600 ℃
碳酸氢钾	$KHCO_3$	$KHCO_3$	270～300 ℃
碘化钾	KI	KI	500 ℃
高锰酸钾	$KMnO_4$	$KMnO_4$	80～100 ℃
氢氧化钾	KOH	KOH	室温(干燥器中保存,P_2O_5作干燥剂)
硫氰酸钾	$KSCN$	$KSCN$	室温(干燥器中保存)
硫酸镁	$MgSO_4 \cdot 7H_2O$	$MgSO_4$	250 ℃
氯化锰	$MnCl_2 \cdot 4H_2O$	$MnCl_2$	200～250 ℃

化合物名称	分子式	干燥后的组成	干燥条件
钼酸铵	$(NH_4)_6Mo_7O_{24} \cdot 4H_2O$	$(NH_4)_6Mo_7O_{24} \cdot 4H_2O$	室温(空气干燥)
硫酸铵	$(NH_4)_2SO_4$	$(NH_4)_2SO_4$	200 ℃以下
钒酸铵	NH_4VO_3	NH_4VO_3	30 ℃以下(干燥器中保存)
硼砂	$Na_2B_4O_7 \cdot 10H_2O$	$Na_2B_4O_7 \cdot 10H_2O$	室温下(<35 ℃)在装有 NaCl 和蔗糖饱和溶液的干燥器(湿度70%)中干燥
碳酸氢钠	$NaHCO_3$	Na_2CO_3	270~300 ℃
钼酸钠	$Na_2MoO_4 \cdot 2H_2O$	$Na_2MoO_4 \cdot 2H_2O$	室温(空气干燥)
硝酸钠	$NaNO_3$	$NaNO_3$	300 ℃以下
氢氧化钠	$NaOH$	$NaOH$	室温(干燥器中保存,硅胶、硫酸等作干燥剂)
硫代硫酸钠	$Na_2S_2O_3 \cdot 5H_2O$	$Na_2S_2O_3 \cdot 5H_2O$	室温(30 ℃以下)
钨酸钠	$Na_2WO_4 \cdot 2H_2O$	$Na_2WO_4 \cdot 2H_2O$	室温(空气干燥)
硫酸镍	$NiSO_4 \cdot 7H_2O$	$NiSO_4$	500~700 ℃
乙酸铅	$Pb(CH_3COO)_2 \cdot 2H_2O$	$Pb(CH_3COO)_2 \cdot 2H_2O$	室温

二、气体吸收剂

常见气体的吸收剂见表 1-14。

表 1-14　常见气体的吸收剂

气体名称	吸收剂	配制方法	吸收能力[1]	附　注
CO	酸性 Cu_2Cl_2 溶液	酸性 Cu_2Cl_2 100 g 溶于 500 mLHCl 中,用水稀至 1 L(加 Cu 片保存)	10	O_2 也起反应
	氨性 Cu_2Cl_2	Cu_2Cl_2 23 g 加水 100 mL、浓氨水 43 mL 溶解(加 Cu 片保存)	10	O_2 也起反应
CO_2	KOH 溶液	250 g　KOH 溶于 800 mL 水中	42	
	$Ba(OH)_2$ 溶液	$Ba(OH)_2 \cdot 8H_2O$ 饱和溶液	少量	HCl、SO_2、H_2S、Cl_2 等也被吸收
Cl_2	KI 溶液	1 mol/LKI 溶液	大量	
	Na_2SO_2 溶液	1 mol/LNa_2SO_3	大量	用于容量分析
H_2	海绵钯	海绵钯 4~5 g		100 ℃反应 15min
	胶态钯溶液	胶态钯 2 g,苦味酸 5 g,加 1 mol/L 的 NaOH　22 mL,稀至 100 mL	40	50 ℃反应 10~15 min
HCN	KOH 溶液	250 g　KOH 溶于 800 mL 水中	大量	
HCl	KOH 溶液	250 g　KOH 溶于 800 mL 水中	大量	
	$AgNO_3$ 溶液	1 mol/L$AgNO_3$ 溶液	大量	

续表

气体名称	吸收剂	配制方法	吸收能力①	附　注
H₂S	CuSO₄溶液	1％CuSO₄溶液	大量	
	Cd(Ac)₂溶液	1％Cd(Ac)₂溶液	大量	
N₂	Ba、Ca、Ce、Mg 等金属	使用 80～100 目的细粉	大量	在 800～1 000 ℃使用
NH₃	酸性溶液	0.1 mol/LHCl	大量	
NO	KMnO₄溶液	0.1 mol/LKMnO₄溶液	大量	
	FeSO₄溶液	FeSO₄饱和溶液加 H₂SO₄酸化	大量	生成 Fe(NO)²⁺，反应慢
O₂	碱性焦性没食子酸溶液	20％焦性没食子酸，23％KOH，60％H₂O	大量	15 ℃以下反应慢
	黄磷	固体	大量	
	Cr(Ac)₂盐酸溶液	将 Cr(Ac)₂用盐酸溶解	大量	反应快
	Na₂S₂O₄	Na₂S₂O₄ 50 g 溶于 25 mL 6％NaOH 中	大量	CO₂也吸收
SO₂	KOH 溶液	250 g KOH 溶于 800 mL 水中	大量	
	I₂-KI 溶液	0.1 mol/L I₂-KI 溶液	大量	用于容量分析
	H₂O₂	3％H₂O₃溶液	大量	
不饱和烃	发烟硫酸	含 20％～25％ SO₃ 的 H₂SO₄（密度 1.94 g/mL）	8	15 ℃以上使用
	溴溶液	5％～10％ KBr 溶液用 Br₂饱和	大量	苯和乙炔吸收慢

注：① 吸收能力指单位体积吸收剂所吸收气体的体积数。

第七节　受控计量器具的识别

学习目标：会识别实验室受控计量器具的状态及标识。

计量器具是指能用以直接或间接测出被测对象量值的装置、仪器仪表、量具和用于统一最值的标准物质。

我国计量法规定，"对计量标准器具及用于贸易结算、安全防护……的工作计量器具由检定部门进行强制检定，未按规定申请检定或检定不合格的不得使用。"在核燃料元件理化性能检测工作中，所用到的计量器具必须是检定合格的，因此需要对计量器具是否处于受控状态进行识别。

一、计量器具的标识

1．"合格证"标志（绿色）

表示该计量器具符合国家检定/校准（包括自检）要求。

2."限用证"标志(浅蓝色)

表示该计量器具某些功能失效,但检测工作所用功能正常,且经校准合格;或某一量程精度不合格,但检测工作所用量程合格;或降级使用。限用证应标明限用范围和限用点。

3."禁用"标志(红色)

出现故障暂时不能修好或超过检定周期以及经计量检定不合格的计量器具在生产、管理中停止使用。

4."封存"标志(深蓝色)

用于长期闲置或暂时不投入使用,也不进行周期检定的计量器具,使用"封存"标志,防止流入生产和管理中使用。

5."报废"标志(红色)

表示该计量器具不符合国家检定/校准系统的要求。

二、计量器具的管理

1. 根据计量器具的检定周期、数量、使用的频次等,实验室编制每年的检定计划并按计划及时送检。

2. 对测量设备制定相应的操作和维护规程,并按照维护规程进行正常的维护。

3. 实验室的仪器设备、玻璃量具应有明显的标识,表明其检定状态。

4. 实验室应建立每一台计量器具的档案,其内容包括:

(1) 仪器设备的名称、型号、规格、制造商名称、出厂编号;

(2) 接收日期和启用日期;

(3) 接收状态及验收记录;

(4) 安置地点,使用者和保管者;

(5) 仪器设备使用说明书;

(6) 计量检定记录;

(7) 设备维护、损坏、故障、改装和修理的历史记录。

第二章　样品制备

学习目标:了解样品制备的方法及实验室样品的要求,掌握样品检测状态的管理要求。掌握分析天平的使用方法,达到能熟练运用电子天平进行不同称量方法的操作技能。掌握实验室常用电热设备的基本原理、用途和使用方法,并能够正确选用设备。了解样品的常用分解方法,掌握二氧化铀粉末、芯块等含铀化合物的溶解方法,学会分离铀基体的分离方法。

第一节　分析样品的制备

学习目标:通过学习分析样品制备的基本知识,应了解样品制备的方法、实验室样品的要求。掌握样品检测状态的管理要求。

一、样品制备的原则

样品制备时,应遵守如下通则:原始样品的各部分应有相同概率进入最终样品;制备技术和装置在样品制备过程中不破坏样品的代表性、不改变样品的组成、不使样品受到污染和损失;在检验允许的前提下,为了不加大采样误差,应保证制备后得到的试样有充分的代表性。

二、样品检测状态标识

1. 基本概念

(1) 待检样品

样品处于待检状态。

(2) 在检样品

指该样品正在检测中。

(3) 已检样品

指该样品检测完毕。

(4) 备查样品(留样样品)

指该样品留作必要时复检时使用。

2. 样品的区域摆放

样品室应分为"待检"、"已检"、"备查"三个区域,并明确加以标识。

3. 样品摆放次序

样品分类摆放应按照状态标识、样品来源类别、样品序号在既定区域内分块摆放。

三、试样的采取和制备

1. 组成较均匀的试样的采取和制备

（1）金属试样

金属经高温熔炼,组成比较均匀。金属片可以任意剪取一部分,钢锭或铸铁可采用钻取试样不同位置、不同深度取样的方法,将所得钻屑捣碎混匀,作为分析试样。

（2）水样

根据水的性质选择不同的水样采集方法。水样采集后应及时化验,保存时间越短,分析结果越可靠。

1）天然水

由于水质变化不大,因此只需在规定地点和深度采集即可。如按照季节采取一、二次,即具有代表性。

2）污水

生活污水随着人们的作息时间、季节性食物及工业污水随着生产工艺过程废水水质变化很大。所以采取上述水样时,必须根据分析目的选择正确的采集方式。常用以下采集方式:

① 间隔式平均采样

以间隔一定时间采取等体积的水样,混匀后装入瓶内。

② 平均取样或平均比例取样

性质相同的废水,采取分别采集同体积的水样,混匀后装瓶;性质不同的废水,根据不同流量按照比例采集水样,混合后装瓶。最简单的方法是在总废水池中采集混合均匀的水样。

③ 瞬间取样

对通过废水池停留相当时间后继续排出的工业废水,可采取一次采样。

④ 单独采样

对分布很不均匀的废水,很难采集到具有代表性的平均水样,而且放置过程中水中的杂质出现沉淀或悬浮的现象,可采取单独取样的方法。

（3）化工产品

组成较均匀的化工产品可以任意取一部分作为分析样品。

1）贮存在大容器的物料采用上、中、下不同高度处各取部分试样,混合均匀作分析样品。避免因其相对密度的不同影响试样的均匀性。

2）分装在多个容器中的物料,根据总体物料单元数(N)决定采样单元数(S)。

① 总体物料单元数小于500,按照规定确定采样单元数。

② 总体物料单元数大于500,按照计算公式(2-1)确定采样单元数,计算结果为小数时,则进为整数。

$$S = 3 \times \sqrt[3]{N} \tag{2-1}$$

例 2-1: 有一批物料,总共有 800 袋,则采样单元数应为多少?

解: $S = 3 \times \sqrt[3]{N} = 3 \times \sqrt[3]{800} = 9.28$,即则采样单元数为 10。

2. 组成很不均匀的试样的采取与制备

固体物料大部分是不均匀的或不太均匀的,固体物料要从样品得到试样,需要将样品进行再加工。固体样品制备一般包括粉碎、混合、缩分三个阶段,应根据样品加工的粒度要求和均匀性程度进行一次或多次重复操作。这将在高级工教程中进行讲述学习。

第二节　天　平

学习目标:通过学习天平的基本知识,应了解天平的工作原理、使用方法和使用条件,能够选用适合的天平进行准确称量,掌握运用电子天平进行不同称量方法的操作技能。

天平是实验室必备的常用仪器之一,它是精确测定物体质量的计量仪器。在分析测试工作中常要准确地称量一些物质的质量,称量的准确度直接影响测定结果的准确度。随着科技进步,天平经过摇摆天平、机械加码天平、单盘精密天平到电子天平的历程,现在机械天平已逐渐被电子天平取代。

一、天平的主要技术指标

1. 最高载质量

又称最大载荷,最大称量,表示天平可以称量的最大值。

2. 感量

即天平标尺一个分度对应的质量。天平感量又称为分度值,分度值与灵敏度互为倒数关系。

在天平的一盘上增加平衡小砝码,其质量值为 P,此时天平指针沿标牌移动的分度数为 n,二者之比即为感量。

$$感量(S)=P/n(\mathrm{mg/格分度数}) \tag{2-2}$$

根据天平的感量,通常把天平分成三类:

(1)感量在 $0.1\sim0.001$ g 之间的称为普通天平,适于一般粗略称量用,称量通常是几克到几百克的物质;

(2)感量在 0.0001 g 的天平称为分析天平,适用于称取样品、标样及质量分析等,最大称量通常为数十克;

(3)感量在 0.01 mg 的天平称微量天平,又称十万分之一的天平,称量常在几毫克,适用于微量分析与精密分析。

二、天平的分类及特点

按照天平的构造原理,天平分为机械天平(又称杠杆天平)和电子天平两大类。机械天平又分为等臂双盘天平和不等臂的单盘天平。

按照最高载荷质量,天平分为大称量天平、微量天平、超微量天平。

按照加码器加码范围,天平分为部分机械加码天平、全部机械加码天平。

1. 双盘机械天平

天平的结构分为框罩部分、立柱部分、横梁部分、悬挂系统、制动系统、光学读数系统、机械加码装置等七个部分。部分机械加码分析天平的结构见图 2-1。

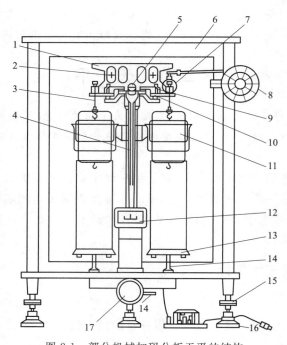

图 2-1　部分机械加码分析天平的结构

1—横梁；2—平衡砣；3—立柱；4—指针；5—吊耳；6—阻尼器内筒；7—阻尼器外筒；
8—秤盘；9—加码指数盘；10—加码杆；11—环形毫克砝码；12—投影屏；
13—调零杆；14—停动手钮；15—托盘器；16—水平调整脚；17—变压器

（1）框罩

用以保护天平不受灰尘、热源、湿气、气流等外界条件的影响。底座用以固定立柱、天平脚、制动器座架等。前门供安装和清洁、修理天平之用，左门用于取放称量物品，右门用于取放砝码。底板下有三个水平调整脚，后边的一个不可调，前边两个可调，用于调节天平的水平位置。天平柱的后方装有一个气泡水准仪，气泡位于中心处表示天平为水平位置。

（2）立柱

天平正中是立柱，垂直固定在底板上。天平制动器的升降拉杆穿过立柱空心孔，带动大小托翼上下运动，关闭天平时它托住天平梁，使刀口脱离接触以减少磨损。

（3）横梁

横梁是天平的重要部分。横梁上装有三个玛瑙刀，用来保持天平的灵敏度和稳定性；横梁左右两边对称孔内装有平衡砣，用以调节天平空载时的平衡位置（即零点）。横梁上有重心螺丝，用于调整天平的灵敏度，横梁下部为指针，用于指示平衡位置。

（4）悬挂系统

悬挂系统由吊耳、阻尼器和秤盘组成。吊耳中心面向下，嵌有玛瑙平板，与支点刀口接触，使吊耳、挂盘及阻尼器内筒能自由摆动。阻尼器由两个特质的铝合金圆筒组成。外筒固定在柱上，内筒挂在吊耳上，利用筒内的空气阻力产生阻尼作用，使天平横梁能较快地达到平衡状态。秤盘是悬挂在吊耳钩上供放置砝码和被称量物品用的。左盘放被称物，右盘放砝码。

（5）制动系统

制动系统连接托梁架、盘托和光源。使用天平时，慢慢地旋开旋钮，使托梁下降，梁上的三个刀口与相应的玛瑙平面（刀垫）接触，同时盘托下降，吊耳与天平盘即可自由摆动，天平进入工作状态，接通光源，屏幕上可看到标尺的投影。停止称量时，关闭旋钮，升降拉杆向上运动托起天平梁和吊耳，刀口与玛瑙平板离开，同时两个盘托升起将秤盘托住，天平进入休止状态，光源切断。此时，可以加减砝码与取放被称物品。天平两边负荷未达到平衡时，不可全开旋钮。因全开旋钮，天平横梁倾歪太大，吊耳易脱离，使刀口受损。

（6）光学读数系统

指针下端装有微缩标尺，光源通过光学系统将微缩标尺上的分度线放大，在反射到光屏上，从屏上可看到标尺的投影，中间为零，左负右正。屏中央有一条垂直刻度线，标尺投影与该线重合处即为天平的平衡位置。天平箱下的调节杆可将光屏在小范围内左右移动。

（7）机械加码装置

转动圈码指数盘，可使天平梁右端吊耳上加 10～990 mg 圈形砝码。指数盘上刻有圈码的质量值，内层为 10～90 mg 组，外层为 100～900 mg 组。当天平达到平衡时，由秤盘上砝码总数加吊耳上环砝码总数以及投影屏上读数的总和，为被称物体的质量。

2. 电子天平

电子天平是利用电磁力平衡原理，使物体在重力场中实现力的平衡，或通过电磁力矩的调节，使物体在重力场中实现力矩的平衡。当重物的重力方向向下，电磁力的方向向上，则通过的电流与被称物体的质量成正比。

（1）电子天平的结构

图 2-2 所示为常用的电子天平，它主要由称量盘、水平仪、功能键、除皮键、显示器和电源开关组成。

（2）电子天平特点

1）电子天平用数字显示方式代替指针刻度式显示。使用寿命长，性能稳定，灵敏度高，操作方便。

2）电子天平采用了电磁力平衡原理，称量时全量程不用砝码，放上被称物后的几秒钟内达到平衡，使称量速度快、精度高、准确度好。

3）具有简便的自动校准装置。只需轻按一下显示器旁的"CAL"键盘，天平即可完成一次自动校准过程，既省事又方便。

4）具有天平故障自动检测系统。有的电子天平内装有故障自动检查系统，打开天平的开关时，天平进行故障自动检测，如果天平有故障，天平显示屏上会显示出相应的故障代码，这样就可以大大缩短检查故障的时间，为维修天平提供了准确的部位。

5）有的天平具有称量范围和读数精度可变的功能。

6）电子天平还具有自动校正、累计称量、超载指示、故障报警、自动去皮重等功能。

7）电子天平具有质量信号输出，可以与打印机、计算机联用，可以实现称量、记录、打印、计算等自动化。它的输出接口可以与其他分析仪器联用，实现从样品称量、样品处理、分析检验到结果处理、计算等全过程的自动化，大大地提高了生产效率。

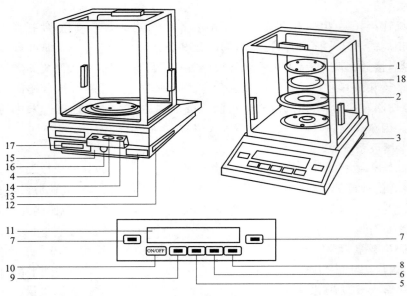

图 2-2　电子天平的结构

1—称量盘;2—屏蔽环;3—地脚螺栓;4—水平仪;5—功能键;6—CF 键;7—除皮键;
8—打印键;9—调换键;10—接通/关断键;11—显示器;12—合格标签;13—型号标牌;
14—防盗装置;15—解除连锁开关;16—电源接口;17—数据接口;18—天平底盘

三、砝码

为了衡量各种不同质量的物体,需要配备一套质量由大到小能组成任何量值的砝码,这样的一组砝码叫做砝码组。例如,以 5、2、1、1 形式组成的砝码组,100、50、20、10、10、5、2、1、1 g 等九个砝码,可组成 1～199 g 间任意克质量值。

每台天平应配套使用同一盒砝码,在一盒砝码中相同名义质量的砝码其真值会有微小差别。称量时,应先取用无"·"标记的砝码,以减少称量误差。

砝码必须用镊子夹取,不得用手直接拿取。镊子应是骨质或塑料头的,不能用金属镊子,以免划伤砝码。

砝码只准放在砝码盒内相应的空位上,或天平的秤盘上,不得放在其他地方。砝码表面应保持清洁,经常用软毛刷刷去尘土,如有污物可用绸布蘸无水酒精擦净。砝码如有跌落碰伤,发生氧化痕迹,以及砝码头松动等情况,要立即进行检定,合格的砝码才能使用。

四、天平的使用规则

1. 正确选择天平

根据称量要求的精度和工作特点正确选用天平,选择天平的原则是不能使天平超载,以免损坏天平;不能使用精度不够的天平,会达不到测定要求的准确度;也不能滥用高精度的天平造成不必要的浪费。

2. 天平使用要求

(1) 天平室应保持清洁,防尘、周围无震动和无强磁场,天平也不要安装在离门、窗和通风设备排气口太近的地方。天平室温度应在 15～30 ℃,湿度保持在 55％～75％,温度波动幅度不大于 0.5 ℃/h。天平室应避免阳光直射,以减少温度变化。

(2) 称量前后应检查天平的水平和零点是否合适,砝码是否齐全,是否完好,并保持天平清洁。

(3) 天平载重不得超过最大负荷。被称样品应放在干燥洁净的器皿中称量。挥发性、腐蚀性、吸潮性的物体必须放在密封加盖的容器中称量。若在天平内洒落了样品应立即清理干净,以免腐蚀天平。

(4) 不得把过热或过冷的物体放到天平上称量。应在物体和天平室温度一致后进行称量。

(5) 被称物体和砝码均应放在天平秤盘中央,开门、取放物体、加减砝码必须在天平处于休止状态。

(6) 称量完毕应及时取出被称物。

(7) 潮湿天气湿度过大,在天平内应放硅胶干燥剂。干燥剂用布袋装好或置一烧杯内,并及时更换。

(8) 搬动后应检验天平的性能。

(9) 天平与砝码是国家规格的强制检定计量量具,出厂天平应符合国家有关标准。实验室使用的天平与砝码,应定期(每年)请计量部门检定性能是否合格。执行强制检定的机构对检定合格的计量量具(如天平、砝码),发给国家统一规定的检定证书,或者在计量器具上加盖检定合格印章。

五、电子天平的操作技能

1. 操作步骤

(1) 开机前的准备工作

1) 连接天平的电源,所接电源必须与变压器上的标出电压值相一致;

2) 检查天平的屏蔽环及称量盘是否到位;

3) 调整天平地脚螺栓的高度,使水平仪内的空气泡正好位于圆环的中央。

(2) 电子天平的操作

1) 接通电源,预热 30 min 以上。

2) 电子称量系统自动实现自检功能,当显示器显示零时,自检过程即结束,此时天平工作准备就绪。

3) 按一下开关键,显示屏显示"0.000 0 g",如果显示不是"0.000 0 g",则再按以下调零键。

4) 将称量物轻轻放到称重盘上,当显示器上数字稳定并出现质量单位"g"或左下角"."".。"符号消失后,方可读出重量数值。

5) 称量完毕,应取下被称物。按调零键后,继续称取下一个样品。

(3) 电子天平的调整和校对

1) 当改变电子天平的灵敏度与其工作特性的相匹配时,当天平改变了场所,或者受环境的改变及仪器变动后,都必须进行重新调效。读数<0.1 mg 的电子天平都配有一个内置的校对砝码。

2）天平在校零时,不许在称量盘上加装称量物。

3）天平预热后,当显示为"0.000 0"时,用"CAL"键激活校正功能,即:持续按住"CAL"键来完成。

2. 试样称重方法

（1）直接称量法

此法用于称量一物体的质量。适用称量洁净干燥不易潮湿或升华的固体样品。如称量小烧杯的质量、校准玻璃器皿时称量容量瓶的质量、重量分析中坩埚恒重称量都采用此种方法。

称量方法:用一条干净的塑料薄膜或纸条套住被称物体放于秤盘的中央,然后去掉塑料条或纸条,按照各种天平的使用方法进行称量。

（2）固定质量称样法

又称增量法。此法用于称量某固定质量的试剂或样品。适用称量不易吸潮、在空气中能稳定存在的粉末状或小颗粒样品。

称量方法:在天平上准确称出容器质量（容器可以是小表面皿、小烧杯、不锈钢制的小簸箕、电光纸等）,然后在天平上增加欲称取质量数的砝码,用药勺盛试样（试样要预先研细）在容器上方轻轻振动,使试样落入容器,直至达到指定质量。称完后,将试样全部转移入实验容器中（表面皿可用水洗涤数次,称量纸必须不黏附试样）。

（3）差减称量法

由于称取试样的质量是有两次称量之差求得,又称减量法。此法用于称量一定质量范围的样品或试剂。适用称量过程中易吸水、易氧化或易与 CO_2 反应的样品。

称量方法:在称量瓶中装入一定量的固体试样,盖好瓶盖,带细纱手套、指套或用纸条套住秤量瓶,放在天平盘中央,称出其质量。取出称量瓶,悬在容器（烧杯或锥形瓶）上方,使称量瓶倾斜,打开称量瓶盖,用盖轻轻敲瓶口上缘,渐渐倾出样品,当估计倾出的试样接近所需要的质量时,慢慢地将瓶竖起,再用称量盖轻敲瓶口上部,使粘在瓶口的试样落回瓶内,然后盖好瓶盖,将称量瓶放回天平盘上,再次称量。两次称量之差,即为倒入烧杯中试样的质量。照上述方法连续递减,可称取多份试样。有时一次很难得到合乎质量范围要求的试样,可多进行几次相同的操作。

第三节　实验室常见电热设备

学习目标:通过学习实验室常用电热设备知识,应掌握实验室常用电热设备的基本原理、用途和使用方法,并能够正确选用设备。

一、电炉

电炉是实验室中常用的加热设备,靠电阻丝（常用的为镍铬合金丝,俗称电炉丝）通过电流产生热能。

基本构造:由一条电阻丝嵌在耐火泥炉盘的凹槽中,炉盘固定在一个铁盘座上,电阻丝两头套上多节小磁管后连接到磁接线柱上与电源线连接,即成为一个普通的圆盘式电炉。

电炉按功率大小分为不同的规格,常用的 220 V 的有 200 W、500 W、1 000 W、2 000 W 等。

1. 万用电炉

能调节不同发热量的电炉称为万用电炉。也可将普通电炉接上调压器,调节输出电压改变电炉的发热量。

2. 电热板

电热板实质上是一种封闭式电炉,用于不能用明火加热的试验。

3. 使用电炉的注意事项

(1)电源电压应与电炉本身规定的使用电压相同。电源电压过大会烧断电阻丝,过小则达不到加热要求。

(2)电炉应放在耐火实验台上使用。

(3)加热容器是金属材料的,应垫石棉网,避免容器触及电炉丝。

(4)炉盘内的凹槽要保持清洁,及时清除污物(先断开电源),以保持炉丝良好,延长使用寿命。

(5)电炉连续使用时间不宜过长。

二、高温炉

实验室使用的高温炉有:箱式电阻炉、管式电阻炉和高频感应加热炉等。按其产生热源形式不同,可分为电阻丝式、硅碳棒式及高频感应式等。

1. 箱式电阻炉

箱式电阻炉又叫马弗炉,常用于重量分析中灼烧沉淀、灰分测定与有机物质的灰化等。

马弗炉使用注意事项:

(1)在升温之前,应先设定加热温度,升温后从到达预定温度时起,计算灼烧时间。

(2)马弗炉必须放在稳固的水泥台上或特制的铁架上,周围不要存放化学试剂及易燃易爆物品。热电偶棒从高温炉背后的小孔插入炉膛内,将热电偶的专用导线接在温度控制器的接线柱上。注意正、负极不要接错,以免温度指针反向而损坏。

(3)马弗炉要用专用电闸控制电源,不能用直接插入式插头控制。要查明马弗炉所需的电源电压、配置功率、熔断器、电闸是否合适,并接好地线,避免危险。

(4)在马弗炉内进行熔融或灼烧时,必须严格控制操作条件、升温速度和最高温度,以免样品飞溅、腐蚀和黏结炉膛。如灼烧有机物、滤纸等,必须预先炭化。

(5)马弗炉使用时,要有人经常照看,防止自控失灵,造成事故。

(6)灼烧完毕,应先拉开电闸,切断电源。不应立即打开炉门,以免炉膛突然受冷碎裂。通常先开一条小缝,让其降温加快,待温度降至 200 ℃,开炉门,用长柄坩埚钳取出被灼烧物体。

(7)新的炉膛必须先在低温烧烤数小时,以防炉膛受潮后,因温度的急剧变化而破裂。保持炉膛内干净平整,以防坩埚与炉膛粘结。为此,在炉膛内垫耐火薄板,以防偶然发生溅失损坏炉膛,并便于更换。

2. 管式电阻炉(管式燃烧炉)

管式电阻炉通常用于矿物、金属或合金中气体成分分析用。它的热源是由两根规格相同的硅碳棒进行电加热,通常配有调压器及配电装置(包括电流表、电压表、热电偶、测温毫伏计),同时有一套气体洗涤装置。

管式电阻炉使用注意事项:

(1) 升温和降温必须缓慢进行,正常使用的温度不宜超过 1 350 ℃,电流不超过 15 A。

(2) 要检查电源电压、功率、电闸熔断器是否合适。要接好地线,保证安全操作。

(3) 气体经洗涤后,要经过干燥装置,方能进入炉内,以防炉膛破裂。

(4) 使用过程中往往因导线与硅碳棒的接头处接触不良而冒火花,此时务必使接触良好后,才能继续使用。

(5) 要经常检查电器线路,特别是热电偶的高温头往往因接触不良而指示温度不准确。

(6) 硅碳棒断裂后,必须更换规格相同的新棒。

3. 高频感应加热炉

高频感应加热炉又称高频炉,是利用电子管自激振荡产生高频磁场和金属在高频磁场作用下产生的涡流而发热,致使金属试样熔化。通入氧气后,产生二氧化碳、二氧化硫等气体,进行化学分析。

三、干燥箱

1. 电热恒温干燥箱

简称烘箱、干燥箱。是利用电阻丝隔层加热,使物体干燥的设备。由箱体、电热系统和自动恒温控制系统三部分组成。

主要用于物质的干燥、灭菌、熔蜡等,不适用带挥发性物质及易燃易爆的物品进入干燥箱,以免引起爆炸。

干燥箱通常用型钢薄板构成,箱体内有一放置物品的工作室,工作室内有物品搁板,物品可放置上面进行干燥,工作室与箱体外壳有保温层,箱门间有一玻璃门或观察口,以供观察用。干燥箱右侧面板上有指示灯指示加热工作状态,绿色表示加热器工作,箱内在加热,绿灯灭红灯亮表示加热停止,即恒温状态。

2. 远红外鼓风干燥箱

远红外线鼓风是利用远红外辐射加热的一种新技术,远红外线波长范围为 $2.5\sim$ 15 μm,功率为 $1.6\sim4.8$ kW。传统的电热干燥箱具有效率高、速度快、干燥质量好、节电效果显著等优点。

基本原理是当箱内红外线发射体辐射出的红外线照射到被加热物体时(被加热分子吸收的波长与红外线的辐射波长相一致),被加热的物体就能吸收大量红外线,变成热能,从而使物质内部的水分或溶剂蒸发或挥发,逐渐达到物体干燥或固化。

3. 使用烘箱的注意事项

(1) 根据烘箱的耗电功率,选用足够负荷的电源导线和良好的地线。

(2) 烘箱应安装在水泥台上,防止震动。

(3) 插上温度计后将进出气孔旋开,先进行空箱试验。开电源开关,当温度调节旋钮在"0"位置时,绿色指示灯亮,表示电源已接通。将旋钮顺时针方向从"0"旋至某一位置,在绿色指示灯熄灭的同时红色灯亮,表示电热丝已通电加热,箱内升温。然后把旋钮旋回至红灯熄灭绿灯再亮,说明电器系统正常,即可投入使用。

（4）放入物体排布不能过密、质量不能过大。待烘干的试剂、样品等应放在相应的器皿中，如称量瓶、广口瓶、培养皿等，打开盖子放在陶瓷托盘中一起放入烘箱。须烘干的玻璃仪器，必须洗净并控干水后，才能放入烘箱。

（5）不可烘易燃、易爆、有腐蚀性的物品。如必须烘干滤纸、脱脂棉等纤维类物品，则应该严格控制温度，以免烘坏物品或引起事故。

（6）为了防止控制器失灵，工作人员须经常照看，不能长时间离开。

（7）带鼓风机的烘箱，在加热和恒温过程中必须开鼓风机，否则影响烘箱内温度均匀性或损坏加热元件。

（8）欲观察箱内情况时，可开启箱门借内层玻璃门观察。箱门不应经常开启，以免影响恒温，当温度升到 300 ℃ 时，开启箱门可能会使玻璃门因骤冷而破裂。

（9）箱内外应经常保持清洁。

（10）烘完物品后，应先将加热开关拨至"0"位，再拉断电源开关。

四、电热恒温水浴锅和恒温槽

电热恒温水浴锅用来加热和蒸发易挥发、易燃的有机溶剂及进行温度低于 100 ℃ 的恒温实验。电热恒温水溶锅有两孔、四孔、六孔、八孔等，功率有 500 W、1 000 W、2 000 W 等规格产品。

电水浴锅分内外两层，内层用铝板制成，槽底安装有铜管，管内装有电炉丝作为加热元件。由控制电路来控制加热电炉丝。水箱内有测温元件，可通过面板上控温调节旋钮调节温度，可调范围为室温到 100 ℃。外壳常用薄钢板制成，表面烤漆，内壁有绝热绝缘材料。

水浴锅侧面有电源开关、调温旋钮和指示灯。水箱下侧有放水阀门。水箱后上侧可插入温度计。电水浴锅恒温范围常在 40~100 ℃，温差为 ±1 ℃。

电热恒温水浴锅和恒温槽使用方法和注意事项：

（1）关闭放水阀门，将水浴锅内注入清水至适当的深度。

（2）接通电源。

（3）调节调温旋钮，设定温度。

（4）红灯亮，表示炉丝通电加热。此时，如红灯不亮，调节调温旋钮，如红灯仍不亮，应检查电路是否存在问题。

（5）检查控制器是否正常：当温度计指数温度距控制的温度差 2 ℃ 时，反向转动调温旋钮至红灯熄灭，此后红灯就断续亮灭，表示控制器起作用。

（6）不要将水溅到电器盒里，以免引起漏电，损坏电器部件。

（7）水箱内要保持清洁，定期刷洗，水要经常更换。如长时间不用，应将水排尽，将箱内擦干，以免生锈。

（8）电水浴锅一定要接好地线，且要经常检查水浴锅是否漏电。

五、电热套

电热套是加热烧瓶的专用电热设备，其热能利用效率高、省电、安全。电热套规格按烧瓶大小区分，有 50 mL、100 mL、250 mL、1 000 mL、2 000 mL 等多种。若所用电热套功率不能调节,使用时可连接一个较大功率的调压变压器,就可以调节加热功率以控制温度,做到方便又安全。

第四节　试样的分解方法

学习目标:掌握试样的常用分解方法,了解助溶剂的性质。掌握二氧化铀粉末、芯块等含铀化合物的溶解方法,学会分离铀基体的方法。

除某些特殊的仪器分析方法外,绝大部分的分析工作是在溶液中,特别是在水溶液中进行。因此如何将固体试样分解,使待测组分转化为可溶性物质、制备成分析用溶液,是分析测试工作需要考虑的问题。

分解试样是一个比较复杂的问题,但当了解试样组成及有关组分的化学性质,选择合适的试剂,利用化学反应,问题便会迎刃而解。

一、试样的常用分解方法

试样的分解最常用的方法是溶解和熔融两种。溶解就是把试样溶解于水、酸、碱或其他溶剂中。熔融就是将试样与固体溶剂混合,在加热条件下,使待测组分转变成可溶于水或酸的化合物。对有机试样的分解主要采用灰化处理或用有机溶剂溶解,也可用蒸馏的方法处理,使待测组分从试样中分离出来。

分析工作中对试样分解的一般要求有:

(1)试样分解完全。试样分解完全是正确分析的先决条件,应选择适当的分解方法,控制适当的温度和时间等,以使试样完全分解。

(2)待测组分不应有损失。

(3)不能引入含有待测组分的物质。在分解试样时,要防止加入的试剂或被腐蚀的容器中含有待测组分。

(4)不能引入对待测组分测定有干扰的物质。

1. 溶解法

(1)水溶法

适用于一切可溶性盐和其他可溶性物料。试样用水溶解时,可辅以加热、搅拌,加快溶解速度。

几乎所有硝酸盐均溶于水。除银、亚汞、铅、亚铜等大多数氯化物易溶于水。硫酸盐中碱土金属及铅的硫酸盐不溶于水,许多金属的正磷酸盐不溶于水,而高氯酸盐几乎都溶于水。

(2)酸溶法

利用酸的化学特性,如酸性、氧化还原性及能生成配位化合物的性质,使试料中的被测组分转入溶液。由于酸易于提纯,过量酸(磷酸、硫酸除外)又易于去除,又不会引入除氢离子以外的阳离子,操作简便,所以分解试样时尽可能用酸溶解。

(3)碱溶法

一般用 $100\sim300\ \mathrm{g/L}$ 的氢氧化钠(钾)溶液做溶剂,试料中待测组分往往是 Al、Zn、Pb、

Sn 和部分 Si 形成含氧酸根而进入溶液。

（4）有机溶剂溶解法

大多用于有机化合物测定。

2. 熔融法

熔融是利用酸性或碱性熔剂与试样混合，在高温下进行复分解反应，使试料中的待测组分转化成易溶于水或酸的化合物的方法。

熔融法也可分为酸熔法（常用熔剂有硫酸氢钾、焦硫酸钾、过氧化钠等）、碱熔法（常用熔剂有碳酸钠、碳酸钾、氢氧化钠）、混合型熔融（常用混合熔剂有碳酸钠＋过氧化钠、碳酸钠＋碳酸钾、氢氧化钠＋硝酸钾等）。

由于熔融法操作在高温下进行，且熔剂又具有极大的化学活性，必须慎重地选择适用的坩埚。原则是：一方面要使坩埚在熔融时不受损失或少受损失，另一方面还要保证分析的准确度。

二、助溶剂的选取要求

盐酸中的 Cl^- 可与某些金属离子（Fe^{3+} 等）形成配位离子。盐酸还具有还原性，当遇到氧化性较强物质时，能将它们还原，也能帮助溶解。

浓硝酸是最强的氧化剂和最强的酸，作为溶剂兼有氧化作用和酸的作用。用硝酸分解试样后，溶液中产生的亚硝酸或其他氮的氧化物能破坏某些显色剂或指示剂，应将溶液煮沸将其除去，必要时加适量还原剂破坏多余硝酸并煮沸将亚硝酸或其他的氮的氧化物除去。

硫酸的沸点比较高（338 ℃），溶解时加热到冒白烟，可除去试液中的 HCl 和 HNO_3 等挥发性酸，以避免这些挥发性酸的阴离子对测定的干扰。浓硫酸具有强烈的吸水性，可吸收有机物中的水而析出碳，所以可以破坏试样中的有机物。纯硫酸为无色油状液体，与水混合时能放出大量的热，故稀释硫酸时要小心，应将硫酸缓缓倒入水中，且不断搅拌溶液，以防硫酸飞溅伤人。用硫酸溶解试样时，加热冒白烟的时间不宜太长，否则能生成不溶于水的焦硫酸盐。

磷酸属于中强酸，能与许多金属离子形成配位化合物。如钨、钼、铁等在酸性溶液中都能与磷酸形成无色的配位化合物。用磷酸分解试样的缺点是当加热时间太长，温度过高时会析出难溶性的焦磷酸盐沉淀，并对玻璃器皿有严重腐蚀。另外，溶解后如冷却时间过长，当用水稀释时会析出凝胶。

氢氟酸对高价元素具有很强的配位能力，能腐蚀玻璃陶瓷器皿，因此分解试料时，应在铂器皿或四氟乙烯塑料器皿中进行。氢氟酸对人体有毒性和强腐蚀性，可使皮肤灼伤引起溃烂不易愈合。氢氟酸的蒸汽对呼吸道有强烈刺激作用。

高氯酸在浓热情况下是一种强氧化剂和脱水剂，有时也用于溶解试样。应注意当试样中含有有机物时，应先用硝酸破坏有机物后，再加入高氯酸。浓、热高氯酸遇有机物会发生爆炸。凝聚的高氯酸与灰尘、有机物作用会引起燃烧或爆炸。同时高氯酸造成的灼伤也不易愈合。

有时为了增强溶解试样能力，用混合酸溶解。常用的混合酸溶剂有王水（3 份 HCl＋1 份 HNO_3）、硫磷混酸、硫酸＋氢氟酸、盐酸＋过氧化氢等。在密闭容器中，用酸或混合酸溶剂加热分解试料时（称加压溶解法），由于蒸气压增高，酸的沸点增高，可以保持在较高温下分解试料,提高分解效率。

三、分离富集

样品经分解后得到的试料溶液(试液),大多是几种离子的混合溶液,且大多情况下共存离子都会对分析测试带来干扰,尽管可用一些方法控制干扰反应的发生。有些时候还是不能用试液直接进行定量测定。此时,只有将被测组分与干扰离子或基体进行分离,然后进行定量测定。分离过程中,有时伴随着富集的效果,使量很小的被测组分"捕集"起来,往往习惯上把分离和富集通称为富集。

分离和富集主要满足分析测试方法两方面需求:减少干扰,提高方法的选择性;富集的效果,弥补了方法灵敏度的不足。

常用的分离方法有挥发和蒸馏法、沉淀分离法、萃取分离法、离子交换分离法、色层分离法等。这里仅对挥发和蒸馏法、溶剂萃取分离法作简要介绍。

1. 挥发和蒸馏法

挥发和蒸馏分离是利用物质挥发性的差异来进行分离的方法,如要去除试样中硅对其他待测组分的干扰,可将硅转化成 SiF_4 而挥发逸出。要测定试样中的氮含量,则先将氮转化成铵盐,加入氢氧化钠,试液碱化,用水蒸气蒸馏。氨与基体及其他杂质元素分离,含氨的蒸馏液与奈氏勒试剂反应,形成黄色络合物,最后用分光光度法进行测定。

2. 溶剂萃取分离法

溶剂萃取分离法是利用混合物在互不相溶的两种液相中,溶解度各不相同的性质,以分离混合物中各组分的方法。一般互不相溶的两相为水及不溶于水的有机溶剂。加入试液中的有机溶剂称为萃取剂。溶剂萃取分离法操作简便,只需将试液和有机溶剂在分液漏斗中混合,充分振荡后静置,此时溶液完全分层,试样中一些物质进入有机相,另一些物质仍留在水溶液中,放出下层溶液,即达到分离的目的。

一般萃取剂采用少量多次的方法,可达到满意分离的效果。

第三章　分析与检测

学习目标:学习滴定分析法、重量法、分光光度法、红外吸收光谱分析法、原子发射光谱法、质谱分析法、气相色谱分析法的基本知识以及相关仪器的基本结构。掌握二氧化铀芯块及粉末样品的化学成分的分析方法和操作技能,会准确填写测量结果,报出检验报告。

第一节　滴定分析法基础知识

学习目标:掌握酸碱滴定、络合滴定等常用滴定分析法的方法原理、指示剂的选择及滴定条件和方式。

滴定分析法是化学分析法中重要的分析方法。它是用一种已知准确浓度的标准溶液做滴定剂,用滴定管将滴定剂滴加到被测物质的溶液中,直到滴定剂与被测物质按化学计量关系定量反应完全为止,然后通过滴定剂的浓度和滴定剂所消耗的体积,根据滴定反应式的计量关系,计算被测组分含量的一种分析方法。

滴定分析法主要用于测定常量组分(即被测组分含量在 1%以上),有时也可用于测定微量组分。一般情况下,测定结果的相对误差在±0.2%之间。

一、滴定分析的原理及基本概念

1. 原理

滴定分析是以化学反应为基础的分析方法。若被滴定物质 A 与滴定剂 B 间的化学反应式为:aA+bB=cC+dD 它表示 A 与 B 是按摩尔比 $a:b$ 的关系反应的,这就是它的化学计量关系,是滴定分析定量测定的依据。

2. 基本概念

标准溶液:已知准确浓度的溶液。

滴定:将标准溶液通过滴定管滴加到被测物质溶液中的操作。

理论终点:已知准确浓度的滴定剂与被测物质按照化学反应式所表示的化学计量关系定量反应完全时,称为理论终点,也叫化学计量点或等物质的量点。

滴定终点:指示剂的颜色发生明显变色,表明滴定到此结束的点。

滴定误差:滴定终点与理论终点之间存在的微小差异所引起的误差称滴定误差,也称终点误差。

二、滴定反应的类型与要求

1. 滴定反应的类型

分为酸碱滴定、络合滴定、氧化还原滴定与沉淀滴定四大类型。

2. 滴定反应的要求

适合滴定的化学反应必须具备以下条件：

（1）反应必须定量地进行，即能按照化学反应方程式所示的计量关系进行，没有副反应，并且反应进行完全（通常要求达到 99.9％左右），这是定量计算的基础。

（2）反应速度要快，滴定反应要能瞬间完成。对于速度较慢的反应，有时可通过加热或加入催化剂等方法来加快反应速度。

（3）有确定理论终点（化学计量点）的方法。

（4）共存物质不干扰滴定反应，滴定剂应只与被滴组分发生反应，对共存离子的干扰应可通过控制实验条件或利用掩蔽剂等手段予以消除。

3. 滴定方式的种类

根据滴定分析时测定被测物质的过程、步骤和加入滴定剂的方式的不同，滴定方式可分为四种：

（1）直接滴定法

只要滴定剂和被测物的反应能够完全满足滴定法对反应的四项要求，就可以将滴定剂直接滴入试液中测定被测物的含量，这种方式称为直接滴定法。

例如：用 HCl 滴定 NaOH，用 $K_2Cr_2O_7$ 滴定 Fe^{2+}。直接滴定法简便、迅速、准确，是滴定分析中最常用、最基本的滴定方式。

（2）返滴定法

当反应较慢或反应物是固体时，加入符合化学计量关系的滴定剂，反应常常不能立即完成。此时可先加入一定量过量的滴定剂，使反应加速，待反应完成后，再用另一种标准溶液滴定剩余的滴定剂，这种方式称为返滴定法或加滴法。

例如：Al^{3+} 与 EDTA 络合反应速度太慢，不能直接滴定，加入一定量过量的 EDTA 标准溶液，并加热促使反应完全。溶液冷却后，再用 Zn^{2+} 标准溶液返滴定过剩的 EDTA。

（3）置换滴定法

对于不按一定反应式进行或伴有副反应的化学反应，不能直接滴定被测物质。可以先用适当试剂与被测物质反应，使其被定量地置换成另一种物质，再用标准溶液滴定此物质，这种方式就称为置换滴定法。

例如：硫酸钠不能直接滴定重铬酸钾及其他强氧化剂，因为强氧化剂不仅将 $S_2O_3^{2-}$ 氧化为 $S_2O_6^{2-}$，还会部分将其氧化成 $S_2O_4^{2-}$，没有一定的计量关系，但是若在酸性 $K_2Cr_2O_7$ 溶液中加入过量 KI，使 $K_2Cr_2O_7$ 被定量置换成 I_2，后者可以用 $Na_2S_2O_3$ 标准溶液直接滴定。

（4）间接滴定法

不能与滴定剂直接起反应的物质，有时可以通过另外的化学反应间接进行测定。

例如：欲测定 Ca^{2+}，但它既不能和酸碱反应，也不能用氧化或还原剂直接滴定，这时可将 Ca^{2+} 沉淀为 CaC_2O_4，过滤洗净后用硫酸将其溶解，然后用 $KMnO_4$ 标准溶液滴定生成的草酸，从而间接测定 Ca^{2+} 的含量。

三、几种常用滴定分析法

1. 酸碱滴定法

（1）方法原理

酸碱滴定法又称中和法，是以质子传递反应为基础的滴定方法。

在酸碱滴定反应时产生了不易电离的水分子,所以反应能进行完全,并达到化学计量点。按照反应方程式,根据滴定液的浓度及其消耗体积计算被测物质的量。

酸碱反应的化学计量点是依靠指示剂的变色来确定,反应达化学计量点时指示剂应立即变色。不同的酸碱反应的类型,它们到达化学计量点时的 pH 也不一样,如:强酸强碱相互滴定达化学计量点时 pH 等于 7;强酸滴定弱碱时由于到达化学计量点时生成强酸弱碱盐的水解,因此 pH 小于 7。所以必须了解各类酸碱滴定中溶液的组成及 pH 计算和指示剂的选择。

酸碱滴定的关键是要知道突跃范围,并根据突跃范围选择合适的指示剂。

（2）酸碱指示剂的选择

常用的酸碱指示剂是有一些有机酸或弱碱,它们在溶液中能或多或少地电离成离子,而且在电离的同时,本身的结构也发生改变,并且呈现不同的颜色。

使用指示剂时应注意的几个问题:

1）指示剂的变色范围越窄越好。这样到达化学计量点时溶液 pH 稍有变化,指示剂即可从一种颜色变到另一种颜色。石蕊指示剂的变色范围较宽（5.0～8.0）,因此其不能用于酸碱滴定。

2）指示剂用量不宜过多,也不能太少。若用量太多,颜色转变不敏锐,并且由于指示剂本身也是弱酸或弱碱,也会起酸碱反应;若用量太少,影响眼睛对颜色的辨别能力,因而都会影响分析结果的准确性。

3）温度对指示剂电离常数 K_{HIn} 有影响,从而影响了指示剂变色范围,因此标准溶液的标定与分析试样的测定应在同一条件下进行。

2. 络合滴定法

（1）方法原理

络合滴定法是以络合反应为基础的滴定分析方法,也叫配位滴定法。

基本原理是乙二胺四乙酸二钠（EDTA）溶液能与许多金属离子定量反应,形成稳定的可溶性配位物。因此,可用已知浓度的 EDTA 滴定液直接或间接滴定某物质,用适宜的金属指示剂指示终点。根据消耗的 EDTA 滴定液的浓度和体积,可计算出被测物的含量。

（2）络合滴定必须具备的条件

1）生成的络合物要有确定的组成,即中心离子与络合剂应严格按一定比例结合。

2）生成的络合物要有足够的稳定性。

3）络合反应迅速、完全,按一定反应式定量进行。

4）有适合的指示剂或其他方法来指示化学计量点的到达。

（3）络合滴定的方式

1）直接滴定

如果金属离子与络合滴定的反应速度快,生成的络合物稳定,并有变色敏锐的指示剂指示终点时,可用络合剂标准溶液直接滴定金属离子。

2）返滴定

如果金属离子与络合滴定剂的反应速度较慢,或无合适的指示剂,可选用返滴定方式。如果用 EDTA 滴定锰矿中锰时,因为 pH＝6 时 Mn^{2+} 与 EDTA 络合反应很慢,常加入过量而又定量的 EDTA 标准溶液,使 Mn^{2+} 络合完全,过量的 EDTA 以二甲酚橙为指示剂,用铅盐返滴定。

3)置换滴定

此法适用于不能直接滴定或被测量金属离子与络合滴定剂反应速度较慢的情况,例如,用 EDTA 滴定钢铁中铝时,用 F^- 将 EDTA-Al 络合物中 Al 络合生成 AlF_6^{3-},同时把 EDTA-Al 中 EDTA 释放出来,然后用锌盐溶液滴定。

4)间接滴定

有些金属离子或非金属离子不能与 EDTA 络合,或与 EDTA 生成的络合物不稳定,可采用间接滴定法。例如:SO_4^{2-} 不能与 EDTA 络合,可在试液中加入已知过量的 Ba^{2+} 标准溶液,使生成 $BaSO_4$ 沉淀,加乙醇降低其溶解度,然后用 EDTA 滴定过量的 Ba^{2+},进而计算样品中硫量。

(4)滴定方法实例——EDTA 滴定法

用于络合滴定的络合滴定剂很多,其中应用最广的是 EDTA 络合剂,用 EDTA 作为络合滴定剂的滴定方法称 EDTA 滴定法。

1)EDTA 与金属离子相络合的特点

① EDTA 与金属离子相络合时,摩尔比通常为 1:1。

② 无色金属离子与 EDTA 络合时形成无色络合物;有色金属离子与 EDTA 络合时形成有色络合物,其颜色与金属离子颜色相似。

2)络合物稳定常数 K_{MY}

$$M+Y \leftrightarrow MY \tag{3-1}$$

$$K_{MY} = \frac{[MY]}{[M][Y]} \tag{3-2}$$

K_{MY} 数值越大,络合物就越稳定。它是未考虑副反应的绝对稳定常数,实际上只适合 pH>12 的情况。表 3-1 列出常见金属离子和 EDTA 形成的络合物的稳定常数 lgK_{MY} 的值。

表 3-1 常见金属离子和 EDTA 形成的络合物的稳定常数 lgK_{MY} 的值

金属离子	lgK_{MY}	金属离子	lgK_{MY}	金属离子	lgK_{MY}
Ag^+	7.32	Co^{2+}	16.31	Mn^{2+}	13.80
Al^{3+}	16.30	Co^{3+}	36.00	Na^+	1.66
Ba^{2+}	7.86	Cr^{3+}	23.40	Pb^{2+}	18.40
Be^{2+}	9.20	Cu^{2+}	18.80	Pt^{3+}	16.40
Bi^{3+}	27.94	Fe^{2+}	14.32	Sn^{2+}	22.11
Ca^{2+}	10.69	Fe^{3+}	25.10	Sn^{4+}	34.50
Cd^{2+}	16.46	Li^+	2.79	Sn^+	8.70
Ce^{3+}	16.00	Mg^{2+}	8.70	Zn^{2+}	16.50

3)络合物表观稳定常数 K'_{MY}

表观稳定常数 K'_{MY} 又称条件稳定常数,它是将副反应的影响考虑进去后的实际稳定常数。副反应是指除 M 与 Y 主反应以外的其他反应都称为副反应。其中 Y 与 H 的副反应和 M 与 L(其他配位剂)的副反应是影响主反应的两个主要因素,尤其酸度的影响最为重要。这里只考虑酸效应的影响。

① 酸效应

酸效应是由于 H^+ 的存在,使 M 与 Y 主反应的络合能力降低的现象,K'_{MY} 随酸度增大而减小。

② 酸效应系数

用酸效应系数 $\alpha_{Y(H)}$ 描述酸效应的大小。表 3-2 中列出了不同 pH 时的 $lg\alpha_{Y(H)}$ 值。

$$\alpha_{Y(H)} = \frac{[Y']}{[Y]} \tag{3-3}$$

式中:$[Y']$——代表未与 M 配位的 EDTA 的总浓度。

$[Y]$——游离的 EDTA 酸根 Y^{4+} 的浓度。

将公式(3-3)代入公式(3-1)中得到:

$$K_{MY} = \frac{[MY]}{[M][Y]} = \frac{[MY]a_{Y(H)}}{[M][Y']} = K'_{MY} \times \alpha_{Y(H)} \tag{3-4}$$

即:

$$lgK'_{MY} = lgK_{MY} - lg\alpha_{Y(H)} \tag{3-5}$$

表 3-2　不同 pH 时的 $lg\alpha_{Y(H)}$ 值

pH	$lg\alpha_{Y(H)}$	pH	$lg\alpha_{Y(H)}$	pH	$lg\alpha_{Y(H)}$
0	23.64	4.4	7.64	8.8	1.48
0.4	21.32	4.8	6.84	9	1.28
0.8	19.08	5	6.45	9.4	0.92
1	18.01	5.4	5.69	9.8	0.59
1.4	16.02	5.8	4.98	10	0.45
1.8	14.27	6	4.65	10.4	0.24
2	13.51	6.4	4.06	10.8	0.11
2.4	12.19	6.8	3.55	11	0.07
2.8	11.09	7	3.32	11.4	0.03
3	10.6	7.4	2.88	11.8	0.01
3.4	9.7	7.8	2.47	12	0.01
3.8	8.85	8	2.27	13	0.000 8
4	8.44	8.4	1.87	13.9	0.000 1

例:已知 $lgK_{CaY} = 10.69$,在 pH=8 时,$lg\alpha_{Y(H)} = 2.27$,求条件稳定常数 lgK'_{CaY} 的值?

解:因　　　　　　　　$K_{MY} = = K'_{MY} \times \alpha_{Y(H)}$

$$lgK'_{CaY} = lgK_{CaY} - lg\alpha_{Y(H)} = 10.69 - 2.27 = 8.42$$

③ 酸效应曲线

以 pH 为纵坐标,金属离子的 lgK_{MY} 为横坐标,绘制成如图 3-1 所示曲线,称为酸效应曲线或林旁曲线。图中金属离子位置所对应的 pH,就是单独滴定该金属离子时所允许的最小 pH。

一般来说,K'_{MY} 要在 10^8 以上,即 $lgK'_{MY} \geq 8$,才能准确滴定。所以配位滴定的最低 pH

可以通过公式(3-6)计算。

$$\lg\alpha_{Y(H)} \leqslant \lg K_{MY} - 8 \tag{3-6}$$

络合物越稳定($\lg K_{MY}$越大),所允许 $\lg\alpha_{Y(H)}$ 越大,即允许酸度越大。图 3-1 中说明某些金属离子允许的最低 pH。

4) 准确滴定的判别式

在络合滴定中准确滴定的条件和酸碱滴定类似,都应根据滴定突跃的大小来判断。

设金属离子和 EDTA 的初始浓度均为 $2c$,要求滴定到达化学计量点时,滴定误差小于 0.1%。即金属离子基本上都配合成 MY,[MY]$\approx c$;未配合的金属离子和 EDTA 的总浓度等于或小于 $c \times 0.1\%$。于是:

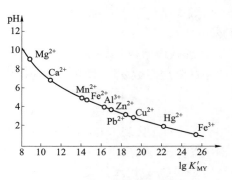

图 3-1　EDTA 滴定金属离子时最低 pH

$$K_{MY'} = \frac{[MY]}{[M][Y']} \geqslant \frac{c}{c \times 0.1\% \times c \times 0.1\%} = \frac{1}{c \times 10^{-6}}$$

$$cK_{MY'} \geqslant 10^{-6}$$

即

$$\lg cK_{MY'} \geqslant 6 \tag{3-7}$$

就得到判断配位滴定是否能够准确滴定的判别式(3-7)。

5) 提高滴定选择性的方法

由于 EDTA 能与许多金属离子形成络合物,因此选择性较差,溶液中多种金属会干扰测定,提高滴定选择性成为络合滴定中的重要问题,常用方法有以下几种:

① 控制溶液酸度

由于溶液酸度越小,络合物越稳定,因此对于被测定离子来说,溶液 pH 越大滴定反应越完全,但 pH 越大干扰离子所生成的络合物也越稳定,即干扰越严重。

当被测离子(以 M 表示)的稳定常数[$\lg(K'_{MY})M$]较大,而干扰离子(以 N 表示)的稳定常数[$\lg(K'_{MY})N$]较小时,可以用提高酸度的方法消除干扰,使被测离子 M 仍符合滴定要求,而干扰离子 N 不与 EDTA 络合。

一般认为,当被测离子 M 与干扰离子 N 共存时,如果,$\lg C_N(K'_{MY}) \leqslant 1$,则可认为干扰离子 N 不干扰测定。

② 加入掩蔽剂

络合掩蔽法　加入某种络合掩蔽剂与干扰离子络合,降低干扰离子浓度,使它不与 EDTA 络合,以消除干扰。

加入的掩蔽剂必须满足以下两个条件:

a)干扰离子与掩蔽剂的络合能力大于干扰离子与 EDTA 的络合能力,并且形成的络合物是无色或浅色的,不妨碍终点观察。

b)被测离子与掩蔽剂不生成络合物或生成的络合物不稳定。

沉淀掩蔽法　加入过量沉淀剂,使干扰离子生成沉淀消除干扰。

氧化还原掩蔽法　加入一些氧化剂或还原剂,使干扰离子发生价态变化,消除干扰。

6) 络合滴定指示剂

络合滴定中所用的指示剂一般为金属指示剂。金属指示剂应具备的条件：

① 指示剂与金属离子形成的络合物（MIn）颜色应与指示剂本身的颜色应有显著差别，否则终点不明显。

② 指示剂与金属离子形成的络合物应具有足够稳定性，一般要求 $K_{MIn} > 10^4$。如果 MIn 不够稳定，则在接近当量点时就有较多的离解，使终点过早的出现。

③ MIn 稳定性应低于金属离子与 EDTA 络合物的稳定性，两者稳定常数应相差 100 倍以上，即：$\lg K'_{MY} - \lg K'_{MIn} > 2$，否则 EDTA 不能夺取 MIn 中的金属离子 M，即使过量的 EDTA 也不能变色，造成很大误差。

④ 指示剂与金属离子的反应必须迅速，并有较好的可逆性。

3. 氧化还原滴定法

（1）方法原理

氧化还原滴定法是以氧化还原反应为基础的滴定方法。氧化还原反应是物质之间发生电子转移的反应，获得电子的物质叫做氧化剂，失去电子的物质叫做还原剂。按照所用氧化剂和还原剂的不同，常用方法有碘量法、高锰酸钾法、重铬酸钾法和溴酸钾法等。根据氧化还原滴定过程中，在化学计量点附近其终点判断的方法不同可分为指示剂滴定法和电位滴定法。

（2）滴定方法

1）指示剂滴定法

在氧化还原滴定中，利用某些物质在化学计量点附近时颜色的改变来指示滴定终点的滴定法称为指示剂滴定法。

① 指示剂的分类：自身指示剂、特殊指示剂、氧化还原指示剂。

② 滴定剂的分类：根据滴定剂的性质可分为还原剂滴定法和氧化剂滴定法。

在还原剂滴定法中，测定铀时，可作滴定剂的还原剂主要有：氯化亚铬标准溶液，三氯化钛标准溶液和亚铁标准溶液。在氧化剂滴定法中，目前容量分析中用得最为普遍，所用氧化剂滴定液有：高锰酸钾，硫酸高铁，硫酸铈（IV），重铬酸钾，钒酸铵，碘酸盐和硒酸盐等氧化剂。铀含量测定中用得较多的氧化剂滴定法为重铬酸钾滴定法和钒酸盐滴定法。

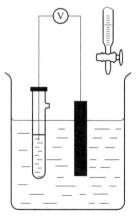

图 3-2　电位滴定装置图

2）电位滴定法

在滴定分析中，当遇到有色溶液或浑浊溶液时，用指示剂难以指示滴定终点，采用电位滴定可以准确判断终点。电位滴定的装置示意图见图 3-2。

滴定终点的确定：对反应物系数相等的反应来说，曲线突跃的中点（转折点）即为等当点；对反应物系数不相等的反应来说，曲线突跃的中点与等当点稍有偏离，但偏差很小，可以忽略，仍可用突跃中点作为滴定终点。

如果滴定曲线的突跃不明显，则可绘制如图 3-3（b）所示的 $\Delta E/\Delta V$ 对 V 的一级微商滴定曲线，曲线图将出现极大值，极大值指示的就是滴定终点。也可以绘制 $\Delta^2 E/\Delta V^2$ 对 V 的

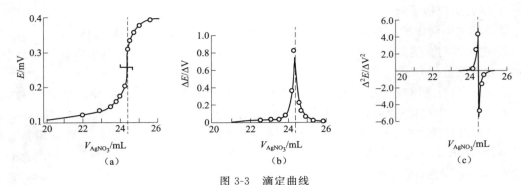

图 3-3　滴定曲线

(a) $E—V$ 曲线；(b) $\Delta E/\Delta V—V$ 曲线；(c) $\Delta^2 E/\Delta V^2—V$ 曲线

二阶微商滴定曲线,见图 3-3(c),图中 $\Delta^2 E/\Delta V^2$ 等于零的点即为滴定终点。

　　此外,滴定终点尚可根据滴定至终点时的电动势值来确定。此时,可以先从滴定标准试样获得的经验等当点来作为终点电动势的依据,这也就是自动电位滴定的方法依据之一。

　　自动电位滴定有两种,一种是自动控制滴定终点。当到达终点电位时,即自动关闭滴定装置,并显示滴定剂用量。另一种类型是自动记录滴定曲线,经自动运算并显示终点时滴定剂的体积。

　　电位滴定法的特点:

　　① 测定的相对误差可低至 0.2%。

　　② 能用于难以用指示剂判断终点的浑浊或有色溶液的滴定。

　　③ 用于非水溶液的滴定。某些有机物的滴定需在非水溶液中进行,一般缺乏合适的指示剂,可采用电位滴定。

　　④ 能用于连续滴定,同时测定多组分,也可自动滴定,并适用于微量分析。

　　(3)氧化还原滴定法常用的仪器设备

　　1)指示剂滴定法常用仪器设备

　　指示剂滴定法比较简单,仅需一支最小刻度满足滴定误差要求的酸式或碱式滴定管即可。

　　2)电位滴定法常用仪器设备

　　① 手动电位滴定,采用 212 型甘汞为指示电极,213 型铂电极为参比电极,3 mL 微量滴定管,以数字式离子计显示滴定电位,以二阶微分确定滴定终点。

　　② 全自动电位滴定,采用氧化复合电极,由全自动电位滴定仪将滴定曲线和测定结果同步显示,滴定体积采用三种终点计算模型。

　　4. 沉淀滴定法

　　(1)方法原理

　　沉淀滴定法是以沉淀反应为基础的分析方法。利用生成难溶的银盐沉淀进行测定的方法称银量法,根据其使用指示剂的不同分为莫尔法、佛尔哈德法和法扬司法。

　　(2)沉淀滴定应具备的条件

　　1)反应必须按一定的化学反应式定量地进行,并且生成沉淀的溶解度小,以保证反应完全。

2）反应速度要迅速，并有恰当指示剂指示终点。

3）生成沉淀的吸附现象不影响滴定终点。

（3）滴定方法

1）莫尔法

在中性或弱碱性溶液中，以铬酸钾（K_2CrO_4）为指示剂，以硝酸银作标准溶液滴定溶液中的氯离子（Cl^-）。

原理是分级沉淀。由于 AgCl 沉淀的溶解度比 Ag_2CrO_4 小，因此先析出氯化银沉淀。当 AgCl 定量沉淀后，溶液中的 Cl^- 浓度越来越小，Ag^+ 浓度越来越大，当 $[Ag^+]^2 \times [CrO_4^{2-}] > K_{SP}(Ag_2CrO_4)$ 时，溶液中便出现 Ag_2CrO_4 的砖红色沉淀指示滴定终点。

$$Ag^+ + Cl^- = AgCl\downarrow（白色）\quad K_{SP.AgCl} = 1.8 \times 10^{-10}$$
$$2Ag^+ + CrO_4^{2-} = Ag_2CrO_4\downarrow（砖红色）\quad K_{SP.Ag_2CrO_4} = 2.0 \times 10^{-12}$$

① 滴定条件

由于铬酸钾指示剂的黄色影响终点观察，因此 $[CrO_4^{2-}]$ 的实际控制量为 0.003～0.005 mol/L。如果 $[CrO_4^{2-}]$ 的浓度过大，则当溶液中 $[Ag^+] < 1.34 \times 10^{-5}$ mol/L 时即出现 Ag_2CrO_4 沉淀，终点提前，结果偏低；浓度过小，则当溶液中 $[Ag^+] < 1.34 \times 10^{-5}$ mol/L 时才有 $AgCrO_4$ 沉淀，终点延迟，结果偏高。

反应宜在中性或弱碱性介质中进行，在酸性溶液中不生成 Ag_2CrO_4 沉淀。在强碱性溶液或氨性溶液中生成 Ag_2O 或 $Ag(NH_3)_2^+$ 络离子，影响氯化银沉淀生成。

滴定时须充分摇动，在接近化学计量点时，大量的 AgCl 的沉淀会吸附少量的 Cl^-，使终点提前，为了减少吸附，在滴定时应充分摇动。

② 适用范围

莫尔法主要适用于测氯化物或溴化物。因 AgI 或 AgSCN 沉淀会强烈吸附 I^- 或 SCN^- 离子而使终点提前，不适于测定碘化物和硫氰酸盐。

此法不适用于 NaCl 滴定 Ag^+，因加入 K_2CrO_4 后先生成 Ag_2CrO_4 沉淀，在滴定过程中，Ag_2CrO_4 转变成 AgCl 的速度较慢，因此误差较大。若要测定 Ag^+，可加入过量 NaCl 标准溶液，然后用标准 $AgNO_3$ 溶液返滴过量的 Cl^-。

2）佛尔哈德法

在酸性溶液中，以铁铵矾 $(NH_4)Fe(SO_4)_2 \cdot 12H_2O$ 为指示剂，用硫氰酸盐（NH_4SCN 或 KSCN）作标准溶液，滴定溶液中的 Ag^+ 离子，在滴定过程中先析出 AgSCN 沉淀，到达化学计量点时，稍过量的 SCN^- 离子就与高铁 Fe^{3+} 离子生成红色络合物。

此法也可采用返滴法测定 Cl^-、SCN^- 等，在溶液中加入过量的硝酸银标准溶液，生成 AgCl 或 AgSCN 等沉淀，然后用硫氰酸盐作标准溶液，铁铵矾作指示剂加滴过量的 Ag^+ 离子。

① 滴定条件

滴定宜在 0.2～0.5 mol/L 的硝酸溶液中进行，不宜在中性、碱性、氨性溶液中进行，否则会引起 Fe^{3+} 水解析出 $Fe(OH)_3$，在碱性溶液中生成 Ag_2O 沉淀，氨性溶液中生成 $Ag(NH_3)_2^+$ 络离子，影响测定。

由于 Fe^{3+} 与 SCN^- 反应灵敏，指示剂无须太多，50 mL 溶液中一般加入 1～2 mL 40% 铁铵矾溶液即可。

滴定时需充分摇动，以减少 AgSCN 沉淀对 Ag^+ 的吸附。

② 适用范围

佛尔哈德法可直接滴定测定 Ag^+ 也可用返滴法测定 Cl^-、Br^-、I^-、SCN^- 离子。

此方法也可测定 $C_2O_4^{2-}$、PO_4^{3-}、AsO_4^{3-}、CrO_4^{2-}、S^{2-} 等离子,可在中性溶液中加入过量 $AgNO_3$ 溶液,过滤并洗涤沉淀后,用 SCN^- 标准溶液返滴定。

第二节　重量分析法基本知识

学习目标:了解重量分析法的基本原理和概念,掌握采用沉淀称量法进行分析时对沉淀条件的要求。

一、重量分析法的基本原理和概念

1. 原理

重量分析法是将被测定组分以某种形式从试样中分离出来,再根据分离物的质量来算出测定组分的含量。通常采用沉淀法、气化法、电解法使被测成分与样品中其他组分分离,其中以沉淀法应用最广,故习惯上也常把沉淀重量法简称为重量分析法。

(1)沉淀法

使被测成分成为难溶化合物而沉淀下来,然后测定沉淀的质量,根据沉淀质量可计算待测成分的质量。

(2)气化法

适用于挥发性成分,一般是借加热或用其他方法使样品中某种挥发性成分逸出,然后根据试样质量的减轻可以计算出样品中该成分的含量。

(3)电解法

利用电解原理使被测定的金属离子在电极上析出,然后根据析出的质量计算待测组分的含量。

2. 基本概念

(1)溶解度(用 S 表示)

在一定温度下,物质在 100 g 溶剂里能溶解溶质的最多克数,称该物质在这种溶剂里的溶解度。

溶解度<0.01 g/100 gH_2O 的电解质称为难溶电解质。

(2)溶度积(用 K_{SP} 表示)

物质的溶解和沉淀的形成是两个过程,为了预测和解释沉淀能否形成或溶解,可用溶度积常数来判断。溶度积常数是指在一定温度下,难溶电解质的饱和溶液中,组成沉淀的各离子浓度的乘积。

(3)沉淀式和称量式

在试液中加入沉淀剂使被测定组分沉淀出来,沉淀的组成形式称为沉淀式;沉淀经烘干或灼烧后其称量物的组成形式称为称量式。

二、对沉淀的要求

1. 对沉淀式的要求

(1)沉淀的溶解度必须很小,一般来说,对于 AB 型的化合物(如 $AgCl$、$BaSO_4$ 等)只有当它们的溶度积的数值小于 10^{-8} 时,沉淀作用才能实际上完全,因此在重量分析中,溶度积大于 10^{-8} 的沉淀一般是不能采用的。

(2)沉淀必须纯净,当沉淀从溶液中析出时,溶液中某些可溶性杂质混入沉淀中同时被沉淀下来,影响了沉淀的纯度,产生分析的误差。

(3)沉淀应当容易过滤和洗涤,晶形沉淀,尤其是粗晶形沉淀一般容易过滤和洗涤,因为过滤时晶形沉淀不易堵塞滤纸小孔,同时由于比表面积小,吸附杂质量也少,洗涤也就比较容易。非晶形沉淀,尤其是胶状沉淀,例如 $Fe(OH)_3$ 和 $Al(OH)_3$ 等,比表面积大,吸附杂质量多,并且容易堵塞滤纸小孔,所以过滤和洗涤都比较困难。

2. 对称量式的要求

(1)组成必须与化学式完全符合。

(2)称量式必须很稳定。不易吸收空气中的水分和二氧化碳,不易被空气中的氧所氧化,在干燥灼烧时不易分解。

(3)称量式的分子量要大。这样既可以减少称量相对误差,又可减少在分析过程中由于沉淀不可避免的损失或被沾污所引起的误差。从而可提高分析结果的准确度。另外,称量式的分子量大,即使少量的待测组分也可得到较大量的称量式,从而提高了分析的灵敏度。

3. 沉淀剂的选择

(1)沉淀剂最好是挥发性的物质,在灼烧沉淀时,可将它从沉淀中除去。

(2)沉淀剂应该具有特效性,沉淀剂最好只能和被测定的离子生成沉淀,而与存在于溶液中的其他离子不起作用。

第三节　气量分析法基本知识

学习目标:掌握理想气体状态方程及理想气体中混合气体的分压定律。

一、基本原理

对于温度一定,其混合气体的总压力等于各组分气体的分压力之和,同时各组分气体的分压力与单位体积中该气体的物质的量成正比。

二、理想气体状态方程

根据理想气体状态方程可知:不论容器的大小,气体可以均匀地充满它的整个空间,而且两种气体能均匀混合成气体溶液,并不会自动分开;气体受热或减压时体积可以膨胀,加压时体积又缩小。这些现象都说明气体分子在不停地运动扩散,分子之间的距离与分子自身的体积相比是很大的。气体表现的压力是分子运动不断撞击容器壁的结果。

实践证明:理想气体的压力(P)、体积(V)、温度(T)三者的关系遵守下列的气体状态方程式:

$$PV = nRT = \frac{m}{M}RT \tag{3-8}$$

式中:P——压力,用大气压(atm)、帕斯卡(Pa)或千帕斯卡(kPa)表示;

V——体积,常以立方分米(dm^3)表示;

T——以开尔文(K)表示的温度($T=273.15+t$,t 为室温,℃);

n——气体的物质的量,其中 $n=\dfrac{m}{M}$;

m——样品的质量,g;

M——气体的摩尔质量,g/mol。

三、混合气体的分压定律

实践过程中往往会遇到几种气体混合在一起的混合气体,温度一定时,混合气体只要不起反应(如化合或聚合),物质的量不变,即总分子数不变,也能遵守理想气体的状态方程式。

把同一温度下,某种组分气体单独占据混合气体的总体积时所表现的压力,叫做该组分气体的分压力。

$$P_A=n_A\frac{RT}{V},P_B=n_B\frac{RT}{V}$$

$$P_总=P_A+P_B=(n_A+n_B)\times\frac{RT}{V} \tag{3-9}$$

于是可得出分压定律:"温度一定,混合气体的总压力等于各组分气体的分压力之和。"同时也看出,T 一定时,分压力与单位体积中该气体的物质的量成正比。如为多种气体混合,则分压定律的数学表达式为:

$$P_总=\sum_i P_i=\frac{RT}{V}\sum_i n_i \tag{3-10}$$

分压定律的另一种表示形式为:

$$\frac{P_A}{P_总}=\frac{n_A\times\dfrac{RT}{V}}{\dfrac{RT}{V}\times\sum_i n_i}=\frac{n_A}{\sum_i n_i} \tag{3-11}$$

$$P_A=P_总\times\frac{n_A}{\sum_i n_i} \tag{3-12}$$

式中的 $\dfrac{n_A}{\sum_i n_i}$ 为气体 A 的摩尔分数,即 A 在混合气体的总摩尔数中所占的份数(摩尔百分率)。摩尔分数永远是小于 1(100％)的数值。

第四节　电化学分析基本知识

学习目标:了解电导分析法的基本原理,掌握电导仪的结构和工作原理,掌握电导率/电阻率的计算方法。了解离子选择性电极法的基本知识和离子选择性电极的基本构造,掌握离子选择性电极的种类和能斯特方程。会配制离子强度调节剂。

一、电导分析法

电导分析法又称直接电导法,是将被测量溶液放在由固定面积、固定距离的两个铂电极所构成的电导池中,通过测量溶液的电导(或电阻)来确定被测物质的含量。

电导分析法的原理是基于溶液的电导与存在溶液中各种离子的浓度、运动速度和电荷数有关。方法的优点是装置简单;缺点是选择性差,不适合于复杂溶液体系的测定。电导分析法常用于 CO_2、CO、SO_2 等气体的检测,也可用于测定钢铁中微量的碳和硫。另外,水的纯度和天然水的盐度等的测定也常用电导分析法。

1. 电导率测定法

电解质溶液有导电性,电流是由离子输送的。与金属导体一样,电解质溶液也遵守欧姆定律,即:

$$E = IR \tag{3-13}$$

式中:E——加于电解质溶液两端的电位差,V;

　　I——流过溶液的电流,A;

　　R——溶液导电时的电阻,Ω。

R 决定于溶液导电的性能与溶液所在电解池的结构,R 的表达式和金属导体一样。

$$R = \rho\,\frac{l}{A} \tag{3-14}$$

式中:l——电导体的长度,cm;

　　A——导体的横截面积,cm^2;

　　ρ——导体的电阻率,也称比电阻或电阻系数,$\Omega \cdot cm$。

(1) 电导

描述离子导体(电解质溶液)的导电能力时常采用电阻的倒数——电导(G),单位是西门子(S)即:

$$G = \frac{1}{R} \tag{3-15}$$

(2) 电导率

电阻率的倒数称为电导率(κ),单位为 S/cm。它是电流通过面积是 $1\ cm^2$ 的电极处于 $1\ cm$ 距离时,其中间溶液的电导。电导率是用数字来表示水溶液传导电流的能力。这种能力取决于存在的离子,它们的总浓度、迁移率、价数和相对的浓度、以及测定的温度。大多数无机酸,碱和盐的溶液是相当良好的导体。

$$\kappa = \frac{1}{\rho} = G \cdot \frac{l}{A} \tag{3-16}$$

式中:κ——电导率,S/cm;

　　A——电极的面积,$1\ cm^2$;

　　l——两电极间距离,cm;

　　G——溶液电导,S;

(3) 摩尔电导率

摩尔电导率是指含有 $1\ mol$ 的电解质溶液,在距离为 $1\ cm$ 的两电极间所具有的电导。也就是说摩尔电导率是电解质溶液的电导率除以物质的量浓度。即:

$$\Lambda_m = \frac{1\,000}{c_i} \cdot \kappa \tag{3-17}$$

式中：Λ_m——摩尔电导，$S \cdot cm^2/mol$；

κ——电导率，S/cm；

c_i——物质 i 的物质的量，mol/L。

应该指出，电解质溶液的电导率与摩尔电导率的意义是不相同的。电导率是单位体积溶液的电导，因而溶液越浓，电导率越大。表 3-3 为 KCl 溶液的电导率。而摩尔电导率是对一定量的电解质而言的，所以当浓度减小时，摩尔电导率就增大，这是由于两极间电解质的量一定时，稀溶液的电离度增大，参加导电的离子数目增多，摩尔电导率就增大。

表 3-3　KCl 溶液的电导率 κ(S/cm)

温度/℃	浓度/(mol/L)		
	1.000	0.100 0	0.010 00
0	0.065 43	0.007 154	0.000 775 1
18	0.098 20	0.011 192	0.001 222 7
25	0.111 73	0.012 886	0.001 411 4

式(3-16)的溶液的电导为：

$$G = \kappa \cdot \frac{A}{l} = c \cdot \frac{\Lambda_m}{1\,000} \cdot \frac{A}{l} \tag{3-18}$$

由式可知，当电导池一定时(l/A 为常数)，对于一定的电解质(Λ_m 为常数)，溶液的电导值与其浓度成正比。这是直接电导法的理论依据。

由于摩尔电导率受温度和浓度的影响，电导的测定最好在低浓度时，控制温度下进行。许多电解质的摩尔电导率已经精确地测出，可从分析化学手册中查用。

2. 无限稀释情况下的摩尔电导

溶液无限稀释时，摩尔电导达到最大值，此值称为无限稀释的摩尔电导或极限摩尔电导率，用符号 Λ^0(或 Λ_0)表示。

当溶液无限稀释时，离子间的作用趋近于零，所以溶液的摩尔电导率等于溶液中各种离子的摩尔电导率之和，即：

$$\Lambda^0 = \Lambda_+^0 + \Lambda_-^0 \tag{3-19}$$

式中：Λ_+^0 和 Λ_-^0 分别代表无限稀释时阳离子和阴离子的离子摩尔电导率。无限稀释时，一些离子的摩尔电导率如表 3-4 所示。

表 3-4　无限稀释时一些离子的离子摩尔电导率

阳离子	Λ_+^0	阴离子	Λ_-^0
H_3O^+	349.8	OH^-	199.0
Li^+	38.7	Cl^-	76.3
K^+	50.1	Br^-	78.1
Na^+	73.5	I^-	76.8
NH_4^+	73.4	NO_3^-	71.4
Ag	61.9	ClO_4^-	67.3

续表

阳离子	Λ_+^0	阴离子	Λ_-^0
$\frac{1}{2}Mg^{2+}$	53.1	$C_2H_3O_2^-$	40.9
$\frac{1}{2}Ca^{2+}$	59.5	$\frac{1}{2}SO_4^{2-}$	80.0

无限稀释时离子的摩尔电导率不受共存离子的影响,只决定于离子的性质,是离子的特征数据。

离子的摩尔电导率和溶液的摩尔电导率一样与溶液的浓度有关,随着溶液浓度增大而减小。一般在稀溶液中,对于混合电解质溶液的总电导率,可写成:

$$\gamma = \frac{1}{1\,000}\sum c_i\Lambda_{mi} \tag{3-20}$$

式中：$c_i\Lambda_m$——在所给定溶液中 i 离子电导。

应用式(3-20),可以根据离子的摩尔电导率,计算溶液的电导率或电阻率。例如,纯水中导电的离子为 $H^3O^+(H^+)$ 和 OH^-,它们的浓度均为 10^{-7} mol/L,由表 3-4 查得 25 ℃时 H^3O^+ 的摩尔电导率为 349.8,OH^- 的摩尔电导率为 199.0,所以水的电导率可由式(3-20)求得：

$$\gamma = \frac{1}{100}\sum c_i\Lambda_i = \frac{1}{100}(349.8\times10^{-7}+199\times10^{-7}) = 5.48\times10^{-8}(S/cm)$$

电阻率为

$$\rho = \frac{1}{\gamma} = \frac{1}{5.48\times10^{-8}} = 1.83\times10^7(\Omega\cdot cm)$$

这就是理论纯水的电导率和电阻率。

3. 电导率测定常用的仪器设备

因为电导是电阻的倒数,所以测量溶液的电导实际上是测量溶液的电阻。溶液的电阻是用电导仪来测定。电导仪的型号很多,按便携性分,有便携式、台式和笔式电导率仪,按用途可分为实验用电导率仪和工业用电导率仪。也可以按先进程度分为经济性电导率仪、智能型电导率仪、精密性电导率仪。从结果显示的方式来分,有指针式及数显式。

4. 电导仪的维护

电导仪的电气部分要防潮、防尘、保持绝缘性能良好,防震动冲击,以免线路接触不良。

二、离子选择性电极法基本知识

离子选择性电极(ISE)是一种以电位法测量溶液中某些特定离子活度的指示电极。pH玻璃电极是世界上使用最早的离子选择性电极,早在 20 世纪初就用于测定溶液的 pH。在 20 世纪 60 年代以后,人们开始研制出来了以其他敏感膜(如晶体膜)制作的各种 ISE,也使得电位分析法得到了快速发展和应用。

1. 离子选择性电极的定义和基本构造

国际 IUPIC 定义：离子选择性电极是电化学敏感体,它的电势与溶液中给定离子活度的对数呈线性关系,这种装置不同于包含氧化还原反应的体系。

离子选择性电极的基本构造由敏感膜、内参比溶液、内参比电极($AgCl/Ag$)等组成。

以氟离子电极为例,其构造如图 3-4 所示。

2. 离子选择性电极的分类和基本性能

根据离子选择性电极膜的特征,将离子选择性电极分为以下几类:

(1) 原电极

晶体(膜电极):包括均相膜电极和非均相膜电极;

非晶体(膜)电极:包括刚性基质电极和流动载体电极。

(2) 敏化电极　包括气敏电极和酶电极。

按照膜的制作方法不同,晶体膜电极可分为均相膜电极和非均相膜电极两类。

均相膜电极的敏感膜由一种或几种化合物的均匀混合物的晶体构成;非均相膜电极的敏感膜是将难溶盐均匀地分散在惰性材料中制成的敏感膜。惰性物质可以是硅橡胶、聚氯乙烯、聚苯乙烯、石蜡等。

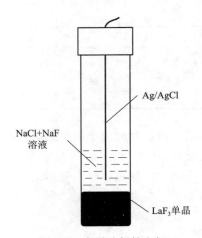

图 3-4　离子选择性电极

晶体膜电极是目前品种最多、应用最广泛的一类离子选择性电极。氟电极属于晶体(膜)电极一类。

3. 离子选择性电极基本性能

(1) 能斯特方程

离子选择性电极用于电位分析法中作为指示电极,是一类化学传感器。它的膜电位与待测溶液中离子的活度符合能斯特方程式:

$$E = E_0 + \frac{2.303RT}{nF} \lg \frac{a_{\text{ox}}}{a_{\text{Red}}} \tag{3-21}$$

式中:E——电极电位,V;

E_0——电对的标准电极电位,V;

R——摩尔气体常量,其值为 803 143 J·mol^{-1}·k^{-1};

F——法拉弟常量,值为 96 487 C·mol^{-1};

T——热力学温度,K;

n——反应中电子转移数;

a_{ox},a_{Red}——分别为被测离子的氧化态、还原态的活度。

离子选择性电极的测量方法,是把离子选择性电极(ISE)和参比电极(SCE)浸入待测溶液,用离子计或精密的 pH 计测量电池电动势(E),在一定条件下,其电池电动势和待测离子的活度对数呈线性关系。

$$\text{SCE} \parallel \text{ISE}$$

$$E = E_{\text{ISE}} - E_{\text{SCE}} = K + \frac{2.303RT}{nF} \lg a_i \tag{3-22}$$

式中的 K 为离子选择性电极常数,包括膜的不对称电位,膜与内参比溶液接触的相间电位,内、外参比电极电位及接界电位等。式中第二项前取"±"号由电池的组成和待测离子(a_i)决定,当离子选择性电极做正极时,若电极对阳离子响应,取"+"号;电极对阴离子响应,取"一"号。

（2）选择性系数 $K_{i,j}$

离子选择性电极的电位与欲测离子活度的对数之间呈线性关系,或者说只对欲测离子产生电位响应。那么是不是对溶液中共存的其他离子丝毫没有响应呢? 不是的。事实上电极除了对欲测离子有响应,对其他共存离子也能产生不同程度的响应。我们把欲测离子叫做响应离子(i),其他共存离子叫做干扰离子(j)。例如,用 pH 玻璃电极测定溶液 pH 时,当 pH＞9 时,若溶液中有 Na^+ 存在,电极电位就会偏离能斯特响应,产生误差（Na 差）。原因是电极膜除了对 H^+ 有响应外,对 Na^+ 也有响应,只是响应的程度小而已。当 $[H^+]$ 大时, Na^+ 的影响显示不出来,当 $[H^+]$ 小时, Na^+ 的影响就显著了,故产生干扰作用,则:

$$K_{H,Na} = \frac{a_{H^+}}{a_{Na^+}}$$ (3-23)

（3）离子强度调节剂和总离子强度调节缓冲剂

选择离子选择电极测定溶液中被测离子浓度时,要求保持溶液中离子强度不变。最常用的方法就是加入离子强度调节剂。在标准溶液和样品溶液中加入相同量的惰性电解质,称为离子强度调节剂,把离子强度调节剂、pH 缓冲剂和掩蔽络合剂称为总离子强度调节缓冲剂(TISAB)。

第五节 分光光度法基本知识

学习目标:掌握光的吸收基本定律朗伯-比耳定律的数学表达式及意义,会进行吸光系数和灵敏度的计算。了解紫外-可见分光光度计结构的基本组成部件及分光光度计的类型。

一、分光光度法的基本原理

光度方法是基于物质对光的选择性吸收而建立起来的分析方法,包括比色方法。紫外-可见分光光度法是利用某些物质的分子吸收 200～800 nm 光谱区的辐射来进行分析测定的方法。这种分子吸收光谱产生于价电子和分析轨道上的电子在电子能级间的跃迁,广泛用于无机和有机物质的定性分析和定量分析。

光的吸收基本定律——朗伯比耳定律

溶液中待测物的浓度与吸光度之间的定量关系遵从朗伯-比耳定律。

当一束平行单色光照射在任何均匀非散射的介质（固体、液体、气体）时,光的一部分被吸收,一部分透过溶液,一部分被器皿的表面反射。如果入射光的强度为 I_0,吸收光的强度 I,则:

$$I = I_0 e^{-abc}$$ (3-24)

透射光的强度 I_t 与入射光的强度 I_0 之比称为透光率或透光度,用 T 表示:

$$T = \frac{I_t}{I_0}$$ (3-25)

溶液的透光率愈大,表示对光的吸收愈小。反之,透光率愈小,表示对光的吸收愈大。

$$A = \lg \frac{I_0}{I_t} = \lg \frac{1}{T} = kbc$$ (3-26)

式中：A——吸光度；

　　I_0——入射光强度；

　　I_t——透射光强度；

　　c——样品溶液的浓度；g/L；

　　b——样品溶液的厚度，cm；

　　a——吸光系数，l/(g·cm)；

　　k——比例常数。

朗伯-比耳定律说明：

1) 单色光透过待测溶液时，透光率与浓度呈指数关系，吸光度与浓度呈直线关系；

2) 溶液的吸光度与吸光物质浓度以及吸收层厚度成正比；

3) 比例常数 k 与吸光物质的性质、入射光波长及温度等因素有关。同一吸光物质的常数 k 是一定的。

二、物质颜色与吸收光的关系

由于物质对光的选择性吸收决定了物质所呈现出的颜色，物质颜色与吸收光的颜色之间为互补色，具体见表 3-5。

表 3-5　物质颜色和吸收光的颜色的关系

物质颜色	吸收光	
	颜色	波长范围/nm
黄绿	紫	400~450
黄	蓝	450~480
橙	绿蓝	480~490
红	绿蓝	490~500
紫红	绿	500~560
紫	黄绿	560~580
蓝	黄	580~600
绿蓝	橙	600~650
蓝绿	红	650~750

三、吸光系数、摩尔吸光系数与桑德尔灵敏度

1. 吸光系数

朗伯-比尔定律 $A=kbc$ 中的系数 k 因浓度 c 所取单位的不同，有两种表示方式：

(1) 当 c 以 g/L，b 以 cm 表示时，比例常数 k 用 a 表示，称为吸光系数，单位为 L/(g·cm)。则光的吸收定律：$A=abc$。

(2) 当 c 以 mol/L，b 以 cm 表示时，比例常数 k 用 ε 表示，称为摩尔吸光系数，单位为 L/(mol·cm)。则光的吸收定律：

$$A = \varepsilon ab \tag{3-27}$$

2. 桑德尔灵敏度

桑德尔灵敏度(S)规定在一定波长下测得的吸光度 $A=0.001$ 时,单位截面所能检测出来的吸光物质的最低含量,单位 $\mu g/cm^2$;S 与 ε 的关系如下:

$$S = \frac{M}{\varepsilon} \tag{3-28}$$

式中,M——为物质的质量。

ε——反映吸光物质对光的吸收能力,也反映用吸光光度分析法测定吸光物质的灵敏度。

四、紫外-可见分光光度计

1. 仪器基本组成

分光光度计是指能从含有各种波长的混合光中将每一单色光分离出来并测量其强度的仪器。

分光光度计主要由五部分组成,即光源、单色器、狭缝、样品池和检测器系统。分光光度计因使用的波长范围不同而分为紫外光区、可见光区、红外光区以及万用(全波段)分光光度计等。

(1)光源

要求能提供所需波长范围的连续光谱,稳定而有足够的光强度。

1)白炽灯(钨丝灯、卤钨灯) 发射光波长范围宽,但紫外区很弱,最适宜工作范围为 360~1 000 nm,用作可见光区光源。

2)气体放电灯(氢灯、氘灯) 可发射 150~400 nm 的连续光谱,用作紫外区光源。

3)金属弧灯(各种汞灯) 汞灯发射的不是连续光谱,一般作波长校正用。

(2)分光系统(单色器)

单色器是指能从混合光波中分解出来所需单一波长光的装置,由棱镜或光栅构成。单色器一般由五部分组成:入光狭缝、准光器、色散器、投影器和出光狭缝。色散器是单色器的核心部分,常用的色散元件是棱镜或光栅。

用玻璃制成的棱镜色散力强,但只能在可见光区工作,石英棱镜工作波长范围为 185~4 000 nm,在紫外区有较好的分辨力而且也适用于可见光区和近红外区。棱镜的特点是波长越短,色散程度越好,越向长波一侧越差。所以用棱镜的分光光度计,其波长刻度在紫外区可达到 0.2 nm,而在长波段只能达到 5 nm。有的分光系统是衍射光栅,即在石英或玻璃的表面上刻划许多平行线,刻线处不透光,于是通过光的干涉和衍射现象,较长的光波偏折的角度大,较短的光波偏折的角度小,因而形成光谱。

(3)狭缝

狭缝是指由一对隔板在光通路上形成的缝隙,用来调节入射单色光的纯度和强度,也直接影响分辨力。狭缝可在 0~2 mm 宽度内调节,由于棱镜色散力随波长不同而变化,较先进的分光光度计的狭缝宽度可随波长一起调节。

(4)样品池

样品池也叫比色皿或吸收器,是用来盛放样品溶液的容器。玻璃比色皿能吸收紫外光,适用于可见光区,石英比色皿不吸收紫外光,适用于紫外和可见光区。使用时不能用手拿比色皿的光学面,用后要及时洗涤,可用温水或稀盐酸、乙醇以至铬酸洗液(浓酸中浸泡不要超过 15 min)清洗,表面只能用柔软的绒布或拭镜头纸擦净。

(5) 检测器系统

将因光强度而产生的电信号显示出来的设备叫检测器。

常用检测器有光电池、光电管或光电倍增管。光电池的组成种类繁多,最常见的是硒光电池。光电池连续照射一段时间会产生疲劳现象而使光电流下降,因此使用时不宜长期照射,随用随关,以防止光电池因疲劳而产生误差。分光光度计中常用电子倍增光电管,在光照射下所产生的电流比其他光电管要大得多,这就提高了测定的灵敏度。

检测器产生的光电流以某种方式转变成模拟的或数字的结果,模拟输出装置包括电流表、电压表、记录器、示波器及与计算机联用等,数字输出则通过模拟/数字转换装置如数字式电压表等。

2. 紫外-可见分光光度计的类型和特点

分光光度计按使用波长范围可分为:可见分光光度计和紫外-可见分光光度计两类。前者波长范围是 400~780 nm,后者的使用波长为 200~1 000 nm,可见分光光度计只能用于测量有色溶液的吸光度,而紫外-可见分光光度计可测量紫外、可见及近红外有吸收的物质的吸光度。

常见的紫外-可见分光光度计分为单波长分光光度计和双波长分光光度计。

(1) 单波长分光光度计

所谓单波长是指从光源中发出的光,经过单色器获取一个波长的单色光。工作原理如图 3-5 所示。

图 3-5　单光束分光光度计结构

特点是结构简单,价格低,主要适用于做定量分析,不足之处是测定结果受光源强度波动的影响较大,因而给定量分析结果带来较大的误差。

(2) 双波长分光光度计

采用两个单色器得到两束波长不同的单色光,其工作原理如图 3-6 所示。

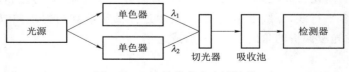

图 3-6　双波长分光光度计结构

两束波长为 λ_1、λ_2 的单色光交替地通过同一试样溶液(同一吸收池)后照射到同一光电倍增管上,得到溶液对两束光的吸光度差值 ΔA,即 $A_{\lambda_1} - A_{\lambda_2}$。

若用于测定浑浊样品或吸收背景较大的样品时,可提高测定的选择性,用 A_S 表示非待

测组分的吸光度(背景吸收),则:

$$A_{\lambda_1}=\lg I_0(\lambda_1)/\lg I_t(\lambda_1)+A_{s_1}=\varepsilon_{\lambda_1}\times b\times c+A_{s_1}$$
$$A_{\lambda_2}=\lg I_0(\lambda_2)/\lg I_t(\lambda_2)+A_{s_2}=\varepsilon_{\lambda_2}\times b\times c+A_{s_2}$$

一般情况下,由于λ_1、λ_2相差很小,可视为相等。A_s一般不受波长的影响。因此,通过吸收池后的光强度差为:

$$\Delta A=A_{\lambda_1}-A_{\lambda_2}=(\varepsilon_{\lambda_1}-\varepsilon_{\lambda_2})\times b\times c+A_{s_2}$$

综上所述,试样溶液中被测组分的浓度与两个波长吸光度差成正比,这是双波长法的定量依据。这类仪器的特点:不用参比溶液,只用一个待测溶液,可以消除背景吸收干扰,适合混合物和浑浊样品的分量分析,也可进行导数光谱分析等。

3. 常用紫外-可见分光光度计类型

(1)国产仪器:可见分光光度计,由磁饱和稳压器、单色器、检流计组成,图3-7所示为常用国产分光光度计,表3-6所示为国产分光光度计的分类。

721型分光光度计的主要技术指标:

1)波长范围:360～800 nm

2)波长精度:(360～500)nm ±2 nm

3)(500～600)nm ±3 nm

4)(600～800)nm ±5 nm

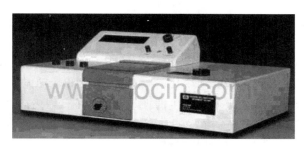

图3-7 721型可见分光光度计

表3-6 国产分光光度计的分类

分类	工作范围/nm	光源	单色器	接收器	国产型号
可见分光光度计	420～700 360～70	钨灯 钨灯	玻璃棱镜	硒光电池光电管	72型 75型
紫外、可见和近红外分光光度计	200～1 000	氢灯及钨灯	石英棱镜或光栅	光电管或光电倍增管	751型 WFD-8型
红外分光光度计	760～4 000	硅碳棒或辉光灯	岩盐或萤石棱镜	热电堆或辐射热器	WFD-3型 WFD-7型

(2)进口分光光度计仪器,以日本岛津UV3101PC型分光光度计为例,其主要技术指标如下:

1)波长范围:190～3 200 nm;

2)分辨率:0.1 nm;

3)波长准确度:紫外可见光区±0.3 nm(狭缝 0.2 nm);近红外光区±1.6 nm(狭缝 1.2 nm);

4)波长重现性:紫外可见光区±0.1 nm;近红外光区±0.4 nm。

表 3-7 所示为进口分光光度计的分类。

表 3-7 进口分光光度计的分类

分类	工作范围/nm	光源	单色器	接收器	进口型号
可见分光光度计	190～900	钨灯	玻璃棱镜	硒光电池光电管	日本岛津 UV-250 型 日本岛津 UV360 型
紫外、可见和近红外分光光度计	200～1 000	卤素灯及氘灯	闪耀全耀光栅	光电倍增管PbS 检测器	日本岛津 UV3101PC 型 美国 PE554 型 英国 SP8-250

第六节 红外吸收光谱分析法基本知识

学习目标:了解红外吸收光谱分析法基本原理,掌握傅里叶变换红外光谱仪的结构和组成法,会使用红外吸收光谱分析设备。通过对技能实例的学习和操作训练,熟练掌握采用红外吸收光谱法测定铀氧化物粉末中水分和铀氧化物中碳硫的测定方法。

红外吸收光谱(Infrared Absorption Spectrum,IR)是利用物质的分子吸收了红外辐射后,由分子振动或转动引起偶极矩的净变化,产生分子振动和转动能级从基态到激发态的跃迁,得到分子振动能级和转动能级变化产生的振动-转动光谱,因为出现在红外区,所以称之为红外光谱。红外光谱法波长范围约为 0.75～1 000 μm。利用红外光谱进行定性、定量分析及测定分子结构的方法称为红外吸收光谱法。

红外吸收光谱经历了从棱镜红外光谱、光栅红外光谱,到傅里叶变换红外光谱三个发展阶段,并积累了一二十万张的标准谱图。近年来,红外光谱仪与其他大型仪器的联用,使得红外吸收光谱法在结构分析、化学反应机理研究以及生产实践中发挥着极其重要的作用,是"四大波谱"中应用最多、理论最为成熟的一种方法。

当分子吸收红外辐射后,必须满足以下两个条件才会产生红外吸收光谱。

(1)当分子吸收的红外辐射能量达到能级跃迁的差值时,才会吸收红外辐射。

(2)只有能引起分子偶极矩瞬间变化的振动才会产生红外吸收光谱。红外吸收峰的强度与分子振动时偶极矩变化的平方成正比。

一、红外吸收光谱基本原理

当样品受到红外光的辐射,样品分子产生振动能级和转动能级的跃迁,由于分子振动或转动能级跃迁产生的连续吸收光谱称为红外吸收光谱。

通常将红外吸收光谱区按波长分为 3 个区域,即近红外光区、中红外光区、远红外光区,如表 3-8 所示。

表 3-8   红外吸收光谱区域划分

区域名称	波长,$\lambda/\mu m$	波数,δ/cm^{-1}	能级跃迁类型
近红外光区	0.75～2.5	13 300～4 000	OH、NH 及 CH 键的倍频吸收区
中红外光区	2.5～50	4 000～200	各个键的伸缩和弯曲振动,可以得到官能团周围环境的信息,用于化合物的鉴定
远红外光区	50～1 000	200～10	含重原子的化学键伸缩振动和弯曲振动的基频在远红外光区
常用波段	2.5～25	4 000～400	

波长(λ)和波数(δ)之间的数量关系为:

$$\delta = \frac{1}{\lambda} = \frac{v}{C} \tag{3-29}$$

式中:δ——波数,cm^{-1};

λ——波长,cm;

v——频率,s^{-1};

C——光速($C = 3 \times 10^{10}$ cm/s)。

二、红外光谱仪的结构与原理

红外光谱仪因其具有很高的分辨率、灵敏度高和很快的扫描速度,仪器的性能价格比也越来越高,同时也是实现联用较理想的仪器,目前已有气相-红外、高效液相-红外、热重-红外等联用的商品仪器。因此应用范围日益广泛。

1. 工作原理

傅里叶变换红外光谱法是利用两束光相互干涉产生干涉谱而经过傅里叶变换的数字处理,最后将干涉图还原成红外光谱图的测定技术。

仪器工作原理见图 3-8,红外光源发出的光首先通过一个光圈,然后逐步通过滤光片、进入干涉仪(光束在干涉仪里被动镜调制)、到达样品(透射或反射),最后聚焦到检测器上。

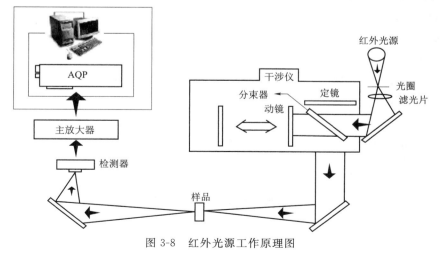

图 3-8   红外光源工作原理图

每一个检测器包含一个前置放大器,前置放大器输出的信号(干涉图)发送到主放大器,将数字化信号送到 AQP 板作进一步的数学处理:干涉图变换成单通道光谱图。

2. 仪器的主要部件

傅里叶变换红外光谱仪由红外光源、干涉仪(包含分束器)、样品室、检测器、数据处理和记录装置 5 个部分组成。

(1) 红外光源

红外光源是能够连续发射高强度红外光的物体,最常用的光源有能斯特灯和硅碳棒。

能斯特灯是由耐高温的氧化锆、氧化铱和氧化钍等稀土元素混合烧结而成的,有空心和实心两种,两端绕以铂丝作导线,室温下是非导体,加热到 700 ℃ 以上时变为导体,工作温度为 1 700 ℃ 左右。其优点是发出的光强度高、稳定性较好,但机械强度差,价格较贵。

硅碳棒是由碳化硅经高温烧结而成,两端绕以金属导线通电,工作温度为 1 200～1 500 ℃。其优点是坚固、发光面积大、操作方便、价格便宜,但使用前必须用变压器调压后才能用。

(2) 干涉仪

干涉仪是光谱仪的心脏,光束进入干涉仪后一分为二:一束(T)透过到动镜、另一束(R)反射到定镜。

透射光从定镜反射回来(在这里被调制)到达分束器一部分透射返回光源(TT),另一部分反射到样品(TR)。

反射光从定镜反射回来到分束器,一部分反射返回光源(RR),一部分透射到样品(RT)。也就是说在干涉仪的输出部分有两部分,它们被加和:TR+RT。

根据动镜的位置,这两束光得到加强或减弱,产生干涉,得到一干涉图。干涉图信号经检测器转变成电信号,通过计算机经傅里叶变换后即得红外光谱图。

(3) 检测器

傅里叶变换红外光谱仪检测器响应时间短,多用热电型和光电型检测器。热电型检测器的波长特性曲线平坦,对各种频率的响应几乎一样,室温下即可使用,且价格低廉,但响应速度慢、灵敏度低。光电型检测器的灵敏度高、响应快,适合用于高速测量,但需要液氮冷却。

3. 傅里叶变换红外光谱仪的特点

(1) 测量时间短,在几秒内就可以完成一次红外光谱的测量工作,其扫描速度较色散型要快数百倍。

(2) 能量大、灵敏度高,因为傅里叶变换红外光谱仪没有狭缝和单色器,反射面又大,因此到达检测器上的能量大,可以检测 $10^{-12}\sim10^{-9}$ g 的样品;对于一般红外光谱不能测定的,散射很强的样品,可采用漫反射附件测定,能够得到满意的光谱。

(3) 分辨率高,波数精度可达 0.01 cm^{-1}。

(4) 测定精度高,重复性可达 0.1%,而杂散光小于 0.01%。

(5) 测定的光谱范围宽,测定范围可达 0.1～10 000 cm。

第七节　原子发射光谱分析法基本知识

学习目标:了解原子发射光谱分析法的基本原理,掌握光谱定量分析基础知识及等离子体原子发射光谱仪的基本结构。通过对技能实例的学习和操作训练,熟练掌握采用原子发射光谱法测定铀氧化物中铁、铬、铅、镍等金属杂质的测定方法。

原子发射光谱法(Atomic Emission Spectrometry,AES)是根据待测物质的气态原子或离子被激发时所产生特征线状光谱的波长及强度来测定物质的元素组成和含量的一种分析技术。原子发射光谱法是一种成分分析方法,常用于定性、半定量和定量分析。

一、原子发射光谱的基本原理和概念

1. 原子发射光谱的产生

一般情况下,原子处于基态,在激发光的作用下,原子获得足够的能量,外层电子由基态跃迁到较高的能级状态即激发态。处于激发态的原子是不稳定的,其寿命小于 10^{-8} s,外层电子就从高能级向较低能级或基态跃迁,多余的能量的发射可得到一条光谱线,属于线状光谱。由于原子的能级是量子化的,不连续的,电子的跃迁也是不连续的,这就是原子光谱是线状光谱的根本原因。

谱线波长与能量的关系:

$$\lambda = \frac{hc}{E_2 - E_1} \qquad (3\text{-}30)$$

式中:λ——波长;

h——布朗克常数;

c——光速;

E_2、E_1——高能级与低能级的能量。

每条谱线都与原子中的电子在不同能级间跃迁有关,都可以用能级差表示,原子中电子的能级与结构有关,结构不同,谱线波长就不同,这是定性分析的基础。

2. 谱线强度

谱线强度是由某激发态向基态或较低能级跃迁产生发射谱线的强度。谱线强度与基态原子数成正比,在一定条件下,基态原子数与试样中该元素浓度成正比。因此在一定条件下谱线强度与被测元素浓度成正比,这是光谱定量分析的依据。

谱线强度与试样中元素的浓度的关系如下:

$$I = ac^b \qquad (3\text{-}31)$$

式中:a——比例系数;

b——自吸系数($b<1$ 时,有自吸;$b=1$ 时,无自吸);

c——试样中元素的浓度。

3. 谱线的自吸收和自蚀

原子在高温时被激发,发射某一波长的谱线,而处于低温状态的同类原子又能吸收这一波长的辐射,这种现象称为谱线的自吸。由于自吸收的发生,谱线强度和轮廓将发生变化,如图 3-9 所示。当没有自吸收时,谱线轮廓如曲线 1 所示,当有自吸时谱线中心强度开始降低,轮廓也发生变化。当自吸现象非常严重时,谱线中心的辐射将完全被吸收,这种现象称为自蚀现象。

自吸程度与元素的浓度有关系,当元素浓度较高时(超过 1 mg/mL),通常会腐蚀自吸。

4. 基本概念

(1) 分析线:复杂元素的谱线可能多至数千条,只选择其中几条特征谱线检验,称其为分析线;

(2) 最后线:浓度逐渐减小,谱线强度减小,最后消失的谱线;

(3) 灵敏线:最易激发的能级所产生的谱线,每种元素都有一条或几条谱线最强的线,即灵敏线,最后线也是最灵敏线;

(4) 共振线:由第一激发态回到基态所产生的谱线;通常也是最灵敏线、最后线。

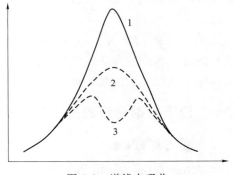

图 3-9　谱线自吸收

1—无自吸;2—自吸收;3—自蚀

光谱分析线的选择原则是:选择灵敏线或次灵敏线。

二、原子发射光谱仪的类型

原子发射光谱仪按照其发展过程大致可以分为 3 个阶段:即定性分析阶段、定量分析阶段和等离子体光谱 3 个阶段。原子发射光谱技术的发展在很大程度上取决于激发光源技术的改进。现代原子发射光谱已经进入了等离子体光源时代。

按照使用的色散元件不同,分为棱镜摄谱仪和光栅摄谱仪;

按照光谱记录与测量方法不同,分为摄谱仪和光电直读光谱仪,后者又分为多道光谱仪、单道扫描光谱仪和全谱直读光谱仪等。

按照激发光源不同,分为电弧放电、电火花和等离子体光源。

1. 摄谱仪

摄谱仪是用光栅或棱镜做色散元件,用照相法记录光谱的原子发射光谱仪器。图 3-10 所示为国产 WSP-1 型平面光栅摄谱仪的光路图。利用光栅摄谱仪进行定性分析。

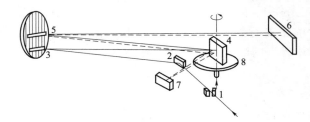

图 3-10　WSP-1 型平面光栅摄谱仪的光路图

1—狭缝;2—平面反射镜;3—准直镜;4—光栅;5—成像物镜;6—感光板;7—二次衍射反射镜;8—光栅转台

2. 光电直读光谱仪

光电直读光谱仪分为多道直读光谱仪、单道扫描光谱仪和全谱直读光谱仪三种。前两种仪器采用光电倍增管作为检测器,后一种采用固体检测器。

(1) 多道直读光谱仪

多道直读光谱仪多采用凹面光栅,图 3-11 为多道直读光谱仪分光系统示意图。多道直读光谱仪的优点是分析速度快,准确度优于摄谱法;但由于仪器结构限制,多道直读光谱仪的出射狭缝间存在一定距离,使利用波长相近的谱线有困难。多道直读光谱仪适合于固定元素的快速定性、半定量和定量分析。

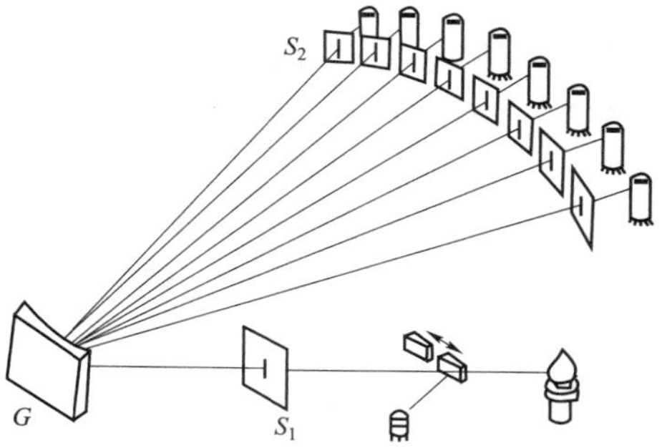

（2）单道扫描光谱仪

和多道直读光谱仪相比,单道扫描光谱仪波长选择更为灵活方便,分析样品的范围更广,适用于较宽的波长范围。但由于完成一次扫描需要一定时间,因此分析速度受到一定限制。

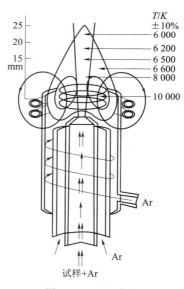

图 3-11　多道直读光谱仪凹面
光栅分光系统示意图
S_1—入射狭缝;G—光栅;S_2—出射狭缝

（3）全谱直读等离子体发射光谱仪

全谱直读型仪器采用 CCD 或 SCD 检测器,中阶梯光栅结合棱镜（或平面光栅）构成二维、高分辨率、高能量的色散系统,能同时获得多个元素的谱线信息。

3. 等离子体发射光谱仪的结构

等离子体发射光谱仪基本结构由计算机系统、气路系统、电路系统、水路系统、光学系统、进样系统 6 部分组成。

等离子体是一种由自由电子、离子、中性原子与分子所组成的在总体上呈中性的气体,利用电感耦合高频等离子体（ICP）作为原子发射光谱的激发光源,简称 ICP 光源。ICP 光源装置由高频发生器和感应线圈、炬管和供气系统以及试样引入系统 3 部分组成,如图 3-12 所示。

（1）高频发生器

产生高频磁场,供给等离子体能量,其频率和功率输出稳定性高。频率多为 27～50 MHz,最大输出功率通常是 2～4 kW。

（2）感应线圈

一般以圆铜管或方铜管绕成的 2～5 匝水冷线圈。

图 3-12　ICP 光源

（3）等离子炬管和供气系统

炬管由三层同心石英管组成。ICP 光源自问世以来主要在氩气气氛条件下工作,用 Ar 做工作气的优点是:Ar 是单原子惰性气体,不与试样组分形成难解离的稳定化合物,也不会像分子那样因解离而消耗能量,有良好的激发性能,本身的光谱简单。供气系统包括冷却气、辅助气、雾化气。

1）外层石英管和冷却气

将 Ar 气沿切线方向引入外管,它主要起冷却作用,保护石英炬管免被高温所熔化,使等离子体的外表面冷却并与管壁保持一定的距离,采用切向进气,其目的是利用离心作用在炬管中心产生低气压通道,以利于进样,称为冷却气也可称等离子气,其流量约为 10～

20 L/min，视功率的大小以及炬管的大小、质量与冷却效果而定。

2）中层石英管和辅助气

将 Ar 气通入中心管与中层管之间，中层石英管出口做成喇叭形，其作用是"点燃"等离子体，并使高温的 ICP 底部与中心管、中层管保持一定的距离，保护中心管和中层管的顶端，尤其是中心管口不被烧熔或过热，减少气溶胶所带的盐分过多地沉积在中心管口上。另外它又起到抬升 ICP、改变等离子体观察度的作用。称为辅助气，其流量在 0～1.5 L/mim。

3）内层石英管和雾化气

雾化气也称载气或样品气，作用之一是作为动力在雾化器将样品的溶液转化为粒径只有 1～10 μm 的气溶胶；作用之二是作为载气将样品的气溶胶由内管（内径约为 1～2 mm 引入 ICP；作用之三是对雾化器、雾化室、中心管起清洗作用。雾化气的流量一般在 0.4～1.0 L/min，或压力在 15～45 psi。

（4）ICP 焰

分为 3 个区域：焰心区、内焰区和尾焰区。

1）焰心区呈白色，不透明，是高频电流形成的涡流区，等离子体主要通过这一区域与高频感应线圈耦合而获得能量。该区温度高达 10 000 K，电子密度很高，由于黑体辐射、离子复合等产生很强的连续背景辐射。试样气溶胶通过这一区域时被预热、挥发溶剂和蒸发溶质，因此，这一区域又称为预热区。

2）内焰区位于焰心区上方，一般在感应圈以上 10～20 mm 左右，略带淡蓝色，呈半透明状态。温度约为 6 000～8 000 K，是分析物原子化、激发、电离与辐射的主要区域。光谱分析就在该区域内进行，因此，该区域又称为测光区。

3）尾焰区在内焰区上方，无色透明，温度较低，在 6 000 K 以下，只能激发低能级的谱线。

三、原子发射光谱法优缺点

1. 优点

（1）多元素同时检出能力，可同时测定一个样品中的多种元素。

（2）分析速度快，可在几分钟内同时做几十个元素的定量测定。

（3）选择性好，对于一些化学性质极相似的元素的分析具有特别重要的意义。

（4）检出限低，一般可达 0.1～1 μg/g，用电感耦合等离子体（ICP）新光源，检出限可低至 ng/mL 数量级。

（5）用 ICP 光源时，准确度高，标准曲线的线性范围宽，可达 4～6 个数量级。可同时测定高、中、低含量的不同元素。因此 ICP-AES 已广泛应用于各个领域之中。

（6）样品消耗少，适于整批样品的多组分测定，尤其是定性分析更显示出独特的优势。

2. 缺点

（1）在经典分析中，影响谱线强度的因素较多，尤其是试样组分的影响较为显著，所以对标准参比的组分要求较高。

（2）含量（浓度）较大时，准确度较差。

（3）只能用于元素分析，不能进行结构、形态的测定。

（4）非金属元素难以得到灵敏的光谱线，尚无法检测。

（5）工作气体氩气消耗量较大。

第八节　气相色谱分析法基本知识

学习目标： 掌握气相色谱分析法的基本原理和色谱分析的分类方法。理解流动相、固定相、色谱图、色谱峰、保留时间等基本术语及其特征。初步了解色谱仪的基本结构。通过对技能实例的学习和操作训练，掌握铀氧化物中总氢含量分析方法的操作及原理。

色谱分析法是俄国植物学家茨维特（M. S. Tswett）在 1901 年首先发现的。在 1903 年 3 月，茨维特在华沙大学的一次学术会议上所作的报告中正式提出"chromatography"（即色谱）一词，标志着色谱的诞生。气相色谱出现于 20 世纪 40 年代，英国人马丁（A. J. P. Martin）和辛格（R. L. M. Synge）在研究分配色谱理论的过程中，证实了气体作为色谱流动相的可行性，并预言了 GC（气相色谱）的诞生。到 1952 年，他们发表了第一篇 GC 论文。1955 年第一台商品 GC 仪器推出，1958 年出现了毛细管 GC 柱。气相色谱（GC）技术是一种相当成熟的且应用极为广泛的复杂混合物的分离分析方法。

一、气相色谱分析法的基本原理及分类

1. 基本原理

气相色谱分析法是一种物理的分离方法。利用被测物质各组分在两相中不同的分配系数（溶解度、渗透性等）的微小差异，当两相做相对运动时，这些物质在两相间进行反复多次的分配，使原来只有微小的性质差异产生很大的效果，而使不同组分得到完全的分离。

凡是以气相作为流动相的色谱技术，通称为气相色谱。

2. 分类

（1）按色谱柱分类

1）填充柱色谱法。填充柱内要填充上一定的填料，它是实心的。

2）毛细管柱色谱法。毛细管柱是空心的，其固定相是附着在柱管内壁上的。

（2）按固定相聚集态分类

1）气固色谱：固定相是固体吸附剂。如多孔氧化铝或高分子小球等，主要用于分离永久气体和较低分子量的有机化合物，其分离主要基于吸附原理。

2）气液色谱：固定相是涂在固体表面的液体。分离主要基于分配机理。

（3）按分离机理分类

1）吸附色谱：利用固体吸附表面对不同组分物理吸附性能的差异达到分离的色谱。

2）分配色谱：利用不同的组分在两相中有不同的分配系数以达到分离的色谱。

（4）其他

1）利用离子交换原理的离子交换色谱。

2）利用胶体的电动效应建立的电色谱。

3）利用温度变化发展而来的热色谱等等。

二、气相色谱分析过程

气相色谱是利用物质的沸点、极性及吸附性质的差异来实现混合物的分离，其过程如图 3-13 所示。待分析样品在汽化室汽化后被惰性气体（即载气，也叫流动相）带入色谱柱，柱内含有液体或固体固定相，由于样品中各组分的沸点、极性或吸附性不同，每种组分都倾向于在流动相和固定相之间形成分配或吸附平衡，但由于载气是流动的，这种平衡实际上很难建立起来。也正是由于载气的流动，使样品组分在运动中进行反复多次的

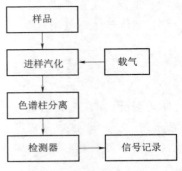

图 3-13　GC 分析流程图

分配或吸附/解吸，结果是在载气中分配浓度大的组分先流出色谱柱，而在固定相中分配浓度大的组分后流出。当组分流出色谱柱后，立即进入检测器。检测器能够将样品组分的存在与否转变为电信号，而电信号的大小与被测组分的量或浓度成比例。

三、气相色谱的基本概念

1. 色谱图和色谱流出曲线

色谱图是指色谱柱流出物通过检测系统时所产生的相应信号对时间或流动相流出体积的曲线图。

图 3-14 为气相色谱流出曲线示意图。色谱流出曲线是指色谱图中随时间或载气流出体积变化的相应信号曲线，也就是以组分流出色谱柱的时间（t）或载气流出体积（V）为横坐标，以检测器对各组分的电信号响应值（mV）为纵坐标的一条曲线。色谱图上可看到一组色谱峰，每个峰代表样品中的一个组分。有关术语列于表 3-9 中。

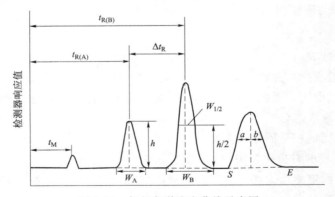

图 3-14　气相色谱流出曲线示意图

表 3-9　有关色谱图的概念

术语	符号	定义
色谱图		色谱分析中检测器响应信号随时间的变化曲线
色谱峰		色谱柱流出物通过检测器时所产生的响应信号的变化曲线
基线		在正常操作条件下仅有载气通过检测器时所产生的信号曲线，是与横坐标保持平行的直线

术语	符号	定　义
峰底		连接峰起点与终点之间的直线
峰高	h	从峰最大值到峰底的距离
峰(底)宽	W	在峰两侧拐点处所作切线与峰底相交两点间的距离
半峰宽	$W_{1/2}$	在峰高的中点作平行于峰底的直线,此直线与峰两侧相交点之间的距离
峰面积	A	峰与峰底之间的面积
基线漂移		基线随时间的缓慢变化
基线噪声		由于各种因素引起的基线波动
拖尾峰		后沿较前沿平缓的不对称峰
前伸峰		前沿较后沿平缓的不对称峰
假(鬼)峰		并非由样品本身产生的色谱峰

注:1. 峰面积和峰高一般与组分的量成正比,故是定量分析的依据。

2. 半峰宽是比峰宽更为常用的参数,大多数积分仪给出的所谓峰宽(peak width)实际上就是近似半峰宽,且以时间为单位。

3. 峰面积和峰高过去常用手工测量,费时又误差大,现在多采用电子积分仪或计算机软件处理数据,使峰面积和峰的测量精度大为提高。需要指出的是,积分仪和计算机给出的峰面积和峰高的单位不是采用常规的面积单位,而是用信号强度和时间单位来表示,比如,峰高常用 mV 或 μA,而面积则用 μV·s 或 nA·s 表示。

2. 保留值

色谱最常用的保留值是保留时间。在填充柱 GC 中,特别是测定物化参数时,常用保留体积的概念。表 3-10 中列出了各种保留值的定义。

表 3-10　有关保留值的术语

术语	符号	定义及说明
保留时间	t_R	样品组分从进样到出现峰最大值所需的时间,即组分被保留在色谱柱中的时间
死时间	t_M	从进样开始到惰性组分(不被固定相保留的组分)从柱中流出的保留时间
调整保留时间	t'_R	$t'_R = t_R - t_M$,即从保留时间扣除了死时间的剩余时间
校正保留时间	t^0_R	$t^0_R = jt_R$,j 为压力校正因子
净保留时间	t_N	$t_N = jt'_R$,即经压力校正的调整保留时间
死体积	V_M	$V_M = t_M F_c$,即对应于死时间的保留体积,F_c 为色谱柱内载气平均流量
保留体积	V_R	$V_R = t_R F_c$,即对应于保留时间的载气体积
调整保留体积	V'_R	$V'_R = t'_R F_c = V_R - V_M$,即对应于调整保留时间的载气体积
校正保留体积	V^0_R	$V^0_R = jV_R$,即经压力校正的保留体积
净保留体积	V_N	$V_N = jV'_R$,即经压力校正的调整保留体积
比保留体积	V_R	$V_R = (273/T_c)(V_N/M_L)$,即单位质量固定液校正到 273 K 时的净保留体积,T_c 为色谱柱温度,M_L 为色谱柱中固定液的质量

3. 色谱柱性能的参数

色谱柱的基本参数有柱长(L)、柱内径(r)、柱材料、固定相等,此外还有几个描述柱性能的参数。

(1) 相比 β 色谱柱中气相与液相体积之比,$\beta = V_G/V_L$;

(2) 柱效   也叫柱效能,是指色谱柱在分离过程中主要由动力学因素(操作参数)所决定的分离效能,通常用理论塔板数 n 或理论塔板高度 H 来表示:

$$n = 5.54 \left(\frac{t_R}{W_{1/2}}\right)^2 = 16 \left(\frac{t_R}{W}\right)^2 \tag{3-32}$$

$$H = L/n \tag{3-33}$$

式(3-32)和式(3-33)是塔板理论导出的公式,用以衡量色谱柱的柱效。在相同的操作条件下,用同一样品测定色谱柱的 n 或 H 值,n 值越大(H 越小),柱效越高。计算 n 和 H 时,应注意与 t_R 和 $W_{1/2}$ 或 W 的单位保持一致。

实际工作中常用单位柱长的理论塔板数 n' 来比较柱效能,即 $n' = n/L$。有时还用有效板数(n_{eff})来表示柱效,其定义为用调整保留时间测得的柱效:

$$n_{eff} = 5.54 \left(\frac{t'_R}{W_{1/2}}\right)^2 = 16 \left(\frac{t'_R}{W}\right)^2 \tag{3-34}$$

与此对应,还有有效板高 H_{eff} 的概念:

$$H_{eff} = L/n_{eff} \tag{3-35}$$

(3) 拖尾因子 γ

$$\gamma = b/a \tag{3-36}$$

理想的色谱峰应为正态分布的高斯峰,即流出曲线呈高斯分布。然而,实际上色谱过程很复杂,色谱峰形取决于多种因素。如色谱柱对某些组分的吸附性太强,或者进样量太大造成柱超载,均会导致色谱峰的不对称。即使色谱柱的 n 很高,也可能出现某些组分的拖尾或前伸峰。γ 即是对峰对称性的描述。当 $\gamma > 1$ 时为拖尾峰,$\gamma < 1$ 时为前伸峰。γ 越接近 1,说明色谱柱的性能越好。

4. 保留指数 I

保留指数(I)又称科瓦特保留指数,是气相色谱定性分析的重要参数。其规定为:在任一色谱分析操作条件下,对碳数为 n 的任何正构烷烃,其保留指数为 $100n$。如正丁烷,保留指数为 400。在同样色谱分析条件下,任意被测组分的保留指数可按式(3-37)计算。

$$I_X = 100 \left[z + n \left(\frac{lg t'_{R(x)} - lg t'_{R(z)}}{lg t'_{R(z+n)} - lg t'_{R(z)}} \right) \right] \tag{3-37}$$

式中 $t'_{R(x)}$、$t'_{R(n)}$、和 $t'_{R(z+n)}$ 分别为待测物 x 以及在其前后两侧出峰的正构烷烃(其碳原子数分别为 z 和 $z+n$)的调整保留时间。n 通常为 1,也可以是 2 或 3,但不超过 5。

要测定被测组分的保留指数,必须同时选择两个相邻的正构烷烃,是这两个正构烷烃的调整保留时间,一个在被测组分的调整保留时间之前,一个在其后,这样用两个相邻的正构烷烃做基准,就可求出被测组分的保留指数。将保留指数与文献值对照定性。

四、气相色谱仪的基本结构

常用气相色谱仪(GC)型号繁多,性能各异,但总的来说,仪器的基本结构是相似的,其结构如图 3-15 所示。主要由载气系统、进样系统、分离系统(色谱柱)、检测系统以及数据处理系统构成。

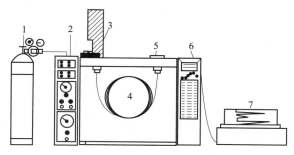

图 3-15　GC 基本结构示意图

1—气源;2—气路控制系统;3—进样系统;4—柱系统;5—检测系统;6—控制系统;7—数据处理系统

1. 载气系统

载气系统包括气源、气体净化器、气路控制系统。载气是气相色谱过程的流动相,原则上说只要没有腐蚀性,且不干扰样品分析的气体都可以作载气。常用的有 H_2、He、N_2、Ar 等。

载气的选择主要是根据检测器的特性来决定,同时考虑色谱柱的分离效能和分析时间。气路控制系统的作用就是将载气及辅助气进行稳压、稳流及净化,以满足气相色谱分析的要求。常见的气流控制装置有压力表、针形阀、电磁阀、电子流量计等。

2. 进样系统

进样系统包括进样器和汽化室,它的功能是引入试样,并使试样瞬间汽化。气体样品可以用六通阀进样,进样量由定量管控制,可以按需要更换,进样量的重复性可达 0.5%。液体样品可用微量注射器进样,重复性比较差,在使用时,注意进样量与所选用的注射器相匹配,最好是在注射器最大容量下使用。大批量样品的常规分析常用自动进样器,重复性很好。在毛细管柱气相色谱中,由于毛细管柱样品容量很小,一般采用分流进样器,进样量比较多,样品汽化后只有一小部分被载气带入色谱柱,大部分被放空。汽化室的作用是把液体样品瞬间加热变成蒸汽,然后由载气带入色谱柱。

3. 分离系统

分离系统由柱加热箱、色谱柱以及与进样口和检测器的接头。其中色谱柱本身的性能是分离成败的关键。色谱柱基本有两类:填充柱和毛细管柱。

(1) 填充柱

将固定相填充在金属或玻璃管中(常用内径 4 mm)。

(2) 毛细管柱

也叫弹性石英毛细管,是用熔融二氧化硅拉制的空心管,柱内径通常为 0.1～0.5 mm,柱长 30～50 m,绕成直径 20 cm 左右的环状。又分为填充毛细管柱和开管毛细管柱两种。填充毛细管柱是在毛细管中填充固定相而成,也可先在较粗的厚壁玻璃管中装入松散的载体或吸附剂,然后拉制成毛细管。如果装入的是载体,使用前在载体上涂渍固定液成为填充毛细管柱气-液色谱。如果装入的是吸附剂,就是填充毛细管柱气-固色谱。这种毛细管柱近年已不多用。开管毛细管柱又分以下 4 种:① 壁涂毛细管柱。在内径为 0.1～0.3 mm 的中空石英毛细管的内壁涂渍固定液,这是目前使用最多的毛细管柱。② 载体涂层毛细管柱。先在毛细管内壁附着一层硅藻土载体,然后再在载体上涂渍固定液。③ 小内径毛细管柱。内径小于 0.1 mm 的毛细管柱,主要用于快速分析。④ 大内径毛细管柱。内径在 0.3~0.5 mm 的毛细管,往往在其内壁涂渍 5~8 μm 的厚液膜。

4. 检测系统

检测器的功能是对柱后已被分离的组分的信息转变成便于记录的电信号,检测器的选择要依据分析对象和目的来确定。常用检测器有热导池检测器(TCD)、火焰离子化检测器(FID)、氮磷检测器(NPD)、电子俘获检测器(ECD)、火焰光度检测器(FPD)、质谱检测器(MSD)、原子发射光谱检测器(ACD)等。

5. 数据处理系统

即对气相色谱原始数据进行处理,画出色谱图,并获得相应的定性定量数据。

第九节　质谱分析法基本知识

学习目标:了解质谱分析法的基本原理和特点,初步掌握质谱仪的基本组成结构。通过对技能实例的学习和操作训练,熟练掌握采用质谱仪测定铀化合物中铀同位素富集度的测定方法。

质谱分析法即质谱法(Mass Spectrometry,MS)是近代发展起来的快速、微量、精确测定相对分子质量的方法。质谱学是当代科学技术的一个重要分支,它所研究的主要内容是带电原子或分子在电磁场中按质荷比的不同,发生分离的物理现象。

一、质谱分析法的基本原理、特点和应用

1. 基本原理概述

质谱法是在高真空系统中通过测定待测样品离子的质荷比,以确定样品相对分子质量及分子结构的方法,是一种有效的分离、分析方法。

按离子质荷比顺序排列,表示各种质荷比离子强度的图谱,这种图谱称为质谱。

有些元素含有多种核素,这些核素虽然原子质量不同,但核电荷数相同,原子序数相同,在周期表中的位置相同,所以称为同位素。如铀的同位素有 ^{238}U、^{236}U、^{235}U、^{234}U 等。

2. 特点

(1) 质谱不属于波谱范围。

(2) 质谱图与电磁波的波长和分子内某种物理量的改变无关。

(3) 质谱是分子、离子及碎片离子的质量与其相对强度的谱,谱图与分子结构有关。

(4) 质谱法进样量少,灵敏度高,分析速度快。

(5) 质谱是唯一可以给出分子量,确定分子式的方法,而分子式的确定对化合物的结构鉴定是至关重要的。

3. 应用

质谱是应用最为广泛的方法之一,可以为我们提供各种信息:

(1) 样品元素的组成;

（2）无机、有机及生物分析的结构；

（3）复杂混合物的定性定量分析；

（4）固体表面结构和组成分析；

（5）样品中原子的同位素。

二、质谱仪的结构

质谱仪一般由 5 个部分组成：进样系统，离子源系统，质量分析器系统，离子检测器系统，真空获得系统（见图 3-16）。除此之外，还有供电、自动控制、数据处理和其他辅助系统。

按质量分析器（或者磁场种类）可分为静态仪器和动态仪器，即稳定磁场（单聚焦及双聚焦质谱仪）和变化磁场（飞行时间和四级杆质谱仪）。

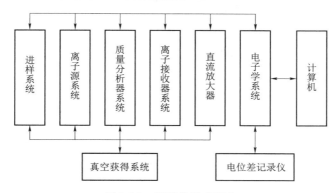

图 3-16　质谱仪组成部分

1. 进样系统

按照分析对象和所要求的分析结果的不同特点，质谱仪的进样系统主要分为：气体进样系统、固体进样系统、特殊的联用系统，其中包括色质联用系统，光质联用系统等。进样系统应用于将各种不同形式的样品引入质谱仪离子源。为适应不同样品的特点和不同离子源工作条件的要求往往还需将样品进行预处理或分离。对不同的质谱仪器和不同的样品，必须有合适的进样装置，其中转轮式进样系统由转轮上均匀分布着若干个样品支架，每个支架上安装有样品带和电离带组成，结构如图 3-17 所示。分析前将不同样品分别涂在各个支架的样品带上，在分析时可转动样品转盘来实现自动和快速分析。

2. 真空获得系统

质谱仪必须在高真空条件下工作，真空获得系统由各种高、低真空泵、真空规和阀门管道组成。真空获得系统的主要作用是获得必需的真空条件，以保证带电粒子在电磁场中的正常运动，达到良好的聚焦；保证离子源和检测器在一定电压负载下的正常工作。同时，良好的真空条件可减轻系统中剩余气体对离子束的干扰，减少分析管道中的分子散射，从而提高质谱仪的丰度灵敏度。为了获得高真空工作条件，应有以下设备和措施：

（1）真空装置　用稳定性好的分子泵和离子泵获得高真空，以机械泵作为高真空的前级泵。

（2）密闭要求　离子源、分析器、进样系统必须密闭，特别是离子源和分析系统要求密闭程度高，各连接处采用稳定性好、饱和气压低的物质作为衬垫材料，如金、银、硅橡胶等。

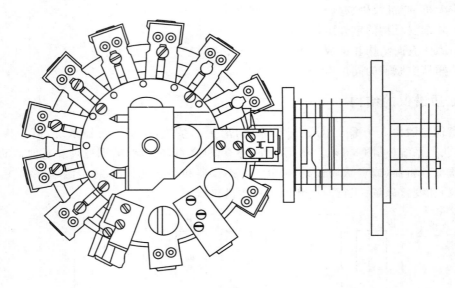

图 3-17　转轮式进样系统

（3）真空清洁　质谱仪的高真空部分，尤其是离子源必须严格注意清洁。要戴无脂无尘手套在清洁的台面上进行，要按规定进行清洁、清洗、除气等，磁极面应保持清洁。质谱实验室应严格防止有腐蚀性气体和导电性、导磁性灰尘的侵袭。

第十节　二氧化铀芯块及粉末样品的化学成分分析

学习目标：能掌握二氧化铀芯块及粉末样品的化学成分的分析方法和操作技能，会准确填写测量结果，报出检验报告。

按照二氧化铀芯块或二氧化铀粉末技术条件的要求，需要对二氧化铀芯块（粉末）的化学成分进行分析检验，检验项目包括：铀总量、杂质元素（金属元素、硅、氮、氟、氯、碳、磷）、总氢含量、铀富集度以及水分的检验。

1. 铀氧化物中硅的测定——分光光度法

（1）方法原理

样品采用浓硝酸-氟化钾溶样，用硼酸络合氟离子，加入钼酸铵与硅形成硅钼黄杂多酸，用草酸、硫酸混合液消除磷、砷的干扰，加入抗坏血酸还原硅钼黄为硅钼蓝，以水为参比溶液，用分光光度法进行测定。

（2）试样溶解

准确称取试样 0.2 g（准确至 0.1 mg）于聚四氟乙烯坩埚，加入 2 mL 浓硝酸和氟化钾溶液（或 1 滴氢氟酸），于电炉上加热（控制温度在 85 ℃以下）至试样溶解完全。

（3）操作步骤

1）将试液转入塑料杯中，加入硼酸溶液，调节溶液酸度至 pH 为 1～2。

2）加入硫酸和钼酸铵溶液摇匀，静置 20 min。当室温低于 20 ℃时，可在 30～40 ℃水浴中进行显色反应。

3）加入草酸、硫酸混合液，摇匀，立即加入抗坏血酸溶液，摇匀，用 5 cm 比色皿，以水作参比，于分光光度计波长 800 nm（或 810 nm）处，测量其吸光度。减去试剂空白溶液的吸光度，从工作曲线上查出硅的含量值。

（4）分析结果计算

$$w_{Si} = \frac{m}{m_0} \qquad (3-38)$$

式中：w_{Si}——硅的含量，$\mu g/g$；

  m——自工作曲线上查得的硅量，μg；

  m_0——称取铀氧化物的质量，g。

（5）注意事项

1）溶样温度必须严格控制在 85 ℃以下；

2）显色温度室温低于 20 ℃时，应在 30～40 ℃水浴中进行显色反应；

3）酸度控制 pH 为 1～2，酸度过大或过小均使结果偏低，酸度过大，钼酸铵与硅酸不起反应，酸度过小会生成沉淀，使硅钼杂多酸生成不完全；

4）草-硫混合酸加入后，必须在 3 min 之内加入抗坏血酸，否则时间过长，草-硫混合酸会破坏硅钼黄，造成结果偏低。

2. 铀氧化物中磷的测定——分光光度法

（1）方法原理

样品用硝酸溶解，并蒸至橘红色，在 0.35 mol/L 的硫酸介质中，有铋盐存在的条件下，磷与钼酸铵生成黄色的磷钼杂多酸，以抗坏血酸还原成磷钼蓝，以水为参比溶液，采用分光光度法进行测定。

（2）试样的溶解

准确称取试样 0.2 g（准确至 0.1 mg）于烧杯中，加入 2 mL 浓硝酸，于电炉上加热至试样溶解完全，然后将试样蒸干至橘红色。

（3）操作步骤

1）试样中加入硫酸及硝酸铋溶液，摇匀

2）加入钼酸铵溶液、抗坏血酸溶液，摇匀。在 20～30 ℃温度下放置 15 min 进行发色（当室温低于 20 ℃时，试样须放在 20～30 ℃水浴中）。

3）选择波长 710 nm，用 2 cm 比色皿，以水为参比溶液，于分光光度计上测量其吸光度。

4）减去试剂空白溶液的吸光度，从标准曲线上查出相应的磷量。

（4）结果与计算

$$w_P = \frac{m}{m_0} \qquad (3-39)$$

式中：w_P——磷的含量，$\mu g/g$；

  m——自工作曲线上查得的磷量，μg；

  m_0——称取铀氧化物的质量，g。

(5)注意事项

1)配制硝酸铋一硝酸溶液时,若硝酸有氮氧化物分解出来,应先将此硝酸加入适量的水中稀释,煮沸1~2 min,除尽氮氧化物,冷却至室温。再按需要酸度配制,否则会使显色溶液突然变为黑褐色。

2)室温30 ℃左右时,溶液在1~2 min内即可显色完全。由于室温高,显色溶液的褪色现象较为严重,故应在加入抗坏血酸溶液3~4 min后立即测定吸光度。

3)抗坏血酸出现沉淀或黑色絮状物时,说明溶液已经变质,不能继续使用,一般抗坏血酸冬季保存期限为一个星期,夏季为3~4天。最好现配现用。

3. 铀氧化物中氮的测定——凯氏蒸馏-分光光度法

(1)方法原理

试样用盐酸、过氧化氢溶解,试样中的氮化物转化为铵盐,加入氢氧化钠溶液,使其保持碱性后,通入蒸汽进行蒸馏。氨与基体及杂质元素分离,含氨的蒸馏用稀硫酸吸收后与奈氏勒试剂反应,形成橙黄色的稳定络合物。反应式如下:

$$NH_4^+ + OH^- = NH_3 \uparrow + H_2O$$
$$2NH_3 + H_2SO_4 = (NH_4)_2SO_4$$

适用于铀氧化物中氮含量的测定,测定范围:20~200 $\mu g/g$。

(2)试样的溶解

准确称取试样0.2 g(准确至0.1 mg)于50 mL烧杯中,加入2 mL浓盐酸,过氧化氢,于电炉上加热至试样溶解完全,得试样溶液。

(3)测定步骤

1)清洗氮蒸馏装置,见图3-18。

在氮蒸馏瓶内,加入25 mL氢氧化钠溶液,通入水蒸气进行蒸馏,蒸馏10 min左右。重复上述操作数次。

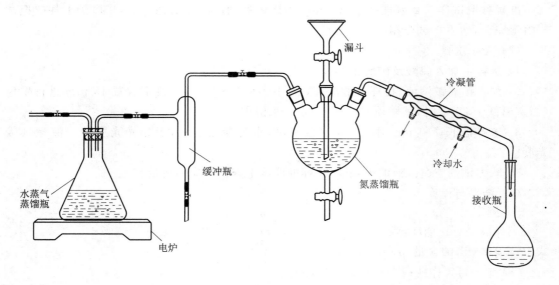

图 3-18 氮蒸馏装置示意图

2）试样溶液转入到氮蒸馏瓶内,立即加入 25 mL 氢氧化钠溶液,通入水蒸气进行蒸馏。

3）在接收液中加入奈氏勒试剂进行显色反应,用 3 cm 比色皿,以水为参比溶液,于分光光度计波长 420 nm 处,测定其吸光度。

（4）结果与计算

$$w_N = \frac{m}{m_0}$$
(3-40)

式中：w_N——氮的含量,$\mu g/g$;

m——自工作曲线上查得的氮量,μg;

m_0——称取铀氧化物的质量,g。

（5）注意事项

1）新配制奈斯勒试剂须放置 3 天以上,并用标准校正合格方可使用;

2）测氮的室内不得使用氨水、硝酸或其他含氮化合物;

3）整个分析过程皆使用无氨水。

4. 铀氧化物中 F 和 Cl 的测定——离子选择性电极法

（1）方法原理

样品在(950±50)℃的石英反应管中,通入水蒸气的空气流进行高温水解反应,氟以氟化氢、氯以氯化氢的形式被分离并吸收在缓冲溶液中。分别用氟、氯离子选择电极测定。取样量为 0.2～4.0 g 时,氟测定范围为 3～500 $\mu g/g$,氯测定范围为 10～250 $\mu g/g$。

（2）高温水解装置操作步骤

1）打开管式炉电源开关,将管式电炉升温并控制到(950±50)℃。

2）调节压缩空气流量为(700±20)mL/min。

3）调节水蒸气发生器中水的温度为(94±1)℃。

4）用水蒸气-空气流连续清洗石英反应管。

5）进行高温水解氟、氯空白试验测定,测其电位值(电位值应小于电极出厂规定的电位值方可进行样品分析)。

（3）标准曲线的绘制

取数个 25 mL 容量瓶,分别加入 0.1 mL、0.2 mL、0.8 mL、2.0 mL 氟标准溶液($\rho_F = 50\ \mu g/mL$),和 1.0 mL、2.0 mL、3.0 mL、5.0 mL 氯标准溶液($\rho_{Cl} = 10\ \mu g/mL$),2.5 mL 缓冲溶液,用水定容至刻度,摇匀。将试液对半转入两个 25 mL 烧杯中,各放入搅拌子一支,以氟电极或氯电极为指示电极,饱和甘汞电极 232 型或 217 型为参比电极,在电磁搅拌器上搅拌约 3～5 min,静置约 2～3 min,然后于离子计上读取平衡电位值 E。

以电位值 E 为纵坐标、氟离子浓度的对数($\lg C_{F^-}$)或氯离子浓度的对数($\lg C_{Cl^-}$)为横坐标绘制标准曲线。

（4）测定步骤

1）称取二氧化铀样品 0.4～4.0 g(精确到 0.001 g),均匀分布于石英舟中。

2）用移液管移取 2.5 mL 缓冲溶液于接收瓶(容量瓶)中,并使石英反应管的导出管端部浸没于缓冲溶液内。

3）打开石英管的进样口塞子,将装有样品的石英舟推入反应管的恒温段处,盖紧塞子。

4）接收馏分液近 20 mL 后，打开反应管的进样口塞子。

5）移开接收瓶，用少量水洗石英管导出管端部至接收瓶中并稀释至刻度，摇匀。

6）氟、氯的测定

按离子计和氯离子选择性电极说明书要求进行组装和操作，测量电位值 E。

（5）结果与计算

$$w_i = \frac{m_i - m_0}{m} \tag{3-41}$$

式中：w_i——样品中的氟或氯的质量分数，$\mu g/g$；

　　m_i——测得试液中的氟或氯的质量，μg；

　　m_0——测得水解液空白液中的氟或氯的质量，μg；

　　m——称样量，g。

（6）注意事项

1）氟、氯电极在测试样品前，先在纯水中净洗，使其电位值小于电极出厂规定的纯水空白电位值，然后置于高含量的标准溶液中适应 10~20 min，再经纯水洗电极后方可测试样品。

2）电极有迟滞效应，测试样品的氟、氯浓度应由稀至浓，测试未知试样时，每个样品测试后均需用水洗至空白电位值，再进行下一个试样测试。

3）由于温度、电极性能等原因影响，不同时间的标准曲线有平移现象。故测试样品前需校正标准曲线 3~4 个点。若平移小于 2 mV 可将曲线平移后使用。若超过 2 mV，需重新绘制标准曲线以保证测量结果准确。

4）测量平衡时间需根据样品含量高低决定，必须保证足够的平衡时间。测试试样的温度、搅拌速度应与绘制标准曲线的测试温度、搅拌速度尽量一致。

5．铀氧化合物中铁、铬、铅、镍等金属杂质含量的测定——等离子体发射光谱法（ICP-AES）

（1）方法原理

样品用硝酸或盐酸溶解后，采用 CL-TBP 树脂为固定相，用一定浓度的硝酸溶液或盐酸溶液作流动相，采用萃取色层分离法将铀基体与待测组分分离，铀基体被 CL-TBP 树脂吸附，待测组分留在淋洗液中，收集一定体积的淋洗液经浓缩或直接采用 ICP 进行测定。

（2）测定步骤

1）仪器的开机及预热

① 检查仪器及各项配套设备是否正常：气瓶压力，循环冷切水压力及温度，空气压缩机提供的剪切气压力。

② 打开仪器的主电源，进入 Windows-XP 操作系统，打开仪器控制软件；软件将自动进行联机检查，并进入预热状态。正常状态下，仪器需要 74 min 左右的预热时间。

2）萃取色层柱的制备

CL-TBP 萃淋树脂事先用水浸泡至少 24 h，湿法装入色层柱（上、下均用聚四氟乙烯丝或脱脂棉填塞），树脂床高约 130 mm，控制淋洗流速为 0.7~1.0 mL/min，分离前用硝酸溶液或盐酸溶液 15 mL 平衡色层柱，分离后用约 30 mL 水解吸柱上吸附的铀。

3) 样品制备

① 溶解　称取一定量的样品用浓硝酸或浓盐酸溶解完全后,蒸干试样,加入 2 mL 一定浓度的硝酸溶液或盐酸溶液,待分离。

② 分离　用一定浓度的硝酸溶液或盐酸溶液平衡 CL-TBP 萃淋树脂色层柱后,将样品溶液转入色层柱,然后用一定浓度的硝酸溶液和盐酸溶液作为淋洗液,取 6 mL 分三次冲洗溶样烧杯及色层柱上端储液槽;弃去前 2 mL 的淋洗液,用干净的石英烧杯接取其后的 6 mL 淋洗液。

4) 测量

① 仪器点火　夹好蠕动泵的进样及排液管。点击仪器控制软件上的"plasma"图标,调出点火控制窗口,点击"ON"按钮,仪器将自动进行点火。

② 分析测量及数据处理　点击仪器控制软件上的"manual"图标,调出手动分析控制窗口,输入分析数据保存的文件名。按照检验规程规定的标准系列进行测量,由计算机自动进行标准曲线的绘制。测试完标准,用去离子水冲洗仪器进样系统 2～5 min,再进行样品的测量。依次测量试剂空白及样品。

5) 结果及报告

计算机会根据所填的样品信息,自动给出最后的分析结果。在"result"窗口查看。

测量过程中若发现谱线发生漂移应进行谱线的校正。点击仪器控制软件上的"examine"图标,调出谱线校正窗口。校正后,先清除现有的标准曲线,再在"reprocess"窗口中重处理数据,得出结果。

6) 关机

分析完样品后用去离子水冲洗进样系统约 5 min,再将进样管拿出,继续开启蠕动泵直至排干进样系统中的液体。将仪器转入睡眠模式,关闭气、循环水及计算机的电源。

(3) 注意事项

1) 标准溶液应涵盖待测试样的浓度的范围。

2) 分离时色层柱不能有气泡,会影响分离效果。

3) 测定时注意波长的稳定性。

6. 铀氧化物中碳、硫含量的测定——红外吸收法

(1) 方法原理

试样置于经预烧处理过的陶瓷坩埚中,在助熔剂存在下,在氧气气流中被加热燃烧。其中的碳以 CO_2 或 CO 形式释放出,其中的硫以 SO_2 形式释放出,经净化系统除去干扰成分后,用红外吸收法测定碳含量、硫含量。

(2) 测定步骤

1) 开机前准备、检查

① 检查各净化系统,烧碱石棉和过氯酸镁有明显结块时须更换;石英棉超过三分之一变色时须更换。

② 根据需要对上法兰的白色"O"形圈清洁后涂硅脂。

2) 开机

① 接通仪器各级电源。

② 接通氧气及氮气气源。

③ 操作微机至分析屏幕,设定仪器相关参数。

④ 预热仪器至稳定(关断电源超过 12 h,预热 2 h 以上),即可用于测定。

3) 校准仪器

使用与待测样品碳、硫含量接近的标准物质校准仪器。

4) 测定试样

① 将预烧过的坩埚放在天平上,准确称取一定量的试样,然后加入助熔剂。

② 打开仪器加热炉,将盛放样品的坩埚放在加热炉内坩埚架上,关闭炉子。试样被加热燃烧,完成分析后,仪器自动将二氧化铀中碳、硫质量以百分含量形式输出。

5) 关机

① 关闭分析软件,微机。

② 关闭仪器各级电源。

③ 关闭氧气、氮气钢瓶的阀门。

7. 铀氧化物中总氢的测定——色谱法

(1) 方法原理

将 UO_2 芯块放在处于惰性气氛中的石墨坩埚里加热到 1 800 ℃以上,释放出氢、氧、氮等气体。对氢有干扰的氧和氮被分离后,进入热导池,利用积分输出峰的方法来测定氢含量。

(2) 测定步骤

1) 开机的准备、检查

① 检查仪器各部件处于正常状态下,接通仪器各级电源开关,接通载气和动力气开关,预热仪器。

② 检查一氧化碳氧化剂的颜色,当从黄色变成棕黑色时,必须更换新的;检查烧碱石棉、高氯酸镁试剂,当发现结块时,必须进行更换。

③ 检查并设置分析参数。

2) 校准仪器

使用氢气或钢中氢标准物质进行仪器的校准。

3) 测定仪器空白

① 打开脉冲电极炉。

② 下电极上有石墨坩埚,取下石墨坩埚,用电极刷清洁上、下电极,用吸尘器吸除电极灰尘。

③ 在下电极上放置一个石墨坩埚。

④ 关闭炉子,开始进行分析。

⑤ 分析结束时,仪器显示分析结果。连续测定空白值直至低而稳定为止,取稳定值的平均值作为最终空白值。

4) 测定二氧化铀芯块样品

① 样品须用干燥、清洁和密封的小玻璃瓶盛装。

② 取一块铀氧化物芯块样品放于天平上称量后,记录或输入样品重量。

③ 打开进样器载物活塞,用镊子加入已称重的铀氧化物芯块样品。

④ 打开脉冲电极炉,清洁电极炉后放入石墨坩埚,关闭炉子。

⑤ 仪器进入分析程序,分析完成后自动显示氢含量结果。

5)测后工作

① 依次切断仪器和辅助设备电源、气源。

② 将剩余和分析过的样品按规定分类存放。

③ 按规定填写记录和报告单。

(3)注意事项

1)保证设备清洁及环境卫生。

2)保证转移工具干净,如不锈钢镊子和试样玻璃瓶不应被氢化合物沾污。如有沾污,使用丙酮、酒精清洗,晾干或烘干,备用。

8. 铀同位素富集度的测定——质谱法

(1)方法原理

将铀物料样品配制成 $2\ \mu gU/\mu L$ 的硝酸铀酰溶液,装载于铼样品带上。在分析条件下,从样品带上蒸发的铀氧化物分子碰到约 $2\,000\ ℃$ 的铼电离带表面电离成铀离子,铀离子经离子源聚焦成离子束,在分析器磁场作用下按质荷比分离,然后离子按质量色散进入各自的法拉第接收器依照静态法进行测定,测定中用相近丰度的铀标准参考物质进行监控,并且分馏效应用校准因子校准。

(2)试样溶解

称取约 $5\ mg$ 试样于陶瓷坩埚中,加入 $2\sim3\ mL$ 硝酸,在电炉上加热缓慢溶解至完全后并蒸干至橘红色。加入适量 $0.75\ mol/L$ 硝酸溶液,配制成 $2\ \mu gU/\mu L$ 的硝酸铀酰溶液,得试样溶液。

(3)点样

1)预烧新的灯丝插件以 $5\ A$ 电流预烧 $10\ min$。

2)样品带的制备

用微量移液器吸取制备好的试样溶液约 $1\ \mu L$ 滴在已预烧过的灯丝插件的灯丝中央,在灯丝上加约 $0.8\ A$ 的电流使样品液缓慢蒸干后,再缓慢增加电流至约 $2.0\ A$,加热至灯丝为暗红色。

3)电离带的制备

预烧过的灯丝插件作为电离带。

4)装样　将样品带依次装于转盘左边的插件位置,电离带装于转盘右边的插件位置。一定要确保左、右两边灯丝插件对准。记下样品与之对应的位置号。装一个标准物质样品,一般装在中间的位置。

(4)进样操作步骤

1)将转盘装入离子源。

2)关闭离子源电源键,关闭隔离阀,将放气管插入液氮中,然后关闭泵电源键,约 $30\ s$ 后氮气进入离子源室。

3) 拆下低温泵,清洁并干燥后备用。

4) 转动转盘使 IS 位于 1 和 7 之间。

5) 拆下离子源上固定转盘的 4 个六角螺帽,使灯丝托架翻落到一边。用一个空的转盘架,使右边的基准杆指向前,把架子插入使得离子源上的 4 个支承杆的圆锥尖端同转盘架上的 4 个杆子对准啮合。然后从转盘架子基板上的两孔中插入螺纹杆拧到转盘轴承块螺孔中,拉出已分析过的样品转盘。

6) 清洁离子源上的屏蔽板:先用专用的笔刷磨污染处,然后用白绸布蘸少许无水乙醇擦洗之。把新装载样品的样品转盘装在架子上,确保样品转盘在架子上,其灯丝插入件在顶部上是在 1 和 7 之间,从基板的两孔中插入螺纹杆拧到转盘轴承块螺孔中。插入转盘架子使支撑杆同离子源的 4 个支撑杆啮合。压紧后拧松两螺杆、拉出转盘架子。将离子源两边的托架翻转到接触位置后,拧紧 4 个六角固定螺帽。转动转盘驱动器的旋钮,逐个检查灯丝插入件同托架的接触情况,最后转动转盘,使 IS 位于 1 和 7 之间。检查各电极联接线不得有短路现象。将清洁、干燥的低温泵安装到法兰上。关好离子源室门,接通泵电源键。接通电子学部件。

(5) 测量

1) 当离子源真空小于 2×10^{-4} Pa 时,将液氮灌入冷阱中。

2) 打开隔离阀。

3) 打开离子源开关按钮,然后可进行测量。

4) 接通打印机和计算机,则计算机自动装载质谱仪操作程序。

5) 检查、设定 EXPERIMENT LIST 和 NO.1:NO.1U010-100STATE 应为 FIL12、COL5、RED15、COL5 和 RED15 等参数。

6) 按下手动键,系统回到手动操作方式。

7) 按动 INPUT MASS 键,输入铼(Re)元素的质量数 187。在 BKC 上于 2 位置手动加电离带电流,约 5 min 内加至 5.0 A,调节引出、聚焦偏转电位、使离子流信号强度最大。在 BKC 上于 1 位置加样品带电流至 1.0 A,缓慢增加电离带电流,使 $^{187}Re^{+}$ 离子流强度达到 250 mV,即可停止增加电流。

8) 按 INPUT MASS 键,输入铀(U)元素的质量数 238。寻找 ^{238}U 峰,并缓慢加样品带电流和调节引出、聚焦、偏转电位,使 $^{238}U^{+}$ 峰的强度稳定在 3~5 V,23 min 时,开始采集数据。

9) 按动 singleACQ 键,计算机自动采集数据,打印分析结果。

(6) 数据处理

计算机直接给出样品中 $^{235}U/^{238}U$、$^{234}U/^{238}U$ 及 $^{236}U/^{238}U$ 的测量值,分别用 $r_{5/8}$、$r_{4/8}$ 及 $r_{6/8}$ 表示。每次测量至少带一个标准样品,用标准样品中的测量值 R_m 及标准值 R_r 对样品的测量值 r 进行校正,使用公式为:

$$R_{6/8}=r_{6/8}\times\frac{R_{r_{6/8}}}{R_{m_{6/8}}} \tag{3-42}$$

$$R_{5/8}=r_{5/8}\times\frac{R_{r_{5/8}}}{R_{m_{5/8}}} \tag{3-43}$$

$$C_{235_U}=R_{5/8}/(1+R_{5/8}+R_{4/8}+R_{6/8}) \tag{3-44}$$

$$R_{4/8} = r_{4/8} \times \frac{R_{r_{4/8}}}{R_{m_{4/8}}} \tag{3-45}$$

9. 铀总量的测定——热重、杂质校正法

（1）方法原理

根据转化过程中铀衡量的原理，称取二氧化铀粉末或芯块的初始重量 m_1，然后在空气气氛中氧化灼烧，冷却至室温称取氧化后重量 m_2。得到化学计量比的八氧化三铀产物，其化学反应式：

$$3\,UO_{2+x} + (1-1.5x)O_2 \rightarrow U_3O_8 \tag{3-46}$$

根据转化过程中铀总量不变的原理，先利用氧化后重量计算出 U_3O_8 中铀的质量，从而利用试样初始重量计算出试样的铀含量。

（2）测定步骤

1）铂金坩埚恒重

2）将铂金坩埚置于 $(900\pm50)℃$ 下马弗炉中灼烧 5 min。将铂金坩埚移入干燥器内冷却至室温然后称重 (G_0)，精确到 0.1 mg

3）称取不少于 5 g 的二氧化铀芯块或不少于 8 g 的二氧化铀粉末 (m_1)，精确到 0.1 mg。

4）将二氧化铀芯块放入马弗炉中，在 $(500\pm50)℃$ 下预烧 2 h，在 $(900\pm50)℃$ 下灼烧 3 h。将二氧化铀粉末放入马弗炉中，直接在 $(900\pm50)℃$ 下灼烧 3 h。

5）将坩埚移入干燥器内冷却至室温称重 (G_2+m_2)，精确到 0.1 mg。

6）将试样回收倒入储料瓶中，用稀硝酸溶液清洗干净坩埚。

（3）结果计算

二氧化铀试样中铀质量分数的计算公式

$$\omega_U = 100F_s\left(\frac{m_2 - m_2\omega_1}{m_1}\right) - C \tag{3-47}$$

$$F_s = \frac{3A_U}{3A_U + 8A_O} \tag{3-48}$$

$$A_U = 235.043\,9 \times {}^{235}U\% + 238.050\,8 \times (1 - {}^{235}U\%) \tag{3-49}$$

$$\omega_1 = \sum_i c_i \times g_i \times 10^{-6} \tag{3-50}$$

式中：ω_U——铀的质量分数，%；

m_1——样品初始质量，g；

m_2——样品氧化后质量，g；

ω_1——所有非挥发杂质在 U_3O_8 中的质量分数，%；

F_s——化学计量比参数；

C——为未被分析的非挥发性掺杂元素的质量分数校正因子；

A_U——铀的相对原子量；

A_O——氧的相对原子量；

${}^{235}U\%$——样品中 ${}^{235}U$ 富集度名义值；

N——铀同位素；

c_i——元素 i 的质量分数；

g_i——元素 i 的转化因子,见表 3-11。

表 3-11　杂质元素氧化物形态及转化因子

杂质元素	氧化物形态	转换因子(g_i)	杂质元素	氧化物形态	转换因子(g_i)
Ag	AgO	1.15	Hf	HfO_2	1.18
Al	Al_2O_3	1.89	Ni	NiO	1.27
B	B2O3	3.22	P	P_2O_5	2.29
Ba	BaO	1.12	Si	SiO_2	2.14
Ca	CaO	1.40	Sn	SnO_2	1.27
Cd	CdO	1.14	Ta	Ta_2O_5	1.22
Co	CoO	1.41	Th	ThO_2	1.14
Cr	Cr_2O_3	1.41	Ti	TiO_2	1.67
Cu	CuO	1.25	V	V_2O_5	1.79
Cs	Cs_2O	1.06	W	WO_3	1.26
Fe	Fe_2O_3	1.43	Zn	ZnO	1.24
Li	Li_2O	2.15	Sm	Sm_2O_3	1.15
Mg	MgO	1.66	Eu	Eu_2O_3	1.15
Mn	MnO_2	1.58	Gd	Gd_2O_3	1.15
Mo	MoO_3	1.50	Dy	Dy_2O_3	1.15

10. 铀氧化物粉末中水分的测定——红外吸收法

(1) 方法原理

铀氧化物粉末样品经加热后,释放出的水分由干燥氮气载入红外吸收池,水分对特定波长的红外线具有吸收作用,由红外线吸收检测器产生信号,经数据处理系统积分并经数据处理后,水分以质量分数的形式输出。

称样范围为 0.5~2 g,水分测定范围为 0.10%~7%。

(2) 测定步骤

1) 仪器预热

接通电源总开关;接通交流稳压电源,待电源电压稳定后,调节电压至(220±5)V;接通氮气,并调压至 40 psi;将仪器电源开关置于"ON"位置,几秒后仪器屏幕自动显示选择菜单。按"GAS"键,"GAS"灯亮,调节"进气压力表"至显示 40 psi,仪器预热至少 2 h。

2) 空白值的测定

仪器参数设定:起始温度 300 ℃,终止温度 500 ℃,升温速率 150 ℃/min,保温时间 60 s,载气流量 750 mL/min。选定在屏幕菜单的"分析"程序,按动"F3"键,手动输入样品重量 1.000 0 g,按动"F5"键,待"Load Furnace"灯亮后,把石英舟推入燃烧管内,仪器自动测定水分含量并打印出测定结果;按动"blank"、"Enter"键,输入 3 次测定平均空白值。

3) 仪器校准

参数设定:起始温度 300 ℃,终止温度 500 ℃,升温速率 150 ℃/min,保温时间 60 s,载气流量 750 mL/min。选定屏幕菜单中的"分析"程序,按动"F2(Balance Tare)"键。把干净、干燥的石英舟置于天平盘上,按动天平"TARE"键,待天平显示 0.000 0 后,称取 0.04～0.05 g(称准至±0.000 2 g)标准物质,输入称样量。按动仪器"F5(Analyze)"键,待仪器的"Load Furnae"灯亮后,把装有样品的石英舟推入燃烧管内,仪器自动测定水分含量并打印出测定结果。重复测量至少 3 次。按动仪器"Calibration"键,选择"standard Calib",输入标样值,选择测定结果,仪器进行自动校正。

4) 样品分析

按上述方法设定参数,操作称取 0.5～2 g(称准至±0.000 2 g)UO₂ 粉末样品;按仪器操作步骤测定 UO₂ 粉末中水分含量。

（3）结果计算

仪器自动测定水分含量,以质量分数(%)的形式输出测定结果。

11. 铀氧化物中水分的测定——气量法

（1）方法原理

将二氧化粉末加热后,其水分以水蒸气形式逸出,水蒸气与氢化钙反应生成氢气,根据放出的氢气体积,计算出样品中水分的含量。反应式:

$$CaH_2 + 2H_2O = Ca(OH)_2 + 2H_2 \uparrow \tag{3-51}$$

称样量 0.100 0 g 时,测定范围为 0.1%～15%。

（2）分析步骤

1) 将样品管和玻璃纤维置于 120～150 ℃ 的烘箱中烘 2 h;把烘好的样品管和玻璃丝置于干燥器中,冷至室温。接通测量装置的电源,使自控温度仪为(550 ±5)℃。

2) 称取 0.100 0 g 二氧化铀粉末样品,通过小漏斗放入样品管内,在样品上放一根长为 10 mm 玻璃棒,再放入少量玻璃纤维丝,并用玻璃棒将其压紧后,将粒状氢化钙放在玻璃丝上面约为 25 mm 高,以胶管封闭。

3) 把带色溶液倒入 U 形管中,打开活塞 1 与大气相通;打开活塞 2 使刻度 U 形管的液面至零刻度,并关闭活塞 2。将装有试样的样品测定管连接在洗气瓶进气口的乳胶管 E 上。关闭刻度 U 形管活塞 1。

4) 将样品测定管装有样品的部分放入预先升温至 180 ℃ 的电炉中。样品测定管的氢化钙部分用湿海绵冷却;试样加热至洗气瓶导气管下端无气泡产生,取出样品测定管冷至室温,再调节刻度 U 形管的活塞 2,使 U 形管两液面在同一水平面。

5) 同时作空白实验。图 3-19 所示为水分测量装置。

（3）分析结果计算

$$W = \frac{P \times (V_1 - V_0) \times 18}{8.31 \times 10^6 \times (273 + t) \times m} \times 100 \tag{3-52}$$

式中:W——重铀酸铵或二氧化铀粉末中水分的含量,%;

P——测定时标准大气压,Pa;

t——测定时室温,℃;

V_1——测得样品产生的氢气体积,mL;

V_0——空白试验产生的氢气体积,mL;

m——称取样品量,g;

8.31×10^6——常数。

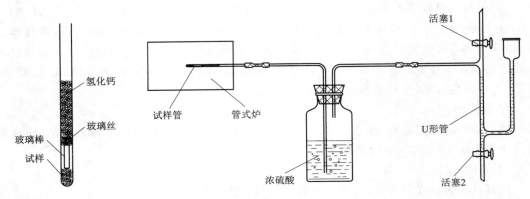

图 3-19　水分测定装置

（4）注意事项

1）保证样品管和玻璃纤维在试验前已烘干,样品管装好样品后应立即密封,因氢化钙极易吸收水分,从而导致结果偏低;

2）在将样品管放入定碳炉前,应调整好有色溶液的液面,使两边液面保持水平,再关闭好阀门并检查各连接处是否漏气;

3）洗气瓶内的硫酸应定期更换;

4）定期送检自动温控仪和 U 形滴定管。

第十一节　亚铁灵法测量铀含量

学习目标:掌握用亚铁灵指示剂测定铀含量的方法。

1. 方法原理

在磷酸介质和加热的条件下,用硫酸亚铁铵还原六价铀成四价铀,过量的亚铁离子用硝酸氧化成高价铁离子,过量的硝酸用尿素分解,以亚铁灵作指示剂,用重铬酸钾标准溶液滴定四价铀。

$$UO_2^{2+} + 2Fe^{2+} + 7H_3PO_4 \rightarrow H_2[U(HPO_4)_3] + 2H_3[Fe(PO_4)_2] + 6H^+ + 2H_2O \tag{3-53}$$

$$4FeSO_4 + HNO_3 + 6H_3PO_4 \rightarrow 3H_3[Fe(PO_4)_2] + Fe \cdot NO \cdot SO_4 + 3H_2SO_4 + 2H_2O \tag{3-54}$$

$$2HNO_3 + (NH_2)_2CO + H_2O \rightarrow 2NH_4NO_3 + CO_2 \uparrow \tag{3-55}$$

$$3U^{4+} + Cr_2O_7^{2+} + 2H^+ \rightarrow 3UO_2^{2+} + 2Cr^{3+} + H_2O \tag{3-56}$$

2. 测定步骤

（1）重铬酸钾标准溶液的配制

称适量重铬酸钾于烧杯中用少许去离子水溶解,移至容量瓶中,用去离子水稀释至刻度,摇匀,待标定。

（2）重铬酸钾标准溶液的标定

① 准确称取灼烧恒重的八氧化三铀，放于三角瓶中，加适量磷酸，加热至完全溶解，取下冷却至 60～70 ℃。

② 加适量硫酸亚铁铵，摇匀继续加热至微沸（刚冒出气泡）迅速取下用流动自来水冷却至室温。

③ 加适量去离子水，边摇动边滴加硝酸氧化至暗棕色消失，立即加入尿素溶液，充分摇动至无气泡产生。加 1 滴亚铁灵，用重铬酸钾标准溶液滴定至试液由棕红色变为亮绿色即为终点。记录消耗重铬酸钾标准溶液体积，同时做空白实验。

（3）重铀酸铵中铀的测定

称取重铀酸铵试样于三角瓶中，加磷酸加热溶解，取下冷却至 60～70 ℃，以下操作步骤同（2）。

（4）氟化铀酰溶液中铀的测定

吸取试液于三角瓶中，加适量磷酸和硫酸亚铁铵，加热至微沸（刚冒出气泡），取下冷却至室温，以下操作步骤同（2）。

（5）硝酸铀酰溶液中铀的测定

吸取试样于三角瓶中，加适量尿素，充分摇动，加磷酸和硫酸亚铁铵，加热至微沸（刚冒出气泡），取下冷却至室温，以下操作步骤同（2）。

3. 分析结果计算

（1）重铬酸钾标准溶液对铀的滴定度计算：

$$T = (m \times 0.848) \div (V_1 - V_0) \tag{3-57}$$

式中：T——重铬酸钾标准溶液对铀（U）的滴定度，mg/mL；

　　V_1——试样消耗重铬酸钾标准溶液的体积，mL；

　　V_0——空白试验消耗重铬酸钾标准溶液的体积，mL；

　　m——八氧化三铀质量，g；

　　0.848——（3U/U_3O_8）换算系数。

（2）重铀酸铵中铀的测定结果计算：

$$W_U = T \times (V_1 - V_0) \div m \times 100\% \tag{3-58}$$

式中：W_U——重铀酸铵中含铀的质量分数，%；

　　T——重铬酸钾标准溶液对铀的滴定度，mg/mL；

　　V_1——滴定所消耗重铬酸钾标准溶液的体积，mL；

　　V_0——空白实验消耗重铬酸钾标准溶液的体积，mL；

　　m——称取试样的质量，g。

（3）氟化铀酰溶液、硝酸铀酰溶液中铀的测定结果计算：

$$\rho_U = T \times (V_1 - V_0) \div V \tag{3-59}$$

式中：ρ_U——氟化铀酰溶液、硝酸铀酰溶液中铀的含量，mg/mL；

　　T——重铬酸钾标准溶液对铀的滴定度，mg/mL；

　　V_1——滴定所消耗重铬酸钾标准溶液的体积，mL；

V_0——空白实验消耗重铬酸钾标准溶液的体积，mL；

V——移取的试液体积，mL。

4. 注意事项

1）移取氟化铀酰溶液后，要及时清洗移液管。

2）滴定要匀速，摇动要充分。

第四章　数据处理

学习目标：通过学习有效数值修约规则和计算的方法，能根据检验要求，进行数据的修约和运算，会正确书写、记录有效数值。掌握检验数据的平均值、标准偏差的计算方法。能正确填写原始记录及检验报告。

第一节　有效数值的修约和计算法则

学习目标：通过学习有效数值修约和计算的方法，掌握有效数字的使用和确认，会正确书写记录有效数值。

一、有效数字

1. 有效数字

在实际测量工作中能测量到的有实际意义的数字就称为有效数字（只作定位用的"0"除外）。它由计量器具的精密程度来确定。

有效数字包括全部可靠数字和一位可疑数字在内的有实际意义的数字。

例如：读取滴定管上的刻度，甲得到 23.43 mL，乙得到 23.42 mL，丙得到 23.44 mL，丁得到 23.43 mL，这些四位有效数字中，前三位数字都是准确的称为可靠数字，第四位数字因为没有刻度，是由分析人员的肉眼估计出来的，因此第四位数字是估计值，不甚准确，称为可疑数字。

可疑数字一般认为它可能有 ± 1 或 ± 0.5 个单位的误差，如 1.1 这个有效数字在 1.0~1.2 或 1.05~1.15 之间。

2. 有效数字的确定

（1）对于没有小数位且以若干零结尾的数值，从非零数字最左一位向右数，得到的位数减去无效零（即仅为定位用的零）的个数即为该数值的有效位数。

（2）对于其他十进位数，从非零数字最左一位向右数，得到的位数即为有效位数。

（3）系数和常数的有效数字位数，可以认为是无限制的，需要几位就写几位。如常数 π、系数 $\sqrt{2}$、2/3 等。

（4）对数数值的有效位数应与真数的有效位数相等，也就是说其有效位数仅取决于小数部分（尾数）数字的位数。因整数部分（首数）只与相应真数的 10 的多少次方有关。如 pH=11.20 换算为氢离子浓度时 $[H^+]=6.3\times10^{-12}$ mol/L，有效位数为二位，而不是四位，因此 pH=11.20 的有效位数是二位。

例 4-1：确定下列数值的有效位数

1.000 8 五位有效数字　　　　1.98×10^{-10} 三位有效数字

0.100 0 四位有效数字　　　　10.98% 四位有效数字

0.038 2 三位有效数字   0.05 一位有效数字

28 二位有效数字 $2×10^5$ 一位有效数字

0.004 0 二位有效数字   8.00 三位有效数字

注意：

① 数字之间的"0"是有效数字,如 1.000 8 中有三个"0"都是有效数字。

② 数字末尾的"0"是有效数字,如数字 1.100 0 后面三个"0"都是有效数字

③ 数字前面所有的"0"只起定位作用,不是有效数字。如数字 0.05 小数点前两个"0"只起定位作用,不是有效数字。

④ $1.98×10^{-10}$、10.98%、$2×10^5$ 数字中的"10^{-10}"、"%"、"10^5"只起定位作用。

二、数值修约规则

在数据处理时,需要确定各测量值和计算值的有效位数或者确定把测量值保留到哪一位数。有效位数或数值保留的位数确定后,就要将其后多余的数字舍弃,这种舍弃多余数字的过程称为"数值修约"。

在实验室里常遇到的问题是填写实验报告单时,检验结果应取多少有效位数为宜,这时就涉及"数值修约"。质量保证部门往往要求一般数值修约应满足技术条件和图纸中的要求,特殊情况下,可多保留一位数字。

国家标准 GB 8170—2008《数值修约规则与极限数值的表示和判定》规定如下。

1. 修约间隔

(1) 概念

修约间隔是修约值的最小数值单位。修约间隔数值一经确定,修约值应为该数值的整数倍。修约值中不能有小于修约间隔的数值。

例如,指定修约间隔为 0.1,修约值应在 0.1 的整数倍中选取,相当于将数值修约到一位小数。如果指定修约间隔为 100,修约值即应在 100 的整数倍中选取,相当于修约到"百数位"。

(2) 确定修约间隔

在数值修约时,确定修约位数的表达方式一般有两种:一种是指明数值修约到几位有效数字,类似于上述质量保证部门的要求,另一种就是指明修约间隔,即指定数位。

1) 若指定修约间隔为 10^{-n}(n 为正整数),即相当于将数值修约到几位小数;

2) 若指定修约间隔为 1,即相当于将数值修约到个位数(换言之,数值的小数部分全部舍弃);

3) 若指定修约间隔为 10^n(n 为正整数),即相当于将数值修约到 10^n 数位。

2. 数值修约进舍规则

采用"四舍六入五考虑,五后非零则进一,五后皆零看奇偶"规则舍去过多的数字。当测量值中被修约的尾数≤4,则舍去;尾数≥6,则进一;尾数等于 5 时,若 5 后面有不为零的任何数字时,则进一,若 5 后无数字或都为零,则 5 前一位数字是奇数(1、3、5、7、9)时,则进一,是偶数(2、4、6、8、0)时,则舍去。

3．数值修约注意事项

（1）负数修约

负数修约时，应先将其绝对值按上述进舍规则进行修约，然后在修约值前面加上负号。

（2）不许连续修约

拟修约数字应在确定修约位数后，一次修约获得结果，不允许多次连续修约。

例 4-2：将 15.464 5 修约到个位数（即修约间隔为 1）

解：正确修约为 15.464 5→15（一次修约）

错误修约为 15.464 5→15.464→15.46→15.5→16（连续修约）

具体工作中，有时分析测试得到的测量值是为其他部门提供数据，可按规定的修约位数多保留 1 位报出，以供下一步计算或判定用，此时为避免发生连续修约的错误，当报出的数值其后最后一位数字为 5 时，应在该修约值后面加（＋）或（－），表明该数值已进行过舍或进。

例 4-3：16.500 3→16.5（＋）（表示实际值比该修约值大，是修约后舍弃获得的）。

16.495→16.5（－）（表示实际值比该修约值小，是修约后进一获得的）。

如果对上述报出值还要修约，比如修约到个位时，则数值后有（＋）者进一，数值后有（－）者舍去。

例 4-4：报出值 16.5（＋），再次修约成 17。

报出值 16.5（－），再次修约成 16。

在实际工作中，有时还用到 0.5 或 0.2 单位的修约间隔，因不常用到，这里就不一一介绍了。

三、有效数字的计算法则

所谓有效数字的计算法则，实质是对运算中有效位数确定的法则。在处理分析数据时，涉及运算的数据往往准确度不同，即各数值的有效位数不同，为减少计算中错误，应按下面规则确定运算中的有效位数。

（1）加减法运算中，保留有效数字的位数，以小数后位数最少的为准，即以绝对误差最大的数为准。如：将 0.012 1、25.64、1.054 82 三个数进行加减运算，有效位数应以 25.64 为依据，即计算结果只取到小数后第二位。

（2）乘除法运算中，保留有效数字的位数，以有效数字位数最少的为准，即以相对误差最大的数为准。如：0.012 1、25.64、1.054 82 三个数进行乘除运算，有效位数应以 0.012 1 为依据，即计算结果应取三位有效数字。

（3）在运算中，考虑各数值有效位数时，当第一位有效数字大于或等于 8 时，有效位数可多计一位。如 8.34 本来是三位有效数字，可当成四位有效数字处理。

有效数字的运算法，目前没有统一的规定，大致有 3 种方式。

1）先修约再进行运算，即将各数值先修约到规定的有效位数，再进行运算。

例 4-5：0.012 1＋25.64＋1.054 82＝?

解：计算时先以 25.64 为准，进行修约，后计算得：

$$0.01＋25.64＋1.05＝26.70$$

2）为了避免修约误差的积累，将参与计算的各数值有效位数修约到比应有的有效位数多一位,然后计算,最后对计算结果修约到规定的有效位数。

仍以上例为例:

$$0.012+25.64+1.055=26.707$$

修约后得 26.71。

3)第三种方法是先运算,最后对计算结果修约到应保留的位数。

仍以上面三个数值为例:

$$0.012\ 1+25.64+1.054\ 82=26.706\ 92$$

修约后得 26.71。

可见三种计算方法,对最终结果,只是最后一位数字稍有差别。

显然,如果用笔算,前两者较为方便,如果用计算器计算,建议用第三种方法进行运算,好处是避免不必要的修约误差积累。

第二节　检验数据的一般计算

学习目标:通过学习数据处理的一般知识。掌握对检验数据的平均值、标准偏差的计算,学会通过检验数据准确度、精密度指标判断结果。掌握称量结果所需不同单位之间的计算。

一、平均值与准确度

1. 平均值

平均值是将测定值的总和除以测定总次数所得的商。

若以 x_1、x_2、$\cdots$、x_n 代表各次的测定值,n 代表测定次数,以 $\overline{x}$ 代表平均值,则

$$\overline{x}=\frac{\sum\limits_{i=1}^{n}x_i}{n} \tag{4-1}$$

2. 准确度

准确度是测定值与真值的符合程度,用误差来表示,误差可用绝对误差和相对误差来表示。

(1)绝对误差表示测定值与真值之差。

$$绝对误差=测定值-真值 \tag{4-2}$$

例 4-6:某铜合金中铜的含量测定结果为 81.18%,若已知真实结果为 80.13%,绝对误差是多少?

解:绝对误差$=81.18\%-80.13\%=+0.05\%$。

(2)相对误差是指绝对误差与真值之比。

$$相对误差=(测定值-真值)/真值 \tag{4-3}$$

例 4-7:某铜合金中铜的含量测定结果为 81.18%,若已知真实结果为 80.13%,相对误差是多少?

解:相对误差$=(81.18\%-81.13\%)/81.13\%\times100\%=+0.06\%$

显然,准确度的高低或与真值符合程度的优劣,是通过比较而言的。误差越小,表示测

定值与真值越接近,准确度越高。反之,误差越大,准确度越低。

二、极差、偏差、标准偏差与精密度

精密度表示各测量值相互接近的程度,可用不同的方法表示。

1. 极差

极差是指一组测量值中最大值与最小值之差,用 R 表示。

$$R = x_{最大} - x_{最小} \tag{4-4}$$

它表示测定值的最大离散范围,因此又称范围误差。

2. 偏差

偏差是指测定值与平均值之间的差值,用 d 表示。

$$d = x - \overline{x} \tag{4-5}$$

它表示测定值与平均值之间的偏离程度。偏差越大,表示精密度越低,偏差越小,表示精密度越高。偏差也分为绝对偏差和相对偏差。绝对偏差指个别测量值与平均值之差。相对偏差指绝对偏差相对于测量平均值的百分数

$$相对偏差 = \frac{d}{\overline{x}} \times 100\% \tag{4-6}$$

当进行无限多次测定时,为了说明一系列测定数据的精密度,通常以平均偏差 δ 来表示,平均偏差是指各单次测量值偏差的绝对值的平均值,即:

$$\delta = \frac{\sum |x_i - u|}{n} \tag{4-7}$$

在无系统误差情况下,无限多次测量时,平均值 $\overline{x}$ 趋近于真值(即式中表示的 u)。但在实际工作中,测量次数 n 不可能无限多,当进行有限次测量时,各单次测量值偏差的绝对值之和的平均值,即平均偏差 $\overline{d}$ 为:

$$\overline{d} = \frac{\sum |x_i - \overline{x}|}{n} \tag{4-8}$$

使用平均偏差表示精密度比较简单,但这种表示方法的缺点是:由于在一系列测定中,小的偏差的次数总是占多数,而大的偏差的测定次数总是占少数,按总的测定次数求得的平均偏差会偏小,大的偏差得不到反映,所以,用平均偏差表示精密度的方法在数理统计上不是很好。在数理统计中表示精密度最常用的是标准偏差。

3. 标准偏差与相对标准偏差

(1) 标准偏差的数学表达式为

$$\sigma = \sqrt{\frac{\sum_{i=1}^{n} (x_i - u)^2}{n-1}} \tag{4-9}$$

式中:σ——均方差;

x_i——单次测定值;

u——无限多次测定条件下的总体平均值(此时接近于真值);

n——测定次数。

实际上,测定次数一般不多,且总体平均值不可能知道,因此在有限测定次数情况下,用下述公式计算

$$S = \sqrt{\frac{\sum_{i=1}^{n}(x_i - \overline{x})^2}{n-1}}$$ （4-10）

式中: S——标准偏差;

$\quad x_i$——单次测定值;

$\quad \overline{x}$——有限次测定数据的平均值;

$\quad n$——测定次数。

在数理统计中把式中$(n-1)$称为自由度,说明在n次测定中只有$(n-1)$个独立的可变的偏差。当测定次数无限多时, n与$(n-1)$区别就很小,此时$\overline{x}$趋于u,同时S趋近于σ。

（2）相对标准偏差

单次测定结果的相对标准偏差(也称变异系数)可表示为

$$相对标准偏差 = \frac{S}{\overline{x}} \times 100\%$$ （4-11）

不难理解,当测定结果的单次标准偏差相等时,对被测物质含量越低,相对标准偏差越大,反之被测物质含量越高,相对标准偏差越小。

使用标准偏差表示精密度的好处是:由于对单次测定偏差加以平方,不仅避免了单次测定偏差相加时正负的相互抵消,更重要的是大偏差能更显著地反映出来,更能说明数据的分散程度。因此用标准偏差表示精密度比平均偏差好。通过下面例子可以明显看出。

例 4-8:分别用平均偏差和标准偏差比较两批数据的精密度。

第一批数据:10.3、9.8、9.6、10.2、10.1、10.4、10.0、9.7、10.2、9.7。

第二批数据:10.0、10.1、9.3、10.2、9.9、9.8、10.5、9.8、10.3、9.9。

解:将两批数据列表计算如下:

第一批测定数据			第二批测定数据		
x_i	$x_i - \overline{x}$	$(x_i - \overline{x})^2$	x_i	$x_i - \overline{x}$	$(x_i - \overline{x})^2$
10.3	+0.3	0.09	10.0	0.0	0.00
9.8	−0.2	0.04	10.1	+0.1	0.01
9.6	−0.4	0.16	9.3	−0.7	0.49
10.2	+0.2	0.04	10.2	+0.2	0.04
10.1	+0.1	0.01	9.9	−0.1	0.01
10.4	+0.4	0.16	9.8	−0.2	0.04
10.0	0.0	0.00	10.5	+0.5	0.25
9.7	-0.3	0.09	9.8	−0.2	0.04
10.2	+0.2	0.04	10.3	+0.3	0.09
9.7	-0.3	0.09	9.9	−0.1	0.01
$\overline{x}=10$	$\sum|x_i - \overline{x}|=2.4$	$\sum(x_i - \overline{x})^2=0.72$	$\overline{x}=10$	$\sum|x_i - \overline{x}|=2.4$	$\sum(x_i - \overline{x})^2=0.98$

第一批数据：

$$\overline{d}_1 = \frac{\sum |x_i - \overline{x}|}{n} = 2.4/10 = 0.24$$

$$S_1 = \sqrt{\frac{\sum_{i=1}^{n}(x_i - \overline{x})^2}{n-1}} = \sqrt{\frac{0.72}{10-1}} = 0.28$$

第二批数据：

$$\overline{d}_2 = \frac{\sum |x_i - \overline{x}|}{n} = 2.4/10 = 0.24$$

$$S_2 = \sqrt{\frac{\sum_{i=1}^{n}(x_i - \overline{x})^2}{n-1}} = \sqrt{\frac{0.98}{10-1}} = 0.33$$

对两批数据进行比较：因 $\overline{d}_1 = \overline{d}_2$，用平均偏差不能判定两批数据的精密度好坏，但 $S_1 < S_2$，故用标准偏差说明第一批数据精密度比第二批数据好。

三、准确度与精密度关系

准确度是指测量值与真值之间相互符合的程度，是由系统误差所决定的，而精密度是由偶然误差所决定的，两者含义不同，不能相互混淆，但两者之间是有联系的。

例 4-9：甲、乙、丙三人同时测定同一纯的氯化钠样品中的含量，测定结果的质量分数表示如下：

甲：60.54%、60.52%、60.52%、60.50%，平均值为 60.52%；

乙：60.70%、60.54%、60.52%、60.46%，平均值为 60.56%；

丙：60.66%、60.65%、60.64%、60.63%，平均值为 60.64%。

试比较甲、乙、丙三者分析结果的好坏。（Cl 原子的相对质量 35.45，Na 原子的相对质量 22.99）

解：（1）通过计算纯氯化钠中氯含量的理论值（可认为真值）为 60.66%，将测定结果绘于图 4-1 中。

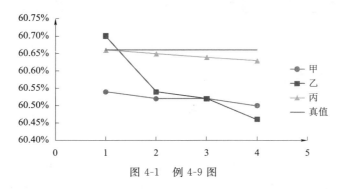

图 4-1　例 4-9 图

由图 4-1 可见：甲的分析结果精密度高，但平均值与真值相差较大，说明准确度低；乙的分析结果精密度低，准确度也差；丙的分析结果精密度和准确度都比较高。由此可得出下

列结论:

① 精密度高,不一定准确度高,因为有系统误差存在。

② 准确度高,一定需要精密度高,精密度是保证准确度的先决条件。

(2) 分别计算甲、乙、丙所得分析结果的误差和偏差为:

甲:绝对误差＝60.52%－60.66%＝－0.14%;

相对误差＝－0.14%/60.66%×100%＝－0.23%;

$$标准偏差\ S_甲＝\sqrt{\frac{\sum(x_i-\overline{x})^2}{n-1}}＝0.016\%;$$

乙:绝对误差＝60.56%－60.66%＝－0.10%;

相对误差＝－0.10%/60.66%×100%＝－0.16%;

标准偏差 $S_乙＝0.10\%$;

丙:绝对误差＝60.64%－60.66%＝－0.02%;

相对误差＝－0.02%/60.66%×100%＝－0.033%;

标准偏差 $S_丙＝0.013\%$。

绝对误差的绝对值甲＞乙＞丙;单次测定的标准偏差 $S_丙＞S_甲＞S_乙$。

结果证明:丙的测定结果的准确度和精密度都高,测定结果最好;甲的测定结果,虽然精密度好,但准确度差;乙的测定结果的精密度低,因此准确度也较差。

四、测量结果单位的换算

核燃料元件生产过程中,由于核物料样品性质不同,常常需要对测量结果的单位进行转换,以满足不同的检验要求。

当测量结果单位为 $\mu g/g\cdot U$ 时,假设测量结果为 ω:

(1) 将测量结果单位换算为 $\mu g/g\cdot UO_2$

因为 UO_2 换算成 U 的换算因子 $K＝1.1345$,则 $\omega(\mu g/g\cdot UO_2)＝1.1345×\omega(\mu g/g\cdot U)$

(2) 将测量结果单位换算成质量分数(%)

$$\omega(\mu g/g\cdot UO_2)＝\omega×10^{-4}(\%UO_2)$$

第三节　原始记录及检验报告的管理

学习目标:明确原始记录和检验报告的重要性,能正确填写原始记录及检验报告。

一、原始记录的重要性

在实验室里,原始记录一般指分析测试岗位所有的记录,如设备运行记录、设备维护保养记录、计量设备检定记录、分析测试的操作过程记录等。总之,原始记录应可以反映出实验室所有活动的概貌。

原始记录的形式,可以是文字记录,也可以是胶卷、底片、音像制品等。这里主要指反映分析测试活动全过程概貌的文字记录。原始记录的设计、填写、存档、保管、销毁是一项非常重要的活动内容,原始记录中汇集了涉及最终测量结果质量的重要信息,为质量跟踪、计量量值的传递提供了有力的凭证。

二、原始记录的填写要求

1. 原始记录要真实、详尽、清楚地记录测定条件、所用仪器设备、检测数据及检验人员等信息。

2. 原始记录应用黑色签字笔在检测的同时记录在事先设计好的原始记录本上,不应事后回忆记录或转抄。

3. 原始记录采用法定计量单位,数据应按照测量设备的有效位数或技术条件的规定记录。

4. 原始记录中需要更改记录错误的地方,应在原记录上画一条横线表示消去,在旁边另写正确的记录,并由填写人签字或盖章,并注明更改日期。

5. 原始记录上必须有记录人签名。

三、检验报告的填写

1. 检验报告应统一格式。

2. 检验报告中的各项内容应完整填写,无内容填写的栏目内应用"—"表示,不得空缺。

3. 检验报告中的数据、公式、表格及技术要求应真实可靠,准确无误。

4. 检验报告中的计量单位应使用法定计量单位,数值应采用阿拉伯数字。

5. 检验报告应加盖检验机构相关印章。

6. 检验报告应有检验员、复核员的签字。

第五章　测后工作

学习目标:掌握实验室放射性废物的种类和基本处置方法。掌握仪器日常使用的维护保养要求。

第一节　放射性废物的处置

学习目标:通过学习反射性废物的知识,掌握放射性废物的概念,学会放射性废物在实验室的基本处置方法。

在分析测试过程中,会产生一定量的废水(废液)。废水成分复杂,有在过程中添加的各种试剂成分,也有试料的组分,以及过程中产生的复杂化合物。废水处理总的原则是处理后的废水要能回收或达到排放标准。

一般说,实验室废水应统一由生产线回收处理。

实验室应做到同类废水,集中存放,盛放的容器要完好无损,不与废水发生反应,防止容器破裂,废水外泄。同时,废水容器外壁应有明显标志、标签。标志指特殊样品分析测试后产生的废水,比如放射性物料,应标志富集度。标签内容至少包括废水量、主要成分浓度、收集日期等。

一、放射性废物的概念

放射性废物是指含有放射性核素或被放射性核素污染,其浓度或者活度大于国家确定的清洁解控水平,预期不再使用的废弃物。

在核燃料元件生产过程中产生的放射性废物主要为含有铀放射性核素或被铀放射性核素污染的废弃物。

二、放射性废物的分类

放射性废物主要分为放射性液体废物、放射性固定废物和放射性气载废物三大类。

放射性液体废物:各生产检验岗位产生的废水、废有机相和废机油等。

放射性固体废物:各生产检验岗位产生放射性固体废物分为可燃、难燃和不可燃放射性固体废物。

(1)可燃固体废物:棉质防护用品和木质材料等;

(2)难燃固体废物:塑料及橡胶制品;

(3)不燃固体废物:废旧金属材料、玻璃制品和非硅胶等。

放射性气载废物:核品生产工艺废气、非密性操作场所和厂房通风排气等。

1.放射性固体废物的来源

(1)劳动保护所产生的放射性固体废物。诸如,口罩、手套、工作服、外来参观人员参观时用过的头套、鞋套等。

（2）生产过程产生的放射性固体废物。诸如，滤纸、废纸张、标签、废旧圆珠笔、保温材料、过滤器芯体、器皿、筛网及废旧钢材、废旧钼材、设备等。

（3）设备维护保养、检修所产生的放射性固体废物。诸如，更换下来的螺帽、螺钉、垫圈、密封圈、电线、金属容器、工具、废弃的零部件等。

（4）清洁所产生的固体废物。诸如，拖布、塑料桶、塑料铲等。

（5）其他途径产生的固体废物。如：包装材料，边角料等。

2. 放射性固体废物的处置办法

（1）坚持以防为主，应尽量防止放射性固体废物的产生。对于不必要产生的放射性固体废物，尽量做到不产生放射性固体废物。例如：对于有包装材料的又需要带到现场的物品，应尽量在场外拆除包装。清洁用品应尽量采用结实的用品。

（2）生产、维护保养、检修、清洁过程中，应尽量做到细心操作，减少放射性固体废物的产生。

（3）可以回收使用的放射固体废物，应积极回收使用。

1）用过的口罩、滤纸等。可以稍作处理用于清洁的，应尽量用作清洁物品。

2）对于更换较大的部件，其中较小的而且完好的零件，可以拆除下来用作它用。

（4）不可回收使用的放射性固体废物处理办法

1）指定专门人员负责放射性固体废物管理。负责废物的分类、收集、贮存、填报废物统计报表等工作。

2）放射性固体废物应在指定的地方，严格按可燃、易燃、不燃固体废物进行分类收集（特殊口罩中的铅条应取出进行专门收集）。

3）贮存放射性固体废物的包装容器或收集袋装满后，应在包装容器或收集袋上贴上标识标签，注明内容物、富集度、编号、日期等。

4）放射性固体废物中严禁混有易燃、易爆、剧毒性物质。禁止将放射性废物放入非放射性废物中。

5）收集、贮存放射性固体废物的收集袋应有足够的强度和防腐蚀性。在收集、贮存和运输过程中应具有防火、防水、防漏等措施。污染过的废旧钢材、设备应经解体、去污，经检验合格后，放入指定暂存库。

6）在每批富集度物料生产完成后，放射性固体废物应统一管理。

3. 放射性液体废物处置方法

（1）放射性液体废物应按照不同富集度进行分类存放。

（2）盛放废液的容器不能渗漏，容器上应标识相关的信息。

（3）盛放废液体积不能超过容器的3/4。

第二节　仪器设备日常维护保养

学习目标：通过学习仪器日常维护保养的知识，掌握仪器日常使用的基本要求。

仪器的保养与维护是实验室管理工作的重要组成部分，搞好仪器的保养与维护，关系到仪器的完好率和使用率，关系到实验成功率。因此，应懂得仪器保养与维护的一般知识，掌握保养与维护的基本技能。

一、仪器使用环境

按照仪器的使用要求，控制环境的温度、湿度，必要时仪器房间应安装空调、除湿机等设备。

二、除尘

灰尘多为带有微量静电的微小尘粒，常飘浮于空气中随气流而动，灰尘附着在仪器设备上会影响其色泽，增大运动部件的磨损，严重时会造成短路、漏电，贵重精密仪器上有灰尘，严重者会使仪器报废。

清除灰尘的方法很多，主要应依灰尘附着表面的状况及其灰尘附着的程度而定。在干燥的空气中，若灰尘较少或灰尘尚未受潮结成块斑时，一般仪器上的灰尘可用干布拭擦，毛巾掸刷，软毛刷刷等方法清除；仪器内部的灰尘可用洗耳球式打气筒吹气除尘，也可用吸尘器吸尘；角、缝中的灰尘可将上述几种方法结合起来除尘。不过对贵重精密仪器，如光学仪器，仪表表头等，用上述方法除尘也会损坏仪器，此时应采用特殊除尘工具除尘，如用镜头纸拭擦，沾有酒精的棉球拭擦等。

在空气潮湿，灰尘已结成垢块时，除尘应采用湿布拭擦，对角、缝中的灰垢可先用削尖的软大条剔除，再用湿布拭擦，但是对掉色表面、电器不宜用湿布拭擦。若灰垢不易拭擦干净，可用沾有酒精或乙醚的棉球进行拭擦，或进行清洗。

三、清洗

仪器在使用中会沾上油腻、胶液、汗渍等污垢，在贮藏保管不慎时会产生锈蚀、霉斑，这些污垢对仪器的寿命、性能会产生极其不良的影响。清洗的目的就在于除去仪器上的污垢。通常仪器的清洗有两类方法，一是机械清洗方法，即用铲、刮、刷等方法清洗；二是化学清洗方法，即用各种化学去污溶剂清洗。具体的清洗方法要依污垢附着表面的状况以及污垢的性质决定。下面介绍几种常见仪器和不同材料部件的清洗方法。

1. 玻璃器皿的清洗

附着玻璃器皿上的污垢大致有两类，一类是用水即可清洗干净的，另一类则是必须使用清洗剂或特殊洗涤剂才能清洗干净的。在实验中，无论附在玻璃器皿上的污垢属哪一类，用过的器皿都应立即清洗。

盛过糖、盐、淀粉、泥砂、酒精等物质的玻璃器皿，用水冲洗即可达到清洗目的。应注意，若附着污物已干硬，可将器皿在水中浸泡一段时间，再用毛刷边冲边刷，直至洗净。

玻璃器皿沾有油污或盛过动植物油，可用洗衣粉、去污粉、洗洁精等配制成的洗涤剂进行清洗。清洗时要用毛刷刷洗，用此洗涤剂也可清洗附有机油的玻璃器皿。玻璃器皿用洗涤剂清洗后，还应用清水冲净。

对附有焦油、沥青或其他高分子有机物的玻璃器皿，应采用有机溶剂，如汽油、苯等进行清洗。若还难以洗净，可将玻璃器皿放入碱性洗涤剂中浸泡一段时间，再用浓度为 5% 以上的碳酸钠、碳酸氢钠、氢氧化钠或磷酸钠等溶液清洗,甚至可以加热清洗。

在化学反应中,往往玻璃器皿壁上附有金属、氧化物、酸、碱等污物。清洗时,应根据污垢的特点,用强酸、强碱清洗或利用中和化学反应的方法除垢,然后再用水冲洗干净。使用酸碱清洗时,应特别注意安全,操作者应戴橡胶手套防护镜;操作时要使用镊子,夹子等工具,不能用手取放器皿。

2. 光学玻璃的清洗

光学玻璃用于仪器的镜头、镜片、棱镜、玻片等,在制造和使用中容易沾上油污,水湿性污物、指纹等,影响成像及透光率。清洗光学玻璃,应根据污垢的特点、不同结构,选用不同的清洗剂,使用不同的清洗工具,选用不同的清洗方法。

清洗镀有增透膜的镜头,如照相机、幻灯机、显微镜的镜头,可用 20% 左右的酒精和 80% 左右的乙醚配制清洗剂进行清洗。清洗时应用软毛刷或棉球沾有少量清洗剂,从镜头中心向外作圆运动。切忌把这类镜头浸泡在清洗剂中清洗;清洗镜头不得用力拭擦,否则会划伤增透膜,损坏镜头。

清洗棱镜、平面镜的方法,可依照清洗镜头的方法进行。

光学玻璃表面发霉,是一种常见现象。当光学玻璃生霉后,光线在其表面发生散射,使成像模糊不清,严重者将使仪器报废。光学玻璃生霉的原因多是因其表面附有微生物孢子,在温度、湿度适宜,又有所需"营养物"时,便会快速生长,形成霉斑。对光学玻璃做好防霉防污尤为重要,一旦产生霉斑应立即清洗。

消除霉斑,清洗霉菌可用 0.1%~0.5% 的乙基含氢二氯硅烷与无水酒精配制的清洗剂清洗,湿潮天气还可掺入少量的乙醚,或用环氧丙烷、稀氨水等清洗。

使用上述清洗剂也能清洗光学玻璃上的油脂性雾、水湿性雾和油水混合性雾,其清洗方法与清洗镜头的方法相仿。

3. 橡胶件的清洗

教学仪器中用橡胶制成的零部件很多,橡胶作为一种高分子有机物,在沾有油腻或有机溶剂后会老化,使零部件产生形变,发软变黏;用橡胶制成的传动带,若沾有油污会使摩擦系数减小,产生打滑现象。

清洗橡胶件上的油污,可用酒精、四氯化碳等作为清洗剂,而不能使用有机溶剂作为清洗剂。清洗时,先用棉球或丝布沾清洗剂拭擦,待清洗剂自然挥发净后即可。应注意,四氯化碳具有毒性,对人体有害,清洗时应在较好通风条件下进行,注意安全。

4. 塑料件的清洗

塑料的种类很多,有聚苯乙烯、聚氯乙烯、尼龙、有机玻璃等。塑料件一般对有机溶剂很敏感,清洗污垢时,不能使用如汽油、甲苯、丙酮等有机溶剂作为清洁剂。清洗塑料件用水、肥皂水或洗衣粉配制的洗涤剂洗擦为宜。

5. 钢铁零部件除锈

钢铁零部件极易锈蚀,为防止锈蚀,仪器产品中的钢铁件常涂有油层、油漆等防护层,但即使如此,锈蚀仍常发生。清除钢铁零部件的锈蚀,应根据锈蚀的程度以及零部件的特点采用不同的方法。

对尺寸较大,精密程度不高或用机械方法除锈不易除净的钢铁零部件,可采用化学方法除锈，如用浓度为 $2\%\sim25\%$ 的磷酸浸泡欲除锈的部件，浸泡时加温至 $40\ ℃\sim80\ ℃$ 为宜，待锈蚀除净后，其表层会形成一层防护膜，再将部件取出浸泡在浓度为 $0.5\%\sim2\%$ 的磷酸溶液中约 1 h，最后取出烘干即可。

在实验室使用这类化学方法除锈中若操作稍有不当，反会损坏零部件，特别是精密零部件。因此在实验室，除锈不宜多用化学方法，而应采用机械除锈方法，即先用铲、剔、刮等方式将零部件上的锈蚀层块除去，再用砂纸砂磨、打光，最后涂上保护层。

对于有色金属及其合金材料构成的零部件，其除锈方法可参照钢铁零部件的除锈方法进行。但应注意两点，其一，采用化学方法除锈时，应根据零部件材料的化学特性配制和使用不同的化学除锈剂；其二，除去有色金属及其合金构成的零部件的锈蚀，一般采用机械除锈方法为宜。

第二部分 核料元件性能测试工高级技能

第六章 检验准备

学习目标：学习核纯级烧结二氧化铀粉末、芯块产品的技术要求。通过学习分析检验用水的质量检验方法、标准溶液的配制方法、实验室装置气密性检查方法，掌握正确使用 pH 计，配制实验室常用指示剂和缓冲溶液、进行装置气密性检查的操作技能。会正确地进行气瓶操作，会判断和更换失效试剂。了解标准物质的基本知识。

第一节 核燃料元件产品的技术条件

由于世界各国的压水堆燃料组件设计上的差异，对核燃料元件产品的技术要求也不尽一致。这种不一致充分反映在相应的技术标准里，例如，美国材料和试验协会标准 ASTM C776，德国标准 RBG 和 RE-LE 840，法国标准 RCC-C，日本标准 JAERI 4053，虽然其基本内容相近，但具体指标仍存在一定差别。我国也制定了相应的国家标准 GB/T 10265—2008《核级可烧结二氧化铀粉末技术条件》、GB/T 10266—2008《烧结二氧化铀芯块技术条件》。

GB/T 10265—2008 等效采用国际公认的权威标准 ASTM C753—2004，GB/T 10266—2008 等效采用 ASTM C776—2006，标准分别规定了可烧结二氧化铀粉末和烧结二氧化铀芯块的技术要求、芯块批、取样、试验和检验以及包装和运输的要求。下面介绍该标准技术要求中对化学成分分析的主要内容。

一、核级可烧结二氧化铀粉末技术条件

1. 化学要求

（1）铀含量

铀含量最小值为 87.0%（质量分数，干基）。

（2）氧铀比

二氧化铀粉末的氧铀比（O/U）一般控制在 2.02～2.18。

（3）杂质元素和含量限值

单个基于铀质量的杂质元素含量应不超过表 6-1 规定的限值。表 6-1 所列杂质元素含

量的总和不应超过 1 500 μg/gU。若单个元素分析结果低于分析方法所能检测的最小限值,则按其最小限值加到总杂质含量中。

表 6-1 杂质元素和最大含量限值(μg/gU)

杂质元素	最大含量限值	杂质元素	最大含量限值	杂质元素	最大含量限值	杂质元素	最大含量限值
Al	250	Cu	250	Ni	200	Sn	250
C	100	F	100	N	200	Ti	250
Ca+Mg	200	Fe	250	P	250	W	250
Cl	100	Pb	250	Si	300	V	250
Cr	200	Mn	250	Ta	250	Zn	250
Co	100	Mo	250	Th	10		

(4)水分含量

水分含量不应超过二氧化铀粉末质量的 0.4%。

(5)同位素含量

应实测 ^{234}U、^{235}U、^{236}U 的含量,以质量分数报出结果。^{235}U 同位素富集度低于 5% 的二氧化铀粉末按照 GB/T 13696 中规定执行,高于 5% 的富集度由买卖双方商定。

(6)当量硼含量

对于热中子反应堆,总当量硼含量(EBC)应不超过 4.0 μg/gU,总当量硼含量是单个元素当量硼含量之和。

表 6-2 列出了在计算总当量硼含量时通常所考虑的元素和这些元素中子速度为 2 200 m/s 条件下测定的吸收截面值。计算当量硼含量所需的特定元素及其吸收截面值,取决于各反应堆的特性,表 6-2 仅作为一个例子。特定元素及其当量硼含量由供需双方商定。

杂质元素的当量硼含量等于该元素当量硼因子与含量之积,单位为 μg/gU。

上述限定不适用于快中子反应堆。

表 6-2 当量硼因子

元素	中子吸收截面/b	原子量	当量硼因子	元素	中子吸收截面/b	原子量	当量硼因子
Ag	63.3	107.87	0.008 3	I	6.2	126.90	0.000 7
Ar	0.68	39.95	0.000 2	In	193.8	114.82	0.023 9
As	4.5	74.92	0.000 8	Ir	425.30	192.22	0.031 3
Au	98.65	196.97	0.007 1	K	2.1	39.10	0.000 8
B	764	10.81	1.000 0	Kr	25.00	83.80	0.004 2
Br	6.9	79.91	0.001 2	La	8.97	138.91	0.000 9
Ca	0.43	40.08	0.000 2	Li	70.6	6.94	0.143 9
Cd	2 520	112.41	0.317 2	Lu	76.4	174.97	0.006 2
Cl	33.5	35.45	0.013 2	Mn	13.3	54.94	0.003 4
Co	37.2	58.93	0.008 9	Mo	2.55	95.94	0.000 4

元素	中子吸收截面/b	原子量	当量硼因子	元素	中子吸收截面/b	原子量	当量硼因子
Cr	3.07	52.00	0.000 8	N	1.90	14.01	0.001 9
Cs	29	132.91	0.003 1	Na	0.53	22.99	0.000 3
Cu	3.78	63.54	0.000 8	Nb	1.15	92.91	0.000 2
Dy	940	162.50	0.081 8	Nd	50.5	144.24	0.005 0
Er	159.2	167.26	0.013 5	Ni	4.49	58.69	0.001 1
Eu	4 565	151.97	0.425 0	Os	16.00	190.20	0.001 2
Fe	2.56	55.85	0.000 6	Pd	6.90	106.42	0.000 9
Gd	48 890	157.25	4.399 1	Pr	11.5	140.91	0.001 2
Ga	2.9	69.72	0.000 6	Pt	10.30	195.08	0.000 7
Ge	2.3	72.59	0.000 4	Re	89.70	186.21	0.006 8
H	0.33	1.01	0.004 6	Rh	145.20	102.91	0.020 0
Hf	104.1	178.49	0.008 3	Ru	2.56	101.07	0.000 4
Hg	372.3	200.59	0.026 3	S	0.52	32.06	0.000 2
Ho	64.7	164.93	0.005 6	Sb	5.1	121.75	0.000 6
Sc	27.20	44.96	0.008 6	Tl	3.43	204.37	0.000 2
Se	11.70	78.96	0.002 1	Tm	105	168.93	0.008 8
Sm	5 670	150.36	0.533 6	V	5.08	50.94	0.001 4
Sr	1.28	87.62	0.000 2	W	18.4	183.85	0.001 4
Ta	20.6	180.95	0.001 6	Xe	23.90	131.29	0.002 6
Tb	23.4	158.92	0.002 1	Y	1.28	88.91	0.000 2
Te	4.70	127.60	0.000 5	Yb	35.5	173.04	0.002 9
Th	7.37	232.04	0.000 4	Zn	1.11	65.39	0.000 2
Ti	6.1	47.88	0.001 8				

（7）清洁度

粉末应无肉眼可见异物,例如金属微粒和油污。

二、烧结二氧化铀芯块技术条件

1. 化学要求

所有化学分析样品应具有代表性并符合取样规定。所有化学分析方法应采用国家标准或行业标准,或经供需双方一致同意的方法进行。

（1）铀含量

铀含量最小值为 87.0%（质量分数,干基）。

（2）杂质含量

单个杂质元素最大含量限值不应超过表 6-3 的规定。表 6-3 所列杂质元素含量的总和不应超过 1 500 $\mu g/gU$。如果某种元素的分析报告值低于分析方法所能检测的最小限值,那么在计算杂质总量时采用该最小限值。

表 6-3 杂质元素和最大含量限值(μg/gU)

杂质元素	最大含量限值	杂质元素	最大含量限值
Al	250	H	1.3(总氢)
C	100	Fe	500
Ca+Mg	200	Ni	250
Cl	25	N	75
Cr	250	Si	500
Co	100	Th	10
F	15		

(3)氧铀比

芯块的氧铀比应控制在 1.99～2.02。

(4)水分含量

水分含量包括在总氢限值内。

2. 核要求

(1)同位素含量

1)对于 ^{235}U 富集度低于 5％的芯块,应采用 GB/T 13696 规定的同位素要求和放射性核素要求,除非供需双方另有商定。

2)对于未按以上规定进行分析的芯块,其同位素要求由供需双方共同商定。

(2)当量硼含量

对于热中子反应堆,总当量硼含量应不超过 4.0 μg/gU,总当量硼含量是单个元素当量硼含量之和。

杂质元素的当量硼含量等于该元素当量硼因子与含量之积,单位为 μg/gU。

三、其他产品

Gd$_2$O$_3$-UO$_2$芯块产品在行业标准 EJ/T 542 中对产品的技术要求都做了明确的规定,这里就不再一一叙述了。

第二节 实验室用水的质量检验方法

学习目标:掌握分析检验用水的质量检验的方法,会正确使用 pH 计。

一、分析检验用水的质量检验

1. pH 检验

取水样 10 mL,加甲基红 pH 指示剂(变色范围为 pH4.2～6.2)2 滴,以不显红色为合格;另取水 10 mL,加溴百里酚蓝(变色范围 pH6.0～7.6)5 滴,不显蓝色为合格。也可用精密 pH 试纸检查或用 pH 计(酸度计)测定其 pH。

2. 电导率的测定

用电导仪测定电导率。

测定一、二级水的电导仪,需配备电极常数为 $0.01\sim0.1\ \text{cm}^{-1}$ 的"在线"热交换器,测量时水温控制在 (25 ± 1)℃或记录水温度,按换算公式进行换算。一、二级水的电导测量,是将电导池装在水处理装置流动出水口处,调节水的流速,赶净管道及电导池内的气泡,即可进行测量。

测定三级水的电导仪,需配备电极常数为 $0.01\sim1\ \text{cm}^{-1}$ 的电导池,并具有温度自动补偿功能。若电导仪不具温度补偿功能,可装恒温水浴槽,使待测水样温度控制在 (25 ± 1)℃。或记录水温度,按换算公式进行换算。三级水的电导测量,是取 400 mL 水样于锥形瓶中,插入电导池后即可进行测量。

当测量时水的温度为 25 ℃时,其电导率可按下式进行换算:

$$K_{25}=k_t(K_t\text{-}K_{p\cdot t})+0.005\ 48 \tag{6-1}$$

式中:K_{25}——25 ℃时水样的电导率,mS/m;

　　K_t——t_C时水样的电导率,mS/m;

　　$K_{p\cdot t}$——t_C时理论纯水的电导率,mS/m;

　　k_t——换算系数;

　　0.005 48——25 ℃时理论纯水的电导率,mS/m。

$K_{p\cdot t}$ 和 k_t 可从表 6-4 中查出。

表 6-4　理论纯水的电导率和换算系数

$t/$℃	k_t	$K_{p\cdot t}$ (mS/m)	$t/$℃	k_t	$K_{p\cdot t}$ (mS/m)	$t/$℃	k_t	$K_{p\cdot t}$ (mS/m)
0	1.797 5	0.001 16	17	1.195 4	0.003 49	34	0.847 5	0.008 61
1	1.755 0	0.001 23	18	1.167 9	0.003 70	35	0.835 0	0.009 07
2	1.713 5	0.001 32	19	1.141 2	0.003 91	36	0.823 3	0.009 50
3	1.672 8	0.001 43	20	1.115 5	0.004 18	37	0.812 6	0.009 94
4	1.632 9	0.001 54	21	1.090 6	0.004 41	38	0.802 7	0.010 44
5	1.594 0	0.001 65	22	1.066 7	0.004 66	39	0.793 6	0.010 88
6	1.555 9	0.001 78	23	1.043 6	0.004 90	40	0.785 5	0.011 36
7	1.518 8	0.001 90	24	1.021 3	0.005 19	41	0.778 2	0.011 89
8	1.482 5	0.002 01	25	1.000 0	0.005 48	42	0.771 9	0.012 40
9	1.447 0	0.002 16	26	0.979 5	0.005 78	43	0.766 4	0.012 98
10	1.412 5	0.002 30	27	0.960 0	0.006 07	44	0.761 7	0.013 51
11	1.378 8	0.002 45	28	0.941 0	0.006 40	45	0.758 0	0.014 10
12	1.346 1	0.002 60	29	0.923 4	0.006 74	46	0.755 1	0.014 64
13	1.314 2	0.002 76	30	0.906 5	0.007 12	47	0.753 2	0.015 21
14	1.283 1	0.002 92	31	0.890 4	0.007 49	48	0.752 1	0.015 82
15	1.253 0	0.003 12	32	0.875 8	0.007 84	49	0.751 8	0.016 50
16	1.223 7	0.003 30	33	0.861 0	0.008 22	50	0.752 5	0.017 28

3. 可氧化物质限量试验

量取 1 000 mL 二级水,注入烧杯中,加入 5.0 mL20％硫酸溶液,混匀。

量取 2 000 mL 三级水,注入烧杯中,加入 1.0 mL20％硫酸溶液,混匀。

在上述已酸化的试液中,分别加入 1.00 mL 浓度为 0.01 mol/L 的 $KMnO_4$ 标准溶液,混匀,盖上表面皿,加热至沸并保持 5 min,溶液的粉红色不得完全消失。

4. 吸光度的测定

将水样分别注入厚度为 1 cm 和 2 cm 石英吸收池中,在紫外-可见分光光度计上,于波长 254 nm 处,以 1 cm 吸收池中水样为参比,测定 2 cm 吸收池中水样的吸光度。

如仪器的灵敏度不够时,可适当增加测量吸收池的厚度。

5. 蒸发残渣的测定

量取 1 000 mL 二级水(三级水取 500 mL)。将水样分几次加入旋转蒸发器的蒸馏瓶中,于水浴上减压蒸发(避免蒸干)。待水样最后蒸至约 50 mL 时,停止加热。

将上述预浓集的水样转移至一个已于(105±2)℃恒重的玻璃蒸发皿中,并用 5~10 mL 水样分 2~3 次冲洗蒸馏瓶,将洗液与预浓集水样合并,于水浴上蒸干,并在(105±2)℃的电烘箱中干燥至恒重。

6. 可溶性硅的限量试验

量取 520 mL 一级水(二级水取 270 mL),注入铂皿中。在防尘条件下,亚沸蒸发至约 20 mL 时停止加热。冷至室温,加入 1.0 mL50 g/L 钼酸铵溶液,摇匀。放置 5 min 后,加 1.0 mL 50 g/L 草酸溶液,摇匀。放置 1 min 后,加 1.0 mL 2 g/L 对甲氨基酚硫酸盐溶液,摇匀。转至 25 mL 比色管中,稀释至刻度,摇匀,于 60℃水浴中保温 10 min。目视比色,试液的蓝色不得深于标准比色溶液。标准比色溶液是取 0.50 mL 二氧化硅标准溶液(0.01 mg/mL)加入 20 mL 水样后,从加 1.0 mL 钼酸铵溶液起与样品试液同时同样处理。

50 g/L 钼酸铵溶液:称取 5.0 g 钼酸铵[$(NH_4)_6 Mo_7 O_{24} \cdot 4 H_2O$],加水溶液,加入 20.0 mL20％硫酸溶液,稀释至 100 mL,摇匀,贮于聚乙烯瓶中。发现有沉淀时应弃去。

2 g/L 对甲氨基酚硫酸盐(米吐尔)溶液:称取 0.20 g 对甲氨基酚硫酸盐,溶于水,加 20.0 g 焦亚硫酸钠,溶解并稀释至 100 mL。摇匀,贮于聚乙烯瓶中。避光保存,有效期两周。

50 g/L 草酸溶液:称取 5.0 g 草酸,溶于水并稀释至 100 mL。贮于聚乙烯瓶中。

二、pH 计(酸度计)的使用方法

酸度计在日常生活中简称为 pH 计,它主要由电极和电计两部分组成。pH 计在使用中一定要能够合理维护电极,按要求配制标准缓冲液和正确操作电计,这样做的话就可大大减小 pH 示值误差,从而提高检验数据的可靠性。所以 pH 计作为一种精密仪器,它的使用方法非常重要,以及日常的维护一定要精心准备。

1. pH 计的使用方法

(1)安装

1)电源的电压与频率必须符合仪器铭牌上所指明的数据,同时必须接地良好,否则在测量时可能指针不稳。

2）仪器配有玻璃电极和甘汞电极。将玻璃电极的胶木帽夹在电极夹的小夹子上。将甘汞电极的金属帽夹在电极夹的大夹子上。可利用电极夹上的支头螺丝调节两个电极的高度。

3）玻璃电极在初次使用前，必须在蒸馏水中浸泡 24 h 以上。平常不用时也应浸泡在蒸馏水中。

4）甘汞电极在初次使用前，应浸泡在饱和氯化钾溶液内，不要与玻璃电极同泡在蒸馏水中。不使用时也浸泡在饱和氯化钾溶液中或用橡胶帽套住甘汞电极的下端毛细孔。

（2）校整

1）将"pH-mv"开关拨到 pH 位置。

2）打开电源开头指示灯亮，预热 30 min。

3）取下放蒸馏水的小烧杯，并用滤纸轻轻吸去玻璃电极上的多余水珠。在小烧杯内倒入选择好的，已知 pH 的标准缓冲溶液。将电极浸入。注意使玻璃电极端部小球和甘汞电极的毛细孔浸在溶液中。轻轻摇动小烧杯使电极所接触的溶液均匀。

4）根据标准缓冲液的 pH，将量程开关拧到 0～7 或 7～14 处。

5）调节控温钮，使旋钮指示的温度与室温相同。

6）调节零点，使指针指在 pH7 处。

7）轻轻按下或稍许转动读数开关使开关卡住。调节定位旋钮，使指针恰好指在标准缓冲液的 pH 数值处。放开读数开关，重复操作，直至数值稳定为止。

8）校整后，切勿再旋动定位旋钮，否则需重新校整。取下标准液小烧杯，用蒸馏水冲洗电极。

（3）测量

1）将电极上多余的水珠吸干或用被测溶液冲洗两次，然后将电极浸入被测溶液中，并轻轻转动或摇动小烧杯，使溶液均匀接触电极。

2）被测溶液的温度应与标准缓冲溶液的温度相同。

3）校整零位，按下读数开关，指针所指的数值即是待测液的 pH。若在量程 pH0～7 范围内测量时指针读数超过刻度，则应将量程开关置于 pH7～14 处再测量。

4）测量完毕，放开读数开关后，指针必须指在 pH7 处，否则重新调整。

5）关闭电源，冲洗电极，并按照前述方法浸泡。

2. pH 计的保养电极

在注重使用酸度计方法的时候，也要正确认识酸度计的电极使用。目前实验室使用的电极都是复合电极，其优点是使用方便，不受氧化性或还原性物质的影响，且平衡速度较快。使用时，将电极加液口上所套的橡胶套和下端的橡皮套全取下，以保持电极内氯化钾溶液的液压差。下面就把电极的使用与维护简单作一介绍：

1）复合电极不用时，可充分浸泡在 3 M 氯化钾溶液中。切忌用洗涤液或其他吸水性试剂浸洗。使用前，检查玻璃电极前端的球泡。

2）正常情况下，电极应该透明而无裂纹；球泡内要充满溶液，不能有气泡存在。

三、特殊要求的化验用水的制备

1. 无氯水

加入亚硫酸钠等还原剂,将自来水中的余氯还原为氯离子,以 N-二乙基对苯二胺(DPD)检查不显色。继用附有缓冲球的全玻蒸馏器进行蒸馏制取无氯水。

2. 无氨水

向水中加入硫酸至 pH 小于 2,使水中各种形态的氨或胺最终都变成不挥发的盐类,用全玻蒸馏器进行蒸馏,即可制得无氨纯水(注意避免实验室空气中含氨的重新污染,应在无氨气的实验室中进行蒸馏)。

3. 无二氧化碳水

煮沸法将蒸馏水或去离子水煮沸至少 10 min(水多时),或使水量蒸发 10% 以上(水少时),加盖放冷即可制得无二氧化碳纯水。

曝气法将惰性气体或纯氮通入蒸馏水或离子水至饱和,即得无二氧化碳水。

制得的无二氧化碳水应贮存于一个附有碱石灰管的橡皮塞盖严的瓶中。

4. 无砷水

一般蒸馏水或去离子水多能达到基本无砷的要求。应注意避免使用软质玻璃(钠钙玻璃)制成的蒸馏器、树脂管和贮水瓶。进行痕量砷的分析时,须使用石英蒸馏器和聚乙烯的离子交换树脂柱管和贮水瓶。

5. 无铅(无重金属)水

用氢型强酸性阳离子交换树脂柱处理原水,即可制造无铅(无重金属)的纯水。贮水器应预先进行无铅处理,用 6 mol/L 硝酸溶液浸泡过夜后以无铅水洗净。

6. 无酚水

向水中加入氢氧化钠至 pH 大于 11,使水中酚生产不挥发的酚钠后,用全玻蒸馏器蒸馏制得(蒸馏之前,可同时加入少量高锰酸钾溶液使水呈紫红色,再进行蒸馏)。

7. 不含有机物的蒸馏水

加入少量高锰酸钾的碱性溶液于水中,使呈红紫色,再以全玻蒸馏器进行蒸馏即得。在整个蒸馏过程中,应始终保持水呈红紫色,否则应随时补加高锰酸钾。

第三节　标准溶液的配制

学习目标:掌握标准溶液的配制方法。会配制实验室常用指示剂和缓冲溶液。

标准溶液的配制主要有两种方法,标准溶液最好由专人负责配制、标定,每瓶标准溶液必须标明名称、规格、浓度和配制人、配制日期。

一、直接法

在分析天平上准确称取一定量已干燥的基准物质,溶解后定量转移到已校正的容量瓶中,用蒸馏水稀释至刻度,充分摇匀。

二、标定法

1. 直接法

根据所需滴定液的浓度,计算出基准物质的重量。准确称取并溶解后,置于容量瓶中稀释至一定的体积。如配制滴定液的物质很纯(基准物质),且有恒定的分子式,称取时及配制后性质稳定等,可直接配制,根据基准物质的重量和溶液体积,计算溶液的浓度。

2. 间接法

根据所需滴定液的浓度,计算并称取一定重量试剂,溶解或稀释成一定体积,并进行标定,计算滴定液的浓度。如有些物质因吸湿性强,不稳定,常不能准确称量,只能先将物质配制近似浓度的溶液,再以基准物质标定,以求得准确浓度。

3. 标定

标定系指用间接法配制好的滴定液,必须由配制人进行滴定度测定。

（1）标定份数

标定份数系指同一操作者,在同一实验室,用同一测定方法对同一滴定液,在正常和正确的分析操作下进行测定的份数。不得少于 3 份。

（2）复标

复标系指滴定液经第一人标定后,必须由第二人进行再标定。其标定份数也不得少于3 份。

（3）误差限度

标定和复标的相对偏差均不得超过 0.1％,以标定计算所得平均值和复标计算所得平均值为各自测得值,计算二者的相对偏差,不得超过 0.15％。否则应重新标定,如果标定与复标结果满足误差限度的要求,则将二者的算术平均值作为结果。滴定液浓度的标定值应与名义值相一致,若不一致时,其最大与最小标定值应在名义值的 $\pm 5\%$ 之间。

（4）使用期限

滴定液必须规定使用期。除特殊情况另有规定外,一般规定为 1~3 个月,过期必须复标。出现异常情况必须重新标定。

三、实验室常用指示剂的配制

表 6-5 所示为酸碱指示剂的配制方法。表 6-6 所示为混合酸碱指示剂的配制方法。

表 6-5 酸碱指示剂的配制

指示剂	PKHIn	变色范围 pH	酸色	碱色	配制方法
百里酚蓝 （麝香草酚蓝）	1.65	1.2~2.8	红	黄	0.1％的 20％乙醇溶液
甲基橙	3.4	3.1~4.4	红	橙黄	0.05％水溶液
溴甲酚绿	4.9	3.8~5.4	黄	蓝	0.1％的 20％乙醇溶液或 0.1 g 指示剂溶于 2.9 mL 0.05 mol/L NaOH 加水稀释至 100 mL

续表

指示剂	PKHIn	变色范围 pH	酸色	碱色	配制方法
甲基红	5	4.4～6.2	红	黄	0.1％的60％乙醇溶液
溴百里酚蓝 (溴麝香草酚蓝)	7.3	6.2～7.3	黄	蓝	0.1％的20％乙醇溶液
中性红	7.4	6.8～8.0	红	黄橙	0.1％的60％乙醇溶液
百里酚蓝 (第二变色范围)	9.2	8.0～9.6	黄	蓝	0.1％的20％乙醇溶液
酚酞	9.4	8.0～10.0	无色	红	0.5％的90％乙醇溶液
百里酚酞	10	9.4～10.6	无色	蓝	0.1％的90％乙醇溶液

表 6-6　混合酸碱指示剂的配制

指示剂组成(体积比)	变色点 pH	酸色	碱色	备注
一份 0.1％甲基橙水溶液 一份 0.25％靛蓝二磺酸钠水溶液	4.1	紫	绿	灯光下可滴定
一份 0.02％甲基橙水溶液 一份 0.1 溴甲酚绿钠盐水溶液	4.3	橙	蓝绿	pH3.5 黄色 pH4.05 绿黄 pH4.3 浅绿
三份 0.1％溴甲酚绿 20％乙醇溶液 一份 0.2％甲基红 60％乙醇溶液	5.1	酒红	绿	颜色变化极鲜明
一份 0.2％甲基红乙醇溶液 一份 0.1％次甲基蓝乙醇溶液	5.4	红紫	绿	pH5.2 红紫 pH5.4 暗蓝 pH5.6 绿色
一份 0.1％溴甲酚绿钠盐水溶液 一份 0.1％绿酚红钠盐水溶液	6.1	黄绿	蓝紫	pH5.6 蓝绿 pH5.8 蓝色 pH6.0 浅紫 pH6.2 蓝紫
一份 0.1％溴甲酚紫钠盐水溶液 一份 0.1 溴百里酚蓝钠盐水溶液	6.7	黄	紫蓝	pH6.2 黄紫 pH6.6 紫 pH6.8 蓝紫
一份 0.1 中性红乙醇溶液 一份 0.1 次甲基蓝乙醇溶液	7	蓝紫	绿	pH7.0 为蓝绿 必须保存在棕色瓶中
一份 0.1 甲酚红钠盐水溶液 三份 0.1％百里酚蓝钠盐水溶液	8.3	黄	紫	pH8.2 玫瑰色 pH8.4 紫色
一份 0.1％百里酚蓝 50％乙醇溶液 三份 0.1 酚酞 50％乙醇溶液	9	黄	紫	pH9.0 绿色

四、实验室常用缓冲溶液的配制

缓冲溶液是一种对溶液的酸碱度起稳定作用的溶液。在缓冲溶液中加入少量的酸或碱,或者溶液中的化学反应产生了少量酸或碱,或者将溶液稀释,都能使溶液的酸碱度基本上稳定不变。

缓冲溶液一般是用浓度较大的弱酸及其共轭碱所组成。高浓度的强酸、强碱,由于外加少量酸或碱不会对溶液的酸碱度产生太大的影响,因此强酸强碱也是缓冲溶液。常用缓冲溶液的配制方法见表 6-7。

表 6-7 常用缓冲溶液的配制方法

pH	配制方法
3.6	NaAc·$3H_2O$ 8 g,溶于适量水中,加 6 mol/L HAc 134 mL,稀释至 500 mL
4	NaAc·$3H_2O$ 20 g 溶于适量水中,加 6 mol/L HAc 134 mL,稀释至 500 mL
4.5	NaAc·$3H_2O$ 32 g 溶于适量水中,加 6 mol/L HAc 68 mL,稀释至 500 mL
5	NaAc·$3H_2O$ 50 g 溶于适量水中,加 6 mol/L HAc 34 mL,稀释至 500 mL
8	NH_4Cl 50 g 溶于适量水中,加 15 mol/L $NH_3·H_2O$ 3.5 mL,稀释至 500 mL
8.5	NH_4Cl 40 g 溶于适量水中,加 15 mol/L $NH_3·H_2O$ 8.8 mL,稀释至 500 mL
9	NH_4Cl 35 g 溶于适量水中,加 15 mol/L $NH_3·H_2O$ 24 mL,稀释至 500 mL
9.5	NH_4Cl 30 g 溶于适量水中,加 15 mol/L $NH_3·H_2O$ 65 mL,稀释至 500 mL
10	NH_4Cl 27 g 溶于适量水中,加 15 mol/L $NH_3·H_2O$ 197 mL,稀释至 500 mL

1. 缓冲溶液 pH 的计算

一般用作控制酸度的缓冲溶液,常采用近似方法进行计算。

(1)酸式缓冲溶液

$$[H^+]=K_a\frac{c_{HA}}{c_{A^-}}, pH=pK_a+\lg\frac{c_{A^-}}{c_{HA}}$$

(2)碱式缓冲溶液

$$[OH^-]=K_b\frac{c_B}{c_{BH^+}}, pH=pK_w-pK_b+\lg\frac{c_B}{c_{BH^+}}$$

式中:K_a、K_b——表示酸、碱离解常数;

c_{HA}、c_{A^-}——表示 HA 及其共轭碱 A^- 的浓度;

c_B、c_{BH^+}——表示 B 及其共轭酸 BH^+ 的浓度。

例 6-1:计算 1.36 mol/LHAC 和 1.18 mol/LNaAC 缓冲溶液的 pH。($K_{HAC}=1.8\times10^{-5}$)

解:$pH=pK_a+\lg\frac{c_{A^-}}{c_{HA}}=4.74+\lg\frac{1.18}{1.36}=4.68$

2. 缓冲容量和缓冲范围

(1)缓冲容量

缓冲容量是衡量缓冲溶液缓冲能力大小的尺度,用 β 表示。缓冲容量的大小与以下两个因素有关:

1)缓冲剂的浓度愈大,其缓冲容量愈大;

2)缓冲剂的总浓度相同时,组分浓度比越接近 1,其缓冲容量愈大。

(2) 缓冲范围

酸式缓冲液:pH＝pK_a±1;碱式缓冲液:pOH＝pK_b±1

3. 缓冲溶液的选择原则

(1) 缓冲溶液对分析过程应没有干扰;

(2) 根据所控制的值,选择 pH 应相近 pK_a 或 pK_b 的缓冲溶液;

(3) 应有足够的缓冲容量,缓冲溶液的总浓度一般在 0.01～0.1 mol/L。

五、溶液浓度间的换算

浓度表示方法可分为两大类。一类为质量浓度,包括质量百分浓度、物质 B 的质量摩尔浓度等。它们表示了溶液中溶质和溶剂的相对质量,其特点是浓度数值不因温度变化而变化。另一类为体积浓度,包括物质 B 的物质的量浓度、物质 B 的质量浓度等。尽管它们的表达形式不同,但彼此之间都有一定的关系,可以相互换算。

1. 质量百分浓度的稀释方法

可用交叉图解法又称对角线图式法进行质量百分浓度的溶液稀释和配制的计算,其原理是基于混合前后溶质的总量不变。

设两种欲混合溶液浓度分别为 a 和 b,取 a 溶液 x 份,b 溶液 y 份,混合。混合后溶液浓度 c,则:

$$ax+by=c(x+y)$$
$$(a-c)x=(c-b)y$$

或当 $x=c-b$ 时,$y=a-c$。

式中:a——浓溶液的浓度;

　　b——稀溶液的浓度(如果稀溶液是水,则 $b=0$);

　　c——混合后溶液浓度;

　　x——应取浓溶液的份数;

　　y——应加入稀溶液(或水)的份数。

若用图解法表示:

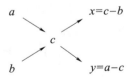

计算时 a、b、c 单位必须相同。

例 6-2:用 50% NaOH 溶液与 20% NaOH 溶液混合,配制 30% NaOH 溶液。

解:用图解法

(1) 画出交叉图

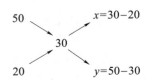

（2）算出 x、y

$$x=c-b=30-20=10, y=a-c=50-30=20$$

取 50% NaOH 溶液 10 份和 20% NaOH 溶液 20 份，混合即得到 30% NaOH 溶液 30 份。

（3）如果要配总体积 1 000 mL 的 30%NaOH 溶液，则按下式计算出应取浓、稀溶液的体积。

$$V_1=\frac{x}{x+y}\times V, V_2=V-V_1$$

式中：x、y——分别为应取浓、稀溶液的份数；

　　　V_1——应取浓溶液体积，mL；

　　　V_2——应取稀溶液体积，mL；

　　　V——混合后（即要配制的）溶液总体积，mL。

$$V_1=10\div(10+20)\times 1\ 000=333(mL), V_2=1\ 000-333=667(mL)$$

量取 333 mL 50% NaOH 溶液和 667 mL 20% NaOH 溶液，混匀得到 30% NaOH 溶液 1 000 mL。

例 6-3：配制 18% H_2SO_4 480 g，需要多少克 96% 的浓 H_2SO_4 稀释得到？

解：根据交叉图算出应取浓 H_2SO_4 与水的份数，

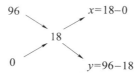

把 18 份重量的浓 H_2SO_4 和 78 份重量的水相混合，可得 18% H_2SO_4。

现要配制 480 g 18% H_2SO_4，需要 96% 浓 H_2SO_4 的质量为：$480\times 18\div 96=90(g)$，需要水的质量为：$480-90=390(g)$

将 90 g 96% 的浓 H_2SO_4 慢慢加到盛有 390 g 水的烧杯中，混匀，即配成 480 g 18% 硫酸。

2. 物质的量浓度的稀释方法

加水稀释溶液时，溶液的体积增大，浓度相应降低，但溶液中溶质的物质的量并没有改变。根据溶液稀释前后溶质的量相等的原则，可以得到稀释规则：

$$c_{B1}V_1=c_{B2}V_2 \tag{6-2}$$

式中：c_{B1}、c_{B2}——分别代表浓溶液和稀溶液的物质的量浓度，mol/L；

　　　V_1、V_2——分别代表浓溶液和稀溶液的体积，mL。

例 6-4：用浓度为 18 mol/L 的浓 H_2SO_4 溶液，配制 500 mL 3 mol/L 的稀 H_2SO_4 溶液，需浓 H_2SO_4 多少毫升？怎样配制？

解：根据稀释规则：

$$c_{B1}V_1=c_{B2}V_2$$
$$18\times V_1=3\times 500, V_1=83.3(mL)$$

取 83.3 mL 18 mol/L 浓 H_2SO_4 慢慢加到水中，使总体积为 500 mL，即配成 500 mL 3 mol/L H_2SO_4 溶液。

3. 质量百分浓度与质量摩尔浓度间的换算

例 6-5:求 $60\%\,H_2SO_4$ 溶液的质量摩尔浓度。

解:$60\%\,H_2SO_4$ 溶液即每 $100\,g$ 溶液中含 H_2SO_4 $60\,g$,含水 $40\,g$。

$$b(H_2SO_4)=\frac{H_2SO_4\text{ 的物质的量(mol)}}{\text{溶剂的质量(kg)}}=\frac{60/98}{100-60}=15.3(mol/kg)$$

$60\%\,H_2SO_4$ 溶液的质量摩尔浓度为 $15.3\,mol/kg$。

4. 质量浓度与物质的量浓度间的换算

例 6-6:试问 $100\,g/L$ 的 NaOH 溶液的物质的量浓度 $c(NaOH)$ 为多少? 解:

$$c(NaOH)=\frac{NaOH\text{ 的物质的量(mol)}}{\text{体积(L)}}=\frac{100/40}{1}=2.5(mol/L)$$

$100\,g/L$ 的 NaOH 溶液的物质的量浓度为 $2.5\,mol/L$。

5. 质量浓度与体积浓度间的换算

质量浓度与体积浓度间互相换算时,必须知道溶液的密度,借助于密度可以得知溶液的质量和体积的关系。

例 6-7:市售 H_2SO_4 密度 $\rho=1.84\,g/mL$,质量百分浓度为 98%,求其物质的量浓度 $c(H_2SO_4)$。

解:$1\,L\,H_2SO_4$ 中含 H_2SO_4 的质量为:$1.84\times1\,000\times98\%=1\,803(g)$

$1\,L\,H_2SO_4$ 溶液中含 H_2SO_4 的物质的量为:$1\,803\div98=18.4(mol)$

市售 H_2SO_4 的物质的量浓度为 $18.4\,mol/L$。

第四节 实验室装置气密性检查

学习目标:掌握实验室装置的连接方法,会正确进行装置气密性的检查。

实验室装置气密性检查是实验前的重要环节,是化学分析工作中的基本操作,能否准确地检查装置的气密性决定了分析检验工作的成败。

一、实验室装置的连接方法

学习实验室连接方法之前先简单了解一般需要连接的仪器有试管、胶管以及带导管的胶塞,连接装置的顺序是先下后上、从左到右。玻璃管、胶管以及胶塞的连接需要在管口沾水,起到润滑的作用,然后转动慢慢插入,避免直接用力造成玻璃管破裂。

二、装置气密性检查

1. 微热法

微热法是检验装置气密性最常用的方法之一,也是最基本的装置气密性检验方法。这种检验方法的原理是利用气体受热膨胀之后从装置中逸出来,看到气泡冒出。

将实验仪器组装好后,将导管的一端放入水中后,采用微热(手捂、热毛巾捂、酒精灯微热等),使装置内的气体受热膨胀,在导气管末端会有气泡产生。在松开手或撤离酒精灯以后,导气管末端有一段水柱上升,则证明该装置的气密性良好,不漏气。

若连接的仪器很多,应分段检查。

2. 液差法

液差法是利用装置内外的压强差产生的"托力"将一段水柱托起,不再下降。是利用了压强的缘故。

利用液差法进行气密性检验的时候,将导管的一端放入水中,若导管的另一端插在组装仪器上,连成的仪器中最前面的是有插孔的空反应瓶时,先用分液漏斗向瓶中滴加半瓶水,将分液漏斗的下端插入液面以下,再滴加水,若瓶中液面上升,则气密性不好。

启普发生器的气密性检验:关闭导气管活塞,向球形漏斗中加水,使得漏斗中的液面高于容器的液面,静置片刻后液面不再改变的时候即可证明启普发生器的气密性良好。

第五节　气瓶使用常识

学习目标:掌握高压气瓶的使用知识和安全知识。

一、高压气瓶的颜色和标志

高压气体钢瓶的颜色和标志见表6-8。

表 6-8　高压气瓶的颜色和标志

气瓶名称		瓶色	字样	字色	气瓶名称	外表面涂料颜色	字样	字样颜色
氧		淡(酞)兰	氧	黑	氯	深绿	液氯	白
氢		淡绿	氢	大红	氦	银灰	氦	深绿
氮		黑	氮	淡黄	氖	银灰	氖	深绿
氩		银灰	氩	深绿	乙烯	棕	液化乙烯	淡黄
压缩空气		黑	压缩空气	白	氨	淡黄	液氨	黑
石油气体	工业用	棕	液化石油气	白	氧化亚氮	灰	氧化亚氮	黑
	家用	银灰	家用燃料(LPG)	大红	乙炔	白	乙炔不可近火	大红
硫化氢		银灰	液化硫化氢	大红	环丙烷	棕	液化环丙烷	白
二氧化硫		银灰	液化二氧化硫	黑	氟氯烷	铝白	氟氯烷	黑
二氧化碳		铝白	液化二氧化碳	黑	碳酰氯	白	液化光气	黑

二、高压气瓶安全使用常识

(1)气瓶必须存放于通风、阴凉、干燥、隔绝明火、远离热源、防曝晒的房间内。要有专人管理,要有醒目的标志,如"乙炔危险,严禁烟火"等字样。可燃性气体气瓶的使用必须严格遵守安全管理规定。严禁乙炔气瓶、氢气瓶和氧气瓶、氯气瓶贮放在一起或同车运送。

(2)使用气瓶时要直立固定放置,防止倾倒。

(3) 开启高压气瓶时,操作者须站在气瓶出气口的侧面,气瓶应直立,然后缓缓旋开瓶阀。气体必须经减压阀减压,不得直接放气。

(4) 搬运气瓶要用专用气瓶车,要轻拿轻放,防止摔掷、敲击、滚滑或剧烈震动。搬运的气瓶一定要在事前戴上气瓶安全帽,以防不慎摔断瓶嘴发生爆炸事故。钢瓶身上必须具有两个橡胶防震圈。乙炔瓶严禁横卧滚动。

(5) 开关高压气瓶瓶阀时,应用手或专门扳手,不得随便使用凿子、钳子等工具硬扳,以防损坏瓶阀。

(6) 气瓶应进行耐压试验,并定期进行检验。

(7) 气瓶的减压器要专用,安装时螺扣要上紧,应旋进 7 圈螺纹,不得漏气。开启高压气瓶时,操作者应站在气瓶口的侧面,动作要慢,以减少气流摩擦,防止产生静电。

(8) 乙炔等可燃气瓶不得放置在橡胶等绝缘体上,以利静电释放。乙炔气瓶应放在通风良好处,不能存放于实验大楼内,应存于大楼外另建的贮瓶室内,室温要低于 35 ℃。原子吸收法使用乙炔时,要注意预防回火,管路上应装阻止回火器(阀)。开启乙炔瓶之前,要先供给燃烧器足够的空气,再供乙炔气。并气时,要先关乙炔气,后关空气。

(9) 氧气瓶及其专用工具严禁与油类接触,氧气瓶附近也不得有油类存在,操作者必须将手洗干净,绝对不能穿用沾有油脂或油污的工作服、手套及油手操作,以防万一氧气冲出后发生燃烧甚至爆炸。

(10) 氢气瓶等可燃气瓶与明火的距离不应小于 10 m。

(11) 瓶内气体不得全部用尽,一般应保持 0.2～1 MPa 的余压。

第六节　色层柱的制备和使用

学习目标:了解色谱柱使用担体、固定液,掌握色谱柱的清洗方法和离子交换色层柱的使用。

一、色谱柱

1. 清洗

玻璃柱的清洗可选择酸洗液浸泡、冲洗。铜柱可用 10% 的 HCl 溶液浸泡、冲洗。对于不锈钢柱可以 5%～10% NaOH 热水溶液浸泡、冲洗,除去壁管上的油污。然后用自来水洗至中性,最后用蒸馏水冲洗几次,在 120 ℃ 的烘箱中烘干后备用。

对于已经用过的柱子,可选用能溶解固定液的溶剂来洗涤。

2. 担体处理及固定液涂渍

担体主要是起承载固定液的作用,在实际使用中往往有不同程度的催化活性,当分离极性物质时,对组分有明显的吸附作用,其结果是造成色谱峰严重不对称,故而在使用前需经酸洗、碱洗和硅烷化,有时需要作釉化处理。市售担体有些已经处理,过筛后即可使用,涂渍前将担体放在 105 ℃ 烘箱中烘 4～6 h,除去吸附在担体表面的水蒸气等。

在气相色谱分析中固定液的选择是样品组分之间分离成败的关键。根据"相似相溶"的原则,选择与样品相匹配的固定液。固定液选好后,根据担体的液担比计算出固定液的用量。涂渍时,称取适量的固定液于烧杯中,加入适当的易挥发有机溶剂使其溶解,通常溶剂的体积是担体体积的 1.5 倍,可以在水浴上加热以加速溶解。溶解后,加入担体,用玻璃棒轻轻搅拌,防止担体破碎。在蒸发溶剂时,可根据溶剂的挥发性采用自然挥发、红外灯烤等方法,使溶剂慢慢挥发,并轻轻搅动,使固定液在担体表面上形成一层薄而均匀的液膜。待有机溶剂挥发完毕,移至红外干燥箱,烘干 20~30 min,即可准备装柱。

3. 色谱柱的填充

色谱柱填料制备完毕后,过筛,以除去涂渍过程中产生的细粉,再装柱。装填一般采用减压装柱法。将柱管的一端用玻璃棉或其他的透气性好的材料隔层后与真空泵系统相连,另一端通过漏斗加入固定相。在装填固定相时,边抽气边用小木棒轻轻敲打柱管的各个部位,使固定相装填紧密而均匀,直至装满。然后将柱管两端的填料展平后塞入玻璃棉备用。

4. 色谱柱的老化

为了彻底清除固定相中残余的溶剂和易挥发物质,使固定液液膜变得更均匀,能牢固地分布在担体表面上,对填充的色谱柱必须进行老化。老化的方法是把柱子入口端(填充时接漏斗端)与汽化室出口相接,另一端放空,通入载气(N_2),流速为 15~20 mL/min,先在低柱温下加热 1~2 h,然后慢慢将柱温升至固定液最高使用温度之下 20~30 ℃为止。老化时间一般为 8~12 h。然后接入检测器,观察记录的基线,平直的基线说明老化处理完毕。

二、离子交换色层柱

1. 树脂的预处理
(1) 聚苯乙烯磺酸型(H^+)

阳离子树脂,粒径 177~149 μm。

将树脂用 2% 的氢氧化钠溶液浸泡 24 h,然后用水洗至中性,然后用约 4 mol/L 盐酸溶液浸泡 24 h,用去离子水洗至中性,即可使用。分离样品后用稀盐酸溶液浸泡树脂。

(2) CL-TBP 树脂

阳离子树脂,含 TBP 约 60%,粒径 193~124 μm。

将树脂用 5% 的碳酸钠溶液洗涤,以除去可能存在的磷酸一丁酯和磷酸二丁酯,再蒸馏水洗至中性,即可使用。分离前用稀硝酸溶液约 20 mL 平衡色层柱,分离样品后用约 40 mL 去离子水解吸柱上吸附的铀。

(3) CL-P_{204} 树脂

阳离子树脂,含 P_{204} 约 50%,粒径 193~124 μm。

首先用 40 mL 1:1 的盐酸溶液洗涤树脂除去其中的杂质成分,然后用去离子水将树脂洗至中性后待用。使用前用 20 mL 稀盐酸和抗坏血酸混合淋洗液平衡树脂。样品分离后,用 40 mL 浓盐酸解脱树脂吸附的铀。

(4) 717 树脂

强碱性阴离子,粒径 177~149 μm。

将阴离子交换树脂用稀硝酸浸泡 24 h 后,用去离子水洗涤中性,即可使用。分离样品后,用去离子水解析柱上吸附的铀。

2. 色层柱的制备

采用湿法装柱,色层柱上下用聚四氟乙烯丝或脱脂棉填塞,在搅拌情况下,将树脂和去离子水装入色层柱，控制树脂床高度及流速，然后用淋洗液平衡色层柱，即可。

第七节　失效试剂的判断和更换

一、失效试剂的判断方法

由于试剂种类繁多，不同的试剂判断方法不同，一般先从外观、性状来检查，再用仪器或化学方法进行分析。易氧化、易与空气中的成分发生反应的试剂，要避免接触空气；在光照下易分解的试剂，不能使用透明瓶来装；易潮解的试剂要密封好。一般来说化学试剂保存得好，从开瓶起有效期是三年，特殊试剂除外。

二、设备中失效试剂的更换方法

仪器设备在使用过程中，常常需要使用载气、燃气或助燃气等，其作用是将待测成分输送到检测器。为最大限度的减少气体所含的杂质成分对测量结果的影响，气体在使用前必须经过适当的净化处理，通常会使用各种试剂对气体进行除水、过滤和去除杂质。如定氢仪、碳水分析仪和碳硫仪等常用的试剂有：分子筛、高氯酸镁、烧碱石棉等。

1. 试剂的更换和装管

当试剂管中 1/3 试剂颜色变为白色时或试剂出现结块状态，必须更换。

1）载气试剂管装试剂步骤：在试剂管底部装入约 13 mm 高的玻璃丝，再依次装入约 39 mm 高的高氯酸镁，约 13 mm 高的粗颗粒烧碱石棉和约 51 mm 高的细颗粒烧碱石棉，最后在管的上部装入约 12 mm 高的玻璃丝。

2）分析试剂管装试剂步骤：在试剂管底部装入约 13 mm 高的玻璃丝，依次装入约 39 mm 高的高氯酸镁，约 13 mm 高的粗颗粒烧碱石棉，约 39 mm 高的细颗粒烧碱石棉和约 13 mm 高的高氯酸镁，最后在管的顶部装入约 13 mm 高的玻璃丝。

3）催化管试剂更换：选定催化加热器，除去催化管顶部装置。从加热器中取出催化管，除去催化管外包装套筒。在催化管的一端装入约 39 mm 高的石英丝，然后在管的大肚部分装入氧化铜，催化管的顶部装入约 38 mm 高的石英丝。按原样安装催化管，并旋紧螺丝钉。催化管中的试剂应每六个月更换一次，催化加热器必须完全冷却后且在停机状态下，才能更换催化管。

第八节　标准物质的基本知识

学习目标：了解标准物质分类，掌握标准物质的定义、国家标准物质分级以编号的规则。知道标准物质在测量中的作用，会正确使用标准物质。

一、标准物质的定义

国家计量部门发布的《一级标准物质技术规范 JJG 1006—94》中就标准物质和有证标准物质的定义如下。

1. 标准物质（Reference Material, RM）

具有一种或多种足够均匀和很好确定了的特性值，用以校准设备，评价测量方法或给材料赋值的材料或物质。

注：标准物质可以是纯的或混合的气体、液体或固体，例如校准黏度计用的纯水，量热法中作为热容校准物的蓝宝石，化学分析校准用的溶液。

2. 有证标准物质（Certified Reference Material, CRM）

附有证书的标准物质，其一种或多种特性值用建立了溯源性的程序确定，使之可溯源到准确复现的用于表示该特性值的计量单位，而且每个标准值都附有给定置信水平的不确定度。

它的确认和颁布有助于统一国内标准物质的命名和定义；有利于标准物质研制程序的标准化；也有利于在标准物质研究方面的国际交流和开展标准物质量值的国际比对。

二、标准物质的分类

我国标准物质按其标准物质的属性和应用领域可分成 13 大类，它们是：

（1）钢铁成分分析标准物质；

（2）有色金属及金属中气体成分分析标准物质；

（3）建材成分分析标准物质；

（4）核材料成分分析与放射性测量标准物质；

（5）高分子材料特性测量标准物质；

（6）化工产品成分分析标准物质；

（7）地质矿产成分分析标准物质；

（8）环境化学分析与药品成分分析标准物质；

（9）临床化学分析与药品成分分析标准物质；

（10）食品成分分析标准物质；

（11）煤炭石油成分分析和物理特性测量标准物质；

（12）工程技术特性测量标准物质；

（13）物理特性与物理化学特性测量标准物质。

三、标准物质的分级

我国将标准物质分为一级与二级；它们都符合"有证标准物质"的定义。

（1）一级标准物质是用绝对测量法或两种以上不同原理的准确可靠的方法定值，若只有一种定值方法可采取多个实验室合作定值。它的不确定度具有国内最高水平，均匀性良好。稳定性在一年以上，或达到国际上同类标准物质的先进水平。具有符合标准物质技术规范要求的包装形式。

（2）二级标准物质是用与一级标准物质进行比较测量的方法或一级标准物质的定值方法定值。其不确定度和均匀性未达到一级标准物质的水平，稳定性在半年以上，能满足一般测量的需要，包装形式符合标准物质技术规范的要求。

四、标准物质的编号

(1) 一级标准物质的编号是以标准物质代号"GBW"冠于编号前部,编号的前两位数是标准物质的大类号,第三位数是标准物质的小类号,第四、五位数是同一类标准物质的顺序号。生产批号用英文小写字母表示,排于标准物质编号的最后一位。例如,第一批复制批用a表示,第二批复制批用b表示,依此类推。

(2) 二级标准物质的编号是以二级标准物质代号"GBW(E)"冠于编号前部,编号的前两位数是标准物质的大类号,第三、四、五、六位数为该大类标准物质的顺序号。生产批号同一级标准物质生产批号。

五、标准物质在测量中的作用

1. 标准物质在传递特性量值中的作用

标准物质是具有准确的特性量值、高度均匀与良好稳定性的测量标准,因此标准物质可以在时间和空间上进行量值传递。也就是说,当标准物质从一个地方被递交到另一个地方的测量过程,该标准物质的特性量值不因时间与空间的改变而改变,在这所说的"时间改变"是在该标准物质的有效期范围内。

标准物质作测量工作标准,正如标准物质定义所述:给物质或材料赋值。如同砝码通过天平确定被称物质的质量。在这种情况下应选用基体和量值与被测样品十分接近的标准物质。在测量仪器、测量条件和操作程序均正常的情况下,对标准物质与被测样品进行交替测量,或者每测2～3个样品插测一次标准物质。计算被测样品的特性量值。

$$x_{样} = \frac{y_{样}}{y_{标}} x_{标} \tag{6-3}$$

式中:$y_{标}$、$x_{标}$——分别表示标准物质在测量仪器上的测量值和标准值;

$y_{样}$、$x_{样}$——分别表示被测样品在测量仪器上的测量值和计算出的被测样品的量值。

被测样品的特性量值的不确定度为标准物质的特性量值的不确定度与用标准物质标定和测定被测样品的不确定度之合成。二级标准物质"UO_2芯块粉末中杂质元素系列成分分析标准物质"就是由国家一级标准物质"U_3O_8杂质元素系列标准物质"传递定值。

2. 标准物质作校准标准

这里有两种情况,一种情况是用标准物质检定测量仪器的计量性能是否合格。即关系到仪器的响应曲线、精密度、灵敏度等。在此情况需选用与仪器测量范围相宜、量值成梯度的几种系列标准物质。另一种情况是用标准物质做校准曲线,为实际样品测定建立定量关系。此时,应选用与被测样品基体相匹配的系列标准物质,以消除基体效应与干扰成分引入的系统误差。要用与测定样品相同的方法、测量过程与测量条件逐个测定标准物质。这两种情况的实验设计与数据处理均基于最小二乘法线性回归原理。

3. 标准物质用作测量程序的评价

测量程序是指与某一测量有关的全部信息、设备和操作。这一概念包含了与测量实施和质量控制有关的各个方面,如原理、方法、过程、测量条件和测量标准等。在研究或引用一种测量程序时。需要通过实验对测量程序的重复性、再现性和准确性做出评价。采用标准物质评价测量程序的重复性、再现性与准确性是最客观、最简便的有效方法。

对测量程序的评价可分为由一个实验室进行评价和由实验室间计划进行评价两种情况。实验室间测量计划的详细过程请参见 ISO5725 和 ISO 指南 33：2000(E)。

4. 标准物质用于测量的质量保证

测量的质量保证工作，围绕着质量控制与质量评价采取一系列的技术措施，运用统计学与系统工程原理保证测量结果的一致性和连续性。当测量的质量保证工作需要对测量结果的准确度做出评价时，使用标准物质是一种最明智的选择。在此情况下，标准物质有两种主要用法。

(1) 用作外部质量评价的客观标准

内部质量评价的各种方法，只能评价测量过程是否处于统计控制之中，而不能提出使服务对象或者主管领导信服的、证明测量结果是准确的证据，因而，外部质量评价是十分必要的。目前国际上公认的用作外部质量评价最简便、最有效的办法是使用标准物质。由于标准物质还不能满足各个方面的需要，因而，近几年国际上又发展了一种熟练实验程序(Proficiency Testing Schemes)，用于外部质量评价。但这种方法只能评价参加实验室之间数据的一致性，对实验室的测量能力给予评价。使用标准物质作外部质量评价的方法很简单。质量保证负责人或者委托方，选择一种与被测物相近的标准物质，作为未知样品交给操作者测量；收集测量数据，计算出结果 $\bar{x} \pm t_{0.95}s$；然后，与所用标准物质的标准值 $A \pm u$ 进行比较。若 $|\bar{x} - A| \leqslant \sqrt{u^2 + (tS)^2}$，则可以判定该实验室的测量过程无可察觉的系统误差、测量结果是准确的。若出现大于符号，则表明测量过程有可察觉的系统误差。

(2) 用于长期质量保证计划

当一个例行测量实验室承担某种经济或者社会意义重大的样品的长期测量任务时，质量保证负责人应使用相应标准物质做长期的准确度控制图，以及时发现与处理测量过程中的问题，保证测量结果的准确性，具体方法见十五章的质量控制图。

5. 标准物质在技术仲裁、控制分析与认证评价中的作用

在国内外贸易中，商品质量纠纷屡见不鲜，需要技术仲裁。在这种情况下，如果能选择到合适的、由公正和权威的机构审查批准的一级标准物质，进行仲裁分析，将十分有利于质量纠纷的裁决。裁决负责人将标准物质作为盲样，分发给纠纷双方出具商品检测数据的实验室，测得结果与标准物质的保证值在测量误差范围内相符合的一方，被判为正确方。这种仲裁分析，要比找第三方作商品的仲裁分析更客观、更直接，因而也更有说服力。

当一个测量实验室承担责重稀少样品的测量任务时，选择合适的标准物质作平行测量。根据标准物质测量结果正确与否，直接判断样品测量结果的可靠性。

近些年来，国内外十分重视出具公正数据测量实验室的认证工作，通过国家权威公正机构，对测量实验室承担某些检测任务的条件与能力进行全面的审查与评价，从而决定是否发授权证书。在审查、评价过程中，运用相应的标准物质是必不可少的。负责审查与评价的专家将标准物质作为盲样发给实验室，将其测量结果与标准物质的保证值进行比较。若在测量误差范围内一致，则表明该实验室有出具可靠数据的实际能力。

六、标准物质的正确使用

标准物质的正确使用包含正确的选择。正确使用(防止误用)和使用的注意事项如下。

（1）要选择并使用经国家批准、颁布的有证标准物质。

（2）要全面了解有证标准物质证书上所规定的各项内容并严格执行。

（3）要选择与待测样品的基体组成和待测成分的含量水平相类似的有证标准物质。

（4）要在有证标准物质的有效期内使用标准物质。

（5）要注意标准物质的最小取样量，当小于最小取样量使用时，标准物质的特性和不确定度等参数可能不再有效。

（6）应在分析方法和操作过程处于正常稳定的状态下，即处于统计控制中使用标准物质。否则会导致错误。

第七章　样品制备

学习目标：了解采样的重要性和基本原则，掌握固体样品中的"四分法"制备方法，掌握二氧化铀芯块、粉末样品的制备要求和分析样品的分装、标识。

第一节　采　样

学习目标：了解采样的有关术语，知道采样的重要性和原则，掌握固体样品的制备方法。

一、采样的重要性

在实际工作中，往往要分析的物料是大量的，其组成有的比较均匀，有的很不均匀。我们在分析测试时所取的试样只有几克甚至更少，而分析试料必须能代表全部物料的组成。因此，如何正确地采取有代表性的样品，具有极其重要的意义。

一般来说采样误差常大于分析误差，这里的采样主要指物料在送往实验室前的从产品批中采集或抽取。相当一部分物料，经采集抽取后还需要进行样品制备。如果采样和制样方法不正确，即使分析工作做得非常仔细，准确度再高，也是毫无意义的。

我国制订了不少关于采样的国家标准。如 GB 6678—86 ～ GB 6681—86、GB/T 2828.1—2003、GB/T 2829—1987 等。

二、基本名词术语

在国家标准 GB 4650—8442《工业用化学产品采样词汇》中，列出了大量有关采样的名词术语。

（1）批：汇集在一起的一定数量的单位产品。可以是一座矿山，一口油井，或一批化工产品。

1）单位产品：可以单独描述和考察的事物。比如：一块矿石，一瓶试剂。

2）样本：取自一个批中一个或多个单位产品用于提供关于批的信息。显然，样本提供的信息，足以代表批的质量特性。

3）采样单元：是指具有界限的一定数量的物料，界限可能是有形的。对此，在国家制订的一系列关于化工产品采样通则的国家标准中有详细介绍，这里不一一论述。

4）份样：用采样器从一个采样单元中取得的一定量物料。如：在某一时段用采样器收集的大气样，在一桶物料中用采样器收集的物料样……

5）样品：样本中的单位产品，可以是从数量较大的采样单元中取得的一个或几个采样单元，或从一个采样单元中取得的一个或几个份样；也可以是用与产品相同的材料和相同工艺制成的特殊样品。

综上所述：采样单元，可以是有形的实体，比如一桶物料，一盘物料；也可以是设想的，比如某一时间间隔内的物料流。份样，则是指用采样器从采样单元中获得的一定量物料，不一定是采样单元的全部。实验室里得到的样品,可能是一个份样,也可能是几个份样的集合。至于样本,是相对于总体而言的,但不同于个体,可以是一个或多个个体。显然,送往实验室供检验或测试的样品,应能提供总体的信息,可以称为样本。

(2) 实验室样品:送往实验室供检验或测试的样品,有时这种样品送检前需经制备。如从一个采样单元得到的几个份样需要混合均匀,有些样品还需进一步加工,比如供物理性能测试的部分样品,需要切割成小块试样,或按规定制备成一定形状。

1) 试样:由实验室样品进行再加工后取得的样品。

2) 试料:用以进行检验或观测所称取的一定量的试样,若试样无需再加工,则称取实验室样品。

三、采样的基本知识

对于实验室来说,有些样品是由委托单位送检的,无须自己采样,有些样品则需自己采样。

1. 采样目的

采样目的是为了从被检的批物料中取得有代表性的样品。通过对样品的检测,了解样品的某一个或某些特性的平均值及其波动。

采样的具体目的可能有很多方面,各不相同。比如:确定产品质量;了解工艺过程的控制;鉴定未知物;确定污染性质和来源等。

2. 采样的基本原则

为确定产品质量,采样的基本原则是采得的样品应具有代表性。只有这样,才能通过对样品的检测来了解批物料的情况。为此,一般应制订详尽的采样方案,如:确定批的范围、采样单元、样品数、样品量、样品部位;规定采样操作方法和采样工具,样品的加工方法以及采样的安全措施等。

3. 样品数及样品量

总的原则是在满足平均值精度需要的前提下,样品数和(或)样品量越少越好。能给出所需信息的最少样品数(量)称为最佳样品数(量)。

样品数的多少,一般取决于送检委托单位根据有关采样的国家标准规定或自行制订的采样方案。

样品量的多少,必须满足三个方面的需要:

(1) 至少满足三次重复检验的需要;

(2) 满足保留样品的需要;

(3) 满足预处理的需要。

对于较均匀的样品,无须进行加工制备,其样品量即为从每个采样单元中取出一定量的样品,经混匀后的样品总量。

对于非均匀的样品,须进一步加工制备,应采集比均匀的样品更多的样品量。

四、固体样品制备方法

固体物料大部分是不均匀的或不太均匀的,要得到均匀的试样,需将样品进行再加工。

固体样品制备一般包括粉碎、混合、缩分三个阶段,应根据试样的粒度要求和均匀性程度进行一次或多次重复操作。样品制备过程中选用的机械、器具或设施必须确保样品的待测特性,不被沾污及不引入干扰杂质。

1. 粉碎

用机械或人工的方法把样品逐步粉碎,根据粒度大小,大致可分为粗碎(试样可通过孔径 5 mm 左右的筛子)、中碎(试样可通过孔径 1 mm 以下的筛子)、细碎(一般用研钵研磨,直到获得测试方法规定的粒度)。

粉碎时,不可以将粗颗粒物料随意丢掉,必须确保所有物料全部通过规定孔径的筛子。

2. 混合

根据样品量的多少,可选择人工或机械混合。一般实验室样品量较小,可选用合适的手工工具(如手铲等)人工混合。

3. 缩分

缩分的目的是尽可能减少样品量,且仍具代表性。在样品每次粉碎后,取出一部分有代表性的试样继续加以粉碎处理,这样的过程称为缩分。根据样品量的多少可分为手工缩分法和机械缩分法两种。实验室样品量少,大都采用手工缩分法。

(1)手工缩分法

将已破碎或待缩分的样品充分混匀,然后将样品倒入一个干净的矩形瓷盘中(必要时,可在盘中另放一个平板,与瓷盘隔开,样品则倒在平板上),用小手铲将样品堆成一个圆锥形,再依盘的对角线交替从对角的两边将样品铲起,堆成一个新锥体。每次铲起的样品量不宜太多。铲起后,将样品匀速撒落在新锥体的顶端,使样品均匀地散落在锥体的四周,如此反复三次。再用小手铲从顶端向四周均匀地摊压成圆形扁平体。通过圆的中心画十字形,分成四等份,弃去任意的对角两份,留下的样品是原样品量的一半,仍能代表原样的组成。将留下的样品再如上缩分,直至获得所需的样品量。

(2)缩分次数的计算

缩分次数不是随意的。在每次缩分时,保留的样品量与试样的粒度有关,都应符合采样公式(或称缩分公式),否则应进行粉碎后再缩分。

$$Q = Kd^{\alpha} \tag{7-1}$$

式中:Q——采取平均试样的最小量,单位 kg;

　　d——为物料中最大颗粒的直径,单位 mm;

K、α 值是经验常数,由物料的均匀程度和易粉碎程度决定,由实验求得。K 值一般为 $0.02\sim0.15$,α 值一般为 $1.8\sim2.5$。我国地质部门将 α 值规定为 2。

则上式可改为:

$$Q = Kd^2 \tag{7-2}$$

例 7-1:5 kg 实验室样品,粉碎至全部通过孔径为 2.00 mm 的筛子,应缩分几次?(已知 K 值取 0.1)

解:由公式 $Q = Kd^2$,可算出 $Q = 0.4$ kg,即只要保证缩分后留下的样品量大于 0.4 kg,样品仍具代表性。由此,很容易算出,只要将样品缩分三次,留下 $5 \times (1/2)^3 = 0.625$ kg,此量大于要求的 Q 值(0.4 kg),故仍具有代表性。

第二节　核物料分析样品的制备

学习目标:掌握二氧化铀芯块、粉末样品的制备和分析样品的分装、标识。

在核燃料元件生产中,对二氧化铀芯块样品,在进行理化性能检测前,需对样品进行破碎、研磨、过筛、混匀及分装的加工处理,制备成符合要求的芯块分析样品。

分析样品的制备必须在洁净的制样手套箱中进行。

1. 选择磨具和制样方法

检测硅、硼元素的分析样品,在不锈钢研钵中采用研磨法制样。

检测铀总量和氧铀比的分析样品,在玛瑙研钵中采用研磨法或者压碎法制样。

检测其他分析项目的分析样品,在玛瑙研钵中采用研磨法制样。

为保证研磨过程中样品的性质不发生变化(如被氧化、被沾污),要求每次研磨的时间应控制在 40 min 之内。

2. 过筛

压碎后的样品,选用 0.42 mm 标准筛筛下物和 0.149 mm 标准筛筛上物之间的样品作为分析样品。

研磨后的样品,选用 0.149 mm 标准筛筛下物和 0.074 mm 标准筛筛上物之间的样品作为分析样品。

3. 混匀

样品混匀时,应在制样手套箱内或洁净的通风橱内进行。用符合粒度要求的标准筛反复过筛 3 次,以使样品充分混匀。

4. 分装

将混合均匀的样品粉末按四分法缩分取样,分析样品要求做平行样,按分析方法中规定的取样量的 3 倍或大于 3 倍量分取混合均匀后的样品;分析样品要求做单样,按分析方法中规定的取样量的两倍或大于两倍量分取混合均匀后的样品。

检测硅、硼元素的分析样品采用聚乙烯塑料瓶分装;检测碳元素的分析样品采用磨口玻璃瓶分装;检测铀总量、氧铀比等其他分析项目的分析样品采用磨口玻璃瓶或聚乙烯塑料瓶分装。

5. 标识

将分取好的分析样品装入样品瓶内,加盖密封,并在样品瓶外粘贴标有富集度、样品名称、分析项目、分装日期的标签。

第八章　分析检测

学习目标:学习重量法、电化学分析法、分光光度法、红外吸收光谱法、原子发射光谱法、X荧光光谱法、质谱分析的理论知识。能分析空白值异常时产生的主要原因,掌握标准曲线与工作曲线绘制知识,会正确绘制标准曲线,能应用相关系数对曲线线性进行判定。掌握含钆核材料样品、锂化合物样品以及氩气纯度等样品的分析方法和操作技能。

第一节　空白值异常的常见原因

学习目标:了解引起空白值异常的影响因素,学会对空白值异常情况的判定。

化学试验中,空白测试必不可少,空白值的大小对整个试验结果非常重要,但是在实际操作中,经常出现空白值异常的情况,加大了系统误差,如何得到准确的空白值,保证分析样品的准确度和精密度,成为测定过程的关键因素。

1. 基本概念

化学分析中的空白值是指测试对象系列中,不包含待测成分的对象在该测试条件下产生的信号或响应值。即这种响应值是非待测成分引起的。

空白试验一般可分为两种,即实验室空白试验和全程序空白试验。实验室空白试验是指用纯水(试剂)代替标准溶液完成绘制标准曲线的与标准溶液同样的分析步骤;全程序空白试验是指用纯水(试剂)代替实际样品并完全按照实际试样的分析程序进行操作。

2. 空白值的影响因素

影响分析空白的主要来源有水、大气、容器与所用的试剂。

(1)工作环境影响

主要是由空气中的污染气体和沉降微粒引起的,这些微粒含有多种元素可引起多种痕量元素的沾污。

工作环境影响空白值的特点:不易定量确定、影响具有总体性。所以来自环境的沾污不但显著且变动性大,应采取防尘和净化措施。

(2)试剂对空白值的影响及控制

1)试剂纯度的影响

主要是指试剂中固有杂质及其在样品中对特定成分检测时的响应。不同纯度、不同厂家的试剂对空白值有不同的影响。对于试剂的纯度,应有合理的要求,以满足实际工作的需要。

2)试剂浓度对空白值的影响

由于容器表面吸附等原因,浓度低于 1 μg/mL 的溶液是不稳定的,不能作为贮备溶液,使用时间不要超过1～2天。吸附损失的程度和速度与贮存溶液的酸度和容器的质料有关。

贮备溶液通常是配制浓度较大(例如 1 mg/mL 或 10 mg/mL)的溶液。无机贮备溶液或试样溶液放置在聚乙烯容器里,应维持必要的酸度,保持在清洁、低温、阴暗的地方。有机溶液在贮存过程中,应避免与塑料、胶木瓶盖等直接接触。

3) 试剂加入量的影响

对于用量大的试剂,例如用来溶解试样的酸碱、光谱缓冲剂、电离抑制剂、释放剂、萃取溶剂,配制标准基体等试剂,必须是高纯试剂,尤其是不能含有被测元素,否则由此而引入的杂质量是相当可观的,甚至会使以后的操作完全失去意义。

4) 试剂保存的影响

每种试剂都有一定的使用期限、保存条件,试剂变质对空白值有很大影响。

(3) 器皿清洁度的影响

贮存、处理样品的一切器皿由于材质纯度不够或者未清洗干净造成空白值的影响。

(4) 实验室用水的影响

第二节　标准曲线与工作曲线

学习目标:掌握标准曲线与工作曲线绘制知识,会正确绘制标准曲线,能应用相关系数对曲线线性进行判定。

一、工作曲线与标准曲线的绘制

1. 标准曲线绘制的原理

在仪器分析中,常常将被测组分的标准含量与仪器输出的对应于被测量的物理量的关系绘制成标准曲线,然后根据曲线来计算、查找被测组分的含量。

基于输出的物理量的信号强弱往往与被测组分含量的高低成对应关系。若把被测组分含量作为因变量,仪器输出的物理量的信号强度作为自变量,在一定范围内,两个变量基本上呈线性关系。这种关系可以用绘制标准曲线的方式加以描述。

2. 标准曲线的绘制

先选用含有被测组分准确量值的基准试剂(或标准物质)直接配制一定浓度的标准溶液,按已知浓度,量取一系列不同体积的标准溶液分别加入到若干个容量瓶中,得到一系列被测组分量 $y_1, y_2, \cdots, y_n$。然后按样品分析的操作步骤进行分析,输出的物理量分别为 $x_1, x_2, \cdots, x_n$,在直角坐标系上就可得到若干个测量点 (x_1, y_1)、(x_2, y_2), $\cdots$, (x_n, y_n)。绘制一条直线,使这些测量点尽可能落在绘制的直线上,这样的直线就是标准曲线。很显然,代表这条直线的方程应是 y 对 x 的"最佳"估计式。

$$y = a + bx \tag{8-1}$$

a 是直线在 y 轴上的截距,b 是直线在坐标系上的斜率。

若空白试验(即不加入被测组分)时物理信息为零,或通过对仪器进行校准,使仪器指示为"零",则直线应通过坐标原点。

事实上,往往因仪器自身的特性,所绘直线并不总是通过坐标原点。仅仅显示在某一范围内两个变量呈线性关系。

3. 工作曲线的绘制

采用在低含量样品中(或已除去被测组分的基体中),加入配制好的标准溶液,按分析样品的操作步骤分析,得到若干个测量点,最后绘制成一条直线,称之为工作曲线。工作曲线更能反映样品分析的实际情况。

当各种因素不影响最终分析测试结果时,工作曲线与标准曲线完全重合情况下,只需绘制标准曲线作为基准就可以了。如果有影响,特别在被测组分含量较高时,有可能输出的物理信息偏差较大,使标准曲线和工作曲线有所分离,就只能使用工作曲线作为分析样品的基准。

二、标准曲线与工作曲线的评定及应用

1. 相关系数

只有当自变量(x)与因变量(y)之间有确定的线性关系时才有实际意义。因此,必须对标准曲线或工作曲线进行评定。评定的方法在数理统计上常使用相关系数法。

相关系数 r 是用来描述两个变量线性关系密切程度的数量指标,它定义为:

$$r = \frac{L_{XY}}{\sqrt{L_{XX}L_{YY}}} = \frac{\sum(x_i-\overline{x})(y_i-\overline{y})}{\sqrt{\sum(x_i-\overline{x})^2\sum(y_i-\overline{y})^2}} \tag{8-2}$$

其中:

$$L_{xy} = \sum(x_i-\overline{x})(y_i-\overline{y})$$
$$L_{xx} = \sum(x_i-\overline{x})^2$$
$$L_{yy} = \sum(y_i-\overline{y})^2$$

相关系数的取值为:$0 \leqslant |r| \leqslant 1$。

相关系数的物理意义有以下几点:

(1) 当 $r = \pm 1$,表示所有测量点都落在直线上,称两个变量完全相关。

(2) 当 $r = 0$,称两个变量完全不相关,测量点可能毫无规律,也可能两个变量存在某种特殊的曲线关系。

(3) 当 $r > 0$,称两个变量正相关,当 x 增加时,y 值也有增大的趋势。

(4) 当 $r < 0$,称两个变量负相关,当 x 增加时,y 值有减小的趋势。

可以根据 r 的绝对值大小去判断两个变量间线性相关的程度,$|r|$ 愈大,线性相关就愈强。

2. 相关系数的检验

相关系数是根据样本求出的,即使实际上两个变量不相关,但是求出的相关系数不见得恰好等于 0。那么计算出的 r 绝对值为多大时,才能认为两个变量之间有线性关系,按照检验法则,其拒绝域为:

$$|r| > r_{(\alpha, n-2)}$$

$r_{(\alpha, n-2)}$ 是检验相关系数的临界值。其值可查阅检验相关系数的临界值表(见表 8-1)。

表 8-1　检验相关系数的临界值表

$f=n-2$　置信度	90%	95%	99%	99.9%
1	0.987 69	0.996 92	0.999 877	0.999 998 8
2	0.900 00	0.950 00	0.990 00	0.999 00
3	0.805 4	0.878 3	0.958 7	0.991 2
4	0.729 3	0.811 4	0.917 2	0.974 1
5	0.669 4	0.754 5	0.874 5	0.950 7
6	0.621 5	0.706 7	0.834 3	0.924 9
7	0.582 2	0.666 4	0.797 7	0.898 2
8	0.549 4	0.631 9	0.764 6	0.872 1
9	0.521 4	0.602 1	0.734 8	0.847 1
10	0.497 3	0.576 0	0.707 9	0.823 3

例 8-1：取 6 个测量点（$n=6$），查检相关系数的临界值表时，可以知道，当置信度为 99.9% 时，临界限 $\gamma_表=0.974\ 1$，应该说，只要 $\gamma>0.974\ 1$ 说明两变量之间存在线性关系，且有 99.9% 的把握，分析化学要求 $\gamma>0.999\ 0$，说明 γ 远大于 $\gamma_表$，可见分析化学要求两变量必须存在相当好的线性关系，把握是十分肯定的。

3.相关系数的计算

下面具体介绍相关系数的计算和检验。以表 8-2 中某样品中碳含量及强度的数据为例。

表 8-2　某样品中碳含量及强度数据表

序号	$c/\%$	强度值
1	0.10	42.0
2	0.11	43.5
3	0.12	45.0
4	0.13	45.5
5	0.14	45.0
6	0.15	47.5
7	0.16	49.0
8	0.17	53.0
9	0.18	50.0
10	0.20	55.0
11	0.21	55.0
12	0.23	60.0

例 8-2：求表 8-2 中样本量的相关系数。

为计算 γ 的值，首先计算 L_{xy}, L_{xx}, L_{yy}：

$$L_{xy} = \sum (x_i - \overline{x})(y_i - \overline{y}) = \sum x_i y_i - T_x T_y/n$$

$$L_{xx} = \sum (x_i - \overline{x})^2 = \sum x_i^2 - T_x^2/n$$

$$L_{yy} = \sum (y_i - \overline{y})^2 = \sum y_i^2 - T_y^2/n$$

其中：

$$T_x = \sum x_i,\ T_y = \sum y_i$$

解：

（1）计算变量 x 与 y 的数据和 T_x，T_y

$$T_x = 1.90,\ T_y = 590.5$$

（2）计算各个变量数据的平方和及其乘积和

$$\sum x_i^2 = 0.319\ 4,\ \sum y_i^2 = 29\ 392.75,\ \sum x_i y_i = 95.925\ 0$$

（3）计算

$$L_{xy} = 95.925\ 0 - 1.90 \times 590.5/12 = 2.429\ 2$$

$$L_{xx} = 0.319\ 4 - 1.90^2/12 = 0.018\ 6$$

$$L_{yy} = 29\ 392.75 - 590.5^2/12 = 335.229\ 2$$

（4）计算 γ 的值

$$r = 2.429\ 2/\sqrt{0.018\ 6 \times 335.229\ 2} = 0.972\ 8$$

（5）查相关系数临界值表，对 $n=12$，$f=12-2=10$，在 $\alpha=0.05$ 时的临界值为 0.576 0，由于 $r > 0.576$，所以说明两个变量具有（正）相关关系。

4. 标准曲线的应用

在实践中标准曲线起着"基准"的作用，根据试样输出的物理信息，从曲线上找到对应的被测组分量，通过一定的计算，得到最终分析测试结果。从上面的叙述可以知道，输出的物理信息量，仅仅是在一定的范围内，且这范围已被绘制的曲线证实，与被测组分量存在线性关系。因此，在应用标准曲线时，不能随意把这种关系延伸，任意扩大方法的测量范围。

每次测试样品时，必须重新绘制标准曲线，以确保测试条件一致。如果测试条件没有差异，至少，同时测试三个标准量值不同的测量点，检验其是否落在已绘制的标准曲线上。

两个变量的相关关系，有时并不一定是被测组分量与输出的物理量之间存在直接的线性关系。很可能其中一个变量转换成另一个变量形式，成为一个变量与另一种已转换形式的变量之间存在线性关系，在实际工作中利用半对数坐标纸绘制标准曲线就是很好的例子。

应用标准曲线，还应注意由于测定过程中误差的存在，每个实验点均带有误差，因此标准曲线允许在一定范围内发生变化，但若标准曲线出现明显的沿 y 轴上下平移，则应考虑存在系统误差。如配制的标准溶液由于存放过久，随着溶液中水分的挥发，溶液浓度发生变化，已不再是配制时标定的浓度。此时，必须重新配制标准溶液，或对标准溶液重新进行标定。

第三节　重量分析法的理论知识

学习目标：掌握影响沉淀的因素，会正确选择沉淀条件，熟练掌握重量分析的计算公式。

一、影响沉淀的因素

判断沉淀是否完全,一般要求沉淀的溶解损失不超过 0.2 mg,为了减少沉淀的损失,就必须了解影响沉淀溶解度因素,从而找出减少沉淀溶解度的办法。影响沉淀溶解度的主要因素是同离子效应、盐效应、酸效应和配位效应。此外,温度、介质、沉淀颗粒大小等因素对溶解度都有一定的影响。

1. 同离子效应

在实际分析中常加适当过量的沉淀剂来降低沉淀的溶解损失,例如,在含有 SO_4^{2-} 的溶液中,若加入与 SO_4^{2-} 计量关系相当的 $BaCl_2$ 沉淀剂,这时 $BaSO_4$ 的溶解损失可按下式计算:

设 $BaSO_4$ 的溶解度为 S,则:

$$S = [Ba^{2+}] = [SO_4^{2-}] = \sqrt{K_{SP}} = \sqrt{1 \times 10^{-10}} = 1.05 \times 10^{-5} (mol/L)$$

假定溶液的体积为 200 mL,则 $BaSO_4$ 溶解损失为:

$$1.05 \times 10^{-5} \times M_{BaSO_4} \times 200 \div 1\,000 = 0.000\,5\ g = 0.5(mg)$$

如果加入过量 $BaCl_2$ 使溶液中 $BaCl_2$ 的浓度为 0.01 mol/L,这时 $BaSO_4$ 的溶解度设为 S',则:

$$S' = [SO_4^{2-}] = \frac{K_{SP}}{[Ba^{2+}]} = \frac{1 \times 10^{-10}}{0.01} = 1.1 \times 10^{-8} (mol/L)$$

$$1.05 \times 10^{-8} \times M_{BaSO_4} \times 200 \div 1\,000 = 5 \times 10^{-7}\ g = 5 \times 10^{-4}(mg)$$

可见,加入与组成沉淀相同的离子,能使沉淀的溶解度降低,这种现象称为同离子效应。但是并非加入沉淀剂越过量越好,因为过量太多会引起其他效应反而使沉淀的溶解度增大,如盐效应及络合效应等。所以如果沉淀剂在烘干或灼烧时能挥发除去,一般可过量 50%～100%,如果不能除去,以过量 30%～50% 为宜。

2. 盐效应

在难溶盐的饱和溶液中,如有其他易溶的强电解质存在,会使沉淀的溶解难度增大,此现象称为盐效应。

3. 酸效应

溶液的酸度对难溶弱酸盐沉淀溶解度的影响称为酸效应。但酸效应对强酸盐沉淀的溶解度影响不大。在重量分析时,要使沉淀完全,就必须控制溶液的酸度。

4. 络合效应

溶液中若有能与构成沉淀的离子形成可溶性络合物的络合剂存在,也能使沉淀的溶解度增大,此现象称为络合效应。

在一些沉淀反应,沉淀剂也是络合剂,如用 Cl^- 沉淀 Ag^+ 时,Cl^- 既是沉淀剂又是络合剂,如果加入 Cl^- 量少时,利用同离子效应可使 AgCl 沉淀的溶解度降低,加入过多时因形成 $AgCl_2^-$、$AgCl_3^{2-}$ 等络离子又使 AgCl 的溶解度增大,为此,必须适当控制加入 Cl^- 的量,若太少就沉淀不完全,过量太多因形成络合物反使沉淀的溶解度增大。

二、影响沉淀纯度的因素及消除共沉淀现象的方法

1. 影响沉淀纯度的因素

影响沉淀纯度的主要因素有共沉淀和后沉淀现象,分别讨论如下。

(1) 共沉淀现象

在进行沉淀反应时,某些可溶性杂质同时沉淀下来的现象,叫做共沉淀现象。产生共沉淀现象是由表面吸附、吸留和生成混晶所造成的。

1) 表面吸附现象

表面吸附是在沉淀表面上吸附了杂质所引起的共沉淀现象。产生表面吸附的原因是由于沉淀晶体表面上的离子电荷的作用未完全平衡,因而沉淀表面产生具有吸附带相反电荷离子的能力使沉淀表面吸附了其他杂质。

① 吸附作用的选择性

能与沉淀中某种离子生成溶解度较小的物质的离子首先被吸附。吸附是由于静电吸引,显然离子的电荷越多就越容易被吸附,若两种离子浓度相同,则电荷大的首先被吸附。

② 影响吸附量的其他因素

沉淀吸附杂质的多少,还与沉淀的比表面积、溶液中杂质的浓度和溶液的温度有关。非晶形沉淀由于结构疏松、体积庞大,有更大的比表面积,因而它吸附杂质的量比晶形沉淀吸附的多;溶液中杂质离子的浓度越大被吸附的量越多,由于吸附作用是放热过程,所以温度越低沉淀吸附杂质的量越多。

2) 吸留作用

吸留作用是由于在沉淀过程加入沉淀剂过快,沉淀迅速形成,吸附在沉淀表面上的杂质来不及离开就机械地陷入晶体内部而引起的共沉淀。

由于吸留作用而共沉淀的杂质用洗涤方法并不能洗除,因此在沉淀操作中应尽可能避免发生吸留作用。

沉淀析出后留在母液中放置一段时间,能使吸留减少,这一过程称为陈化。

3) 混晶

若杂质离子与构晶离子的半径相近,电子结构相同,并且能与同一离子形成相同的晶体结构,这样在沉淀过程中就可能形成相同的晶体结构,形成混晶。例如,$BaSO_4$ 和 $PbSO_4$,$AgCl$ 和 $AgBr$ 就是这样。这样的杂质离子能长久结合在晶格中形成固溶体,既不能用洗涤除去,也不能通过陈化使沉淀净化。

(2) 后沉淀现象

当沉淀析出后,在放置的过程中,溶液的杂质离子慢慢沉淀到原沉淀上的现象,称为后沉淀现象。例如:在含有 Cu^{2+}、Zn^{2+} 等离子的酸性溶液中,通入 H_2S 时,最初得到 CuS 沉淀,其中未夹杂 ZnS。但若沉淀与溶液长时间接触。则由于 CuS 沉淀表面吸附 S^{2-} 而 S^{2-} 浓度与 Zn^{2+} 浓度之积大于 $K_{sp(ZnS)}$ 则 CuS 表面析出 ZnS 沉淀。

2. 提高沉淀纯度的措施

为消除共沉淀及后沉淀现象,提高沉淀的纯度,可采用下列措施。

(1) 选择适当的分析程序

例如:测定试样中某少量组分的含量时,由于杂质会含量较多,则应使少量被测组分首先沉淀下来。不要首先沉淀主要组分(杂质),否则,由于大量沉淀的析出,使部分少量组分混入沉淀中,而引起分析结果不准确。

(2) 改变杂质的存在形式

由于吸附作用具有选择性,所以在实际分析中,应尽量改变易被吸附的杂质离子的存在形式,以减小其沉淀。如:沉淀 $BaSO_4$ 时,其易吸附 Fe^{3+},可将 Fe^{3+} 还原为 Fe^{2+},或用 EDTA 将它络合,Fe^{3+} 的沉淀就大为减少。

(3) 改善沉淀条件

包括溶液浓度、温度、试剂的加入次序和速度及陈化情况等。它们与沉淀的吸附作用有关,可选择适宜的沉淀条件。

(4) 选择适当的洗涤剂

由于吸附作用是一种可逆过程,因此,洗涤可使沉淀上吸附的杂质进入洗涤液,从而提高沉淀度。所选择的洗涤剂必然是在灼烧或烘干时容易挥发除去的物质。

(5) 进行再沉淀

将已得到的沉淀过滤后溶解,进行第二次沉淀,称之为再沉淀。第二次沉淀时,溶液中杂质的量大为降低,共沉淀或后沉淀现象自然减少。

由于共沉淀现象是重量测定的最重要的误差来源之一,因此必须设法消除共沉淀产生。

三、沉淀的条件

1. 晶形沉淀的沉淀条件

(1) 沉淀应当在适当的稀溶液中进行,沉淀剂也应当是稀溶液,以降低沉淀在溶液中的相对饱和度,减少聚集速度有利于形成大颗粒的沉淀。

(2) 沉淀剂必须在不断搅拌下慢慢地加到热溶液中,这样既可避免局部过浓,又可降低加入沉淀剂的瞬间过饱和程度,如果沉淀在热溶液中的溶解度显著增大,就应该冷却后再过滤。

(3) 选择合适的沉淀剂。使用有机沉淀剂能减少共沉淀的影响,也能减少形成混晶的概率。

(4) 沉淀完毕后应陈化,使小晶粒逐渐变为较大的晶粒,同时又能使晶体变得更为完整和纯净。加热并搅拌可以加速陈化的进程。

(5) 过滤后应立即用适当的洗涤剂洗涤,为了减少溶解损失,有时用含有沉淀剂的洗涤液洗涤。

2. 非晶形沉淀的沉淀条件

非晶形沉淀一般溶解度很小,颗粒微小,结构疏松,体积庞大,吸附杂质多又难于过滤和洗涤,甚至可以形成胶体溶液,因此对这种沉淀主要是设法破坏胶体,防止胶溶,促使颗粒凝集及提高纯度,对于溶解损失一般可忽略不计。

(1) 沉淀应在比较浓的溶液中进行,沉淀剂加入速度要快,这样微粒较易凝集,体积小含水量也少,沉淀的结构也比较紧密。但是在浓溶液中杂质的浓度也大,沉淀吸附杂质的量也多,为此,在沉淀完毕后,应加入大量热水冲稀并搅拌,使吸附的杂质再转回溶液中。

(2)沉淀应在热溶液中析出,因为在热溶液中吸附杂质少,微粒也容易凝集,有利于形成较紧密的沉淀。

(3)沉淀时应加入适当的可挥发性电解质,如铵盐等,以防止胶体的形成,为了防止洗涤时发生胶溶,洗涤液中也应加入适量的电解质。

(4)为了使胶体沉淀完全,有时加入电荷相反的胶体,例如在酸性溶液中析出胶体硅酸沉淀时,因硅酸带有负电荷所以沉淀不完全,但加入动物胶(带正电荷),由于电荷被中和,胶粒就可以互相聚合使沉淀趋于完全。

(5)沉淀完毕后,静置数分钟让沉淀沉下后就立即过滤。因为这类沉淀一经放置较长时间,就会失去水分聚集得更紧密,吸附的杂质更难洗涤。

(6)必要时应进行再沉淀,再沉淀是减少沉淀中杂质的有效方法。

四、重量分析结果计算

1. 重量分析的计算公式:

$$W = \frac{m_1 \times \dfrac{M_x}{M_{称量式}}}{m} \times 100 \tag{8-3}$$

式中:M_x——待测组分的摩尔质量,g/mol;

$M_{称量式}$——称量式的摩尔质量,g/mol;

m——试样质量,g;

W——待测组分的含量,%;

m_1——称量式称得的质量,g。

2. 换算因数

如用 F 来表示换算因数 $\dfrac{M_x}{M_{称量式}}$,

则上式可以写成:

$$W = \frac{m_1 F}{m} \times 100 \tag{8-4}$$

换算因素 F 可以在相关分析化学手册中查到。

第四节 电化学分析法理论知识

学习目标:掌握氟离子选择性电极的特性和使用要求,了解库仑分析法的基本知识,掌握库仑仪的基本结构和恒电流库仑滴定法,会正确使用库仑仪。

一、氟离子选择性电极

1. 氟离子选择电极法的特性及使用要求

氟离子选择电极法因具有电极结构简单牢固、元件灵巧、灵敏度高、响应速度快、便于携带、操作简单、能克服色泽干扰以及精度高等优点而被广泛应用。

(1) 响应极限

氟离子选择电极在初次使用时,应首先测试其响应极限,由此可准确估计样品的检出限。一般氟离子选择电极的响应极限为 0.05 mg/L。根据氟离子电极的响应极限值可大致确定称取样品的最小取样量,使待测液中氟离子活度不小于电极的响应极限,避免因非线性造成的误差,提高分析测试的精密度和准确度。

(2) 电极性能

氟离子选择电极性能又称氟离子选择电极的斜率。氟离子选择电极性能的判别方法为:由 Nemst 方程可知,在 20~25 ℃范围内,氟离子浓度每改变 10 倍,氟离子选择电极的电位变化值应在(58±2)mV 之间。

(3) 参比电极的要求

1) 电极液中的氯化钾溶液应处于饱和状态,否则,甘汞电极的电位值升高,电位计的示值增大。

2) 饱和氯化钾电极液的液面不能低于要求的液面高度。

3) 连续使用一周后,应将氯化钾饱和溶液清洗掉,并换新的氯化钾饱和溶液,不用时将两个橡皮套套上。

4) 饱和甘汞电极的温度滞后会出现电位计的示值不稳定,导致线性变差、精密度下降。为保持待测液的温度一致,电极放入溶液后等待 3~5 min,待电位计读数稳定后再进行读数。

2. 空白电位值

氟离子选择电极的空白电位值是体现电极质量的主要参数,一般情况下,氟离子选择电极洗到接近最大空白电位值时,其工作性能最好。在测定标准溶液和样品溶液前,应尽量控制空白电位值相同,以提高测试的精密度和准确度。

3. 对氟离子选择电极法测量结果的影响因素

影响测试结果的因素主要有 pH、待测液温度、搅拌速度和测定的顺序。

(1) pH

pH 的大小对测定结果有较大的影响,实际测定过程中,最佳 pH 范围应为 5~6 为宜,pH 较大时,可造成氟离子浓度升高的假象;pH 较低时,氟离子与溶液中氢离子生成 HF 或 HF^{2-},从而降低溶液中氟离子的浓度,影响测试的准确度和精密度。

(2) 搅拌速度

在测定标准溶液和待测液时,不要轻易改变磁力搅拌机转速,否则会影响测定的精密度。

(3) 待测液温度

标准溶液与待测液在同一温度下测量,避免因温度的变化而引起测量电位示值较大的漂移。

(4) 测定的顺序

测定标准溶液系列时,按照浓度先低后高的顺序进行(由低浓度向高浓度逐个测定),以消除电极的"记忆效应"。

4. 解决使用氟离子选择电极法的几个关键问题

(1) 组分复杂样品的测试

若样品组分很复杂,如土壤样品,可采用一次标准加入法,以减少基体的影响,但需注意,加入到未知试样中的标准溶液的量,应不使溶液体系的离子浓度发生较大变化,加入的体积为样品溶液的 1% 左右,且使电位的改变量 ΔE 在 30~40 mV 之间。

（2）使用定性滤纸,避免使用定量滤纸

在测定过程中,滤纸应使用定性滤纸而不要使用定量滤纸。因为定量滤纸在制造过程中,使用氢氟酸除硅,滤纸中氟的本底值高且不稳定,使用它影响测定结果的准确度和测试的精密度;定性滤纸在制造过程中,不使用氢氟酸处理滤纸,氟的本底值低且均匀性好,适合于过滤或者吸去电极上的残留溶液。

（3）氟离子浓度对仪器平衡时间的影响

氟离子浓度对仪器平衡时间的影响,一般为氟离子浓度愈高,平衡的时间愈短,氟离子浓度愈低,平衡时间愈长。当氟离子浓度为 10^{-5} mol/L 时,平衡时间需要 3 min,浓度在 10^{-4}~10^{-3} mol/L 时,几乎在 1 min 内达到平衡。对于有指示读数稳定装置的电位计,如 pHS-W 酸度计,以指示灯发亮时间较长为准;无指示读数稳定装置的电位计,可根据读数是否发生变化进行判断。

5. 氟离子选择电极的维护和保管

（1）氟离子选择电极长时间使用后,会发生迟钝现象,可以使用金相纸或牙膏擦,以将其表面活化。

（2）氟离子选择电极的最大空白值小于要求的某一电位值时,应立即更换高级别的纯净水进行反复洗涤,直至洗至要求的电位值以上。

（3）若经过反复洗涤,氟离子选择电极的最大空白电位值变化不大,或者有变化但仍达不到要求的最大空白电位值的,就应更换新的氟离子选择电极。

（4）氟离子选择电极不宜在水中长期浸泡。

（5）氟离子选择电极如长时间不用,应冲洗干净后干放;氟离子选择电极应避免在高浓度溶液中长时间浸泡,以免损害氟离子选择电极。

二、库仑分析法

1. 库仑分析法的基本原理和分类

（1）基本原理

库仑分析法是测量通过电解池的库仑数,从而计算测定物质的量的一种电化学分析法。库仑分析法的理论基础是法拉第电解定律。

在库仑滴定法中,由于一定量的被分析物质需要一定量的由电解产生的试剂与之作用,而此一定量的试剂又是被一定量的电量所电解产生的,所以被分析物质与产生试剂所消耗的电量之间符合法拉第定律的关系。根据法拉第电解定律可以算出电极上析出的被测物质的质量 m(g)：

$$m = \frac{It \cdot M}{96\ 484.56 \cdot n} \tag{8-5}$$

式中：m——析出物质的质量,g;

$\quad\quad I$——电流强度,A;

$\quad\quad t$——电解时间,s;

$\quad\quad M$——为被测物质的分子量或原子量,g/mol;

96 484.56——法拉第常数,C/mol;

n——参与反应的电子数。

(2) 分类

按照待测物质在电极上直接进行或间接进行的反应,分为直接法和间接法。

按照电解方式的不同,分为恒电流库仑滴定法和恒电位库仑滴定法。

1) 恒电流库仑滴定法

是指用恒电流电解在溶液中产生滴定剂(称为电生滴定剂)以滴定被测物质来进行定量分析的方法。

2) 恒电位库仑分析法

是指在电解过程中将工作电极电位调节到一个所需要的数值并保持恒定,直到电解电流降到零,由库仑计记录电解过程所消耗的电量,由此计算出被测物质的含量。

2. 库仑分析法的特点和应用

库仑分析法要求工作电极上没有其他的电极反应发生,电流效率必须达到100%。

(1) 特点

1) 灵敏度高,准确度好。测定 $10^{-12} \sim 10^{-10}$ mol/L 的物质,误差约为1%。

2) 不需要标准物质和配制标准溶液,可以用作标定的基准分析方法。

3) 对一些易挥发、不稳定的物质如卤素、Cu(Ⅰ)、Ti(Ⅲ)等也可作为电生滴定剂用于容量分析,扩大了容量分析的范围。

4) 易于实现自动化。该方法已广泛用于有机物测定、钢铁快速分析和环境监测,也可用于准确测量参与电极反应的电子数。

(2) 应用

凡能与电解时所产生的试剂迅速反应的物质,均可用库仑滴定法测定,因此,能用容量分析的各类滴定,如酸碱滴定、氧化还原滴定、沉淀滴定和络合滴定等测定的物质,均可用于库仑滴定法。

3. 指示化学计量点的方法

在库仑滴定过程中,可采用指示剂法、电位法来指示化学计量点(滴定终点),也可采用双铂电极电流法指示滴定终点。双铂电极电流法又称为永停法。

例如,电生 I_2 滴定 As(Ⅲ)时,在化学计量点以前。试液中主要是 As(Ⅴ)/As(Ⅲ)不可逆电对,由于双铂电极上的电压很小,因而没有明显的氧化还原电流(见图 8-1 中 AB 段)。在化学计量点以后,试液中主要是 $I_2/2I^-$ 电对,它是可逆电对,在很小直流电压下双铂电极上便会有明显的氧化还原电流(见图 8-1 中 BC 段)。电流曲线转折处便是滴定终点。

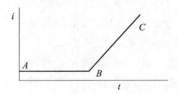

图 8-1　I_2 滴定 As(Ⅲ)的双铂电极电流曲线

当采用电位法指示终点时,其终点判断采用二阶微分法确定。

4. 库仑滴定常用的仪器设备

库仑滴定采用的库仑滴定装置如图 8-2 所示,由电解系统和终点指示系统组成。

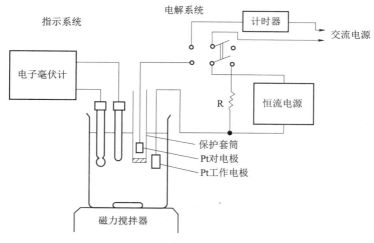

图 8-2 库仑装置示意图

5. 恒电流库仑滴定法

（1）方法原理

恒电流库仑滴定法是在恒定的电流条件下进行电解，然后直接称量电极上析出物质的质量来进行分析，这种方法也可用于分离。

（2）基本装置

恒电流库仑滴定法的基本装置如图 8-3 所示。

用直流电源作为电解电流，加于电解池的电压，可用可变电阻器 R_i 加以调节，并由电压表 V 表示。通过电解池的电流则可从电表 A 读出。试液置于电解池中，一般用铂网作阴极，螺旋形铂丝作阳极并兼作搅拌之用。

电解时，通过电解池的电流是恒定的。一般说来，电流越小，镀层越均匀牢固，但所需时间就越长。在实际工作中，一般控制电流为 $0.5 \sim 2$ A。随着电解的进行，被电解物质不断析出，电流亦随之不断降低。此时可增大外加电压，以保持电流恒定。

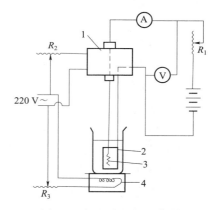

图 8-3 恒电流电解法装置

恒电流库仑滴定法仪器装置简单，准确度高，方法的相对误差小于 0.1%，用恒电流重量法可以测定的金属元素有：锌、镉、钴、镍、锡、铝、铜、铋、锑、汞及银等，其中有的元素须在碱性介质或络合剂存在下进行电解。

6. 电流效率和滴定效率

在恒电流库仑滴定中，电流效率是对电解产生滴定剂而言，滴定效率是对系统而言。因为即使产生滴定剂的电流效率低于 100%，而整个滴定过程的滴定效率仍然有可能非常接近于 100%。例如若有 80% 的被测物质是不经过中间体而直接在电极上发生反应的，这时候即使产生滴定剂的电流效率只有 90%，但这个测定过程的滴定效率可达 98%。因为在总滴定反应中，由电解产生的滴定剂为 20%，这样就整个过程来说，由它产生的滴定误差为 2％。

在恒电流库仑滴定中，电流效率指的是电解产生滴定剂那部分电流的效率。电流效率与电流密度有关，要接近 100％ 的电流效率，选用的电解电流要略大于被测物质所产生的极限电流。

电流效率的测定，在含有电解质溶液中，加入已知量的标准物质之前，先用恒电流电解产生一定量的库仑剂，其数量相当于将要加入的标准物质数量的 95％，然后再加入标准物质，这时候已电解产生的滴定剂与标准物质作用。如果电生滴定剂的电流效率是 100％，则作用以后溶液中应该还剩余 5％ 的重铬酸钾标准物质，因此继续电解产生滴定剂直到终点到达为止。将二次电解产生滴定剂的总时间，与加入的标准物质按法拉第定律计算出来的理论时间进行比较。在发生电流恒定的情况下，如果电解产生滴定剂实际消耗的时间与理论计算的时间是一致的，则表明该电生滴定剂的电流效率是 100％ 的。如果电生滴定剂实际消耗的时间比理论时间要长，则说明其电流效率低于 100％。

计算方法：

$$D = \frac{t_{消}}{t_{理}} \times 100\% \qquad\qquad (8\text{-}6)$$

式中：D——测定系统的电流效率；

　　$t_{消}$——电生滴定剂实际消耗时间；

　　$t_{理}$——根据法拉第电解定律计算出来的理论电解时间。

7. 库仑滴定对于加入辅助电解质的要求

（1）要以 100％ 的电流效率产生滴定剂，以防止副反应的发生；

（2）要有合适的指示终点的方法；

（3）产生的滴定剂与被测物质之间的反应必须是快速的和定量的。

8. 误差的来源

（1）电解过程中不能保证 100％ 的电流效率。

（2）电解期间电流的变化：

要求恒电流源输出的电流至少稳定在 0.2％ 范围内，甚至小于 0.01％，一般情况下，由电流变化产生的误差不大。

（3）测量电流的误差：

一般电流测量误差为 ±0.1％，为了减少测量电流的误差，电解时间一般不少于 10～20 s。

（4）测量时间误差：一般时间测量误差为 ±0.1％；

（5）由于等当点和终点间的差别而产生的滴定误差。

第五节　分光光度法的理论知识

学习目标：了解朗伯-比耳定律产生偏离的原因，掌握朗伯-比耳定律的适用条件和适用范围，初步掌握可见分光光度法实验中，根据显色反应和显色剂的使用要求，选择合适显色条件和测量条件，建立分光光度法的分析方法。掌握测量样品制备的要求和一般方法。

一、光吸收定律的适用范围

朗伯定律对于各种有色的均匀溶液都是适用的,但比耳定律只在一定浓度范围内,吸光度 A 与浓度才呈直线关系。但在吸光光度分析中,经常出现标准曲线不呈直线的情况,若在曲线弯曲部分进行定量,将会引起较大的误差。

朗伯-比尔定律的偏离

当吸光物质浓度较高时,会出现吸光度向浓度轴弯曲的现象(吸光度轴弯曲)。这种现象称为朗伯-比耳定律的偏离。如图 8-4 所示。

偏离朗伯-比耳定律的原因主要是仪器或溶液的实际条件与朗伯-比耳定律所要求的理想条件不一致。主要因素有:

(1)非单色光引起的偏离

朗伯-比耳定律只适用于单色光,但由于单色器色散能力的限制和出口狭缝需要保持一定的宽度,

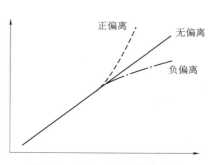

图 8-4　朗伯-比耳定律的偏离

所以目前各种分光光度计得到的入射光实际上都是具有某一波段的复合光。由于物质对不同波长光的吸收程度的不同,因而导致对朗伯-比耳定律的偏离。

克服非单色光引起的偏离的措施

1)使用比较好的单色器,从而获得纯度较高的"单色光",使标准曲线有较宽的线性范围。

2)入射光波长选择在被测物质的最大吸收处,保证测定有较高的灵敏度,此处的吸收曲线较为平坦,在此最大吸收波长附近各波长的光值大体相等,由非单色光引起的偏离要比在其他波长处小得多。

3)测定时应选择适当的浓度范围,使吸光度读数在标准曲线的线性范围内。

(2)介质不均匀引起的偏离

朗伯-比耳定律要求吸光物质的溶液是均匀的。如果被测溶液是胶体溶液、乳浊液或悬浮液时,入射光通过溶液后,除一部分被试液吸收外,还有一部分因散射现象而损失,使透射比减少,因而实测吸光度增加,导致偏离朗伯-比耳定律。

(3)由于溶液本身的化学反应引起的偏离

溶液中的吸光物质常因解离、缔合、形成新化合物或互变异构等化学变化而改变其浓度,因而导致偏离朗伯-比耳定律。

(4)解离

大部分有机酸碱的酸式、碱式对光有不同的吸收性质,溶液的酸度不同,酸(碱)解离程度不同,导致酸式与碱式的比例改变,使溶液的吸光度发生改变。

(5)络合

显色剂与金属离子生成的是多级络合物,且各级络合物对光的吸收性质不同,例如在 $Fe(III)$ 与 SCN^- 的络合物中,$Fe(SCN)_3$ 颜色最深,$Fe(SCN)^{2+}$ 颜色最浅,故 SCN^- 浓度越大,溶液颜色越深,即吸光度越大。

(6)缔合

例如在酸性条件下,CrO_4^{2-} 会缔合生成 $Cr_2O_7^{2-}$,而它们对光的吸收有很大的不同。在

分析测定中,要控制溶液的条件,使被测组分以一种形式存在,以克服化学因素所引起的对朗伯-比耳定律的偏离。

二、显色反应的要求

加入显色剂使待测物质生成有色化合物即"显色"后进行测定的方法,在分光光度法占有重要地位。显色反应按反应类型分为氧化还原反应和络合反应两大类,一般以络合反应为主,对于显色反应,一般满足下列要求:

(1) 选择性好,干扰少,或干扰容易消除。

(2) 灵敏度足够高,特别进行微量组分分析时。

(3) 有色化合物的组成要恒定,符合一定的化学公式,对于形成不同的络合比的络合反应,必须控制实验条件,使生成一定组成的络合物,以免引起误差。

(4) 有色化合物的化学性质应足够稳定,至少保证在测量过程中溶液的吸光度变化很少。这要求有色化合物不容易受外界环境条件的影响,如日光照射,空气中氧和二氧化碳的作用等,同时也不应受溶液中其他化学因素的影响。

(5) 有色化合物与显色试剂之间的颜色差别要大,显色时的颜色变化鲜明,而且在这种情况下空白一般较小,有色化合物与显色试剂之间的差别通用"反射度(对比度)"表示,它是有色化合物 MR 和显色剂 R 的最大吸收波长之差 $\Delta\lambda$,一般要求大于 60 nm。

(6) 显色反应的条件要易于控制。条件过于严格,难于控制,则测定结果的再现性就差。

三、显色剂的分类

显色剂分为无机显色剂和有机显色剂,常用的无机显色剂有:硫氰酸盐、钼酸铵等,有机试剂有邻二氮菲、双硫腙等。

由于大多数有机显色剂与金属离子都能生成稳定的螯合物,显色反应的灵敏度和选择性较高,因此广为应用。

四、影响紫外-可见吸收光谱的因素

1. pH 的影响

无论是在紫外或可见光区,介质 pH 的变化常引起被测样品的化学状态的变化,从而影响其吸收光谱。

(1) 溶液酸度过低,会引起金属离子水解,如苯酚中性水溶液在 211 nm 和 270 nm 波长处的 ε 分别为 6 200 和 1 450,但在碱性介质中,苯酚形成酚钠盐。

(2) 溶液酸度过高会降低配合物的稳定性,特别是对弱酸型有机显色剂和金属离子形成的配合物影响较大。

(3) 溶液酸度变化,显色剂的颜色可能发生变化。

(4) 溶液酸度不同,显色化合物的组成或颜色可能不同。如磺基水杨酸与 Fe^{3+} 的显色反应,在不同 pH 条件下,可能生成 1:1、1:2 和 1:3 共 3 种颜色不同的络合物,其吸收光谱有较大差异。

由此可见,对于在不同 pH 下易发生变化的样品,为了选择最佳的 pH,可预先测定具有不同 pH 但样品含量相同的系列样品溶液的吸光度,然后以吸光度对溶液的 pH 或酸度作图,得到一条酸度曲线,曲线中吸光度最大且保持不变的区间所对应的 pH 范围即为待测物测定的最适宜 pH 范围。

2. 浓度的影响

比耳定律适用于稀溶液,高浓度时(通常>0.01 mol/L)有些物质会发生缔合,从而导致溶液吸光度与浓度之间的线性关系发生偏离。

3. 显色剂的用量

显色反应:M(被测组分)+R(显色剂)=MR(有色络合物)

为使显色反应进行完全,需加入过量的显色剂。但显色剂不是越多越好。有些显色反应,显色剂加入太多,反而会引起副反应,对测定不利。在实际工作中根据实验结果来确定显色剂的用量。

4. 显色反应时间

显色时间是指溶液颜色达到稳定的时间,通常有以下几种情况:

(1)有些显色反应瞬间完成,溶液颜色很快达到稳定状态,并在较长时间内保持不变;

(2)有些显色反应虽能迅速完成,但有色络合物的颜色很快开始褪色;

(3)有些显色反应进行缓慢,溶液颜色需经一段时间后才稳定。

适宜的显色反应时间可以通过实验,制作吸光度-时间曲线来确定适宜时间。

5. 显色反应温度

通常,吸收光谱的测定都是在室温下进行的,温度变化较小时,对吸收光谱的影响甚微,所以进行一般的分析测试时不必对温度进行严格控制。但有些显色反应在室温下进行缓慢,需要加热才能完成;而另有一些显色反应需在较高温度下才能进行,生成的有色化合物还会分解。另有一些实验如反应动力学研究、平衡常数的测定等,常需要获得高精密度的实验结果,这时温度的控制就显得十分重要,应根据反应性质选择合适的温度条件,并严格地控制测试时溶液的温度。

6. 共存离子干扰的影响

(1)试样中存在干扰物质会影响被测组分的测定,常见的干扰离子的影响有以下几种类型:

1)干扰物质本身有颜色。

2)干扰物质与试剂反应,消耗显色剂,使被测离子的显色反应不完全。

3)干扰物质与被测组分反应。

4)干扰物质在测量条件下从溶液中析出,便溶液变混浊,无法准确测定溶液的吸光度。

(2)消除共存离子干扰的方法:

1)控制溶液酸度。

2)加入掩蔽剂,选取的条件是掩蔽剂不与待测离子作用,掩蔽剂以及它与干扰物质形成的络合物的颜色应不干扰待测离子的测定。

3)利用氧化还原反应,改变干扰离子的价态。

4)利用校正系数。

5)用参比溶液消除显色剂和某些共存有色离子的干扰。

6）选择适当的波长。

7）当溶液中存在有消耗显色剂的干扰离子时,可通过增加显色剂的用量来消除干扰。

8）分离,以上方法均不奏效时,采用预先分离的方法。

7. 副反应的影响

在吸光光度分析中,显色反应应该尽可能地完全进行,但溶液中有各种副反应存在时,便会影响到反应的完全程度。

五、测试条件的选择

1. 分析波长的选择

用紫外光谱法做定量分析时,通常选择被测样品的最大波长 λ_{max} 作为分析测定波长。因为在 λ_{max} 处每单位浓度所改变的吸光度最大,可获得最大的测量灵敏度。但在实际工作中并非所有情况下都选择 λ_{max} 作为测定波长,有些情况下也可选用非特征吸收峰处的波长,如当被测样品的 λ_{max} 有其他组分的谱线干扰时,或者在测定高浓度的样品时,为了保证校正曲线的线性范围,这时应根据吸收最大、干扰最小的原则来选择灵敏度稍低而不受干扰的次强吸收峰或宽峰、肩峰等作为测定波长。

2. 测定狭缝的选择

分光光度计的狭缝宽度不仅影响光谱的纯度,也影响吸光度。狭缝太小,辐射强度过低,给微弱吸收峰的测量带来困难;但是如果测定狭缝过大,会引入非测定所需的杂色散光,导致灵敏度下降和校正曲线的线性关系变坏。不减小吸光度时的最大狭缝宽度,即是合适的狭缝宽度。

3. 测量波长的选择

为了使测定结果有较高的灵敏度,应选择被测物质的最大吸收波长的光作为入射光,这称为"最大吸收原则"(maximum absorption)。选用这种波长的光进行分析,不仅灵敏度高,且能减少或消除由非单色光引起的对朗伯-比耳定律的偏离。但是,在最大吸收波长处有其他吸光物质干扰测定时,则应根据入射光波长干扰最小为原则。例:丁二酮肟光度法测钢中镍,络合物丁二酮肟镍的最大吸收波长为 470 nm,但试样中的铁用酒石酸钠掩蔽后,在 470 nm 处也有一定吸收,干扰镍的测定。为避免铁的干扰,可以选择波长 520 nm 进行测定,虽然测镍的灵敏度有所降低,但酒石酸铁不干扰镍的测定。

4. 吸光度范围的选择

当透射率为 36.8% 或吸光度为 0.434 时,浓度测量的相对标准偏差最小。从仪器测量误差的角度来看,为使测量结果得到较高的准确度,一般应控制标准溶液和被测试液的吸光度在 0.2~0.8 范围内,这可通过改变称样量,控制溶液的浓度或选择不同厚度的吸收池来达到目的。

5. 参比溶液的选择

利用参比溶液来调节仪器的零点,可消除由吸收池壁及溶剂对入射光的反射和吸收带来的误差,扣除干扰的影响。

（1）试液及显色剂均无色,用蒸馏水作参比溶液。

（2）显色剂为无色，被测试液中存在其他有色离子，用不加显色剂的被测试液作参比溶液。

（3）显色剂有颜色，可选择不加试样溶液的试剂空白作参比溶液。

（4）显色剂和试液均有颜色，可将一份试液加入适当掩蔽剂，将被测组分掩蔽起来，使之不再与显色剂作用，而显色剂及其他试剂均按试液测定方法加入，以此作为参比溶液，这样就可以消除显色剂和一些共存组分的干扰。

（5）改变加入试剂的顺序，使被测组分不发生显色反应，可以此溶液作为参比溶液消除干扰。

6. 空白值的控制

在分光光度方法中，由于空白值的大小和稳定程度将影响到方法的测定下限和方法的精密度，所以力求空白值低且稳定。

六、分光光度法样品制备要求和方法

1. 样品溶液的配制

测定化合物的紫外或可见吸收光谱，通常都是用样品的溶液测定。如用 1 cm 厚的吸收池，约需 3 mL 的溶液。将待测样品转变为溶液时需要选择合适的溶剂，选择溶剂的原则如下：

（1）选择的溶剂不与待测样品发生反应。

（2）待测样品在该溶剂中有一定的溶解度。

（3）在测定的波长范围内，溶剂本身没有吸收。

（4）应选择挥发性小、不易燃、毒性小及价格便宜的溶剂。

2. 样品浓度的选择

根据测量误差可知，吸光度在 0.2～0.8 范围内测量精度最好。因此应根据化合物的摩尔吸光系数 ε 将标准样品和被测样品配制成最适宜浓度的溶液。如果待测物的 ε 已知，可以准确地配制 0.01 mol/L 浓度的溶液进行测定，若样品浓度过高时，应逐级稀释进行测定，直到获得最适宜的浓度为止。或者选择不同厚度的吸收池使测得的吸光度在 0.2～0.8 之间。

3. 参比液的使用

参比液也称空白溶液，是不含被测组分的某种溶剂。常用配制溶液的溶剂作参比液。使用参比液可以消除吸收池和溶剂对入射和吸收带来的误差，起到调节仪器零点的作用。待测样品溶液的吸光度是相对于参比溶液而测得的，尤其在做定量分析时，参比液的选用非常重要。

4. 吸收池的使用

吸收池也称比色皿。吸收池的厚度可根据所配制溶液的浓度和吸收情况进行选用，较浓的溶液可使用厚度小于 1 cm 的吸收池，而较稀的溶液可选用 3 cm 或 5 cm 的吸收池。有时可根据不同的用途，制成不同样式的吸收池来满足不同的要求，如气体吸收池、流动吸收池、微量吸收池等。

吸收池在使用之后，要立即用适当的溶剂清洗，并用超声波清洗器定期清洗。定量分析所用的吸收池应预先校正,方法是在两个吸收池中装入同一溶剂,测量其吸光度或透过率差,如差值接近于本底噪声,方可组合使用。

5. 操作上应注意以下几点

(1) 样品溶液移入吸收池前,首先用溶剂洗涤吸收池,然后再用被测样品溶液冲洗几次,以免测定时溶液浓度改变;测试时试液不要太满,以所用溶液为吸收池高的 4/5 为宜。

(2) 拿取吸收池时应拿吸收池毛玻璃的两面,一定不要触摸透光面,以免沾有指纹或异物,吸收池外沾有液体时,应小心地用擦镜纸或脱脂棉擦净,保证其透光面上没有斑痕。

(3) 避免测定含强酸或强碱的溶液。

第六节　红外吸收光谱分析法理论知识

学习目标:了解分子振动的类型,掌握红外吸收光谱的产生条件,样品制备的要求,了解气体、液体、固体样品制备技术。

一、红外吸收光谱产生条件

当分子吸收红外辐射后,必须满足以下两个条件才会产生红外吸收光谱:当分子吸收的红外辐射能量达到能级跃迁的差值时,才会吸收红外辐射;只有在分子振动时产生分子偶极矩瞬间变化的才会产生红外吸收光谱。

二、分子的振动类型

有机分子中原子通过各类化学键联结为一个整体,当它受到光的辐射时,发生转动和振动能级的跃迁。分子的基本振动形式分为伸缩振动和弯曲(变形)振动。

以双原子化合物为例:如 A-B 的振动方式是 A 和 B 两个原子沿着键的方向作节奏性伸和缩的运动,可以形象地比作连着 A、B 两个球的弹簧的谐振运动。

为此 A-B 键伸缩振动的基频可用胡克定律推导的公式计算其近似值。

$$f = \frac{1}{2\pi c}\sqrt{\frac{k}{m}} \tag{8-7}$$

式中:f——键的振动基频,cm^{-1};

　　c——光速;

　　k——化学键力常数,相当于胡克弹簧常数;

　　m——原子的折合质量,即 $m = m_1 \cdot m_2/(m_1 + m_2)$。

公式表明键的振动基频与力常数成正比,力常数越大,振动的频率越高。振动的基频与原子质量成反比,原子质量越轻,连接的键振动频率越高。

多原子组成的非线性分子的振动方式就更多。非线性分子中各基团有两种振动:伸缩振动用符号"ν"表示;弯曲振动用符号"δ"表示。前者是沿原子间化学键的轴作节奏性伸和缩的振动,后者是原子垂直于价键方向的振动,使分子的内键角发生变化。同等原子之间键的伸缩振动所需能量远比弯曲振动的能量高,因此伸缩振动的吸收峰波数比相应键的弯曲振动峰波数高。如顺式二氯乙烯在 1 580 cm^{-1} 处有双键振动的强吸收峰。高度对称的化学键,如反式二氯乙烯分子中的双键,由于分子振动前后的偶极矩没有改变,此种双键在红外光谱中无吸收峰（1 665 cm⁻¹处的弱吸收峰是 845 cm⁻¹和 825 cm⁻¹的合频）。由于对称双键极化度发生改变，因此在拉曼光谱中 1 580 cm⁻¹处有强吸收峰。

三、样品制备的要求

分析前必须尽可能多地了解试样的来源和物理性质。首先了解样品的来源、制备方法、理化性质、元素组成和可能的结构，在解释谱图时十分重要；其次如果试样有毒、有腐蚀性或含水，则可以预先采取有效措施，防止发生中毒或损坏仪器。

若需要进行化合物的鉴定或结构测定，应进行分离提纯。分离时应尽可能避免引入其他杂质，尤其对所使用的溶剂和吸附效应特别注意，否则，样品不纯不仅会给光谱的解释带来困难，还可能引起"误诊"。

避免水汽侵蚀易溶于水、吸湿性强的窗片。根据实验所需的透明范围、溶液性质等选择液体池的窗片种类。最常用的是 KBr、NaCl 盐片，如果样品是水溶液则可选用 CaF_2、BaF_2等水不溶性窗片。

水溶液样品应先设法脱除全部水分或部分脱水浓缩，然后进行红外测定。脱水时温度不要太高，也不要太高的真空度，以免样品产生化学变化或使挥发性大的样品损失掉。

有标准试样时，应与欲分析试样在相同条件下记录光谱。应尽量调节好样品的浓度和厚度，使最高谱峰的透过率在 1%～5%，基线在 90%～95%。测试固体样品时，最好在参比光路上使用补偿器或用空白的锭片补偿。液体池要及时清洗干净，不使其被污染。

尽可能选用极性小的溶剂，避免极性溶质与极性溶剂间产生"溶剂效应"，使谱图失真。

在定性分析中，特别是在结构的测定中，波长位置和吸收谱带的强度及形状都很重要，而仪器波长的精确性尤其重要，因此必须对仪器定期进行校验。

四、固体样品的制备技术

固态样品采用压片法、糊状法和薄膜法制备。

1. KBr 压片法

压片法可用于固体粉末和结晶样品的分析，所用的稀释剂除 KBr 外，还有 KCl、CsI 和高压聚乙烯。红外吸收光谱法测定用的锭片一般采用的是直径 13 mm、厚度为 1 mm 左右的小片。

取 1～2 mg 试样在玛瑙研钵或振动球磨机中磨细后加 100～200 mg 已干燥磨细的 KBr 粉末，充分混合并研磨，使平均颗粒尺寸为 2 μm 左右。将研磨好的混合物均匀地放入模具的顶模与底模之间，然后把模具放入压力机中，在 10 MPa 左右的压力下压制 1～2 min 即可得到透明或均匀半透明的锭片，然后将此透明薄片放入仪器光路中进行测定。

对于难研磨样品，可先将其溶于几滴挥发性溶剂中再与 KBr 粉末混合成糊状，然后研磨至溶剂挥发完全，也可在红外灯下挥发残留的溶剂，注意必须将溶剂完全挥发。

对于弹性样品，如橡胶，可在低温（-40℃）下使其变脆而易粉碎，再与 KBr 粉末混合研磨放入专用模具中加压，制成厚为 1～2 mm 的透明圆片。

（1）注意事项：

1）为了避免散射，样品颗粒研磨至 2 μm 左右。

2）和稀释剂起反应或进行离子交换的样品不能使用压片法。

3）易吸水、潮解样品不宜用压片法。

4）压片用的 KBr、KCl、CsI 等的规格必须是分析纯以上，不能含其他杂质；KBr、KCl、CsI 等在粉末状态很容易吸水、潮解，应放在干燥器中保存或在烘箱中干燥后使用。KBr 对钢制模具表面的腐蚀性很大，模具用过后必须及时清洗干净，然后保存在干燥环境中。

5）研磨样品一定要用玛瑙研钵；研磨时必须把样品均匀地分散在 KBr 中，并且尽可能将它们研细，以便得到很尖锐的吸收峰。

6）要掌握好样品与 KBr 的比例以及锭片的厚度，以得到一个质量好的透明的锭片。

7）压力不宜太高，否则会损坏模具。

（2）KBr 压片法的优缺点：

1）优点：不考虑 KBr 吸湿的因素，红外谱图获得的所有吸收峰，应完全是被测样品的吸收峰，因而在固体样品制样中，KBr 压片法是优选的方法。

2）缺点：分散剂极易吸湿，因而在 $3\,448\ cm^{-1}$ 和 $1\,639\ cm^{-1}$ 处难以避免地有游离水的吸收峰出现，不宜用于鉴别羟基的存在；未知样品与分散剂的比例难以准确估计，因此常会因样品浓度不合适或透过率低等问题需要重新制片。

2. 糊状法

大多数能转变成固体粉末的样品都可采用糊状法测定。常用的糊剂有氟化煤油和液状石蜡，氟化煤油在 $1\,300\sim4\,000\ cm^{-1}$ 区域内是红外透明的，液状石蜡的红外谱图比较简单，只在 $2\,850\sim3\,000\ cm^{-1}$，$1\,460\ cm^{-1}$ 和 $1\,378\ cm^{-1}$，以及 $720\ cm^{-1}$ 处出现吸收，适用于 $50\sim1\,300\ cm^{-1}$ 的范围，氟化煤油和液状石蜡的光谱也可由差谱方法或在参比光路上补偿除去。

它们的吸收谱如表 8-3 所示。

表 8-3　氟化煤油和石蜡油的吸收谱带

名称	最大吸收峰/cm^{-1}
氟化煤油	1 275、1 230、1 196、1 141、1 121、1 094、1 034、961、896、830、735、650、594、543、519
液状石蜡	2 952、2 921、2 896、2 852、1 460、1 378、721

取一定量的干燥样品放入玛瑙研钵中充分研细，然后加入糊剂到玛瑙研钵中继续研磨，直到呈均匀的糯糊状，用样品铲将样品糊聚拢并铲入盐片上，放入仪器光路中测绘其光谱。

（1）糊状法制样的注意事项

糊状法制样对光谱质量影响最大的是样品粒度的散射因素，应首先单独研磨样品，直到将样品颗粒磨细后再加入分散剂，加入分散剂后的研磨主要起调匀成糊的作用，此时继续研磨对磨细无多大作用。因而将固体样品磨得足够细而且均匀，是糊状法制样成败的关键之一。

对糊状法使用的分散剂的要求是所产生的吸收峰不能与样品峰重叠，而且应当是沸点较高，化学性质稳定、具有一定的黏度和较高的折射率，与固体样品相混能成糊状物。

（2）糊状法制样的优缺点

1）优点：方法简便，应用也比较普遍。尤其是要鉴定羟基峰、胺基峰时，采用糊状法制样就是一种非常行之有效的好方法。

2）缺点：不适合做定量分析。

3.薄膜法

薄膜法主要用于聚合物测定,对于一些低熔点的低分子化合物也可应用。固体样品制成薄膜进行测定可以避免基质或溶剂对样品光谱的干扰,薄膜的厚度为 $10\sim30\ \mu m$,且厚薄均匀。薄膜法有以下3种:

（1）熔融涂膜:适用于一些熔点低、熔融时不分解、不产生化学变化的样品。

（2）热压成膜:对于热塑性聚合物或在软化点附近不发生化学变化的塑性无机物,可将样品放在模具中加热至软化点以上或熔融后再加压力压成厚度合适的薄膜。

（3）溶液铸膜:将样品溶解于适当的溶剂中,然后将溶液滴在盐片、玻璃板、平面塑料板、金属板、水面上或水银面上,使溶剂挥发掉就可以得到薄膜了。

五、液体样品的制备技术

液体样品分为溶液和纯液体两种,常用溶剂有 CS_2、CCl、$CHCl_3$。对液体样品,必须根据样品的性质和研究的目的来选用适当的溶剂。选用的原则是:对样品应有很好的溶解度并且不发生很强的溶剂效应,溶剂本身在中红外区应有良好的透明度,即使产生吸收峰也不能与样品的吸收峰重叠。

1.溶液样品

液体池法:采用的是固定液体池,固定池中两块盐片与间隔片和垫圈以及前后框是黏合在一起的,不能随意拆开清洗和盐片抛光,因此溶液法适合于沸点低、黏度小和充分除去水分的样品的定量分析。

2.纯液体样品

（1）涂片法

对挥发性小、沸点较高且黏度较大的液体样品,可用不锈钢样品刮刀取少量样品直接均匀地涂在空白的溴化钾片上,用红外灯或电吹风驱除溶剂后测定。对于吸收弱、黏度低且涂层薄的样品,要在片上反复几次涂上样品后再进行测定,才能得到高质量的光谱。由于涂膜的厚度难以掌握,故涂片法一般只用于定性分析。

（2）液膜法

液膜法是液体样品定性分析中应用较广的一种方法,方法简便,适用于沸点较高、黏度较低、吸收很强的液体样品的定性分析。即在两个盐片之间滴 $1\sim2$ 滴样品制成一个液膜进行测定。首先滴加一小滴样品于一片窗片的中央,再压上另一片窗片,依靠两窗片间的毛细作用保持住液层,这样就制成液膜了,将它放在可拆式液体池架中固定即可测绘其光谱。

对于易挥发的液体要用液体池或气体池。

一些吸收很强的纯液体样品,如果在减小厚度后仍得不到好的图谱,可配成溶液测试。

六、气体样品的制备

气体试样一般都灌注于玻璃气体槽内进行测定。它的两端黏合有能透红外光的窗片。

各类气体池（常规气体池、小体积气体池、长光程气体池、加压气体池、高温气体池和低温气体池等）和真空系统是气体分析必需的附属装置和附件,气体在池内的总压、分压都应在真空系统上完成。光程长度、池内气体分压、总压力、温度都是影响谱带强度和形状的因素。某些气体分子间的氢键对压力、温度也很敏感。通过调整池内气体样品浓度（如降低分压、注入惰性气体稀释）、气体池长度等可获得满意的谱带吸收。多次反射式长程气体池可以获得低浓度的气体光谱，CO_2、H_2O 干扰可用差谱法或用与样品池同样长度的空池补偿。为避免某些气体吸附在气体池上，可以用干燥氮气吹扫或在一定温度下减压除去。

有些气体如 SO_2、NO_2 能和碱金属卤化物窗片起反应，要改用 ZnSe 或其他窗片。高压聚乙烯窗口可以测量 $50\sim500\ cm^{-1}$ 间的波段。定量分析时对池内气体样品的分压应准确计量。

第七节　原子吸收分析光谱法理论知识

学习目标：了解原子吸收光谱仪的基本结构，掌握原子吸收分析方法基本原理和概念。掌握原子吸收的灵敏度和检测限的计算方法。

原子吸收光谱法或原子吸收分光光谱法（Atomic Absorption Spectrometry，AAS）是以基于物质所产生的原子蒸气对特定谱线的吸收作用来进行定量分析的一种方法。

一、原子吸收光谱的基本概念

共振吸收线：当电子由基态跃迁至第一激发态所产生的吸收谱线。
共振发射线：当电子由基态到第一激发态，又回到基态，所发射出的光谱线。
共振线：共振吸收线和共振发射线也称为共振线。
原子的吸收和发射示意图见图 8-5。

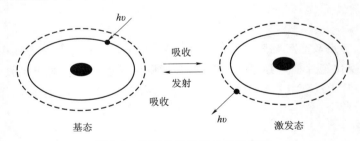

图 8-5　原子的吸收和发射示意图

吸收线能量与波长关系：

$$\lambda = \frac{hc}{\Delta E} \tag{8-8}$$

式中：λ——波长，cm；

h——普朗克常数；

c——光速（$c = 3 \times 10^{10}\ cm/s$）；

ΔE——两能级间的能量差。

二、原子吸收谱线轮廓和谱线变宽

1. 谱线轮廓

从理论上讲，原子吸收光谱应该是线状光谱。但实际上是具有一定宽度的谱线，以各种

频率 v 为横坐标,测定的吸收系数 K_v 为纵坐标,可得如图 8-6 所示曲线,称为吸收曲线,其形状就是谱线轮廓。曲线极大值对应的频率 v_0 称为中心频率,中心频率对应的吸收系数称为峰值吸收系数。在峰值吸收系数一半处($K_0/2$),吸收曲线呈现的宽度称为吸收曲线的半宽度(Δv)。

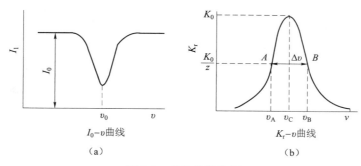

（a） I_0-v 曲线　　（b） K_r-v 曲线

图 8-6　吸收曲线轮廓

2. 谱线变宽

吸收谱线变宽的原因如下：

（1）自然宽度 Δv_N

它与原子发生能级间跃迁时激发态原子的有限寿命有关。一般情况下约相当于 10^{-4} Å。

（2）多普勒(Doppler)宽度 Δv_D

又称为热变宽。温度越高谱线的多普勒变宽越大。在使用火焰原子化装置中,它是主要因素。

（3）压力变宽(碰撞变宽)Δv_L

原子核蒸气压力越大,谱线越宽。同种粒子碰撞——赫尔兹马克(Holtzmank)变宽,异种粒子碰撞——洛伦兹(Lorentz)变宽。常见于无火焰原子化装置中。

（4）自吸变宽 Δv_z

光源空心阴极灯发射的共振线被灯内同种基态原子所吸收产生自吸现象。

无论哪种因素导致的谱线变宽,都将导致原子吸收分析灵敏度下降。由上述可知吸收谱线的总宽度 Δv_A 为：

$$\Delta v_A = \Delta v_N + \Delta v_D + \Delta v_L + \Delta v_z$$

三、积分吸收和峰值吸收

1. 积分吸收

原子蒸汽层中的基态原子吸收共振线的全部能量称为积分吸收。相当于如图 8-7 所示吸收线轮廓下面所包围的整个面积。

根据理论推导谱线的积分吸收与基态原子的关系为：

$$\int K_r \mathrm{d}v = \frac{\pi e^2}{mc} N f \tag{8-9}$$

式中：f——振子强度；

N——单位体积内的原子数;

e——电子电荷;

m——一个电子的质量。

从理论上分析,如果我们能测得由连续波长光源获得的积分吸收值,就可以计算出待测原子密度,从而使原子吸收光谱分析法成为一种绝对测量法。但实际上,由于原子吸收线的半宽度仅为 0.001~0.01 nm,要测量这种半宽度很小的吸收线的积分吸收值,需要高分辨率的单色器,目前这是难以达到的。

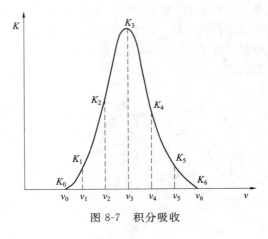

图 8-7　积分吸收

2. 峰值吸收

1955 年 Walsh A 提出以锐线光源为激发光源,用测量峰值吸收方法代替积分吸收。无需使用高分辨率的单色器,就可以实现原子吸收的测定。锐线光源就是能发射出谱线半宽度很窄的(Δv_E 为 0.000 5~0.002 nm)辐射线的光源。峰值吸收是指基态原子蒸气对入射光中心频率线的吸收。

实现峰值吸收,锐线光源必须满足的条件如图 8-8 所示。

(1)光源发射线的中心频率与吸收线的中心频率一致。

(2)光源发射线的频率必须比中心吸收线的频率窄,即 $\Delta v_e < \Delta v_a$。

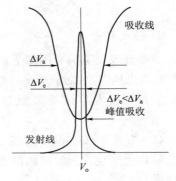

图 8-8　锐线光源吸收峰值示意图

3. 实际测量

吸收定律公式:

$$I = I_0 e^{-K_v l} \tag{8-10}$$

式中:I——透光率;

　　I_0——入射光;

　　K_0——吸收系数;

　　l——蒸气厚度。

当用线光源时,可用 K_0 代替 K_v,用吸光度表示:

$$A = \lg \frac{I_0}{I} = \lg \frac{1}{\exp(-K_0 l)} = 0.43 K_0 l \tag{8-11}$$

$$A = kNl \tag{8-12}$$

因为 $N \propto C$(N 为基态原子数,C 为待测元素浓度),

$$A = \varepsilon C l \tag{8-13}$$

四、仪器灵敏度与检出限

1. 灵敏度

原子吸收的灵敏度用特征浓度表示。特征浓度是指产生1%吸收(产生0.004 4 A吸光值)时,水溶液中某元素的浓度,通常用 $\mu g/mL/1\%$ 表示。可用下式计算特征浓度:

$$C_s = 0.004\ 4C_X/A \tag{8-14}$$

式中:C_X——试液浓度,$\mu g/mL$;

A——吸光度;

0.004 4——为1%时的吸光度。

石墨炉原子吸收的灵敏度常用特征量表示 m_0(pg 或 ng),表示能产生1%吸收时所对应的待测元素的绝对量

$$m_0 = 0.004\ 4/S = 0.004\ 4M/A \cdot S(pg\ or\ ng) \tag{8-15}$$

式中:$A \cdot S$——峰面积积分吸光度;

M——分析物质量;

S——校正曲线直线部分斜率。

2. 检出限

检出限(D)是指能产生一个确定在试样中存在被测组分的分析信号所需要的该组分的最小含量或最小浓度。根据 IUPAC 规定,能给出3倍于产生空白溶液信号的标准偏差吸光度时,所对应的待测元素浓度或质量。

$$D = \frac{C \times 3\sigma}{A} \tag{8-16}$$

式中:A——平均吸光度;

δ——空白溶液吸光度标准偏差;

C——浓度。

五、原子吸收光谱仪的基本结构

原子吸收光谱仪主要是由4部分组成:光源,原子化器,分光系统,检测、放大和读出系统。

1. 光源

原子吸收必须采用锐线光源,通常使用的锐线光源灯有3种:空心阴极灯、蒸汽放电灯和无极放电灯。空心阴极灯是一种特殊的辉光放电管,它的阴极是由待测元素的纯金属或合金制成。在放电时,阴极上的金属原子受到离子轰击而"溅射"到阴极区,这些原子可被激发和电离,当激发态原子返回基态时,即发射出特征波长的光波。这种灯的原子发射强度较大而稳定,使用寿命可达千小时以上,应用最为广泛。

2. 原子化器

原子化器的功能就是将待测元素的原子变成基态原子蒸气。根据原子化方式的不同,可以把原子吸收法分为火焰原子吸收和无焰(非火焰)原子吸收。

（1）火焰原子化器

火焰原子化器是由喷雾器、雾化室和燃烧器 3 部分组成。按照进样方式分为：

① 全耗型燃烧器

全耗型燃烧器由于试液直接进入火焰，对火焰有冷却作用，同时燃气和助燃气是在火焰中混合的，对火焰有扰动作用，使火焰不够稳定，测量重现性差，目前很少用。

② 预混合型燃烧器

预混合型燃烧器（见图 8-9）使只有那些细微的直径小于 10 μm 的气液气溶胶才能进入火焰。火焰比较稳定，测量的重现性较好，但其雾化效率低，一般雾化效率为 5%～15%。若试液浓度高，试液进入雾化室而沾附在室内壁上，产生"记忆效应"，因此在测试样品之间需要喷溶剂清洗，或要用试样进行预喷雾一段时间后，方可测量。

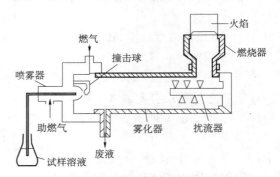

图 8-9　预混合型火焰原子化器的结构图

1）火焰的结构与性质

① 火焰结构

燃烧的火焰分 4 个区域：预燃区、第一反应区、中间薄层区、第二反应区。

预燃区　在灯口狭缝上方附近，上升的燃气加热到约 350 ℃着火燃烧。

第一反应区　在预热区的上方，是燃烧区的前沿区，火焰温度低于 2 300 ℃，产生的连续分子光谱对测定有干扰，不宜做原子吸收测定区域使用。

中间薄层区　在第一和第二反应区之间，火焰温度最高，为强还原气氛。待测元素的化合物在此区域还原并热解成基态原子。此区域为锐线光源辐射光通过的主要区域，适用于原子吸收测定区域使用。

第二反应区　在火焰上半部，由于空气供应充分，燃烧比较完全。

② 火焰性质

在原子吸收光谱分析中，火焰的组成决定了火焰温度及氧化还原特性，影响化合物的解离和原子化效率，常用的有空气-乙炔火焰、氧化亚氮-乙炔、火焰空气-氢气火焰等。

空气-乙炔火焰（Air-C_2H_2）：此火焰适用于大多数金属元素的测定，最为常用。

氧化亚氮-乙炔火焰（NO-C_2H_2）：此种火焰温度高，还原性强，适用于分析易生成高温难溶氧化物的金属元素。

空气-氢气火焰（Air-H_2）：此种火焰在短波区域透明度好，但温度低，共存离子的干扰多。

氩-氢气火焰（Ar-H_2）：特别适用于砷和硒的火焰分析。缺点是温度低，干扰多。

2）试样在火焰中经历的变化

试液在预混合燃烧器中经历了雾化、蒸发、激发和电离等四个阶段的变化。

（2）无焰（非火焰）原子吸收法

冷原子吸收：在常温下汞化合物被还原剂还原为原子汞而进行测定。

氢化物热分解法：某些元素的试液在适当的条件下，与 KBH_4（或 $NaBH_4$）反应，生成易挥发的氢化物,当被载气带到加热的石英管中时,即受热 800～1 000 ℃分解为基态原子。

电热石墨炉法:试样在石墨管(杯)中被电流加热至高温,或因受热分解,或因碳还原成为基态原子。这种方法灵敏度极高,绝对灵敏度可达到 10^{-14} g。

3. 分光系统

原子吸收的分光系统是由透镜、狭缝和色散元件组成的。色散元件主要有石英棱镜和刻制光栅。

4. 检测、放大和读出系统

原子吸收仪器使用光电倍增管作为光电转换元件,即用作光信号的检测器。原子吸收分光光度法采用的主要设备为原子吸收分光光度计。

六、原子吸收法的特点

1. 原子吸收具有以下特点

(1) 灵敏度高检出限低

火焰原子吸收光谱法的检出限可达是 μg·mL^{-1}级,石墨炉原子吸收光谱法检出限可达到 10^{-14}～10^{-10} g·L。

(2) 准确度好

火焰原子吸收法的相对误差小于 1%,石墨炉原子吸收光谱法的相对误差约为 3%～5%。

(3) 选择性好

由于原子吸收带宽很窄因此测定比较快速简便,并有条件实现自动化操作。

(4) 分析范围广

在原子吸收光谱分析中,只要使化合物离解成原子就行了,不必激发,所以测定的是大部分原子。目前应用原子吸收光谱法可测定的元素达 73 种。就含量而言,既可测定低含量和主量元素,又可测定微量、痕量甚至超痕量元素;就元素的性质而言,既可测定金属元素、类金属元素,又可间接测定某些非金属元素,也可间接测定有机物;就样品的状态而言,既可测定液态样品,也可测定气态样品,甚至可以直接测定某些固态样品,这是其他分析技术所不能及的。

(5) 抗干扰能力强

在原子吸收光谱分析中,待测元素只需从它的化合物中离解出来,而不必激发,故化学干扰也比发射光谱法少得多。

2. 原子吸收光谱的不足

(1) 原则上讲,不能多元素同时分析。测定元素不同,必须更换光源灯,要作多元素的同时分析显得不方便。对难熔元素、非金属元素测定困难。

(2) 标准工作曲线的线性范围窄(一般在一个数量级范围),这给实际分析工作带来不便。

第八节　原子发射光谱法理论知识

学习目标:掌握原子发射光谱法定性、定量分析的原理,了解影响光谱分析的干扰因素。

掌握发射光谱分析在铀化合物分析中的应用技能。

原子发射光谱法包括了 3 个主要的过程,即:

(1) 由光源提供能量使样品蒸发、形成气态原子,并进一步使气态原子激发而产生光辐射;

(2) 将光源发出的复合光经单色器分解成按波长顺序排列的谱线,形成光谱;

(3) 用检测器检测光谱中谱线的波长和强度。

由于待测元素原子的能级结构不同,因此发射谱线的特征不同,据此可对样品进行定性分析;而根据待测元素原子的浓度不同,因此发射强度不同,可实现元素的定量测定。

一、定性分析原理

每一种元素的原子都有它的特征光谱,根据原子光谱中的元素特征谱线就可以确定试样中是否存在被检元素。通常将元素特征光谱中强度较大的谱线称为元素的灵敏线。只要在试样光谱中检出了某元素的灵敏线,就可以确证试样中存在该元素。反之,若在试样中未检出某元素的灵敏线,就说明试样中不存在被检元素,或者该元素的含量在检测灵敏度以下。

定性依据:元素不同→电子结构不同→光谱不同→特征光谱。

光谱定性分析常采用摄谱法,通过比较试样光谱与纯物质光谱或铁光谱来确定元素的存在。

(1) 分析线:复杂元素的谱线可能多至数千条,只选择其中几条特征谱线检验,称其为分析线;

(2) 最后线:浓度逐渐减小,谱线强度减小,最后消失的谱线;

(3) 灵敏线:最易激发的能级所产生的谱线,每种元素都有一条或几条谱线最强的线,即灵敏线。最后线也是最灵敏线;

(4) 共振线:由第一激发态回到基态所产生的谱线;通常也是最灵敏线、最后线。

1. 标准试样光谱比较法

将欲检查元素的纯物质与试样并列摄谱于同一感光板上,在映谱仪上检查试样光谱与纯物质光谱,若试样光谱中出现与纯物质具有相同特征的谱线,表明试样中存在欲检查元素。这种定性方法对少数指定元素的定性鉴定是很方便的。

2. 铁谱比较法

将试样与铁并列摄谱于同一光谱感光板上,然后将试样光谱与铁光谱标准谱图对照,以铁谱线为波长标尺,逐一检查欲检查元素的灵敏线,若试样光谱中的元素谱线与标准谱图中标明的某一元素谱线出现的波长位置相同,表明试样中存在该元素。铁谱比较法对同时进行多元素定性鉴定十分方便。

此外,还有谱线波长测量法,但此法应用有限。应该注意的是,因为谱线的相互干扰往往是可能发生的,因此,不管采用哪种定性方法,一般说来,至少要有两条灵敏线出现,才可以确认该元素的存在。

二、定量分析原理

1. 谱线强度与浓度的关系

光谱定量分析的依据是：

$$I = AC^b \qquad (8\text{-}17)$$

或

$$\lg I = b \lg C + \lg A \qquad (8\text{-}18)$$

据此式可以绘制校准曲线，进行定量分析。

2. 内标法

由于发射光谱分析受实验条件波动的影响，使谱线强度测量误差较大，为了补偿这种因波动而引起的误差，通常采用内标法进行定量分析。

内标法是利用分析线和比较线强度比对元素含量的关系来进行光谱定量分析的方法。设被测元素和内标元素含量分别为 C 和 C_0，分析线和内标线强度分别为 I 和 I_0，b 和 b_0 分别为分析线和内标线的自吸收系数，根据式(8-17)，对分析线和内标线分别有：

$$I = A_1 C^b \qquad (8\text{-}19)$$

$$I_0 = A_0 C_0^{b_0} \qquad (8\text{-}20)$$

$$R = \frac{I}{I_0} = AC^b \qquad (8\text{-}21)$$

式中 $A = \dfrac{A_1}{A_0} C_0^{b_0}$，在内标元素含量 C_0 和实验条件一定时，A 为常数，则：

$$\lg R = b \lg C + \lg A \qquad (8\text{-}22)$$

式(8-22)是内标法光谱定量分析的基本关系式。

3. 校正曲线法

在选定的分析条件下，用 3 个或 3 个以上的含有不同浓度的被测元素的标样激发光源，以分析线强度 I，或者分析线对强度比 R 或者 $\lg R$ 对浓度 C 或者 $\lg C$ 建立校正曲线。在同样的分析条件下，测量未知试样光谱的 I 或者 R 或者 $\lg R$，由校正曲线求得未知试样中被测元素含量 C。

如用照相法记录光谱，分析线与内标线的黑度都落在感光板乳剂特性曲线的正常曝光部分，这时可直接用分析线对黑度差 Δs 与 $\lg C$ 建立校正曲线，进行定量分析。

校正曲线法是光谱定量分析的基本方法，应用广泛，特别适用于成批样品的分析。

4. 标准加入法

在标准样品与未知样品基体匹配有困难时，采用标准加入法进行定量分析，可以得到比校正曲线法更好的分析结果。

在几份未知试样中，分别加入不同已知量的被测元素，在同一条件下激发光谱，测量不同加入量时的分析线强度比。在被测元素浓度低时，自吸收系数 b 为 1，谱线强度比 R 直接正比于浓度 C，将校正曲线 $R-C$ 延长交于横坐标，交点至坐标原点的距离所相应的含量，即为未知试样中被测元素的含量。

标准加入法可用来检查基体纯度、估计系统误差、提高测定灵敏度等。

三、干扰效应

干扰效应是指干扰因素对分析物测定的影响。ICP 光源的干扰效应可分为物理干扰、化学干扰、电离干扰、光谱干扰以及激发干扰。

1. 物理干扰

由于试液物理特性的不同导致的干扰称为物理干扰。

(1) 酸效应

由于各种无机酸的黏度、密度及表面张力不同,加入量不同时引起所谓的"酸效应"。即溶液酸度值及酸类型不同将影响谱线强度。含酸溶液的提升率及元素谱线强度均低于水溶液样品,随着酸度的增加谱线强度显著降低。

相同的酸度时,各种无机酸对谱线强度的影响按下列顺序递增:$HCl \leqslant HNO_3 < HClO_4 < H_3PO_4 \leqslant H_2SO_4$。因此在 ICP 光谱分析的样品处理中,尽可能用 HCl 和 HNO_3,而尽量避免用 H_3PO_4 和 H_2SO_4。

(2) 盐效应

物理干扰的另一种表现为盐效应。由于溶液黏度随着含盐量的增加而增大,溶液提升量与谱线强度逐渐降低,其影响十分显著。消除盐效应的根本方法是基体匹配法。

2. 光谱干扰

光谱干扰是 ICP 光谱分析中最令人头痛的问题,由于 ICP 的激发能力很强,几乎每一种存在于 ICP 中或引入 ICP 中的物质都会发射出相当丰富的谱线,从而产生大量的光谱"干扰"。

光谱干扰主要分为两类。

(1) 谱线重叠干扰

它是由于光谱仪色散率和分辨率的不足,使某些共存元素的谱线重叠在分析线的干扰。最常用的方法是选择另外一条干扰少的谱线作为分析线,或应用干扰因子校正法(IEC)予以校正。

(2) 背景干扰

这类干扰与基体成分及 ICP 光源本身所发射的强烈的杂散光的影响有关。对于背景干扰,最有效的办法是利用现代仪器所具备的背景校正技术给予扣除。

3. 化学干扰

ICP 光谱分析中的化学干扰,比起火焰原子吸收光谱或火焰原子发射光谱分析要轻微得多,因此化学干扰在 ICP 发射光谱分析中可以忽略不计。

4. 电离干扰与基体效应干扰

(1) 电离干扰

在火焰光源中电离干扰是比较严重的,在 ICP 光源中这种影响要小得多。

但易电离元素的电离干扰效应仍对光谱分析有一定的影响。如 Na 对 Ca 发射强度的影响。为消除 ICP 光谱分析中的电离干扰,首先要选好分析条件,采用适当观测高度、选择较高的高频功率以及较低的载气压力、流量,有利于抑制电离干扰。此外,保持待测的样品溶液与分析标准溶液具有大致相同的组成也是十分必要。

（2）基体效应

基体效应来源于等离子体，对于任何分析线来说，这种效应与谱线激发电位有关，但由于 ICP 具有良好的检出能力，分析溶液可以适当稀释，使总盐量保持在 1 mg/mL 左右，在此稀溶液中基体干扰往往是无足轻重的。当基体物质的浓度达到几 mg/mL 时，则不能对基体效应完全置之不顾。

四、发射光谱法在铀化合物分析中的应用

1. 方法原理

由于铀化合物中铀基体的基体效应大，无论采用什么光源的发射光谱分析方法，都会给测定带来干扰。减小或消除基体干扰的影响，必须进行校正或将基体分离。对干扰进行校正的效果不是很好，较少采用，常将基体分离。分离铀基体的方法很多，常用液-液萃取分离法和色层分离法，分离原理都是利用铀与萃取剂或是色层固定相形成稳定的配合物将铀基体留在有机相，待测组分留在水相中。留在水相中的待测组分经浓缩或直接测定。

一般分析步骤是：将样品经硝酸、盐酸混酸溶解（有时还需加入少量氢氟酸和其他试剂），转入 CL-TBP 树脂为固定相的萃取色层柱，用一定浓度的酸溶液淋洗，铀基体留在固定相上，待测组分留在淋洗液中，收集一定体积的淋洗液经浓缩或直接测定，测定仪器一般为光电直读的光谱仪。用水淋洗色层柱将柱上的铀洗下使柱再生可重复使用。

对于含钆铀化合物中杂质元素的测定，需要将铀和钆基体都分离。将钆基体分离的原因除了产生干扰外还有钆物料管理方面的原因。同时将两种基体分离掉存在困难，常采取多步分离待测组分的方法或两步分离法分别分离铀和钆，即使这样能进行同时测定的元素也有限。

2. 保证测量准确度的注意事项

（1）溶样要完全。

（2）注意试剂和实验室用水的检验。试剂和水的沾污可分别进行对照实验和空白实验检验。试剂要求使用优级纯试剂，水应符合实验室用水二级水的规定。

（3）所用计量器具和分析设备要处于检定有效期内。

（4）标准溶液和待测试样的浓度应保持一致。

（5）标准溶液注意使用期限，低浓度标准溶液应在使用时现配。

（6）分离时色层柱不能有气泡，以免影响分离效果。

（7）注意测定波长的稳定性。

（8）分离柱失效应重新装柱。

（9）分析样品时同时分析控制样，控制分析过程。

第九节　X 射线荧光光谱法理论知识

学习目标：了解 X 射线荧光光谱法的基本原理和特点，掌握 X 射线光谱法（波长色散）和 X 射线能谱法（能量色散）的工作原理。

一、X 射线荧光光谱法的基本原理

X 射线荧光光谱分析法(XRF)是利用原级 X 射线光子或其他微观粒子激发待测物质中的原子,使之产生荧光(次级 X 射线)而进行物质成分分析和化合态研究的方法。在成分分析方面,X 射线荧光光谱法是现代常规分析中的一种重要分析方法。

X 射线是一种短波长(0.005 ~10 nm)、高能量($1.2 \times 10^2 \sim 2.5 \times 10^5$ eV)的电磁波,它是原子内层电子在高速运动电子流冲击下,产生跃迁而发射的电磁辐射。K 层电子被逐出后,其空缺位置可以由 L 层电子迁跃入 K 层,辐射出的特征 X 射线为 K_α 线;从 M 层迁跃入 K 层,辐射出的特征 X 射线为 K_β 线;同理 L 系 X 射线也具有 L_α、L_β 等特征 X 线,X 射线荧光光谱法多采用 K 系和 L 系荧光,其他线系较少采用。

莫斯莱(H. G. Moseley)发现,荧光 X 射线的波长 λ 与元素的原子序数 Z 有关,其数学关系如下:

$$\sqrt{\frac{1}{\lambda}} = K(Z - S) \tag{8-23}$$

这就是莫斯莱定律,式中 K 和 S 是常数,因此,只要测出荧光 X 射线的波长,就可以知道元素的种类,这就是荧光 X 射线定性分析的基础。

此外,在一定条件下(样品组成均匀,表面光滑平整,元素间无相互激发),荧光 X 射线强度与分析元素含量之间存在线性关系,根据谱线强度可以进行定量分析。荧光 X 射线的强度 I_i 与分析元素的质量百分比含量 C_i 的关系,可以用下式表示:

$$I_i = \frac{KC_i}{\mu_m} \tag{8-24}$$

式中:I_i——荧光 X 射线强度;

C_i——分析元素质量百分比浓度;

K——常数;

μ_m——样品对 X 射线额的总质量吸收系数。

二、X 射线荧光光谱仪工作原理

当用 X 射线照射试样时,试样被激发出各种波长的荧光 X 射线,需要把混合的 X 射线按波长(或能量)分开,分别测量不同波长(或能量)的 X 射线的强度,以进行定性和定量分析,为此使用的仪器叫 X 射线荧光光谱仪。由于 X 光具有一定波长,同时又有一定能量,按激发、色散和探测方法的不同,发展成为 X 射线光谱法(波长色散)和 X 射线能谱法(能量色散)两大分支。因此,X 射线荧光光谱仪有两种基本类型:波长色散型和能量色散型。图 8-10 是这两类仪器的原理图。

1. 波长色散谱仪

由 X 射线管发射出来的原级 X 射线经过滤光片投射到样品上,样品随即产生荧光 X 射线,并和原级 X 射线在样品上的散射线一起,经过准直器准直,以平行光束投射到分析晶体上。按布拉格定律产生衍射,使不同波长的荧光 X 射线按照波长顺序排列成光谱,在探测器中进行光电转换,所产生的电脉冲经过放大器和脉冲幅度分析器后,即可供测量和进行数据处理用。对于不同波长的 X 射线,通过测角器以 1:2 的速度转动分析晶体和探测器,即

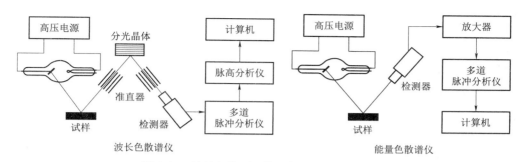

图 8-10　波长色散型和能量色散型谱仪原理图

可在不同的布拉格角位置上测得不同波长的 X 射线。

2. 能量色散谱仪

能量色散谱仪是利用荧光 X 射线具有不同能量的特点,将其分开并检测,不必使用分光晶体,而是依靠半导体探测器来完成。这种半导体探测器有锂漂移硅探测器,锂漂移锗探测器,高能锗探测器等。X 光子射到探测器后形成一定数量的电子-空穴对,电子-空穴对在电场作用下形成电脉冲,脉冲幅度与 X 光子的能量成正比。在一段时间内,来自试样的荧光 X 射线依次被半导体探测器检测,得到一系列幅度与光子能量成正比的脉冲,经放大器放大后送到多道脉冲分析器(通常要 1 000 道以上)。按脉冲幅度的大小分别统计脉冲数,脉冲幅度可以用 X 光子的能量标度,从而得到计数率随光子能量变化的分布曲线,即 X 光能谱图。能谱图经计算机进行校正,然后显示出来,其形状与波谱类似,只是横坐标是光子的能量。

能量色散的最大优点是可以同时测定样品中几乎所有的元素。因此,分析速度快。另一方面,由于能谱仪对 X 射线的总检测效率比波谱高,因此可以使用小功率 X 光管激发荧光 X 射线。另外,能谱仪没有光谱仪那么复杂的机械机构,因而工作稳定,仪器体积也小。缺点是能量分辨率差,探测器必须在低温下保存。对轻元素检测困难。

三、X 射线荧光光谱法的特点和应用

1. 特点

(1)高速度、高灵敏度及高准确度;

(2)宽的分析范围:元素范围:B、C、N、O、F~U;含量范围:ppm~100%,经富集可达 0.1 ppb 数量级;

(3)高速自动化分析;

(4)非破坏、非损伤性分析,固体,液体,粉末试样均可;

(5)通过实验方法和数学校正方法校正谱线的干扰和基体效应,可获得准确的结果。

2. 应用

X 射线荧光光谱分析被广泛地应用于冶金、地质、石油化工、陶瓷、建材、食品、医药及环境保护等领域的科研和生产过程的质量控制和管理。前几个应用领域基本上属于元素的常量分析,后两个应用领域以微量元素分析为主。含钆陶瓷芯块中的钆含量范围一般在 2%~10% 之间,属常量分析。目前对钆含量的测定有多种方法:法国公司采用 γ 谱仪测定法,

美国 ASTM 标准中采用的是能量色散 X 射线荧光光谱法,俄罗斯采用分光光度测定法等等。

四、波长色散 X 射线荧光光谱仪基本结构

学习目标:掌握波长色散 X 射线荧光光谱仪的基本组成结构,掌握仪器的使用要求和日常维护技能。

1. 激发源

X 光管是 X 射线光谱仪常用的激发源,其作用是产生初级 X 射线用于激发样品,发射荧光 X 射线,即产生试样中各元素的特征 X 射线。

X 光管是由灯丝(阴极),靶(阳极)真空管壳和窗口组成。由灯丝发射的电子在电场作用下加速飞向阳极产生初级 X 射线并射出窗口,由 X 光管产生的连续 X 射线和靶元素的特征 X 射线共同参与样品的激发。初级 X 射线的强度越高,激发样品产生的荧光 X 射线的强度越高;初级 X 射线的波长越接近样品元素吸收边短波侧,激发效率越高。因此合理选择激发参数是十分重要的。激发参数包括 X 光管的靶材、电压(kV)和管电流(mA)。

按功率大小可分为高功率和低功率两类。

按窗口位置可分为端窗与侧窗两类。

X 光管的特点是:(1) 输出的初级 X 射线强度恒定;(2) 工作温度低。

2. 晶体分光系统

晶体是光谱仪的主要色散元件,不同的晶体和同一晶体不同晶面具有不同的色散效率和分辨本领,因此用于不同的波长范围和各种特殊的用途。

分光晶体分为平面晶体和弯曲晶体两种,平面晶体一般用于顺序式光谱仪;弯曲晶体一般用于多道式光谱仪,分为全聚焦弯曲和对数螺旋弯曲,其特点是:(1) 强度高;(2) 分辨率高。

3. 探测系统

X 射线探测器是基于 X 射线与物质相互作用的特性(感光性、荧光效应、电离效应等)而工作的,其作用是用来接收 X 射线并将其转换成可以测量或观测的信号,然后通过电子测量装置加以测量。计数器填充不同类型的惰性气体后,将在不同的波长范围内达到最佳计数效率。

X 射线光谱仪常用的探测器有闪烁计数器、气体正比计数器和半导体探测器。

(1) 闪烁计数器

它由闪烁晶体 NaI 和光电倍增管组成。X 射线通过铍窗射入闪烁晶体,其部分能量使闪烁体的原子或分子受激发出可见光或紫外光子,光子通过光导层进入光电倍增管的光阴极,在光阴极上发生电离效应而放出光电子,经过多级光阴极发射更多电子,最后收集于阳极,形成脉冲而发出信号。光电倍增管的放大倍数用电子倍增系数 M 表示:

$$M = K\sigma n \tag{8-25}$$

K 是第一阴极收集的光电子数,其收集效率约达 90%;σ 为次阴极的发射率,相当于一个入射电子在次阴极上引起的次级电子数,一般值为 3~6;n 为次阴极的级数,一般为 9~

14 级,M 值约为 $10^5 \sim 10^8$,一个入射光子进入探测器后输出一个幅度正比于光子能量的脉冲。因此这种探测器不仅具有光子的计数作用,而且具有能量的分辨作用。闪烁计数器适用于波长短于 0.1 nm 的重元素辐射的探测。

（2）气体正比计数器

正比计数器由金属圆筒(阴极),金属丝(阳极),窗口及探测气体(惰性气体)构成。气体正比计数器分为流气式和封闭式两种,流气计数器用于探测轻元素的波长辐射;封闭计数器适用于中、长波辐射的探测;X 射线光子通过探测器窗口进入探测器使气体(Ar)电离产生正负电子对,当探测器阳极与阴极间施加高压电场,正负离子向阳极加速并使更多的气体原子电离形成大量正负离子对,最后在阳极收集约 10^8 个电子,形成脉冲输出,并通过电子线路放大变成可测信号。这一过程称为光电转换过程。在探测器中每入射一个 X 射线光子便在阳极输出一个幅度与光子能量成正比的可测脉冲。不同能量的入射光经探测器后将输出不同幅度的脉冲信号,探测器不仅具有计测 X 射线强度的能力,而且对不同能量的 X 射线具有分辨作用。能量分辨率表示来自探测器的脉冲高度的展宽程度,以 R 表示。

$$R = \frac{\mathrm{FWHM}(W)}{\overline{V}} \times 100 \qquad (8\text{-}26)$$

式中,$\overline{V}$ 为平均脉冲高度,$\mathrm{FWHM}(W)$ 为半高宽。探测器的理论分辨率:$R = Q\sqrt{\lambda}$,Q 为品质系数,对于气体正比计数器(Ar/CH$_4$),$Q=45$;闪烁计数器(NaI),$Q=116$。

（3）脉冲高度分析器

由试样发射出的 X 射线经晶体分光后,符合布拉格条件的波长 λ 都发生衍射并为探测器所接收。在同一 2θ 位置探测的 X 射线,除波长 λ 外,$\lambda' = \lambda/n$ 其他谱线也进入探测器。由于能量不同,用脉冲高度分析器根据能量不同,λ 和 λ/n 谱线得以甄别。利用探测器输出的电压脉冲的高度与入射光子的能量成正比的特性,将代表光子能量的不同脉冲按幅度加以分开的这种电路称脉冲高度分析器。脉冲高度分析器由上限甄别、下限甄别和反符合电路组成。

输入到脉冲高度分析器的脉冲可分为 3 类:V_1,V_2,V_3。$V_1<U;V_2>U+K;U+K>V_3>U_3$;输入第一类脉冲时两甄别器均未触发无输出,反符合电路无输出。第三类脉冲输入时,下甄别器触发,有输出,但上甄别器未触发无输出,反符合电路一端有输入,故有脉冲输出。输入第二类脉冲时,上下甄别器均触发有输出,反符合电路均有输入,而输出端无输出。第三类脉冲是经过选择的脉冲,可直接输入计数电路加以计数。通过调整甄别电压和窗口条件,可将不同能量的光子脉冲一一加以分开。这就是脉冲高度分析器的工作原理。

脉冲高度分析器有两种工作状态,即微分和积分状态。如图 8-11 所示,微分状态是上下甄别器同时起作用,它只记录上下电平之间的脉冲。积分状态是上电平不起作用,它只记录幅度高于下电平的所有脉冲。脉冲高度分析器微分状态具有以下作用:(1)过滤掉重元素高次线脉冲对轻元素一次线的干扰;(2)过滤掉邻近谱线脉冲及逸出峰的干扰;(3)减少背景。

4. 微处理机

现代 X 射线荧光光谱仪多配备微机进行自动操作控制。因此微机作用是:控制光谱仪的自动操作和通过适当的软件进行定量分析的各种数据处理。这些处理包括光谱干扰和背

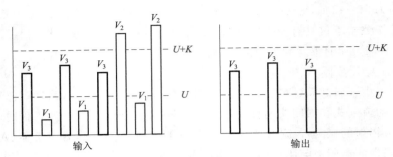

图 8-11 微分状态的脉冲高度分析器工作原理

景的扣除、相对强度的计算、强度与浓度的换算、数据的统计分析、数据的报表、各种函数计算和图形显示及打印输出等。

第十节 气相色谱分析理论知识

学习目标:掌握气相色谱检测器种类、结构和工作原理,熟悉检测器的性能指标,掌握灵敏度、检测限的几种计算方法。

一、热导检测器

热导检测法使用热导池检测器,热导检测器由于结构简单,灵敏度适中,稳定性好,线性范围宽,对可挥发的无机物及有机物均有响应,是应用最广泛的检测器之一。

1. 检测原理

热导检测器(TCD)属于浓度型检测器,即检测器的响应值与组分在载气中的浓度成正比。它的基本原理是基于不同的气体或蒸气具有不同的热导系数。一些气体或蒸气的热导系数见表 8-4。

表 8-4 一些气体与蒸气的热导系数(λ)　　　　单位:J/(cm·℃·s)

气体	$\lambda \times 10^5$		气体	$\lambda \times 10^5$	
	0 ℃	100 ℃		0 ℃	100 ℃
空气	24.4	31.5	丙酮	10.1	17.6
氢	174.7	224.3	四氯化碳	—	9.2
氦	146.2	175.6	氯仿	6.7	10.5
氧	24.8	31.9	二氯甲烷	6.7	11.8
氮	24.4	31.5	氯化甲烷	9.2	16.8
氩	16.8	21.8	溴化甲烷	6.3	10.9
一氧化碳	23.5	30.2	碘化甲烷	4.6	8.0
二氧化碳	14.7	22.3	氯乙烷	9.7	17.2
氧化氮	23.9	—	溴乙烷	7.1	—
二氧化硫	8.4	—	碘乙烷	5.9	—
硫化氢	13.0		甲胺	16.0	

续表

气体	$\lambda \times 10^5$		气体	$\lambda \times 10^5$	
	0 ℃	100 ℃		0 ℃	100 ℃
二硫化碳	15.5	—	二甲胺	15.1	—
氨	21.8	32.8	乙胺	14.7	—
甲烷	30.2	45.8	丙胺	12.6	—
乙烷	18.1	30.7	三甲胺	13.9	—
丙烷	15.1	26.4	二乙胺	12.6	—
正丁烷	13.4	23.5	异丁胺	12.6	—
异丁烷	13.9	24.4	正戊胺	11.8	—
正戊烷	13.0	22.3	三乙胺	11.3	—
异戊烷	12.6	—	甲乙醚	—	24.4
正己烷	12.6	21.0	甲丁醚	—	21.0
正庚烷	—	18.5	乙丙醚	—	22.7
环己烷	—	18.1	丙醚	—	19.3
环己烯	10.5	19.7	异丙醚	—	20.2
乙烯	17.6	31.1	丙丁醚	—	18.1
乙炔	18.9	28.6	丁醚	—	16.8
苯	9.2	18.5	醋酸甲酯	6.7	—
甲醇	14.3	23.1	醋酸乙酯	—	17.2
乙醇	—	22.3			

2. 结构

热导池检测器由热导池、测量桥路、衰减器、记录调零桥路及其供电稳压电源 5 部分组成。热导池主要由池体和热敏元件构成,由惠斯顿电桥(见图 8-12)进行测量。其池体大多用铜块或不锈钢块制成方形和圆柱形,池体大的热容量大,稳定性好。按其流型可分为直通型、扩散型和半扩散型三种(见图 8-13),其中直通型将热敏元件放在气路之中,这样就可使全部载气通过热敏元件。其优点是灵敏度高、响应时间快,采用稳压阀和稳流阀控制流速,使热导池对气流波动很敏感的缺点得到克服。

在图 8-13(a)中,在金属池体上钻有一对相似的孔,每对孔中各固定一根长短和阻值相等的钨丝 R_1 和 R_2,它们与池体绝缘。R_1 作参考臂,只通载气;R_2 为测量臂,通载气和样品。

已知电桥平衡时,对应两臂电阻值的乘积相等。热导池正常工作时,钨丝通过恒定直流电被加热,载气以稳定流速流经热导池。未进样时,通过热导池两池孔的是载气(一般用氢气)。因载气向两池臂传导等量的热,致使两池孔内钨丝的温度和电阻值发生等值的变化,所以变化后两钨丝的电阻值仍然相等。即

$$R_{参} = R_{测} \tag{8-27}$$

且
$$R_3 = R_4 \tag{8-28}$$

所以
$$R_{参} \cdot R_3 = R_{测} \cdot R_4 \tag{8-29}$$

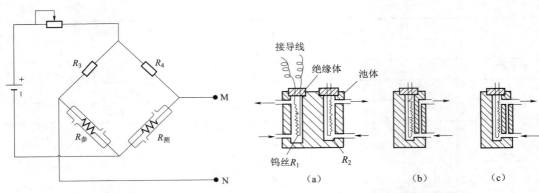

图 8-12　热导检测器电桥线路示意图

图 8-13　热导检测器结构图
(a) 直通式；(b) 扩散式；(c) 半扩散式

电桥处于平衡，M、N 两端电位相等，$\Delta E_{MN}=0$，无电压信号输出。记录仪上记录笔走基线。

当载气进入检测器时，因为通过参比池和测量池的气体成分不同，致使

$$R_{参}\neq R_{测}\tag{8-30}$$

$$R_{参}\cdot R_3\neq R_{测}\cdot R_4\tag{8-31}$$

电桥失去平衡，M、N 端有电位差存在，即 $\Delta E_{MN}\neq0$，因而有电压信号输出。载气中被测组分含量愈高，测量池中气体热导系数改变愈大，池内钨丝的温度及电阻值的改变也愈大。M、N 端的输出电压数值也愈大（若为四臂热导池，则灵敏度较双臂热导池增大一倍）。在检测器的线性范围内，待测组分的浓度 c 愈高，测量池中气体热导系数的改变（$\Delta\lambda$）愈显著，测量池中钨丝的温度和电阻值的改变（Δt 和 ΔR）也愈大，电桥上 M、N 间的不平衡电位差（ΔE）的数值也就愈大，即 $\Delta E\propto\Delta R\propto\Delta t\propto\Delta\lambda\propto c$，所以 $\Delta E\propto c$，即热导池检测器的响应信号与进入热导池载气中的组分浓度成正比。因此热导池检测器是典型的浓度型检测器。

热导池检测器输出电压信号的瞬息变化，通过自动记录仪记录下相应组分的色谱峰。其色谱峰的特性是：当进样量一定，在一定的载气流速范围内，峰高与载气流速无关，而峰面积则与载气流速成正比。

二、氢火焰离子化检测器

氢火焰离子化检测器（FID）对大多数有机物有很高的灵敏度（无机物及一些有机物无响应），一般较热导池检测器高出三个数量级，检测下限可达 10^{-12} g·g^{-1}，适合痕量有机物的分析。因其结构简单，灵敏度高，响应快，稳定性好，是应用广泛的较理想的检测器。

1. 检测原理

氢火焰离子化检测器（FID）属于质量型检测器。它的基本原理是利用有机物在氢火焰的作用下化学电离而形成离子流，借测定离子流强度进行检测。但是检测时样品被破坏，一般只能检测那些在氢火焰中燃烧产生大量碳正离子的有机化合物。

2. 结构

氢火焰离子化检测器是由电离室和放大电路组成，如图 8-14 所示。电离室是由金属圆筒作外罩，底座中心有喷嘴，附近有环状金属圈（称为发射极），上端有一个金属圆筒（称为收

集极),两者间加 90～300 V 的直流电压,形成电离电场加速电离的离子。收集极捕集的离子流经放大器的高电阻 10^7～10^{10} Ω 产生信号,放大后物送至数据采集系统;燃烧气、辅助气和色谱柱由底座引入;燃烧气及水蒸气由外罩上方小孔逸出。

氢火焰离子化检测器仅能产生微弱的电流 10^{-8}～10^{-4} A,需要经微电流放大器放大后,才适于记录仪记录,常用的测量电路如图 8-15 所示。

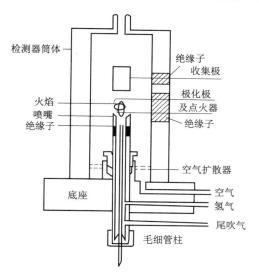

图 8-14　氢火焰离子检测器结构图　　　　图 8-15　氢火焰离子化检测器线路示意图

3. 特点

FID 的特点是灵敏度高,比 TCD 的灵敏度高约 1 000 倍;检出限低,可达到 10～12 g/s;线性范围宽,可达 10^{-7};FID 结构简单,死体积一般小于 1 μL,响应时间仅为 1 ms,既可以与填充柱联用,也可以直接与毛细管柱联用;FID 对能在火焰中燃烧电离的有机化合物都有响应,可以直接进行定量分析,是目前应用最为广泛的气相色谱检测器之一。

主要缺点是需要三种气源(N_2、H_2、空气)及其流速控制系统,尤其是对防爆有严格的要求。与热导检测器不同,氢焰检测器的温度不是主要影响因素,从 80～200 ℃,灵敏度几乎相同,在 80 ℃以下,灵敏度显著下降,这是由于水蒸气冷凝造成的。

三、检测器的性能指标

检测器的性能指标是在色谱仪工作稳定的前提下,主要指灵敏度、检测线、噪声、响应时间和线性范围等。

1. 灵敏度

气相色谱检测器的灵敏度(S)是指通过检测器物质的量变化时,该物质响应值的变化率。一定浓度的组分进入到检测器产生响应信号,将不同的物质量与相应的响应信号作图,其中线性部分的斜率就是检测器的灵敏度,即:

$$S = \frac{\Delta R}{\Delta Q} \tag{8-32}$$

式中:R——响应值;

Q——被测物质的量;

S——灵敏度。

其中,Q 的单位因检测器的类型不同而不同,S 的单位也随之不一样。

(1)浓度型检测器的灵敏度的计算

当为液体样品时:

$$S_g = \frac{A \times F \times c_1 \times c_2}{m} \tag{8-33}$$

式中:S_g——液体样品的灵敏度;

A——峰面积,cm^2;

F——载气流速,mL/min;

c_1——记录仪的灵敏度,$mV \cdot cm^{-1}$;

c_2——记录纸速度的倒数,$min \cdot cm^{-1}$;

m——液体用量,mg。

当为气体样品时:

$$S_v = \frac{A \times F \times c_1 \times c_2}{v} \tag{8-34}$$

式中:S_v——气体样品的灵敏度;

v——气体用量,mL。

两者的换算关系:

$$S_g = S_v \times \frac{22.4}{M} \tag{8-35}$$

式中:M——样品的摩尔质量。

(2)质量型检测器的灵敏度的计算:

$$S_t = \frac{60A \times c_1 \times c_2}{m} \tag{8-36}$$

式中符号的意义同式(8-34),单位为 $mV \cdot s \cdot g^{-1}$。即有 1 g 样品通过检测器时,每秒所产生的电位数。

2.检测限

通常将产生两倍噪声信号时,单位体积的载气或单位时间内进入检测器的组分含量称为检测限 D(或敏感度)。其定义可用下式表示:

$$D = \frac{2N}{S} \tag{8-37}$$

由于灵敏度有不同的单位,所以检测限也有不同的表示方法和单位(D_g、D_v、D_t)。

灵敏度和检测限是从两个不同的角度表示检测器对物质敏感度的指标,灵敏度越大,检测限越小,则表明检测器性能越好。

3.噪声

在没有样品进入检测器的情况下,仅由于检测器本身及其他操作条件时基线在短时间内发生起伏的信号,称为噪声(N)单位为毫伏。良好的检测器其噪声应该很小。

4．响应时间

气相色谱检测器响应时间,是指进入检测器的组分输出达到 63% 所需的时间。显然,检测器的响应时间越小,表明检测器的性能越好。

5．线性范围

检测器的线性范围是指检测器内载气中组分浓度与响应信号成正比的关系。线性范围是指被测组分物质的量与检测器响应信号呈线性关系的范围,以最大允许进样量和最小允许进样量的比值表示。通常希望,检测器的线性范围越宽且响应值与组分的浓度(或物质的量)成正比。

第十一节　质谱分析法理论知识

学习目标:通过学习质量范围、分辨本领、灵敏度等性能指标,掌握如何认识和评价质谱仪器的选型、调整和使用。了解真空烘烤工作的应用范围,掌握样品测量过程的涂样技术。

一、质谱仪的主要性能指标

1．质量范围

质量范围是指质谱仪能够检测的单电荷离子的质核比范围,是测量的最轻和最重离子之间的质量范围,通常以质量数,或质荷比,或原子质量单位表示。

以磁质谱仪器为例,质量范围取决于质谱仪的离子加速电压 V、磁分析器磁场强度 H 和离子在磁场中运动轨迹的半径 r。

例如,一台质谱仪的离子加速电压 $V = 10\ 000$ V,磁分析器磁场强度的下限 $H_下 = 50$ Oe,离子在磁场中运动轨迹的半径 $r_m = 23$ cm,那么,对于带有 1 个单位正电荷的离子来说,质量范围的下限 $M_下$ 为:

$$M_下 = \frac{H_下^2\ r_m^2}{20\ 740 \times V} = \frac{(50)^2 \times (23)^2}{20\ 740 \times 10\ 000} \approx 0.01(原子质量单位) \tag{8-38}$$

由于离子的最小质量接近于 1 个原子质量单位,所以,这里可以把 1 个原子质量单位作为质量范围的下限。

当磁分析器磁场强度的上限 $H_上 = 10\ 000$ Oe,则质量范围的上限 $M_上$ 为:

$$M_上 = \frac{H_上^2\ r_m^2}{20\ 740 \times V} = \frac{(10\ 000)^2 \times (23)^2}{20\ 740 \times 10\ 000} \approx 255(原子质量单位) \tag{8-39}$$

所以,可以说这台质谱仪的质量范围在离子加速电压为 10 000 V 时是 1~255 原子质量单位。

质量范围在一定程度地反映了质谱仪器的规模。

2．分辨本领

分辨本领是描述质谱仪对离子束分离和成像的总效果,即分辨相邻两离子质量的能力。图 8-16 显示了几种典型质谱峰的情况:(a) 两峰在半高度以上重叠,从观察到的叠加峰的轮廓线分不出是两个峰;(b)、(c)、(d) 两峰都具有不同的谷值。因此可按不同谷值来定义

"刚好"分开。

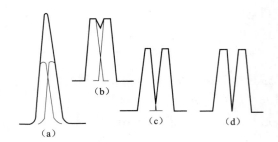

图 8-16　分辨本领的定义

（a）半高度以上重叠；（b）半高度以下重叠；（c）10％谷值；（d）完全分开

分辨率（R）定义：两个相等强度的相邻峰（质量分别为 m_1 和 m_2），当两峰间的峰谷为峰高的 10％时，即两峰各以 5％的高度重叠，则可认为分辨率 R 为：

$$R=\frac{m_1}{(m_2-m_1)}=\frac{m_1}{\Delta m} \tag{8-40}$$

如当有质量数为 200 和 201 的两峰，使之正好分开，需要的仪器分辨率为：

$$R=\frac{m_1}{\Delta m}=\frac{200}{(201-200)}=200 \tag{8-41}$$

在实际分析中，很难找到高度相等同时又是刚好分开的两个峰。常以

$$R=\frac{m}{W_{0.5}} \tag{8-42}$$

表示，其中 $W_{0.5}$ 表示峰高 50％处的峰高。可见分离质量数愈大的离子分辨率愈高。R 还与离子轨迹半径、加速器、收集器狭缝宽度和离子源等因素有关。

分辨本领表征了仪器的规模、场型优劣、设备稳定状况等综合情况。

3. 灵敏度

灵敏度描述质谱仪器对样品的感测能力，它综合地给出了仪器的电离效率、传输效率、检测效率，以及本底噪声等状况。因使用场合的不同，灵敏度有不同的提法，它涉及多种因素，因此对给定的灵敏度数据要注意附加条件。此外，人们有时也引用检出限、测定限来描述仪器的感测能力。

下面以表面电离为例，说明有些情况下这类概念具有比较复杂的含义，而不能孤立地只看数字，要联系具体情况。假如以一次满意分析需要的最小样品量（g）来描述仪器的感测能力，则有

$$最少样品量=\frac{(R+1)^2 M}{RY^2 \varepsilon (6\times 10^{19})} \tag{8-43}$$

式中：R——同位素丰度比，$R \geqslant 1$；

　　　Y——要求分析的准确度，％；

　　　ε——质谱仪器的总效率（离子/原子）；

　　　M——原子量。

对于一个给定的仪器说来，ε 主要取决于电离电位。表 8-5 给出了几个例子。

表 8-5　几种元素最小样品用量的计算值

R	ε（离子/原子）	元素	$y/\%$	最小样品重量/g
10^8	10^{-4}	U	1	4×10^{-6}
10^2	10^{-4}	U	1	4×10^{-12}
1	10^{-4}	U	10	1.6×10^{-15}
1	10^{-2}	C_s	10	1.6×10^{-19}
10^5	10^{-10}	Ni	1	4.0×10^{-3}
10^5	10^{-5}	Cl	1	4.0×10^{-8}

4. 峰形

扫描获得的质谱峰形，可以反映离子束的成像情况，离子源缝和接收器缝的匹配情况，以及离子接收过程有否异常因素的影响。这是调正和日常使用（特别是定量分析）中经常遇到的一个问题。

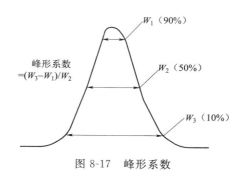

一般使用峰形系数来描述峰形。这个参数是由 10%，50%，90% 三个峰高处对应的峰宽计算出来的（见图 8-17）。

图 8-17　峰形系数

实际上，这个公式告诉我们的是一个梯形峰的斜边的倾斜状况（峰形系数越小，峰越陡峻）。因为真实质谱峰的峰顶和峰底不易测准，故以 10% 和 90% 峰高处的宽度来表征。

5. 丰度灵敏度

高丰度的同位素，质谱峰是强峰；低丰度的同位素，质谱峰是弱峰。当它们靠得很近时，例如，质量数相差 1，强峰的"拖尾"就可能干扰弱峰的测定。因此，在同位素比值测定过程中，需要考虑仪器的丰度灵敏度。设质量为 M 的强质谱峰的离子流通强度为 I_M，该峰的"拖尾"对于质量数相差 1 的弱离子流质谱峰的贡献分别为 I_{M+1} 与 I_{M-1}，则丰度灵敏度定义为：

$$丰度灵敏度 = \frac{I_M}{I_{M\pm1}} \tag{8-44}$$

丰度灵敏度与质谱系统的真空关系十分密切，提高真空，可以改善丰度灵敏度。

天然铀中，^{238}U 是高丰度的同位素，而没有质量数为 237 或 239 的同位素。因此，在质量数 237 和 239 处测得的离子流强度就是 ^{238}U 质谱峰拖尾的贡献。在知道了 ^{238}U 质谱峰本身的高度时，就可以计算丰度灵敏度。实际测定时，是用二次电子倍增器测定 ^{238}U 的离子流强度，再测定 ^{238}U 质谱峰拖尾在质量数 237 和 239 处的贡献。然后根据 ^{235}U 和 ^{238}U 的同位素比值，以及 ^{235}U 的离子流强度计算出 ^{238}U 的峰高，就可计算出丰度灵敏度。

二、质谱分析的辅助实验手段

1. 真空烘烤

至少有下列内容的工作需要进行真空烘烤。

(1)新带、新灯丝使用前要真空除气

消除或降低带材料中含有的某些杂质。带材料大都含有 Na,K,Rb,Sr,Cs 和 Ba 等杂质,Re 中还常含有 Mo,Ir 中还常含有 Rh。在分析过程中,特别是初期,强烈碱金属离子流会引起空间电荷的影响,致使离子流散焦,分辨恶化,严重时甚至会在源内形成喷镀。

(2)某些样品,需要真空熔融涂样。

(3)锻炼样品。

一般情况下,样品涂好后最好先经过预热除气。为了维护离子源内的清洁,直接放到离子源内除气是很不合适的。如果样品中含有过量酸或有机杂质,或已知其他原因造成样品不纯,更应该进行这种预防性处理。经过锻炼的样品,离子发射的稳定性常有改进。

2. 部分分馏

当某项分析受到来自样品或涂样过程中引进的杂质干扰时,为了减轻叠加影响,可以将涂好了的样品置于适宜的温度下进行分馏。分馏实际上就是利用不同组分的不同挥发温度,进行组分的提纯。

3. 涂样工艺

在进行表面电离之前,将样品以一定方式敷涂到样品带上,这个处理过程叫涂样。

(1)涂样的基本要求

1)涂样时样品和带表面要均匀地、充分地接触;

2)样品能很好地固结在带上,在分析过程中不致中途脱落;

3)涂样结果(包括经过特殊处理)能为离子热电离过程创造有利的条件。

对于多数分析,特别是对于那些易电离的元素来说,涂样操作比较简单。但是,在某些情况下,例如对于高电离电位元素、样品化合物具有特殊性质、极微样品、高准确度分析,涂样就变成了一个重要的问题。

(2)常用的涂样工具

吸取样品溶液或悬浮液的移液管;计量涂样量使用的微注射器;烘样用的红外灯或直接加热带的有可变输出电流的电源。为观察涂样过程中相变化和反应结果,或为了观察涂样后的样品外貌,可备放大镜或显微镜。有时为在真空中加热样品,还要备有真空罩。

(3)常用的涂样方式

1)直接敷涂法

将样品溶液或细的悬浮液用移液管滴到样品带上,然后在红外灯下或者将带通以电流,以缓热烘干样品。一次或重复几次这种操作即可涂好。

使用悬浮液时,要注意事前将样品仔细粉碎,颗粒细、均匀效果较好。有时可将悬浮液摇动均匀后静置一定时间,再自液体上部吸取涂样。

相当多的元素都可以利用其硝酸盐、氯化物、氧化物、硫酸盐、氢氧化物等直接敷涂。

2)样品在带上熔化法

将样品[例如 $Ba(NO_3)_2$,NaCl,NaBr 等]置于带上,缓慢提高带的温度直到样品熔化,退去电流则样品涂成。或将经过仔细粉碎的样品置于带上,放到真空室内,抽至$<10^{-2}$ torr 真空度,在真空下加热熔化样品,例如 Cr_2O_3 和 Ru 等。

3）样品在带上完成一次中间反应

如把稀土元素或铀的氧化物置于带上，以少量浓硝酸消溶、缓热烘干样品，然后将带加热至暗红色（约 750 ℃）。

第十二节　氦气纯度的分析

学习目标：熟练掌握氦气纯度的测定方法。

1. 方法原理

氦气纯度的测定采用杂质扣除法，即测定出氦气中氖、氢、氧（氩）、氮、一氧化碳、二氧化碳、甲烷和水分的含量，计算出氦气纯度。

氦气中氖、氢、氧（氩）和氮含量的测定通过变温浓缩技术，将被测组分在液氮温度下的吸附柱上定量吸附，然后于室温（水浴）下定量脱附，使样品中微量被测组分预先提浓，经色谱柱分离后，用热导池检测器（TCD）进行检测，输出信号经微机积分后得出结果。

氦气中一氧化碳、二氧化碳和甲烷的测定是将样品气经载气携带进入色谱柱，经色谱柱分离后，一氧化碳和二氧化碳被镍催化装置转化为甲烷，由氢火焰离子化检测器（FID）进行检测，输出信号经微机积分后得出结果。

氦气中水分含量采用电解法或露点法进行测量。

2. 测定步骤

（1）准备工作

1）开机，检查确定各分析参数设置正确。

2）预热仪器，直到色谱基线稳定为止。

（2）用标准气校准仪器

1）用氦气中氖、氢、氧（氩）和氮标准气校准仪器时，将标准气经过浓缩装置（见图 8-18）与气相色谱仪 TCD 进样口相连接；用氦气中一氧化碳、二氧化碳和甲烷标准气校准仪器时，将标准气直接与气相色谱仪 FID 进样口连接。

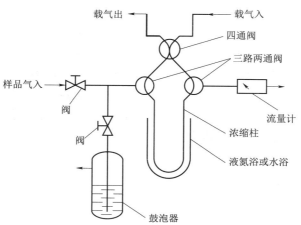

图 8-18　浓缩装置气路流程图

2) 打开标准气,用样品气体以至少 3 次升降压的方法充分置换管路以取得代表气样。

3) 测定标准气体至少 3 次,用 3 次测定结果平均值通过校准程序校准仪器。

(3) 样品氦气的测定

1) 将样品气经过浓缩装置与气相色谱仪前进样口相连接,以便测定氦气中氖、氢、氧(氩)、氮的含量;将样品气直接与气相色谱仪后进样口连接,以便测定氦气中一氧化碳、二氧化碳和甲烷的含量。

2) 打开样品气,用样品气体以至少 3 次升降压的方法充分置换管路以取得代表气样。

3) 操作仪器测定样品氦气。以两次平行测定的算术平均值为最终测定结果,平行测定的相对偏差不大于 10%。

4) 使用微量水分仪按 GB/T 5832 方法直接测量氦气中水分含量。

3. 分析结果计算

按下式计算出氦气纯度(以体积分数表示):

$$\Phi = 100 - (\Phi_1 + \Phi_2 + \Phi_3 + \Phi_4 + \Phi_5 + \Phi_6 + \Phi_7 + \Phi_8) \times 10^{-4} \qquad (8\text{-}45)$$

式中:Φ——纯度,10^{-2}(V/V);

　Φ_1——氖含量(体积分数),10^{-6}(V/V);

　Φ_2——氢含量(体积分数),10^{-6}(V/V);

　Φ_3——氧(氩)含量(体积分数),10^{-6}(V/V);

　Φ_4——氮含量(体积分数),10^{-6}(V/V);

　Φ_5——一氧化碳含量(体积分数),10^{-6}(V/V);

　Φ_6——二氧化碳含量(体积分数),10^{-6}(V/V);

　Φ_7——甲烷含量(体积分数),10^{-6}(V/V);

　Φ_8——水分含量(体积分数),10^{-6}(V/V)。

第十三节　燃料棒内冷空间当量水含量的分析

学习目标:熟练掌握燃料棒内总当量水量的测定方法,并能报出准确的分析结果。

1. 方法原理

在密闭装置条件下,将燃料棒试样(其两端各加工有一个环形槽)手工断开,以氦气作为载气,依次将燃料棒中氦气、棒内壁中水、氢气载带进入高温炉,通过铀丝将水还原为氢气,用气相色谱法测量氢气含量;燃料棒中芯块水分使用定氢仪按照 GB/T 13698 仪进行检测氢含量,将各部分中氢含量换算成总水量。最后将燃料棒内各部分总水量之和除以自由冷空间体积得出燃料棒内冷空间当量水含量。

2. 分析步骤

(1) 燃料棒试样的制备

在燃料棒两端距上下端塞底部约 5~10 mm 处各车一个环形槽,以容易用手扳断上下端塞且保证燃料棒不漏气为原则,如上下端塞较长,应保留环形槽到上下端塞顶部长度约为 30 mm,切除多余部分。

（2）准备工作

1）预热气相色谱仪,将燃料棒试样与装置连接(如图 8-19 所示)。

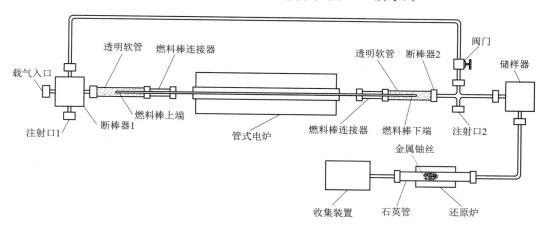

图 8-19　模拟燃料棒装置连接图

2）接通载气源,将分压调节至 0.1～0.4 MPa 吹扫系统。

3）将还原炉温度升至 600～700 ℃。

（3）系统空白的测量

将载气通过浸入液氮浴中的浓缩柱,收集 8～10 L 试样气体后关闭浓缩柱入口,停止浓缩。取下液氮浴,待 10～30 s 后,将浓缩柱浸入常温水浴中,将浓缩柱载带收集的氢释放进入气相色谱仪测定氢含量。反复测量系统空白,待两次空白测定值的相对偏差不大于 10% 时,以两次系统空白值的算术平均值作为系统空白 m_0。

（4）燃料棒试样的测定步骤

1）棒内氦气中总水量的测量

将燃料棒试样下端环形槽处扳断,载气将棒内填充的氦气带入浓缩柱中,经浓缩、释放由气相色谱仪测定氦气中的当量水。在测量氦气中总水分期间将燃料棒内的芯块倒入储样瓶。

2）棒内壁总水量的测量

将管式电阻炉套在燃料棒试样上,温度控制在 250～300 ℃。将燃料棒上端环形槽处扳断。

关闭截止阀,载气流经燃料棒,将棒内部吸附水带入浓缩柱中,经浓缩、释放由气相色谱仪测定氦气中的当量水。

反复收集浓缩测定,直到测得的结果接近系统空白 m_0。将每次测量值分别扣除系统空白 m_0 后的累加值记为 m_2。

3）棒中二氧化铀芯块的总水量

将储样瓶取下,从瓶中抽取二氧化铀芯块试样进行氢含量测定。试样的个数一般不少于 5 个,每个试样的芯块数量由总氢测量方法确定,可以是 1 块或多块。对每个试样进行称重。

使用氢测定仪测量氢的质量分数 w_{Hi}(μg/g)。按式(8-46)换算出整支燃料棒内芯块中

总水量 m_3。

$$m_3 = \frac{\dfrac{1}{k}\sum_{i=1}^{k}(w_{Hi} \times m_{Gi})}{1\,000 \times n} \times 8.94 \times N \tag{8-46}$$

式中：m_3——燃料棒内芯块中总水量，mg；

w_{Hi}——每次测量试料中氢的质量分数，$\mu g/g$；

m_{Gi}——每次测量试料重量，g；

k——试样个数；

n——每个试样对应芯块数；

$1\,000$——微克换算为毫克的系数；

8.94——氢换算为水的系数；

N——整支燃料棒内芯块总数。

（5）分析结果计算

燃料棒内当量水含量结果计算：

$$Q_W = (m_1 + m_2 + m_3)/V_r \tag{8-47}$$

式中：Q_W——燃料棒内每立方厘米冷态自由空间体积中的当量水含量，mg/cm^3；

m_1——燃料棒内氦气中总水量，mg；

m_2——燃料棒内壁中总水量，mg；

m_3——燃料棒内 UO_2 芯块中总水量，mg；

V_r——燃料棒内冷空间体积，cm^3。

第十四节 含钆核材料样品化学成分分析

学习目标：掌握含钆核材料样品的分析方法和操作技能。

含钆核材料样品主要是指烧结三氧化二钆-二氧化铀芯块（Gd_2O_3-UO_2）等含钆铀氧化物。用于 Gd_2O_3-UO_2 芯块化学性能检测的方法目前已建立了行业标准 EJ/T 1212《烧结氧化钆-二氧化铀芯块分析方法》，行标包括 11 个部分，分别规定了氧化钆-二氧化铀芯块中氧金属比、铀同位素丰度、氧化钆含量、微量杂质元素、铀含量、总氢含量、氟、氯、氮、碳含量以及总气体的测定方法。

本节主要对与二氧化铀芯块分析方法原理不同的几种方法进行详细说明。

一、EJ/T 1212《烧结氧化钆-二氧化铀芯块分析方法》目录

EJ/T 1212.1 烧结氧化钆-二氧化铀芯块氧金属比的测定——平衡气氛法

EJ/T 1212.2 热电离质谱法测定铀同位素丰度

EJ/T 1212.3 波长射散 X 荧光光谱法测定氧化钆含量

EJ/T 1212.4 微量杂质元素的测定——ICP-AES 多元图谱拟合法

EJ/T 1212.5 硫酸亚铁铵还原 重铬酸钾电位滴定法

EJ/T 1212.6 高温水解离子选择性电极测定氯

EJ/T 1212.7　　惰性气体熔融法测定氢

EJ/T 1212.8　　蒸馏奈斯勒试剂光度法测定氮

EJ/T 1212.9　　高温水解离子选择性电极法测定氟

EJ/T 1212.10　　高频感应燃烧红外检测法测定碳

EJ/T 1212.11　　热真空提取法测定总气体量

二、分析操作方法

1. 烧结氧化钆-二氧化铀芯块氧金属比的测定——平衡气氛法

（1）方法原理

烧结芯块试样在高温和平衡气氛下达到化学计量,通过测量试样质量的变化来测定氧金属比。将已称量的试样置于样品舟中并放到管式炉内。先用氢气和氩气的混合湿气体清洗炉腔以去干空气,并保持一定气流量,然后将管式炉升温到 800 ℃ 并保温 4 h。再在保持气流的情况下关闭炉子使其降温到室温,取出试样并称量。根据试样质量变化计算氧金属比的(O/M)。

图 8-20 所示为高温平衡装置示意图。

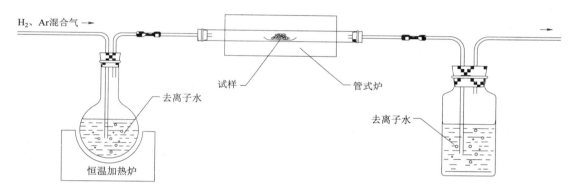

图 8-20　高温平衡装置示意图

（2）分析步骤

1）检查芯块样品是否有裂纹或破损。

2）接通电子天平电源并预热 30 min 以上。

3）取 5～10 g 的完整芯块样品,反复称量至恒重 m_1,精确至 0.1 mg。

4）把样品放入石英舟,然后将其推入管式炉石英管内恒温区域。

5）连接气体软管磨口,并确认气路中所有接口密封完好。

6）用恒温电加热套将三颈瓶内的水加热并保持在(35±5)℃。

7）打开混合气气瓶阀门,调节气压为(0.13±0.01)MPa、气流量为(1.2±0.2)L/min,通入混合气体 5 min 以上,赶尽石英管内的空气。

8）接通管式炉电源,设置并确认温控仪的 PID 参数以及保温温度和报警温度(800 ℃)。

9）打开冷凝循环水,接通加热电源升温至 800 ℃,并在(800±10)℃下保温 4 h。

10）保温结束,关闭加热电源,调节气流量为(0.5±0.1)L/min,让样品随炉冷却至 50 ℃下,然后关闭混合气气瓶阀门,让样品冷却至室温。

11）从炉内取出样品,称取其重量直至恒重 m_2,精确到 0.1 mg。

12)断开仪器电源开关,关闭冷凝循环水。

(3)结果计算

按式(8-48)计算样品 O/M:

$$O/M = 2.000\ 0 - \frac{(m_2 - m_1)}{(m_2)[A_O/(2A_O + A_U) + (\%Gd_2O_3 \times 0.000\ 26)]} \tag{8-48}$$

式中:m_1——样品初始质量,0.1 mg;

$\quad\ \ m_2$——样品烧后质量,0.1 mg;

$\quad\ \ A_U$——铀原子量,当 ^{235}U 丰度$\leqslant 5\%$时,$A_U = 237.96$,当 ^{235}U 丰度$> 5\%$时,按公式

$\quad\qquad$(8-49)计算;

$\quad\ \ A_O$——氧原子量(15.999 4);

$\quad\ \ \%Gd_2O_3$——氧化钆含量,%;

$\quad\ \ 0.000\ 26$——修正因子。

$$A_U = {}^{234}U\% \times 234.040\ 9 + {}^{235}U\% \times 235.043\ 9 + {}^{236}U\% \times 236.045\ 6 + {}^{238}U\% \times 238.050\ 8 \tag{8-49}$$

式中:$^{234}U\%$——样品中 ^{234}U 富集度;

$\quad\ \ ^{235}U\%$——样品中 ^{235}U 富集度;

$\quad\ \ ^{236}U\%$——样品中 ^{236}U 富集度;

$\quad\ \ ^{238}U\%$——样品中 ^{238}U 富集度。

2. 烧结氧化钆-二氧化铀芯块氧化钆含量测定——波长射散 X 荧光光谱法

(1)方法原理

将含钆二氧化铀芯块砸碎或整块氧化成含钆八氧化三铀作为试样,用浓 HNO_3 溶液溶解试样完全后,用 0.5 mol/L HNO_3 溶液定容到 25 mL,在 X 射线荧光光谱仪上测定氧化钆含量。

(2)分析步骤

1)氧化钆系列标准溶液

将 U_3O_8 基体粉末、Gd_2O_3 粉末分别装入铂金坩埚中,放入马弗炉中在 900 ℃下灼烧 2 h,放入干燥器中冷却至室温,待用。按照表 8-6 准确地称量 U_3O_8 粉末和 Gd_2O_3 粉末,精确至 0.01 mg,置于石英烧杯中。在烧杯中加入少量水润湿后,加入约 4 mL 硝酸,轻微加热使粉末完全溶解后,蒸干成橘红色晶体,取下稍冷,加入硝酸溶液溶解,冷却至室温。将该溶液仔细地移入 100 mL 容量瓶中,加入 0.5 mol/L HNO_3 溶液,定容至刻度,摇匀。

表 8-6　氧化钆系列标准溶液

编号	$Gd_2O_3/(U_3O_8 + Gd_2O_3)/\%$	Gd_2O_3/mg	U_3O_8/mg
N1	2.000	154.04	7 845.96
N2	4.000	308.31	7 691.69
N3	6.000	462.82	7 537.18
N4	8.000	617.56	7 382.44
N5	10.000	772.54	7 227.46
N6	12.000	927.75	7 072.25

2）标准曲线的建立

按照仪器工作条件，建立一个液体测定程序，然后测定氧化钆系列标准溶液，仪器自动生成溶液浓度（％）-计数率（Kcps）的标准曲线。

3）样品制备

① 将含钆二氧化铀芯块砸碎或整块放入铂金坩埚中，放入马弗炉中，在（575±20）℃及（900±25）℃下分别氧化 2 h，取出坩埚放在干燥器中冷却至室温。

② 准确称取 1 g 或 2 g 样品粉末，精确到 0.01 mg，转入石英烧杯中。在烧杯中加入约 4 mL 浓硝酸，轻微加热使粉末完全溶解后，蒸干成橘红色晶体，取下稍冷，加入硝酸溶液溶解成黄色溶液，并冷却至室温，将黄色溶液仔细地转入 25 mL 容量瓶中，加入硝酸溶液定容于 25 mL，摇匀后，得待测试样溶液 A。

③ 取试样溶液 A5～7 mL，调用测定程序测定溶液中的计数率。

（3）结果计算

样品中氧化钆含量由计算机自动给出，以质量分数（％）表示，结果保留 2 位小数。

3. 微量杂质元素的测定——ICP-AES 多元图谱拟合法（MSF）

该测量方法与二氧化铀芯块微量杂质元素（ICP-AES）法，在前期化学处理部分是一致的，只是在采用仪器进行测量时，选择的不同测量软件。这里主要介绍 MSF 测量软件的使用方法。

（1）方法原理

试样溶于硝酸后，以 3 mol/L 硝酸溶液为流动相，CL-TBP 萃淋树脂为固定相，使钆和待测元素与基体铀分离，收集杂质淋洗液，以 ICP-AES（MSF）法测定杂质元素含量。

（2）分析步骤

1）MSF 模型的建立

按照规定的仪器参数和元素波长，建立无 MSF 的测量方法，再以 ICP-AES 测定硝酸溶液、Gd 标准溶液、杂质标准溶液并保存数据，打开 Spectra Examine 窗口，选中窗口的 MSF 下拉选项，分别选定上述三种溶液的谱线并分别按下 b、i 和 a 键指定空白（blank）轮廓、干扰（interferent）轮廓和分析线（analyte）轮廓，建立多元图谱校正模型（MSF），保存为".msf"文件。

2）方法的连接

在建立的方法中选用 MSF 功能，打开引用的".msf"文件与方法连接，保存方法。测量时，只需打开此方法就可以进行测量，结果由计算机自动输出。

4. 总气体量测定——热真空提取法

（1）方法原理

将一块已称重的样品和推样器放入储样管中，抽真空，测坩埚空白后，把样品投入到坩埚中，高频感应加热样品到 1 600 ℃，释放出来的气体经除水装置除去水分后收集到标定的容积中，测其压力和温度，计算出气体含量。

（2）试样要求

试样应为块状的，直径不大于 19.0 mm，高度不大于 25.0 mm；样品须用干燥、清洁和密封的玻璃磨口小瓶盛装。

(3) 分析步骤

1) 装样

将一块已称重试样放入石英加热系统储样支管中,确认测量装置各接头连接好,所有阀门处于关闭状态;打开机械泵(低真空获得设备),接通阀 1、阀 3、阀 4、阀 5、阀 6、阀 7(见图 8-21),对整个测量系统预抽真空至 1 Pa 以下;启动分子泵(高真空获得设备)对整个测量系统抽高真空。

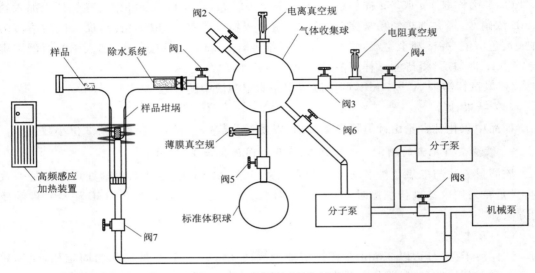

图 8-21　总气体测量装置图

2) 除气

开启高频加热设备,缓慢加热坩埚到 1 600 ℃ 以上,对坩埚进行除气,反复加热至加热时装置真空度变化小而稳定为止,将系统抽至 10^{-4} Pa 以上真空度后,关闭阀 5。

3) 空白测量

关闭阀 3、阀 6,同时启动高频加热设备加热坩埚至 1 600 ℃ 以上,保持 120 s 后停止加热,收集释放气体 15 min,记录气体压力数值及测量时温度;重复测量空白,直至空白稳定(两次平行测定空白值相对标准偏差不大于 10%)。记录此时空白压力数值($P_{空}$)及测量时温度($T_{空}$)。

4) 试样测量

测定好系统空白后,关闭阀 3、阀 6,将试样投入到石英加热系统样品坩埚中,同时启动高频加热设备加热坩埚至 1 600 ℃ 以上,保持 120 s 后停止加热,收集释放气体 15 min,记录此气体压力($P_{样}$)及测量时温度($T_{样}$)。

5) 关机

分析工作结束后,将系统抽至高真空,然后关闭阀 1、阀 3、阀 6,关闭两台分子泵。待分子泵停止运转后,关闭阀 4、阀 7 后关闭机械真空泵,关闭测量系统各部分电源及冷却水。

(4) 结果计算

二氧化铀芯块中总气体量按下式计算:

$$C=\frac{1}{m}\left(\frac{P_{样}\times V_{分}\times 273}{P_0\times T_{样}}-\frac{P_{空}\times V\times 273}{P_0\times T_{空}}\right) \tag{8-50}$$

式中：C——二氧化铀芯块中总气体量，L/kg·UO_2；

　　$P_{样}$——对于试样所测得的压力，Pa；

　　$P_{空}$——对于系统空白所测得的压力，Pa；

　　$V_{分}$——测量装置分析容积，L；

　　$T_{样}$——测量试样时的室温，K；

　　$T_{空}$——测量系统空白时的室温，K；

　　m——试样质量，kg；

　　P_0——标准大气压力 101 325，Pa。

第十五节　锂化合物样品成分分析

学习目标：掌握锂及锂化合物样品的分析方法和操作技能。

1. 锂氢化物中氯根的测定

（1）方法原理

锂氢化物用水溶解，溶液中的氯离子在硝酸介质中，取代硫氰酸汞中的硫氰酸根，而游离的硫氰酸根与加入的三价铁离子作用生成较稳定的橙红色络合物，从而间接测定氯根含量。测定范围：0.002 0%～0.030%，精密度优于 15%。

$$2\ Cl^-+Hg(CNS)_2=HgCl_2+2\ CNS^-$$
$$CNS^-+Fe^{3+}=[Fe(CNS)]^{2+}$$

（2）测定步骤

1）用干燥的取样管采用减量法准确称取一定量锂氢化物试样。

2）试样用无氯水溶解，相继加入硝酸、硝酸铁、硫氰酸汞液，生成较稳定的橙红色络合物。

3）在波长 460 nm 处，测其吸光度，减去试剂空白，于工作曲线上查得相应的氯含量。

（3）分析结果计算

锂氢化物中氯的含量按下式计算

$$w_{Cl}=\frac{m}{m_0} \tag{8-51}$$

式中：w_{Cl}——氯的含量，$\mu g/g$；

　　m——自工作曲线上查得的氯量，μg；

　　m_0——称取锂氢化物的质量，g。

注意事项：

1）测氯的室内不得带入盐酸、氯化钾或其他含氯化合物；

2）严格控制硫氢酸汞与硝酸铁和硝酸混合液的用量。

2. 锂及锂化合物中钾、钠的测定——塞曼原子吸收光度法

（1）方法原理

基于元素所产生的原子蒸汽对同种元素所发射的特征谱线的吸收作用进行定量分析。

即由一种特征的光源(元素的空心阴极灯)发射出该元素的特征谱线,谱线通过该特征谱线的原子蒸汽时被吸收,产生吸收信号,所吸收的吸光度的大小与试样中该元素的含量成正比,即 $A=K\times C$。本方法适用于锂及锂化合物中钾、钠的测定;钾、钠的测定范围:K、Na(低含量)0.005 0%～0.020 0%;K、Na(中含量)0.020 0%～0.200 0%;K、Na(高含量)0.200 0%～8.000 0%。

GGX—6 A 塞曼原子吸收分光光度计。精密电子天平,感量 0.1 mg。

(2)分析步骤

1)样品配制:固体样品用称量法、溶液样品用标定法,配制成 Li 浓度 1 mg/mL 的样品。

2)开启仪器时,首先打开冷却水、电源总开关,打开压缩空气总阀门,调节分压表;打开乙炔气总阀门,调节分压表。

3)开启主机电源预热 10 min,调节仪器工作参数,进行样品分析。

4)关机步骤:先关乙炔阀门(测定阀及总阀);再关压缩空气阀门(测定阀及总阀),关闭电源,关闭冷却水。

(3)注意事项

1)试样用水缓慢溶解,待反应停息后加酸中和,绝不能用酸直接溶样,否则会引起爆炸性燃烧。

2)仪器开机前必须先开冷却水。

3)开、关乙炔气和压缩空气阀门顺序不得颠倒。

4)为了确保分析数据,每做 5 个样再带 1 个标准物质样品。

5)先关微机、打印机、后关主机。

3. 锂及锂化合物中钙、镁、铝、铁、镍、铬、锰、铜的测定——ICP-AES 法

(1)方法原理

利用高频感应加热原理,使流经石英管的工作气体(Ar、N、空气等)电离从而形成等离子体焰炬,温度可高达 10 000 K;被雾化的试样在焰炬内被蒸发、原子化并进而被激发。将发射的光引入光谱仪,即可进行定性、定量分析。

本方法适用于锂及锂化合物中钙、镁、铝、铁、镍、铬、锰、铜 8 元素的测定。测定范围:Ca、Al、Ni、Cr 为 0.001 0%～0.032 0%;Fe、Mg、Cu 为 0.000 5%～0.016 0%;Mn 为0.000 3%～0.009 6%。

使用仪器为 WLY—100 型等离子体顺序单道扫描光谱仪及精密电子天平(感量0.1 mg)。以 99.99%氩气作为载气。

(2)分析步骤

1)样品配制:固体样品用称量法、溶液样品用标定法,配制成 Li 浓度为 5 mg/mL 的样品。

2)开启仪器时,首先打开冷却水、电源总开关,打开氩气总阀门;调节分压表。

3)打开主机电源,预热 15 min 后,通入载气赶净炬管中空气。

将等离子气和冷却气调节到规定的位置,将"增益挡"旋至"0"挡,开启高压开关,进行点火;等离子炬点着后,调节仪器工作参数进行样品分析。

4)工作完毕,将"增益挡"旋至"0"挡,才能点火或关机,关机后关闭氩气总阀门,约5 min 后关冷却水。

（3）注意事项

1）按操作规程操作,样品用水缓慢溶解,待反应停息后加酸中和,绝不能用酸直接溶样,否则会引起爆炸性燃烧。

2）仪器开机前必须先开冷却水,开氩气总阀门。

3）仪器点火前必须检查矩管是否处于振荡紫铜管的中心位置。

4）开启和关闭"高压时"必须将"增益挡"旋至"0"挡,才能点火或关机。

5）做样前必须对各分析元素进行波长校正。

6）为了确保分析数据,每做 5 个样再带 1 个标质。

7）关机后要先关闭载气,约 5 min 后再关闭冷却水。

4. 锂及锂化合物中锂同位素丰度的测量——质谱法

（1）方法原理

试样经化学处理,转化为含 Li0.5 mol/L 的 LiCl 溶液后,吸取 1 μL 的样品溶液涂在铼蒸发带中间,试样转入质谱计离子源后,加热电离带,样品溶液受热蒸发,分子碰撞灼热的铼电离表面,其中一部分失去电子成为正离子,离子在质量分析器的作用下按质荷比分离后,进入法拉第杯接收器,根据接收到的各离子流强度计算锂同位素的丰度比。

方法适用金属锂、氯化锂、氢氧化锂、碳酸锂、氢化锂中锂同位素丰度的测定,锂同位素丰度测量范围:4%～99%。

（2）分析步骤

1）铼带处理

将切割好的铼带(宽 0.7 mm,厚 0.04 mm)浸泡氢氧化钠溶液中煮沸 5 min,用水冲洗 3 次,再将铼带浸泡在盐酸溶液中煮沸 5 min,用水冲洗 3 次,在清洁的空气中干燥。将处理好的铼带剪成长度约为 19 mm,然后点焊到铼带支架上,在小于 10^{-4} Pa 真空条件下,用 4 A 电流加热除气 10 min。

2）样品的制备

准确称取约 5 mg 试样于烧杯中,加入盐酸溶液溶解,配制成含锂约 0.5 mol/L 的呈酸性的样品溶液,其中对于金属锂、氢化锂试样应在惰性气氛中取样。用取液器吸取 1 μL 的样品溶液滴到处理好的铼蒸发带中部,在红外快速干燥箱中烘 3～5 min 使样品完全烘干,将烘干的蒸发带按确定好的带号依次装到样品盘上,然后将样品盘装到质谱计离子源内。

3）开机

打开仪器稳压电源,仪器总电源,依次打开显示器、打印机、计算机电源。按泵电源开关,分子泵转速逐渐升到最大,当分子泵转速大于 80%,面板上 TORBO 和 HIGHVAC 两个指示灯亮。当前级真空泵小于 10^{-1} mbar 时,FOREVAC 指示灯亮。当离子源真空度小于 $5×10^{-6}$ mbar 时,按离子源开关指示灯亮。预热 10 min 后,高频发生器开始工作。

4）测量

设置质量数至锂峰主峰位置,把待测样品带转到工作位置,增加电离带电流,当离子流强度到达 300 时,再调整离子光学系统的电极参数,控制电离带电流,使离子流稳定在 2 000 左右。

5）关机

关离子源、关泵电源开关后,放气阀自动放气,分子泵指示灯灭。依次关闭仪器主电源及配件电源。

（3）结果计算

1）校正因子计算公式

$$K = \frac{r}{r'} \tag{8-52}$$

$$R = KR' \tag{8-53}$$

式中：K——质谱计校正因子；

　　r——标准物质的标准值($^7Li/^6Li$)；

　　r'——标准物质 n 次测定值的平均值($^7Li/^6Li$)；

　　R——校正后的比值($^7Li/^6Li$)；

　　R'——被测样品测定的平均值($^7Li/^6Li$)。

2）锂同位素丰度计算

$$A = \frac{1}{1+R} \times 100\% \tag{8-54}$$

式中：A——^6Li 同位素丰度，%。

（4）注意事项

1）拆装转轮时必须带细纱手套，应使 IS 刻度对准 1 和 7 之间；

2）不得随意修改测量参数；

3）启动泵电源后应立即检查前级泵是否运行，如前级泵没有运行，应立即停止泵电源，检查原因，否则分子泵会因温度过高而烧坏。

第十六节　核燃料组件清洗液(漂洗液)样品分析

学习目标：掌握核燃料组件清洗液样品的分析方法和操作技能。

组件清洗液样品分析指标为组件清洗液中氟、氯的测定以及蒸发残渣的测定。

1. 组件清洗液中氟氯的分析

分析方法与铀氧化物中氟、氯的测定方法相同，都是采用高温水解-离子选择性电极法。

（1）分析步骤

取 1～2 mL 组件清洗液于 25 mL 容量瓶中，加入 2.5 mL 缓冲溶液（冰乙酸-乙酸甲），用水定容至刻度，摇匀，得分析样品溶液。同样条件下，不加组件清洗液的空白溶液。将空白和样品溶液按照《铀氧化物中氟、氯的测定方法》中规定的步骤进行测定。

（2）计算结果

$$\omega = \frac{m_{ZS} - m_{ZO}}{\rho V} \tag{8-55}$$

式中：ω——样品中氟或氯的质量分数，$\mu g/g$；

　　m_{ZS}——组件清洗液中测得氟或氯的质量，μg；

　　m_{ZO}——空白试液中测得氟或氯的质量，μg；

　　V——组件清洗液的体积，mL；

　　ρ——清洗液的名义密度，名义值为 1 g/mL。

2. 水中蒸发残渣的测定

按照国家标准 GB/T 6682、GB/T9740 的方法进行测定。

水样预浓缩(以三级水为例):

量取 500 mL 水样,将 480 mL 水样加入到 1 000 mL 石英烧杯中,加盖表面皿,低温加热蒸至剩余液体体积约 30 mL 时,停止加热。

(1)操作:将预浓缩样转移至一个已于(105±5)℃恒重(两次重量之差不超过 0.2 mg,质量为 m_1)的 50 mL 石英烧杯中。并用剩余的 20 mL 水样分 2~3 次冲洗 1 000 mL 石英烧杯,洗液合并于 50 mL 石英烧杯中,低温加热蒸干,并在(105±2)℃的烘箱中干燥至恒重(两次重量之差不超过 0.2 mg,质量为 m_2)。

(2)蒸发残渣结果计算

$$\rho = \frac{m_1 - m_2}{V} \tag{8-56}$$

式中:ρ——蒸发残渣,mg/L;

　　m_1——空石英烧杯质量,mg;

　　m_2——含残渣石英烧杯质量,mg;

　　V——取样体积,L。

第十七节　IDR 尾气冷凝液中氢氟酸含量的分析

1. 方法原理

本方法适用于 IDR 尾气冷凝液中的氢氟酸的分析。测定范围:1%~40%。

根据中和反应原理,利用氢氧化钠标准溶液滴定试样中的氢氟酸,以酚酞作指示剂,试液呈粉红色为终点。其化学反应方程式为:

$$HF + NaOH = NaF + H_2O$$

2. 测定步骤

于三角瓶中各加入适量去离子水,将三角瓶表面的水擦干,放于电子天平上除去皮重,称取适量试液(准确至 0.000 1 g),于三角瓶中加入去离子水,滴入两滴酚酞指示剂,以氢氧化钠标准溶液滴定试液至呈粉红色为终点。记录相应试液消耗的体积,并计算出相应结果。

3. 分析结果计算

$$w = \frac{0.020\ 01 c_T V}{m} \times 100\% \tag{8-57}$$

式中:w——试液中氢氟酸的百分含量,%;

　　V——氢氧化钠标准溶液用量,mL;

　　c_T——氢氧化钠标准溶液浓度,mol/L;

　　m——样品重量,g;

　　0.020 01——每毫摩尔 HF 克数,g/mmol。

4. 注意事项

(1)移取氢氟酸样品时,三角瓶中必须放入适量去离子水,避免氢氟酸直接与玻璃反应。

(2)三角瓶外表面的水必须擦干,否则影响测定结果。

第九章 数据处理

学习目标:明确复核人员的职责,掌握对原始记录、检验数据、检验报告等记录的复核要求。会正确分析检验误差产生的原因,掌握减少系统误差的操作技能。掌握通过 4d 检验法、Q 检验法、格鲁布斯检验法检测数据异常值的操作技能。初步了解测量不确定度的基本知识,掌握测量结果不确定度的表示方法。了解质量控制图的概念和原理,会正确绘制和使用质量控制图。会使用随机数表。

第一节 检验结果的复核

学习目标:学习复核人员的职责,掌握对原始记录、检验数据、检验报告等记录的复核要求。

在分析检验过程中产生的原始记录、检验报告等都需要对其完整性、准确性进行审核、确认。

一、复核人员职责和要求

(1) 复核人员持操作合格证上岗,熟悉本岗位的检测项目、技术要求、检验方法、作业指导书。

(2) 复核人员进行复核时,应按照作业指导书中规定的内容,检查原始记录、检验数据、检验报告真实性及准确性,不弄虚作假,发现异常情况,及时分析查找原因,进行纠正,并向上级领导汇报。

(3) 复核人员在确保复核的信息完整、准确后,在记录规定的复核人员处签名。

第二节 检验误差产生的原因

学习目标:学习误差的概念和分类,会发现、分析误差产生原因,掌握在工作中减少测量误差的操作技能。

在检验过程中,由检验员、被检验对象、所用计量器具、检验方法和检验环境构成的检验系统或多或少地存在误差。

在分析过程中,误差是存在的。事实上,分析测试得到的结果仅仅是被测量的近似值不能代表样品被测组分的真值,作为一个分析工作者,需要对分析测试所得的数据进行正确处理,判断其可靠性,进行误差分析,掌握产生误差的规律及改进方法,把误差减少到最小,提高分析结果的准确性。

一、基本概念

1. 绝对误差(ΔY)

检验结果(Y)与被检验对象的真值(y)之差称为绝对误差（又称为检验误差），即 $\Delta Y = Y - y$。

误差值只能取一个符号：非正即负。

检验误差包含系统误差和随机误差。

检验误差的大小取决于检验的准确度，即检验结果的值与被检验对象的真值之间一致的程度。检验误差越小，则检验结果的数值越接近被检验对象的真值，检验准确度越高；反之检验准确度越低。在检验中，要力求减少检验误差以提高检验准确度，获得较接近真值的检验结果，提高检验质量。

2. 相对误差(ΔY_x)

绝对误差 ΔY 与被检验对象的真值 y 之比，称为检验相对误差，即 $\Delta Y_x = \Delta Y / y \times 100\%$。

几何量的检验准确度常用绝对误差表示，电量的检验准确度常用相对误差表示。

例，测量两个电压值为 $V_1 = 200.2\,V$，$V_2 = 20.1\,V$，如果它们的真值分别为 200 V 和 20 V 则它们的相对误差为

$$\Delta Y x_1 = 0.2\ V / 200\ V \times 100\% = 0.1\%$$
$$\Delta Y x_2 = 0.1\ V / 20\ V \times 100\% = 0.5\%$$

说明检验 V_1 的准确度比检验 V_2 的准确度高。

二、测量误差的分类

就误差的性质和产生原因，可将误差分成三类：系统误差、偶然误差和过失误差。

1. 系统误差

系统误差是在重复测量中保持不变或按可预见方式变化的测量误差的分量。系统误差是测量结果的平均值减去被测量的真值，是由于某些固定因素所引起的误差。这种误差在每次测定时均重复出现，其大小与正负在同一测试条件下是基本一致的。因此对分析测试的结果产生固定偏高或偏低的影响。系统误差的大小、正负在理论上是可以测的，又称为可测误差。系统误差的特性是在一定条件下恒定，误差的符号偏向同一方向，即具有"单向性"。

产生系统误差的原因有以下几种。

（1）方法误差

这种误差是由方法本身造成的，由分析测试系统的化学或物理化学性质所决定。无论分析者如何熟练，方法误差总是不可避免的。当建立或选择方法时考虑不周，就会产生方法误差。

如：反应不能定量地进行或进行不完全；反应过程中存在副反应；干扰成分的影响；容量分析中，滴定终点与化学计量点不相符；重量分析中由于沉淀的溶解、共沉淀现象、灼烧沉淀时挥发损失及分解、或称量时具有吸湿性等；在仪器分析中不正确地评估确定分析的线性范

围等。

(2)仪器和试剂引起的误差

仪器误差来源于仪器本身的问题,试剂误差来源于试剂不纯。

如:使用不合要求的计量仪器,或使用的计量仪器没有经过定期校正;仪器的基线漂移,实际值与标示值不相符合;使用的蒸馏水及试剂不纯,含有被测物质或干扰物质;不能正确选择或使用标准物质、基准试剂等。

(3)操作误差

操作误差是由分析人员所掌握的分析操作技能与正确的分析操作要求存在一定距离造成的。

在分析操作中不能掌握操作要领是造成操作误差的主要原因。如:使用操作容量瓶、滴定管、移液管等计量器皿不规范;称取试样时未防止试样吸湿;分解试样时分解不完全等。也有某些特殊原因,如个人对颜色感觉敏锐程度不同,使观察滴定终点颜色的判断产生习惯性的稍深或稍浅。类似这些个人主观因素造成的习惯性操作,有的文献介绍为主观误差,这里把主观误差归于操作误差。

(4)环境误差

由于测量环境的影响所带来的误差。

例如,温度、湿度、灰尘等都可能影响测定结果的准确度。

2. 偶然误差

偶然误差又称随机测量误差(简称随机误差),是在重复测量中按不可预见方式变化的测量误差的分量。随机误差的参考量值是对同一被测量由无穷多次重复测量得到的平均值。是由一些随机的、无法控制的偶然的因素造成的。例如测定试样时,室温、湿度、气压的变化;空气的流动性、振动性;仪器性能微小的变化等引起的误差。有时由于个人操作的随意性或感官的差异,如计量器具标示值的读取不一致引起的误差等。

由于偶然误差是由一些不确定的偶然因素造成的,不是固定的,同时又是可变的,有时大,有时小,有时正,有时负,因此偶然误差也称为不定误差。

偶然因素在分析测试过程中是不可避免的,将使分析结果在一定范围内波动。偶然误差的产生往往难以找到确定的原因,似乎没有规律性。但是,在同一测试条件下,进行很多次重复测定,便会发现偶然误差的分布符合一般的统计规律,其规律为:

(1)大小相等的正负误差出现的概率相等,且呈对称性。

(2)小误差出现的概率大,而大误差出现的概率小。

(3)在平均值附近的测量值出现概率最大。

偶然误差的分布遵循正态分布规律,误差的正态分布曲线见图9-1。

从整体看,当测定次数较多时,其偶然误差的算术平均值等于零。若先消除了系统误差,测定次数越多,则平均值越接近于真值。因此,在实际工作中,采用算术平均值来表示分析结果是合理的。

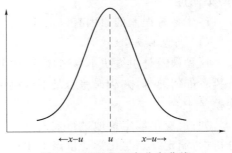

图9-1　误差的正态分布曲线

3. 过失误差

过失误差是指工作中由于粗心、过度疲劳、不按操作规程操作等原因造成的。如：读错刻度、加错试剂、误操作、疏漏或增加操作步骤、记录或计算错误等。这种误差是不允许发生的，在工作上应属于责任事故。一般过失误差较大时，会出现个别离群的数据，甚至是荒诞的数据，或者根本得不到结果。当查明离群数据的出现是由于过失引起的误差，应该弃去该次测定的数据，但是如果没能查清过失原因则不能随意舍弃，应重新取样仔细分析来判断舍取。当然，由于过失，得不到分析结果时，只有重新取样，吸取教训，谨慎按操作规程操作。有的文献资料称过失误差为粗大误差。

综上所述，根据误差产生的原因和性质，系统误差是可以检定和校正的，偶然误差是可以控制的，而过失误差是完全可以避免的。

（1）检验员误差。检验员工作时的心情、责任心、疲劳、视力、听力、操作技术水平及操作固有不良习惯等，都会引起检验误差。

（2）计量器具误差。一些计量器具在设计原理上存在近似关系或不符合原理而造成误差；又由于计量器具的零件的制造、装配质量存在误差给计量器具带来误差；在量值传递中带来的误差等。任何计量器具都存在误差。

（3）标准件（物质）误差。在检定、校验计量器具中由于所用标准的误差给计量器具带来误差。

（4）检验方法误差。由于所用检验方法不完善而引起检验误差。

（5）检验环境误差，如检验周围的温度、湿度、尘埃、振动、光线等不符合规定要求而引起检验误差。

此外，尚有不明原因引起的检验误差。应从检验系统中去查找产生检验误差的各种原因。

三、发现系统误差的方法

1. 系统误差的概念

在重复条件下对同一被测量进行无限多次测量所得结果的平均值 $\overline{y}$ 与被测量真值 y 之差，称为系统误差：$\Delta Y_y = \overline{y} - y$。

2. 系统误差的分类

（1）定值系统误差：已定系统误差和未定系统误差。

（2）变值系统误差：累积性系统误差、周期性系统误差和按复杂规律变化系统误差。

已定系统误差是误差值和符号已确定的误差。

未定系统误差是误差值和符号没有固定或无法确定的误差。

累积性系统误差是误差值逐渐增大或逐渐减小的误差。

周期性系统误差是误差值的大小和符号呈周期性变化的误差。

按复杂规律变化的系统误差是误差值和符号变化复杂的误差。

系统误差对检验结果的影响规律是其值大于零则检验结果值变大；其值小于零，则检验结果值变小。

3. 发现系统误差的方法

（1）发现定值系统误差的方法

方法1：如果一组测量是在两种条件下测得，在第一种条件的残差基本上保持同一种符号,而在第二种条件的残差改变符号,则可认为在测量结果中存在定值系统误差,表 9-1 是用两把量具测量的结果,其中前 5 个数值是用一把量具,后 5 个数值是用另一把量具。从表 9-1 中可知这两把量具中至少有一把的示值超差或零位失准。

表 9-1　测量残差

序号	测量结果 x_i/mm	平均值 X/mm	残差 $V=x_i-x$/mm
1	25.885		-0.004
2	25.887		-0.002
3	25.884		-0.005
4	25.886		-0.003
5	25.895		-0.004
6	25.890	25.889	$+0.007$
7	25.893		$+0.004$
8	25.892		$+0.003$
9	25.891		$+0.002$
10	25.892		$+0.003$

　　方法 2:若对同一个被测量在不同条件下测量得两个值 Y_1、Y_2,设 $\Delta1$ 和 $\Delta2$ 为测量方法极限误差,如果 $|Y_1-Y_2|>\Delta1+\Delta2$,则可认为两次测量结果之间存在定值系统误差。

　　例 9-1:在测长仪上对一个工件进行测量,由两个检验员分别读数,甲检验员读得 $Y_1=0.0123$ mm,乙检验员读得 $Y_2=0.0126$ mm,请检查他们读数之间是否存在定值系统误差?

　　有经验的检验员估读的极限误差为 0.1 刻度,故 $\Delta1=\Delta2=0.001\times0.1$ mm $=0.0001$ mm(0.001 mm 是测长仪的分度值)。$\Delta1+\Delta2=0.0002$ mm,而 $|Y_1-Y_2|=|0.0123-0.0126|=0.0003$ mm,结果是:$|Y_1-Y_2|>\Delta1+\Delta2$,故认为他们之间的测量结果存在定值系统误差。

　　(2)发现变值系统误差的方法

　　进行多次测量后依次求出数列的残差,如果无系统误差,则残差的符号大体上是正负相间;如果残差的符号有规律地变化,如出现(＋＋＋＋－－－－)或(－－－－＋＋＋＋)情况则可认为存在累积系统误差;若符号有规律地由负逐渐趋正,再由正逐渐趋负,循环重复变化,则可认为存在周期性系统误差。

四、减少系统误差的方法

1. 修正法

　　取与误差值相等而符号相反的修正值对测量结果的数值进行修正,即得到不含有系统误差的检验结果,一些计量器具附有修正值表,供使用时修正。

2. 抵消法

　　通过适当安排两次测量,使它们出现的误差值大小相等而符号相反,取其平均值可消除系统误差。

3. 替代法

测量后不改变测量装置的状态,以已知量代替被测量再次进行测量,使两次测量的示值相同,从而用已知量的大小确定被测量的大小。例如在天平上称重量,由于天平的误差而影响到的称结果。为了消除这一误差,可先用重量 M 与被测量 Y 准确平衡天平,然后将 Y 取下,选一个砝码 Q 放在天平上 Y 的位置使天平准确平衡,则 $Y = Q$。

4. 半周期法

如果有周期性系统误差存在,则对任何一个位置而言,在与之相隔半个周期的位置再进行读数,取两次读数的平均值可消除系统误差。

第三节　测量不确定度

学习目标: 初步了解测量不确定度的基本知识。

在对测量结果的误差分析时,使用系统误差、随机误差、过失误差等。由于分析测定中真值在多数情况下是未知的,因此误差和正确度的值也是很难得到的,既然误差不可求得,这些类型的误差也不可能用数字来加以描述,因此就引入了不确定度来表述测量结果的可靠程度。

一、基本概念

1. 测量不确定度

不确定度给出了测量结果质量的定量表示值,便于那些使用测量结果的人评定其可靠性。因此,必须有一种便于使用,易于掌握且被普遍认可的表征测量结果的质量方法,即计算和表示不确定度的方法。

2. 标准不确定度

全称标准测量不确定度。以标准差表示的不确定度。包含 A 类评定的标准不确定度和 B 类评定的标准不确定度。

3. 测量不确定度 A 类评定

简称 A 类评定。对在规定测量条件下测得的量值用统计分析的方法进行的测量不确定分量的评定。

规定测量条件是指重复性测量条件、期间精密度测量条件或复现性测量条件。

4. 测量不确定度 B 类评定

简称 B 类评定。用不同于测量不确定 A 类评定的方法对测量不确定分量的评定。

5. 合成标准不确定度(u)

全称合成测量标准不确定度。当测量结果由若干个其他量的值求得时,按其他量的方差或协方差算得的标准不确定度。

6. 扩展不确定度(U)

确定测量结果区间的量,合理赋予被测量之值分布的大部分可望含于此区间。即合成标准不确定度与一个大于 1 的数字因子(包含因子)的乘积。

7. 覆盖因子(包含因子)

为求得扩展不确定度,对合成标准不确定度所乘之数字因子。

二、测量不确定度的分类

不确定度有两个概念:一个是标准不确定度将其描述为标准偏差,一个是扩展不确定度实际是定义了一个包括大部分被测值在内的范围,即 $U=ku$(k 称作包含因子,由选用的置信度来确定其大小)。因此不确定度分类包含其评定类型如图 9-2 所示。

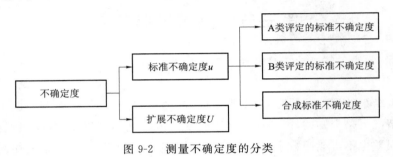

图 9-2 测量不确定度的分类

三、测量不确定度的报告与表示

1. 测量不确定度报告

(1) 完整的测量结果应报告被测量的估计值及其测量不确定度以及有关的信息。报告应尽可能详尽,以便使用者可以正确地利用测量结果。

(2) 化学成分分析检测的检测报告,在报告测量结果时都用扩展不确定度表示。

(3) 测量不确定度报告一般包括以下内容:

1) 被测量的测量模型;

2) 不确定度来源;

3) 输入量的标准不确定度及其评定方法和过程;

4) 输出量的不确定度分量;

5) 合成标准不确定度及其确定方法;

6) 报告测量结果,包括被测量的估计值及其测量不确定度。

2. 测量不确定度的表示

(1) 用合成标准不确定度 $u_c(y)$ 报告测量结果

例如,标准砝码的质量为 m_s,被测量的估计值为 100.021 47 g,合成标准不确定度 0.35 mg,则报告为:

1) $m_s=100.021\ 47$ g,合成标准不确定度 $u_c(m)=0.35$ mg;

2) $m_s=100.021\ 47(35)$ g,括号内的数是合成标准不确定度的值,其末位与前面结果内末尾数对齐；

3）m_s＝100.021 47（0.000 35）g，括号内是合成标准不确定度的值，与前面结果有相同计量单位。

（2）用扩展不确定度 U 报告测量结果

例如，标准砝码的质量为 m_s，被测量的估计值为 100.021 47 g，$u_c(y)$＝0.35 mg，取包含因子 k＝2，U＝2×0.35 mg＝0.70 mg。则报告为：

1）m_s＝100.021 47 g，U＝0.70 mg，k＝2；

2）m_s＝100.021 47 g±0.000 70 g，U＝0.70 mg，k＝2；

3）m_s＝100.021 47（70）g，括号内为 k＝2 的 U 值，其末位与前面结果内末尾数对齐；

4）m_s＝100.021 47（0.000 70）g，括号内为 k＝2 的 U 值，与前面结果有相同计量单位。

第四节　异常数值的检验和处理

学习目标：学会异常数值检验的计算方法。

一、异常数值

在检验所得的一组数值中，有时会发现其中一个或某几个数值与其他大部分数值有明显差异，这种数值可能是异常数值（离群值），也可能不是异常数值。

例如检验得 10 个数值：6.5，6.8，6.3，6.6，7.0，6.9，7.0，10.0，6.0，6.3。从中看到 10.0 比其他 9 个数大许多，它可能是异常数值，但是否是异常数值必须经过检验后才能下结论。如果是异常数值，则必须对它进行处理，因为它严重歪曲了检验结果，过去将异常数值称为粗大误差、人为误差等。

二、产生异常数值的原因

产生异常数值的原因可能是生产中人、机、料、法、环突然发生变异所致，也可能是测量中测量条件和测量方法突然变异或者是检验员看错量具的示值或者是读错数、记录错所致。如果人、机、料、法、环、测突然发生变异，应立即停止生产，待恢复正常后再继续生产；如果是检验员失误应立即纠正。

三、可疑数值的取舍

在分析化学中分析测试的数据总有一定的离散性，这里由偶然误差引起的，是正常的。但往往有个别数据与其他数据相差甚远，这个数据如果是过失误差造成的就必须舍弃，但这个数据是否是由过失误差引起的，往往在实际工作中难于判断，只能说这种数据是可疑值。是否应舍去需要用数理统计方法进行处理，不可轻易取舍。

可疑值的取舍问题，实质上就是区分偶然误差和过失误差两种不同性质的误差问题，统计学处理可疑值的方法有很多种，下面介绍几种常用方法。

1．"$4d$"检验法

用"$4d$"法判断可疑值的取舍步骤如下：

将可疑值除外,计算其余数据的平均值 $\overline{x}$;

将可疑值除外,计算其余数据的平均偏差 $\overline{d}$;

计算可疑数据 x 与平均值 $\overline{x}$ 之差的绝对值 $|x-\overline{x}|$;

判断:当 $|x-\overline{x}|>4\overline{d}$ 时,则数据 x 舍去,反之,则保留。

例 9-2:标定盐酸标准滴定溶液的浓度 $C(HCL)$,得到下列数据:0.101 1、0.101 2、0.101 0、0.101 6,问第 4 次测定的数据是否保留?

解:除去 0.101 6 检验结果,平均值 $\overline{x}=0.101\ 1$;平均偏差 $\overline{d}=0.000\ 07$

则 $|0.101\ 6-0.101\ 1|=0.000\ 5>4\overline{d}(4\overline{d}=0.000\ 3)$

故第 4 次测定数据应舍去。

2. Q 检验法

用 Q 检验法进行可疑值取舍的判断时,首先将一组数据由小到大排列为:x_1、x_2、$\cdots$、x_{n-1}、x_n,若 x_1 或 x_n 为可疑值,则根据统计量 Q 进行判断。

若 x_1 为可疑值时,

$$Q=\frac{x_2-x_1}{x_n-x_1} \tag{9-1}$$

若 x_n 为可疑值时,

$$Q=\frac{x_n-x_{n-1}}{x_n-x_1} \tag{9-2}$$

当 Q 值计算出后,再根据所要求的置信度查 Q 值表(见表 9-2),若所得 Q 值大于表中的 Q 表值时,该可疑值应舍去,否则应予以保留。

表 9-2　Q 值表(置信度 90% 和 95%)

测定次数,n	2	3	4	5	6	7	8	9	10
$Q_{0.90}$	$\cdots$	0.94	0.76	0.64	0.56	0.51	0.47	0.44	0.41
$Q_{0.95}$	$\cdots$	0.98	0.85	0.73	0.64	0.59	0.54	0.51	0.48

例 9-3:用 Q 检验法判断上列中的数据 0.101 6 是否应舍去?

解:将测定数据由小到大排列为 0.101 0、0.101 1、0.101 2、0.101 6,

$$Q=\frac{0.1016-0.1012}{0.1016-0.1010}=0.67$$

查 Q 值表,当置信度为 95%,$n=4$ 时,$Q_{表}=0.85$。$Q<Q_{表}$,因此 0.101 6 这个数据应保留。

3. **格鲁布斯检验法**

用格鲁布斯检验法进行可疑值取舍判断时,首先将一组数据由小到大排列为:x_1、x_2、$\cdots$、x_{n-1}、x_n。然后计算出该组数据的平均值及标准偏差,再根据统计量 $\lambda(\alpha,n)$ 进行判断。

若 x_1 为可疑值时,

$$\lambda=\frac{\overline{x}-x_1}{S} \tag{9-3}$$

若 x_n 为可疑值时,

$$\lambda = \frac{x_n - \overline{x}}{S} \qquad (9\text{-}4)$$

当 λ 值计算出后,再根据其置信度查 λ 值表(见表 9-3),若计算所得 λ 值大于 λ 值表中的 $\lambda_表$ 时,则可疑值应舍去,否则应予以保留。

表 9-3　$\lambda(\alpha, n)$ 数值表

测定次数,n	置信度,α		测定次数,n	置信度,α	
	95%	99%		95%	99%
3	1.15	1.15	10	2.18	2.41
4	1.46	1.49	11	2.23	2.48
5	1.67	1.75	12	2.29	2.55
6	1.82	1.94	13	2.33	2.61
7	1.94	2.10	14	2.37	2.66
8	2.03	2.22	15	2.41	2.71
9	2.11	2.32	20	2.56	2.88

例 9-4: 用格鲁布斯法判断上列中的数据 0.101 6 是否应舍去(置信度 95%)。

解: 将测定数据由小到大排列为 0.101 0、0.101 1、0.101 2、0.101 6。

$$\overline{x} = 0.101\ 2, S = 0.000\ 3,$$

$$\lambda = \frac{0.101\ 6 - 0.101\ 2}{0.000\ 3} = 1.33$$

查 λ 值表,当置信度为 95%,$n=4$ 时,$\lambda_{(0.95,4)} = 1.46$。$\lambda < \lambda_{(0.95,4)}$,因此 0.101 6 这个数据应保留。

由上面例题可见,三种方法对同一组数据中可疑值取舍进行判断时,得出的结论不同。这是由于 $4d$ 法虽然运算简单,但在数理上不够严格,有一定局限性,这种方法先把可疑值排外,然后进行检验,因此容易把原来属于正常的数据舍去,目前已很少应用这种方法。Q 检验法符合数理统计原理,但原则上只适用于一组数据有一个可疑值的判断,且要求一组数据里应含 3～10 个数据,当测定数为 3 次时,最好补测 1～2 个数据再检验判断以定取舍。格鲁布斯法,将正态分布中两个重要样本参数 $\overline{x}$ 和 S 引入进来,方法的准确度较好。因此三种方法通常以格鲁布斯法为准。

4. 狄克逊准则

狄克逊法是对 Q 检验法的改进,它是根据不同的测定次数范围,采用不同的统计量计算公式,因此比较严密。其检验步骤与 Q 检验法类似,这里不再详述。统计量 r 的计算公式见 Dixon 检验临界值表(见表 9-4),同样,当计算的 $r < r_表$ 时,这个数据应保留,否则应舍去。

表 9-4 Dixon 检验临界值表

测定次数	置信度,α		统计量,r	
	95%	99%	x_1 为可疑值	x_n 为可疑值
3	0.970	0.994		
4	0.829	0.926		
5	0.710	0.821	$r_1 = \dfrac{x_2 - x_1}{x_n - x_1}$	$r_n = \dfrac{x_n - x_{n-1}}{x_n - x_1}$
6	0.628	0.740		
7	0.569	0.680		
8	0.608	0.717		
9	0.564	0.672	$r_1 = \dfrac{x_2 - x_1}{x_{n-1} - x_1}$	$r_n = \dfrac{x_n - x_{n-1}}{x_n - x_2}$
10	0.530	0.635		
11	0.619	0.709		
12	0.583	0.660	$r_1 = \dfrac{x_3 - x_1}{x_{n-1} - x_1}$	$r_n = \dfrac{x_n - x_{n-2}}{x_n - x_2}$
13	0.557	0.638		
14	0.586	0.670		
15	0.565	0.647		
16	0.546	0.627		
17	0.529	0.610		
18	0.514	0.594		
19	0.501	0.580	$r_1 = \dfrac{x_3 - x_1}{x_{n-2} - x_1}$	$r_n = \dfrac{x_n - x_{n-2}}{x_n - x_3}$
20	0.489	0.567		
21	0.478	0.555		
22	0.468	0.544		
23	0.459	0.535		
24	0.451	0.526		
25	0.443	0.517		

可疑值的剔除还有其他一些不常用的方法,如拉依达准则、肖维勒准则、罗马诺夫斯基准则、拉依达准则、x^2 检验法等。

第五节　质量控制图

学习目标:掌握质量控制图的概念和原理,掌握控制图的判异准则。

一般用于分析和判断工序是否处于控制状态所使用的带有控制界限的图,统称控制图。控制图又叫管理图。

对生产线上某工序而言,运行状态是连续的。可以通过连续抽取样品(控制样品),测定其某一质量特性,绘制控制图。显然,这种控制体现的是过程管理,即分析和判断在一定时间内工序的运行状态是否受控。但对于检验工序而言,大部分工序过程都很短。有的瞬间可以完成,如机械性能测试;有的几十分钟或数小时,如化学分析、仪器分析;也有长达十几小时的,如高压腐蚀试验。要想对短时间内完成的过程利用控制图进行监控是不现实的。因此就出现了分析测试的质量控制图的概念。

一、质量控制图

1. 概念

质量控制图是专门用来分析和判断检验过程是否处于控制状态所使用的带有控制界限的图。

2. 绘制要求

必须通过较长时间内连续分析测试同一控制样品(又称管理样品)的某一质量特性,才能绘制并利用控制图。控制样品的质量特性应尽可能与测试样品的质量特性一致。

3. 作用

控制图显示了在一定周期内,检验过程随着时间变化的质量波动,通过图形分析和判断它是由于偶然原因还是由于系统原因所造成的质量波动,从而及时提醒人们做出正确的对策,消除系统性原因的影响,保持检验过程处于稳定状态而进行的动态控制的统计方法。因此可以通过质量控制图来分析和判断在一定的周期内,连续重复同一工序的检验过程是否处于控制状态。

二、控制图原理

控制图基本原理是基于质量波动理论与作为判断准则的小概率原理。

1. 质量波动

产品质量客观上存在波动。影响质量波动的因素可分为偶然因素和异常因素。前者是过程固有、始终存在的,对质量的影响微小,它引起质量的偶然波动;后者是非过程固有的,有时存在,有时不存的,对质量影响大,它引起质量的异常波动。偶然波动是可以避免的,故在过程中异常波动及造成异常波动的异因是我们注意的对象。控制图上的控制界限就是区分偶然波动和异常波动的科学界限。

2. 小概率原理

由正态分布的性质可以知道,某一质量特性的质量指标值在 ±3σ 范围内的概率约为 99.7%,而落在 ±3σ 以外的概率只有 0.3%,这是一个小概率,按照小概率事件原理,在一次实践中超出 ±3σ 范围的小概率事件几乎是不会发生的。若发生了,说明检验过程已出现不稳定,也就是说有系统性原因在起作用。这时,提醒我们必须查找原因,采取纠正措施,有必要使检验过程恢复到受控状态。

三、两类错误

利用控制图来判断检验过程是否稳定,实际是一种统计推断方法。不可避免会产生两种错误。

第一类错误是将正常判为异常,即过程并没有发生异常,只是偶然性原因的影响,使质量波动过大而超过了界限性,而我们却错误地认为有系统性原因造成异常。从而因"虚报警",判断分析测试数据异常。

第二类错误是将异常判为正常,即过程已存在系统性因素影响,但由于某种原因,质量波动没有超过界限。当然,也不可能采取相应措施加以纠正。同样,由于"漏报警"导致不正常的分析测试数据,当作正常结果对待。不论哪类错误,最终都会给生产造成损失。

数理统计学告诉我们,放宽控制界限范围,可以减少犯第一类错误的机会,却会增加犯第二类错误的可能;反之,缩小控制界限范围,可以减少犯第二类错误的机会,却会增加犯第一类错误的可能。显然,如何正确把握控制图界限范围的确定,使之既经济又合理,应以两类错误的综合损失最小为原则。一般控制图当过程能力大于 1 时,不考虑第二类错误。3σ方法确定的控制图界限被认为是最合适的。世界上大多数国家都采用这个方法,称之为"3σ 原理"。

四、控制图的判异准则

使用控制图时,应遵循判异准则。

(1) 连续 25 个点中没有 1 个点在控制界限线外;或连续 35 个点中最多 1 个点在控制界限线外;或连续 100 个点中最多 2 个点在控制界限线外。

(2) 控制界限线内的点排列不应有下述异常现象。

1) 链状

连续 7 个点或更多点在中心线一侧;

连续 11 个点中至少有 10 个点在中心线一侧;

连续 14 个点中至少有 12 个点在中心线一侧;

连续 17 个点中至少有 14 个点在中心线一侧;

连续 20 个点中至少有 16 个点在中心线一侧。

2) 趋势

连续 7 个点或更多的点具有上升或下降趋势。

3) 呈周期变化

点的排列随时间的推移而呈周期性。

4) 点靠近控制界限

连续 3 个点中有 2 个点或连续 7 个点中至少有 3 个点落在 2S 与 3S 区域内。

很明显,当点落在控制界限线外或控制界限线上,或控制界限线内的点子排列有异常,都应视为检验过程出现异常。如何处理则应具体问题具体分析。

第六节　随机数表法

学习目标:掌握利用随机数表进行取样的方法。

一、基本概念

随机号码表又称为乱数表。它是将 0~9 的 10 个自然数,按编码位数的要求利用特制的摇码器(或电子计算机),自动地逐个摇出(或电子计算机生成)一定数目的号码编成表,每页排成 50 行 50 列,共有 2 500 个数字,这个表内任何号码的出现,都有同等的可能性。利用这个表抽取样本时,可以大大简化抽样的繁琐程序。

二、随机数表在随机取样中的应用

（1）随机地决定取哪一页、哪一行、哪一列。

（2）如果取的是一位或两位数，则往右边取，如果到达右端，则移到下一行的左端开始继续往右取。

（3）如果取的是三位数（或者三位以上），则往下边取，如果到达下端，则移到下一列的上端继续往下取。

（4）当取样数小于 100 时，可按随机数表两位数的大小进行取样，当取样数大于 100 时，可按随机数表三位数的大小进行取样。

（5）在所取的数值中去掉其中重复和无用的。

例 9-5：从 60 瓶样品中随机抽取 5 个样品进行检验，利用随机数表抽取样本时，先将 60 瓶样品按 1～60 进行编号，如果从随机数表第 8 行第 7 列的数开始向右读，请你依次写出需检验的样品编号？

下面摘取随机数表的第 7 行至第 9 行：

第 7 行：84 42 17 53 31　57 24 55 06 88　77 04 74 47 67　21 76 33 50 25　83 92 12 06 76

第 8 行：63 01 63 78 59　16 95 56 67 19　98 10 50 71 75　12 86 73 58 07　44 39 52 38 79

第 9 行：33 21 12 34 29　78 64 56 07 82　52 42 07 44 38　15 51 00 13 42　99 66 02 79 54

解：第 8 行第 7 列为"7"，因为是用二位数编号（XX），所以取两个数，既第一个被取出的编号为 78、59、16、95、56、67、19、98、10、…，因为 78、95、67、98 大于 60，所以舍去。所以最先检验的 5 袋牛奶编号为：59、16、56、19、10。

第三部分　核燃料元件性能测试工技师技能

第十章　检验准备

学习目标：掌握蒸馏法、离子交换法制备纯水的原理和操作技能。了解实验室常用玻璃量具的检定要求，掌握采用衡量法校准容量瓶的操作方法。学习影响滴定分析准确度的影响因素。学习仪器校准和期间核查的知识，掌握仪器进行期间核查的方法，能够熟练操作仪器的测量软件。具备设计原始记录、检验报告的技能。

第一节　实验室用水的制备方法

学习目标：掌握实验室制水的方法。

分析实验室用水又称纯水。制备化验用水的方法很多，本节主要介绍蒸馏法和离子交换法。

一、蒸馏法

利用水与水中杂质的沸点不同，将天然水用蒸馏器蒸馏就得到蒸馏水。蒸馏器现在多采用内加热式蒸馏器代替电炉等外加热式的蒸馏方法。实验室用的蒸馏器通常是用玻璃或金属制造的。蒸馏法制备化验用水，设备简单、操作方便、广泛地被实验室采用。

经过一次蒸馏而得称为一次（级）蒸馏水。有些分析要求用水须经二次或三次蒸馏而得的二次（或三次）蒸馏水。但蒸馏水中仍含有一些微量杂质，是因为：二氧化碳及某些低沸点易挥发物，随水蒸气带入蒸馏水中或冷凝器、蒸馏器、容器的材料成分微量地带入蒸馏水中。

因此可以增加蒸馏次数，减慢蒸馏速度，弃去头尾蒸出水，以及采用特殊材料如石英、银、铂、聚四氟乙烯等制作的蒸馏器皿，可制得高纯水。高纯水不能贮于玻璃容器中，而应贮于有机玻璃、聚乙烯塑料或石英容器中。

二、离子交换法

用离子交换法制得化验用水常称去离子水或离子交换水。离子交换法能除去原水中绝大部分盐、碱和游离酸，但不能完全除去有机物和非电介质。因此，要获得既无电解质又无微生物等杂质的纯水,还须将离子交换水再进行蒸馏。此法的优点是操作与设备均不复杂,出水量大,成本低。

1. 离子交换树脂及交换原理

离子交换树脂是一种高分子化合物,通常为半透明或不透明的浅黄、黄或棕色球状物。它不溶于水、酸、碱及盐中,对有机溶剂、氧化剂、还原剂等化学试剂也具有一定的稳定性,具有热稳定性。离子交换树脂具有交换容量高、机械强度好、膨胀性小、可以长期使用等优点。

（1）分类

根据活性基团的不同,分为阳离子交换树脂和阴离子交换树脂两类。

在阳离子交换树脂中又有强酸性阳离子交换树脂,如聚苯乙烯磺酸型树脂 R-SO3H（如国产 732 型树脂）,和弱酸性阳离子交换树脂,如丙烯酸型树脂。阴离子交换树脂也分为强碱性阴离子交换树脂,如聚苯乙烯季铵盐树脂 R-N(CH$_3$)$_3$OH（如国产 717 型或 711 型）,和弱碱性阴离子交换树脂,如聚苯乙烯仲铵型树脂 R-N(CH$_3$)$_2$（如国产 710A、710B 型）。

（2）交换原理

以钠型（阳离子树脂）和氯型（阴离子树脂）离子交换树脂为例,R 表示离子交换树脂本体,Na$^+$、Cl$^-$ 分别代表水中阴阳离子杂质。通过以下的离子交换过程,即可制得纯度较高的去离子水。

$$\text{R-SO}_3\text{H} + \text{Na}^+ \underset{\text{再生}}{\overset{\text{交换}}{\longleftrightarrow}} \text{R-SO}_3\text{Na} + \text{H}^+$$

$$\text{RH(CN}_3\text{)OH} + \text{Cl}^- \underset{\text{再生}}{\overset{\text{交换}}{\longleftrightarrow}} \text{RN(CN}_3\text{)Cl} + \text{OH}^-$$

$$\text{H}^+ + \text{OH}^- = \text{H}_2\text{O}$$

上述反应是可逆的,树脂失效后,分别用酸、碱处理,树脂可再生。

2. 离子交换装置

交换柱常用玻璃、有机玻璃或聚乙烯管材制成,进、出水管和阀门最好也用聚乙烯制成,也可用橡皮管加上弹簧夹。简单的交换柱可用酸式滴定管装入交换树脂制成,在滴定管下部塞上玻璃棉,均匀地装入一定高度的树脂就构成了一个简单的离子交换柱。通常树脂层高度与柱内径之比至少要大于 5：1。

自来水通过阳离子交换柱（简称阳柱）除去阳离子,再通过阴离子交换柱（简称阴柱）除去阴离子,流出的水即可作化验用水。但它的水质不太好,pH 常大于 7。为了提高水质,再串联一个阳、阴离子交换树脂混合的"混合柱",就得到较好的化验用水。离子交换制备化验用水的流程,分为单床、复床（阳柱、阴柱）、混合床等几种。若选用阳柱加阴柱的复床,再串联混合床的系统,制备的纯水就能很好地满足各种化验工作对水质子交换树脂的预处理方法。

3. 离子交换树脂预处理

将树脂置于塑料容器中,用清水漂洗,直至排水清晰为止。用水浸泡 12～24 h,使其充分膨胀。如为干树脂,应先用饱和氯化钠溶液浸泡,再逐步稀释氯化钠溶液,以免树脂突然膨胀而破碎。用树脂体积 2 倍量的 2%～5% HCl 浸泡树脂 2～4h,并不时搅拌。也可将树脂装入柱中,用动态法使酸液以一定流速过树脂层,然后用纯水自上而下洗涤树脂,直至流出液 pH 近似为 4,再用 2%～5% NaOH 处理,再用水洗至微碱性。再一次用 5% HCl 流洗,使树脂变为氢型,最后用纯水洗至 pH 约为 4,同时检验无 Cl⁻ 即可。pH 可用精密 pH 试纸检测。氯离子可用稀硝酸银检查至无氯化银白色沉淀。

阴离子树脂的预处理步骤基本上与阳离子树脂相同,只是在树脂用 NaOH 处理时,可用 5%～8% NaOH 流洗,其用量增加一些。使树脂变为 OH 型后,不要再用 HCl 处理。

若使用少量离子交换树脂时,在用水漂洗后,可增加用 95%乙醇溶液泡树脂 24 h,以除去醇溶性杂质。

4. 离子交换树脂装柱

装柱:清洗交换柱表面的油污或杂质,用去离子水冲洗干净,在柱底部装入少量玻璃棉,装入半柱水,然后将树脂和水一起倒入柱中。装柱时,应注意柱中的水不能流干,否则树脂易形成气泡影响交换柱效率,从而影响出水量。

装树脂量:单柱装入柱高的 2/3,混合柱装入柱高的 3/5,阳离子树脂与阴离子树脂的比例为 2:1。制取纯水选用 20～40 目离子交换树脂为好。

5. 离子交换树脂再生

树脂的再生:当离子交换树脂使用一定时间以后,当阳柱出水可检出阳离子,阴柱出水检出阴离子,混合柱出水电导率不合格,表示树脂已经失去交换能力,将失效的阳(阴)离子交换树脂可用酸(碱)再生处理,重新将树脂转变为氢型或氢氧型。

(1) 阳离子交换树脂的再生方法

1) 逆洗　将自来水从交换柱底部通入,废水从顶部排出,将被压紧的树脂变松,洗去树脂碎粒及其他杂质,排除树脂层内的气泡,以利于树脂再生,洗至水清澈通常需 15～30 min。逆洗后,从下部放水至液面高出树脂层面上 10 cm 处。

2) 酸洗　用 4%～5%HCl 水溶液从柱的顶部加入,控制流速,约 30～45 min 加完为宜。HCl 的用量与柱的大小有关。

3) 正洗　将自来水从柱顶部通入,废水从柱下端流出,控制流速约为二倍酸洗的流速。洗至 pH=3～4 时,用精密 pH 试纸试溶液酸度,用络黑 T 检验应无阳离子。正洗大约需 20～30 min。

精密 pH 试纸最好先用 pH 计校验过,以免指示不准,造成阳柱中 HCl 未洗净或正洗时间太长,用水量太大。

(2) 阴柱再生方法

1) 逆洗　将自来水连接于阴柱下端,靠自来水的压力通入阴柱,与阳柱再生相似。

2) 碱洗　将 5%NaOH 溶液从柱顶部加入,控制一定流速,使碱液在 1～1.5 h 加完为宜。NaOH 溶液用量与柱的大小有关。

3) 正洗　从柱顶部通入去离子水,下端放出废水,流速约为碱洗时的两倍,洗至 pH=11～12 时,用硝酸银溶液检验应无氯离子。

以上所有操作均不可将柱中水放至树脂层面以下,以免树脂间产生气泡。

(3) 混柱的柱内再生方法

混合柱的再生方法可将阴、阳离子分层后取出分别再生,也可直接在柱内再生。由于混合柱的再生方法复杂,这里就不再详细叙述了。

三、超纯水的制备

在一些分析工作中需要使用超纯水。因此需要配备小型的超纯水制造装置。国内外已有定型产品供应。该装置采用即用即采水式,避免因空气及保存容器对水质的影响。

工作原理是通过循环泵将供给水送入微量吸附柱(包括有机吸附柱和交换离子混合床柱)中,使原水不断循环,将微量的离子和有机物有效地去除,然后通过无菌过滤器除去微粒及微生物。

第二节　常用玻璃量器的检定

学习目标:掌握实验室常用玻璃量具的检定要求和方法。

实验室使用的玻璃量器,都必须进行计量检定合格后才能使用,考虑玻璃量具的易碎性,一般是就地就近选择具有相应的检定资格的检定部门。检定方法按照 JJG196《常用玻璃量器检定规程》进行,使用时应注意使用现行有效版本。

计量器具控制包括玻璃量器的首次检定、后续检定和使用中检定。

玻璃量器通常采用钠钙玻璃或硼硅玻璃制成,用硼硅玻璃制成的玻璃量器应标"B_{si}"。常用玻璃量器包括滴定管、分度吸量管、单标线吸量管、单标线容量瓶、量筒和量杯。玻璃量器按其形式分为量入式和量出式两种。玻璃量器按照其准确度不同分为 A 级和 B 级。其中量筒、量杯不分级。

一、玻璃量器的校准方法

玻璃量器的校准方法有衡量法和容量比较法,但以衡量法为仲裁检定方法。

1. 衡量法

取一只容量大于被检玻璃量器的洁净有盖称量杯,称得空杯质量。然后将被检玻璃量器内的纯水放入称量杯后,称得纯水质量。调整被检玻璃量器液面的同时,应观测测温筒内的水温,读数应准确到 0.1 ℃。按照式(10-2)计算得出玻璃量器在标准温度 20 ℃时的试剂容量。凡使用需要实际值的检定,其平均检定次数至少 2 次,2 次检定数据的差值不应超过被检玻璃容器允差的 1/4,并取 2 次的平均值。

$$V_{20} = \frac{m(\rho_B - \rho_A)}{\rho_B(\rho_w - \rho_A)}[1 + \beta(20 - t)] \tag{10-1}$$

为简便计算过程,可将上式化为下列形式:

$$K(t) = \frac{(\rho_B - \rho_A)}{\rho_B(\rho_w - \rho_A)}[1 + \beta(20 - t)] \tag{10-2}$$

$$V_{20} = m \times K(t) \tag{10-3}$$

$K(t)$ 值见表 10-1。

式中:V_{20}——标准温度 20 ℃时的被检玻璃量器的实际容量,mL;

ρ_B——砝码密度,取 8.00 g/cm³;

ρ_A——测定时实验室内的空气密度,取 0.001 2 g/cm³;

ρ_W——蒸馏水 t ℃时的密度,g/cm³;

β——被检玻璃量器的体胀系数,℃⁻¹;

m——被检玻璃量器内所能容纳水的表观质量,g;

t——检定时蒸馏水的温度,℃。

表 10-1　常用玻璃量器衡量法 $K(t)$ 值表

钠钙玻璃体胀系数25×10⁻⁶ ℃⁻¹,空气密度 0.001 2 g/cm³									
水温	0.0	0.1	0.2	0.3	0.4	0.5	0.6	0.7	0.8	0.9
15	1.002 08	1.002 09	1.002 10	1.002 11	1.002 13	1.002 14	1.002 15	1.002 17	1.002 18	1.002 19
16	1.002 21	1.002 22	1.002 23	1.002 25	1.002 26	1.002 28	1.002 29	1.002 30	1.002 32	1.002 33
17	1.002 35	1.002 36	1.002 38	1.002 39	1.002 41	1.002 42	1.002 44	1.002 46	1.002 47	1.002 49
18	1.002 51	1.002 52	1.002 54	1.002 55	1.002 57	1.002 58	1.002 60	1.002 62	1.002 63	1.002 65
19	1.002 67	1.002 68	1.002 70	1.002 72	1.002 74	1.002 76	1.002 77	1.002 79	1.002 81	1.002 83
20	1.002 85	1.002 87	1.002 89	1.002 91	1.002 92	1.002 94	1.002 96	1.002 98	1.003 00	1.003 03
21	1.003 04	1.003 06	1.003 08	1.003 10	1.003 12	1.003 14	1.003 15	1.003 17	1.003 19	1.003 21
22	1.003 23	1.003 25	1.003 27	1.003 29	1.003 31	1.003 33	1.003 35	1.003 37	1.003 39	1.003 41
23	1.003 44	1.003 46	1.003 48	1.003 50	1.003 52	1.003 54	1.003 56	1.003 59	1.003 61	1.003 63
24	1.003 66	1.003 68	1.003 70	1.003 72	1.003 74	1.003 76	1.003 79	1.003 81	1.003 83	1.003 86
25	1.003 89	1.003 91	1.003 93	1.003 95	1.003 97	1.004 00	1.004 02	1.004 04	1.004 07	1.004 09

硼硅玻璃体胀系数10×10⁻⁶ ℃⁻¹,空气密度 0.001 2 g/cm³									
水温	0.0	0.1	0.2	0.3	0.4	0.5	0.6	0.7	0.8	0.9
15	1.002 00	1.002 01	1.002 03	1.002 04	1.002 06	1.002 07	1.002 09	1.002 10	1.002 12	1.002 13
16	1.002 15	1.002 16	1.002 18	1.002 19	1.002 21	1.002 22	1.002 24	1.002 25	1.002 27	1.002 29
17	1.002 30	1.002 32	1.002 34	1.002 35	1.002 47	1.002 49	1.002 42	1.002 42	1.002 44	1.002 46
18	1.002 47	1.002 49	1.002 51	1.002 53	1.002 54	1.002 56	1.002 58	1.002 60	1.002 62	1.002 64
19	1.002 66	1.002 67	1.002 69	1.002 71	1.002 73	1.002 75	1.002 77	1.002 79	1.002 81	1.002 83
20	1.002 85	1.002 86	1.002 88	1.002 90	1.002 92	1.002 94	1.002 96	1.002 98	1.003 00	1.003 03
21	1.003 04	1.003 06	1.003 09	1.003 11	1.003 13	1.003 15	1.003 17	1.003 19	1.003 22	1.003 24
22	1.003 27	1.003 29	1.003 31	1.003 33	1.003 35	1.003 37	1.003 39	1.003 41	1.003 43	1.003 46
23	1.003 49	1.003 51	1.003 53	1.003 55	1.003 57	1.003 59	1.003 62	1.003 64	1.003 66	1.003 69
24	1.003 72	1.003 74	1.003 76	1.003 78	1.003 81	1.003 83	1.003 86	1.003 88	1.003 91	1.003 94
25	1.003 97	1.003 99	1.004 01	1.004 03	1.004 05	1.004 08	1.004 10	1.004 13	1.004 16	1.004 19

2. 容量比较法

将标准玻璃量器用配制好的洗液进行清洗,然后用水冲洗,使标准玻璃量器内无积水现象,液面与器壁能形成正常的弯月面。然后将被检玻璃量器和标准玻璃量器安装到容量比较法检定装置上,排除检定装置内的空气,检查所有活塞是否漏水,调整玻璃量器的流出时间和零位,使检定装置处于正常工作状态。将被检玻璃量器的容量与标准玻璃量器的容量进行比较,观察被检玻璃量器的容量示值是否在允差范围内。

二、玻璃量器的容量校正

以容量瓶的校准为例,其余玻璃量器的校准方法见 JJG196。

1. 检定条件

(1)环境条件

室温(20±5)℃,且室温变化不得大于 1 ℃,水温和室温之差不得大于 2 ℃/h。检定介质为纯水(蒸馏水或去离子水),应符合 GB 6682—1992 要求。

(2)检定设备

天平、砝码(电子天平除外)、偏光应力仪、标准玻璃量器组、精密温度计、秒表、检定架、测温筒等。

2. 计量性能要求

(1)流出时间和等待时间

滴定管、分度吸量管和单标线吸量管的检定需要满足 JJG196 中对流出时间和等待时间的规定。

(2)容量允差

指在标准温度 20 ℃时,量具的标称容量(或零)至任意分量,以及任意两检定点之间的最大误差。表 10-2 所示为单标线容量瓶的计量要求。

表 10-2　单标线容量瓶计量要求一览表

标称容量		1	2	5	10	25	50	100	200	250	500	1 000	2 000
容量允差/mL	A	±0.010	±0.015	±0.020	±0.020	±0.03	±0.05	±0.10	±0.15	±0.15	±0.25	±0.40	±0.60
	B	±0.020	±0.030	±0.040	±0.040	±0.06	±0.10	±0.20	±0.30	±0.30	±0.50	±0.80	±1.20
分度线宽度/mm		≤0.4											

3. 检定项目

外观、应力(首次检定时)、密合性、流出时间、容量示值。

(1)外观

用目力或放大镜观察外观有无影响计量读数及使用强度的外观缺陷,有商标、标准温度、形式(量入式或量出式)、标称总容量与单位(mL)及准确度等级。

(2)密合性

将水充至最高标线,塞子擦干,不涂油脂,盖紧后用手指压住塞子,颠倒 10 次,每次颠倒时,在倒置状态下至少停留 10 s,不应有水渗出。

(3)容量示值

检定前应将量器清洗干净,清洗干净的被检量器须在检定前 4 h 放入实验室内。任意两检定点之间的最大误差应符合容量允差的规定。

4. 检验结果的处理

(1)经检定合格的玻璃量具,贴检定合格证或出具检定证书。

（2）经检定不合格的玻璃器具出具检定结果通知书，并注明不合格项目。

5. 检定周期

玻璃量具的检定周期为 3 年，其中无塞滴定管为 1 年。

第三节　影响滴定分析准确度的因素

学习目标：学习影响滴定分析准确度的影响因素。

滴定分析是根据滴定反应的化学计量关系测定结果，采用指示剂确定反应终点，并通过滴定操作来完成的。因此，滴定反应的完全程度、指示剂引入的终点误差、滴定操作误差等均是影响滴定分析准确度的因素。

一、滴定反应的完全程度

对于滴定反应（$aA+bB=cC+dD$）其平衡常数越大，被滴定组分的浓度越大，反应向右进行越完全，滴定分析准确度越高。判断滴定法能否准确进行滴定的准则见表 10-3。

表 10-3　判断滴定法能否准确进行滴定的准则

滴定方法	滴定剂	被滴组分	判断准则	说明
酸碱滴定	碱	弱酸	$cK_a \geqslant 10^{-8}$	c：被测组分浓度 K_a：酸离解常数 K_b：碱离解常数 K_{ai}：第 i 级酸离解常数 K_{bi}：第 i 级碱离解常数 K'_{My}：络合物条件稳定常数 $E_1^{0'}$、$E_2^{0'}$：分别为氧化剂、还原剂的克式电位
	酸	弱碱	$cK_b \geqslant 10^{-8}$	
	碱	两性物质	$cK_a \geqslant 10^{-8}$	
	酸		$cK_b \geqslant 10^{-8}$	
	碱	多元酸	$cK_a \geqslant 10^{-8}$ 可准确滴至 i 级 $K_{ai}/K_{a(i+1)} > 10^5$ 能分步滴定	
	酸	多元碱	$cK_{bi} \geqslant 10^{-8}$ 可准确滴至 i 级 $K_{bi}/K_{b(i+1)} > 10^5$ 能分步滴定	
络合滴定	络合剂 Y	金属离子 M	$cK'_{My} \geqslant 10^5$	
氧化还原滴定	氧化剂 （还原剂）	还原剂 （氧化剂）	$|E_1^{0'} - E_2^{0'}| > 0.4$ V	

二、指示剂的终点误差

指示剂的终点与滴定反应的理论终点经常存在差异，因此除了考虑目测判断终点引入的误差外，还应按在一定介质条件下，选用指示剂指示的终点与滴定反应的理论终点之间的实际差异考虑指示剂引入的终点误差，它是滴定分析的主要误差。只要滴定反应在理论终点附近的突跃范围足够大，一般都能找到变色范围落在滴定突跃内的指示剂。

指示剂引入的终点误差和滴定反应的完全程度二者的综合影响，可用误差公式表示，即在指定的允许误差范围内，滴定反应的完全程度越高，允许指示剂偏离理论终点越远，只要它们的综合效果（滴定误差）不超过允许误差，就可认为滴定分析结果是可靠的。

三、测量误差

滴定分析主要通过滴定操作进行,滴定管的读数,也是滴定分析误差的一个来源,这部分误差规定不能超过±0.1%。若使用 50 mL 的常量滴定管,其最小刻度为 0.1 mL,可估计到 0.01 mL,即读数绝对误差 $E = \pm 0.01$ mL,测定一个体积必须读数 2 次,因此相对误差 $RE = 2E/V$,要使 RE 小于 0.1%,V 必须大于或等于 20 mL。若滴定剂体积消耗过多,不仅给操作带来麻烦,而且会引入更多的误差,所以通常使滴定剂体积消耗在 20~30 mL 之间。若使用 5 mL 的半微量滴定管,其最小刻度为 0.01 mL,可以估计到 0.001 mL,为使 RE 小于 0.1%,则使滴定剂消耗在 2~3 mL 之间。可以通过调整试样的称样量或试液的稀释倍数、滴定剂的浓度等,使滴定时滴定剂的消耗量恰在所希望的范围内。

滴定分析时,试样及基准物的质量常用分析天平称量。一般分析天平的称量误差为 $\pm 0.000\ 2$ g,若要求测量时相对误差在 0.1%以下,则试样质量=绝对误差/相对误差=$\pm 0.000\ 2/\pm 0.1\% = 0.2(g)$,因此,为了减小称量时的误差,试样或基准物质的质量必须在 0.2 g 以上。

第四节　测试设备的校准和期间核查

学习目标: 学习仪器校准和期间核查的知识,掌握仪器进行期间核查的方法。

仪器设备技术性能的好坏直接影响分析结果的可靠性。无论是新购置的仪器还是长期使用的仪器,都需要进行全面的性能测试,并做出综合评价和进行仪器校准。

一、基本概念

1. 测量设备

单独地或连同辅助设备一起用于测量的器具(又称计量器具)。

2. 校准

校准指校对机器、仪器等,使其准确无误。在规定条件下,为确定测量仪器或测量系统所指示的一组操作。校准可能包括以下步骤:检验、校正、报告或通过调整量值,或实物量具或参考物质所代表的量值,与对应的由标准所浮现的量值之间关系来消除被比较的测量装置在准确度方面的任何偏差。

3. 内校设备

具有测量设备内校员计量资格,同时公司有相应资源(标准器)支持的测量设备。

4. 外校设备

与产品质量判定结果有直接或间接影响,且内校员无此计量资格及无校准标准器的测量设备。

5. 免校设备

与产品质量判定无直接或间接影响的辅助测量设备。

二、仪器计量校准的范围

A类设备是指计量保证器具、列入强制检定的工作计量器具、对产品质量有重大影响的器具等。对A类器具应制定严格的管理办法和周检计划，检定时要严格执行检定规程，校准时也要明确周期。

B类仪器设备是指通用的、有准确度要求的、对产品质量有明确影响的仪器设备等。B类仪器设备的检定周期原则上不应超过检定规程规定的最长周期，如工作需要对其可适当减少检定项目或只作部分检定。可使用校准，经评估测试后延长校准周期。

C类仪器设备是指国家规定进行一次性检定和国家暂无要求的仪器设备等。对C类仪器设备可在入库验收检定后投入使用，使用过程可进行功能检查。尤其是附在设备上的仪表。

三、仪器设备分类

仪器设备可分为：无线电类仪器、电磁类仪器、时间频率类仪器、长度类仪器、力学类仪器、热工类和理化类仪器。

四、仪器校准的基本要求

1. 环境条件

校准如在检定室内进行，则环境条件应满足实验室要求的温度、湿度等规定。校准如在现场进行，则环境条件以能满足仪表现场使用的条件为准。

2. 仪器

作为校准用的标准仪器其误差限应是被校表误差限的 $1/3 \sim 1/10$。

3. 人员

校准虽不同于检定，但进行校准的人员也应经有效的考核，并取得相应的合格证书，只有持证人员方可出具校准证书和校准报告，也只有这种证书和报告才认为是有效的。

五、期间核查

期间核查是指为维持设备在两次校准之间的校准状态的可信度，以减少由于设备稳定性变化所造成的测量风险，在两次校准之间进行的检查。

1. 期间核查的频次

期间核查的频次与仪器性能以及使用频次有关，通常需要在两次校准之间至少进行1次期间核查；在仪器进行维修或调整后，也需要进行期间核查，以确保测量结果的有效性。若关键部位的维修或更换有可能对量值可靠性造成影响时，有必要提前报请具有资质的计量校准机构进行校准。

2. 期间核查的方法

期间核查不同于校准/检定，但有条件的情况下也可以参照校准/检定规程或仪器说明书进行，期间核查的方法可以采用以下方法：

（1）分析标准物质；

（2）不同仪器之间进行比对；

（3）不同实验室之间进行比对；

（4）核查仪器的灵敏度、检出限、分辨率等性能指标；

（5）重复分析稳定、均匀的样品；

（6）其他可以证明仪器可信度的方法。

期间核查可根据需要采取以上一种方法或多种方法的组合。

如期间核查时发现设备失准，应立即停止使用，安排维修，并通过对此前分析的样品进行复测，分析验证对先前检测工作的影响程度。

六、原子吸收光谱仪的校准

以原子吸收光谱仪的校准为例说明仪器校准的方法。

为了保证仪器分析检测结果的准确可靠，需定期对仪器进行校准，在仪器新安装、搬迁、维修后都应进行校准。仪器校准根据《原子吸收分光光度计》（JJG 694）、《原子吸收光谱分析法通则》（GB/T 15337）制定。

1. 波长准确度与重现性

仪器的波长误差主要来自波长扫描机构，良好的波长准确度及重复性有利于快速准确地调整元素测量参数。波长示值误差是指灵敏度吸收线的波长示值和波长标准值之差，波长准确度≤±0.5 nm。波长重复性是指在不考虑系统误差的情况下，仪器对某一波长测量值给出相一致读数的能力，波长重现性≤0.3 nm。

2. 分辨率

指仪器对元素灵敏吸收线与邻近谱线分开的能力。当仪器光谱带宽为 0.2 nm 时，它应能分辨双线 Mn279.5 nm 和 Mn279.8 nm，或以 0.2 nm 光谱带宽测量（汞）谱线，半宽度不超过（0.2±0.02）nm。

3. 基线稳定性

是指在一段时间内，仪器保持其零吸光度值稳定性的能力。在 30 min 内，静态基线稳定性最大零漂移应不大于±0.006 A 和最大舒适噪声应不大于 0.006 A；其点火基线的稳定性最大零漂移应不大于±0.008 A 和最大瞬间时噪声不大于 0.008 A。

4. 灵敏度（特征浓度或特征质量）

灵敏度与仪器、待测元素及分析方法有关。当仪器用火焰原子吸收法测铜时，应不大于 0.04 $\mu g/mL$；用石墨炉原子吸收光谱法测镉时，应不大于 2 pg。

5. 检出限

检出限与仪器、待测元素及分析方法有关，当给定元素、分析方法后，是仪器的一项综合性指标。当仪器用火焰原子吸收法测铜时，应不大于 0.02 $\mu g/mL$，用石墨炉原子吸收光谱法测镉时，应不大于 4 pg。

6. 重复性（精密度）

当仪器用火焰原子吸收法测铜时，应不大于 1.5％，用石墨炉原子吸收光谱法测镉时，应不大于 7％。

7. 边缘波长噪声

反映仪器边缘波长处对光源辐射集光的能力。在边缘波长处,对 As(193.7 nm)和 Cs (852.1 nm)进行测量,其峰背比应不大于±2%,且 5 min 内瞬时噪声应<0.03 A。

8. 背景校正能力

(1) 氘灯法:吸收值接近 1.0 A,背景校正能力不应小于 30 倍。

(2) 自吸法、塞曼法:校正能力不应小于 60 倍。

七、质谱仪仪器和方法的校准

1. 同位素丰度的相对测量和绝对测量

同位素分析的基本实验内容是测量不同荷质比的离子流强度,在双接收器测量时,也可以直接测量离子流强度的比值。离子状态下所得到的同位素丰度,与原子状态下的实际同位素丰度不尽相同。

有些分析工作只要求鉴别样品之间,或者许多样品和一个选定样品之间,同位素组成是否存在着差别,通常称为同位素丰度的相对测量。在这种情况下,保证实验条件不变,离子状态下进行比较,即能够给出样品实际同位素组成的相对差别。例如,依据分离因子的公式 $D=R_后/R_前$,观察某一同位素分离过程的分离效果,其中 $R_后$ 和 $R_前$ 分别为分离前后的有关同位素的丰度比。两个样品之间究竟有否差别,只要两个样品的这一比值测量时重复性较好,通过比较就可以看清楚它们是否存在差别。因此,这类工作一般只要"精",不太要求"准"。

有些分析工作,要求测量样品的真实同位素丰度。因此,当从离子流强度推断同位素实际丰度时,要求考虑全部分析误差的影响。这种测量通常称之为同位素丰度的绝对测量。例如,由同位素丰度求原子量,这时要知道的是该元素的真实的同位素组成,即各同位素实际所占的原子百分比,然后才能和原子质量的数据一道计算出该元素的原子量。像这样一类分析,不只要求要"精",尤其要求要"准"。

2. 校准过程

目前确定系统误差的唯一有效方法是使用精配的同位素混合物来检验分析结果。下面介绍一下有关概念和完成校准的程序。

首先,取两种接近于同位素纯浓缩同位素,并假定同位素丰度比为 R_1 和 R_2。目前大都是通过化学称重,配制出准确已知同位素丰度比的同位素混合物,假定其丰度比为 $R_计$,$R_计$ 即被认为是真值的代表,称为计算值,这个混合物即称作校准样品。

在待校准的质谱仪器上,对校准样品进行测量,得到这个丰度比的测定值 $R_测$。比较计算值和测定值,便可估计出仪器的系统误差(更确切地说是各系统误差合成的系统不确定度),称作校准系数,定义为

$$k_校 = \frac{R_计}{R_测} \tag{10-4}$$

质谱测量中系统误差是漂移变化的,因此对质谱仪器的校准也不是一劳永逸的。由于配制校准样品需要珍贵的高度浓缩的同位素,因此可提供的校准样品数量很少。为了解决长期的大量需要问题,可以选择一种或多种贮备量较大的参考物质(具有与校准样品相同化

学形态和相近同位素组成），在测量校准样品的同时，标定出参考物质的真实的同位素丰度比，取作基准值。这些物质作为长期使用的同位素基准物质，可广泛用于检查系统误差。

校准标定过程是一项精细的质谱和化学工作。从目前这类工作来看，使用的质谱仪器多数是 15～30 cm 半径的单聚焦扇形质谱计，但也有用到二级串列质谱装置的。有关工作者都要花一定的精力改进和完善离子接收和记录系统，使之具有恒定的系统误差。个别情况下也有人使用过二次电子倍增器。仪器都调整至最佳状态，基本上只剩下与电离过程相连系的质量歧视效应的残余影响。为慎重起见，通常采用两台或多台仪器并行分析。

校准样品配制的丰度比有三种情况：接近于选定的同位素基准物质的丰度比；配制两种丰度比，把同位素基准物质丰度比"括"在其中；等原子数的丰度比。在同位素基准物质含有多同位素时，常选最轻和最重的两个同位素，因为它们的比值对质量歧视效应比较敏感。

校准样品和同位素基准物质是按照相同的规程严格测量的。

3. 同位素基准物质

直接使用校准样品确定系统误差，不是任何一个实验室都有条件办到的。但是，由校准样品标定出来的同位素基准物质，却为一般实验室确定和校正系统误差提供了条件。

同位素基准物质的研究和发展是从铀开始的。由于有关工作对可裂变核素 ^{235}U 需要高度可靠的数据，因此各种使用者都要求建立同位素基准。

同位素基准物质的建立具有重要意义。一个分析结果的准确度是测量的随机不确定度和系统不确定度的总和。其中随机不确定度就是分析结果的精密度，只要作了重复测量，它是可以按一定公式计算出来的。一般说来，在同位素分析中，随机不确定度在准确度中并不占主要地位。对于已知系统误差，通过校正即可以得到消除。因此，确定分析结果准确度的关键是估计各未知系统误差构成的不确定范围，当真值并不确知时，要确切估计这个范围是很不容易的。

在精配的同位素混合物基础上建立起来的同位素基准物质，其基准值具有确切的可信范围，可以看作是真值的代表。运用类似于使用校准样品标定同位素基准物质的程序，可用基准物质去标定待测样品，因此可方便地定出待测样品分析结果中的系统不确定度。尽管我们并不完全掌握各系统误差及它们之间的关系，但在这个特定问题范围内，我们还是能够在实验上定出来系统不确定度的。并且还可以对测定值进行校正，扣除其影响。因此，精配的同位素混合物的校准方法及同位素基准物质的提供，大大提高了同位素质谱分析的准确度，成为近代质谱学中重要事态发展之一。

4. $K_校 - R$ 曲线

使用同位素基准物质校准待测样品的分析，一个基本实验内容是测定 $K_校 - R$ 曲线，即系统不确定度和一定范围内的丰度比的关系。这种曲线可有如下几方面的用途：

（1）确定和校正分析结果中的系统不确定度；

（2）推测构成系统不确定度的误差性质；

（3）判断整个分析（设备＋方法＋人员）的质量。

实际上前面的叙述已对（1）作了说明，现在补充说明一下（2）和（3）。

在同位素分析中，一个不容易完全控制的因素就是分馏效应的影响，它会引进一个随设备和方法而变化的系统误差。实验和理论都已表明，这种影响只与同位素质量的相对差别有关，与 R 值的大小无关。因此，在 $K_校$ － R 曲线中 $K_校$ 与 R 是否有关，可以帮助我们检查分馏效应外是否还叠加有其他因素的影响，特别是 R 的数值如能有几个量级的变化则更好。但是，不少时候由于基准物质丰度范围的限制，只允许在一个 R 值上测定 $K_校$，这时就难于对系统误差的性质作出判断。有人把这两种情况分别作系统校准和点校准。

重复测量中 $K_校$ 的发散，表明校正系数本身的随机不确定性。系统校准的 $K_校$ － R 曲线给出的 $K_校$ 值发散，要比点校准的 $K_校$ 值发散严重，更能帮助我们认识对整个工作条件的控制能力。使我们能够看到与全部参数（包括样品制备、涂样、加热、电离、聚焦、传输、测量、记录）相联系的随机不确定度，增进对精密度的认识。因此，$K_校$ － R 曲线（包括点校准）可以给出由设备、方法和分析者共同体现的分析质量，是评定同位素丰度比测量好坏的一个比较简单的判据。

5. 标准样品在分析中的运用

标准样品的另一个职能是作为分析比对的基础。假定标准样品的测定值和标定值分别为 $R_{标测}$，$R_{标定}$；待测样品的测定值和校正值分别为 $R_{样测}$，$R_{样校}$；对标准样品有关系 $R_{标定} = K_标 R_{标测}$，对待测样品也有类似关系 $R_{样校} = K_样 R_{样测}$，如果 $K_标 \approx K_样$，则有

$$R_{样校} = \frac{R_{标定}}{R_{标测}} R_{样测} \tag{10-5}$$

由于 $R_{标定}$ 代表一个大量测量多方观察的取值，因此上式说明，待测样品经标准样品校正之后，其分析结果虽然是在少数测量中取得的，但已被赋予了接近大量测量的精密水平。

这种校正和"赋予"是有条件的。因为质量分歧视效应与质量相对差别有关，而某些环节上的非线性度又和 R 值有关。因此，标准样品和待测样品要具有相同的化学形态，两者要具有相近的丰度，按照完全相同的程序和方法进行分析，并且要同时或交替测量。

八、等离子发射光谱仪的期间核查

以等离子发射光谱仪为例说明仪器进行期间核查的方法。

1. 检测器的校准

点击"Detector Calibration"进行检测器的自动校准。需时约 20 min。进行该项校准不需点火。

2. 波长校准

波长校准分为紫外和可见光的校准。

(1) 吸入紫外光校准溶液，在光学控制窗口选中"uv"项，点击"wavelength calibration"进行紫外波长部分的校准。

(2) 吸入可见光校准溶液，在光学控制窗口选中"vis"项，点击"wavelength calibration"进行可见光波长部分的校准。

3. 炬管位置的自动校准

吸取 1.0×10^{-6} g/mL 的 Mn 标准溶液，进行炬管位置的自动校准。进行该项校准必须确保等离子体点着且持续 1 h。

4. 仪器检测限

用浓度为 1.0×10^{-6} g/mL 的 Mn 标准溶液对仪器赋值。连续测定蒸馏水 10 次，其标

准偏差的 3 倍所对应的 Mn 的浓度即为 Mn 的仪器检测限。仪器检测限应小于 2.0×10^{-9} g/mL；

5. 仪器的短期精密度

测定 1.0×10^{-6} g/mL 的 Mn 标准溶液 10 次，结果的相对标准偏差即为仪器的短期精密度。仪器短期精密度应小于 2%。

为了保证仪器分析检测结果的准确可靠，需定期对仪器进行期间核查，在本仪器新安装、搬迁、维修后都应进行校准。

第五节　测量软件管理

学习目标：掌握测量软件的应用知识，会测试设备及测试软件的操作。

一、基本概念

核燃料组件、相关组件生产和服务中所用计算机软件，按其使用功能分为：设备控制软件、产品加工软件和测量软件三类，主要进行测量软件的介绍。

1. 设备控制软件

用于设备操作过程中进行自动控制的软件。

2. 产品加工软件

指在设备原有功能外专门开发直接用于产品加工的软件。

3. 测量软件

指测量设备自带或附加（自行开发设计）的用于产品测量和结果处理的软件。对测量软件的要求主要包括计算方法的正确性、功能的完整性和操作的便利性三个方面。

二、测量软件的确认

（1）初次使用以及变更后的测量软件，在投入使用前必须对软件进行确认，以确保预期用途能力及测量结果的有效。

（2）新购置、技术改造、设备大修等设计软件的测量设备，在设备安装、调试结束后必须对测量设备进行检定和校准，确保测量设备量值的准确、可靠。

（3）使用部门通过测量设备配置的测量软件对测量标准或相关产品进行测量，实现软件测量功能，对软件进行确认测试，并将测试结果形成测量软件确认报告，由相关管理部门对报告进行审批，经批准同意后的测量软件方可用于产品的测量，当软件内容发生变更时，需重新进行确认测试。

三、测量软件的管理

（1）测量软件应由专人进行备份，并做好备份介质的标识。

（2）所备份的软件及软件使用情况应定期进行检查，做好检查记录。

（3）未经批准，任何人不得擅自对计算机软件进行配置和变更，确保使用中计算机软件功能及测量软件和测量结果的有效性。

四、测量软件的操作

由于化学成分分析所包含的仪器测量软件种类繁多,在此不一一进行详细的介绍,但技师应掌握仪器测量软件的操作方法。

第六节　原始记录、检测报告的设计

检测报告是向客户提供的表明其送检物品性能的客观证据,也是向客户兑现承诺的客观证据。检测报告应准确、清晰、明确和客观地报告被检测物品的每一项检测参数的检测结果,并符合检测方法中规定的要求。

报告应包括客户要求的、说明检测结果所必需的和所用检测方法要求的全部信息。对于内部客户或有书面协议的客户,检测报告可用简化的方式报告检测结果;需要时,检测机构应能方便地向上述客户提供报告的信息。

1. 检测报告

(1) 每份检测报告应至少包括下列信息(有充分理由的除外)

1) 标题(例如"检测报告");

2) 检测机构的名称、地址;

3) 检测报告的唯一性标识,每一页上的标识(如页码和总页数),以及表明检测报告结尾的标识;

4) 客户的名称、地址;

5) 检测方法的标识;

6) 检测物品的描述、状态和标识;

7) 检测物品的接收日期和进行检测的日期;

8) 检测机构或其他机构所用的抽样计划和作业指导书的说明(如抽样与检测结果的有效性和应用相关时);

9) 检测结果的计量单位;

10) 检测报告批准人的姓名、职务、签字或等效的标识;

11) 本检测报告中的结果仅与送检物品有关或仅与抽样物品有关(需要时)。

(2) 检测报告附加信息

当需要对检测结果作出解释时,检测报告中还应包括下列信息:

1) 对检测方法的偏离、增添或删减,以及特殊检测条件的信息,如环境条件;

2) 需要时,符合/不符合要求和/或规范的声明;

3) 适用时,评定测量不确定度的声明,出现以下情况时,检测报告中还需要包括有关不确定度的信息:

① 不确定度与检测结果的有效性或应用的关系;

② 客户有要求;

③ 检测结果处于检验标准或规范规定的临界值附近时,不确定度区间宽度对判断符合性的影响;

4) 适用且需要时,提出意见和解释;

5）特定方法、客户或客户群体要求的附加信息。

2. 原始记录

每项检验记录应包含充分的信息,以便识别不确定度的影响因素,并确保该检测在尽可能接近原来条件的情况下能够重复。

记录应包括负责抽样、每项检测的操作人员和结果校核人员的标识。

3. 检测报告的简化要求

要反映委托单位提供的有关试样信息,诸如:样品名称,样品号(批号、编号);物料样品的富集度;原材料复验的试样材料等;要反映检测时所使用的检验规程编号、版次,所用标准方法编号、版次;要反映准确的检验数据计量单位。

4. 检测报告的编制、审查和签发

(1)检测人员负责客观、真实地记录检测过程所需信息(包括但不限于检测物品预处理,观测到的现象、示值,结果计算),复核人员负责审核记录的信息。

(2)检测人员负责提供检测原始记录和检测结果,对原始记录和检测结果负责,并根据有关技术条件、分析检验项目要求,编制检测报告;复核人员对原始记录、结果和检测报告进行审核。

(3)质量负责人负责审核检测结果、原始记录和检测报告,并对检测结果负责。

(4)授权签字人负责审核、签发检测报告/校准证书,并对签发的检测报告/校准证书负责。

(5)发出检测报告还应统一编号、并按照规定时间进行保存。

5. 意见和解释

(1)当检测报告/校准证书中包含意见和解释时,应在检测报告/校准证书中说明,并应以区别明显的方式标注清楚。

(2)检测报告/校准证书中包含的意见和解释可以包括(但不限于)下列内容:

1）关于检测/校准结果符合(或不符合)标准和/或规范规定要求的意见;

2）是否符合合同要求的意见;

3）如何使用检测/校准结果的建议;

4）用于改进的指导意见和建议。

许多情况下,综合管理部负责通过与客户直接对话来传达并记录对检测报告/校准证书的意见和解释。

6. 检测报告/校准证书的格式

检测报告格式设计应标准化,检测报告编排、说明,检测结果的数据的表述方式应易于读者理解,以尽量减小误解或误用。检测报告的格式或内容如需变动,需经质量负责人批准才能进行修改。

7. 检测报告/校准证书的修改

(1)对已发布的检测报告的实质性修改,应按照《不符合检测/校准工作控制程序》执行,以追加文件或资料调换的形式通知客户。

(2)当有必要发布全新的检测报告时,需对重新发布的检测报告做唯一性标识,注明所替代的原检测报告的标识。

（3）如有特殊需要，证书或报告可不包括客户有保密要求的信息。

（4）对检测报告的补充规定（检测报告上不再进行类似说明）：

未经检验机构书面批准，不得复制（全文复制除外）检测报告；复制报告未重新加盖检验机构专用检验章视为无效。报告无检测和复核人员签字无效。一般情况下，委托检验仅对来样负责。

第十一章　分析与检测

学习目标:了解化学成分分析检测的前沿技术。熟练掌握采用原子吸收光谱法测定铀氧化物中锂、铯和锂及锂化合物中钾、钠的测定方法,并能报出准确的分析结果。

第一节　化学成分分析检测前沿技术

学习目标:了解化学成分分析检测的前沿技术。

分析技术和分析仪器的应用日益拓展。分析技术和分析仪器的应用由"物"到"人"的拓展趋势将更加显著。

一、当前分析仪器发展的方向

环保是实施经济可持续发展的保证。由于化学试剂可能引起的污染及随之而来额外的处理费用,分析仪器使用已成为分析工作的主流。因此,近年来全球分析仪器销售额的年递增率已达到 10%。当前分析仪器发展的方向大致有以下几个方面:

1. 从小型化过渡到微型化

分析仪器从小型化向微型化发展是出于上述的需要,尽可能减少资料的消耗,同时,微电子学的进展也在技术上提供了向这一方向发展的可能性。这方面的发展涉及两个层次,即分析仪器整机的小型化和其某一部件的小型化。例如,微电极的进展就为电分析仪器的小型化创造了条件;钠米电极也已问世。必须指出大型仪器的时代已经结束。

2. 低能耗化

分析仪器的低能耗化也是上述的需要。目前应用的某些技术,如感耦等离子体技术已和质谱分析仪、原子发射光谱仪紧密结合,收到良好的效果。但它的致命缺点在于能耗太大。因此,它必将为其他新的技术所取代。欧洲分析界普遍认为从低能耗化出发,电化学分析仪器有良好的发展前景。

3. 单功能化

分析仪器的单功能化是总结多年来实行"分析仪器多功能化"效果的基础上提出的。实践证明,由于分析仪器日益精确,多功能化的设计很难做到尽善尽美,因为不可能不受到各功能间的相互制约的影响,而功能转换装置在转换功能之后恢复原位的再现性也得不到保证。任何极细微的移位已足以改变操作条件,从而得出错误的分析数据。因此,多功能分析仪器的时代已一去不复返。单功能化的发展又推动了各种专门化分析仪器的问世。例如,现就有分析二恶英和血液中醇含量的专用气相色谱仪。犬尔·费休水测定仪能测出各种分析对象的水分含量。

4. 多维化

所谓"多维化"是联用化的一分支,即在不同种类分析仪器的联用(如色谱和质谱仪器的联用)基础上发展成同类仪器自身的联用。多维化的优点在于提高分析谱图的分辨率。这是当前分析仪器的使用新趋势,以满足复杂试样的分析需要。例如,试样经一次色谱分离后,所出现的色谱峰往往部分重叠,但如串接另一个色谱仪,进行第二次色谱分离,则上述缺点就可克服(至少一部分),因此,新颖的高效液相色谱仪多附有互串接的标准化接口。

5. 一体化

为了满足环境分析和过程分析在线监测需要,分析仪器已能形成一个从取样开始,包括预浓集、分离、测定、数据处理等工序一体化的系统。

6. 成像化

为了改变分析仪器以信号形式提供间接信息,须用标准物质进行校正,直观的成像化也是发展方向之一,该项技术已应用于红外和拉曼光谱仪中。

二、国外分析实验室动态

当前分析实验室的根本任务是:既要保证分析质量以满足客观的需要,又要贯彻环境保护要求,严格执行"谁污染环境,谁负责净化"的方针。实验室内部进行封闭式的自我净化废液处理确实是非常艰巨的工作。

美国、加拿大、智利等国家,采用分子识别工艺(MRT)装置来回收实验室废液中的金属。

国外实验室着手试剂的减量化、试剂的减污染化。采用分析技术微型化和仪器化。如采用了纳升注射进样器、多用途的纳升移动式加液器、智能移液器。移液管都配备电脑控制和数字显示装置,而演变为移液器了。滴定管也演变为滴定仪,同样具有电脑控制、数字显示和数据记录的功能。因此,量筒等这类中介环节和分析用具已显得无存在的必要。既提高工作效率又防止试剂的污染。

无纸化实验室的建立,通过信息管理系统可将室内各仪器获得的数据信息,采用计算机软件迅速与中心管理系统联结起来,并以信息网络为基础向有关方面报出质量数据。

第二节 原子吸收光谱法应用示例

学习目标:通过对技能实例的学习和操作训练,熟练掌握采用原子吸收光谱法测定铀氧化物中锂、铯和锂及锂化合物中钾、钠的测定方法,并能报出准确的分析结果。

一、铀氧化物中 Li、Cs 的测定

1. 方法提要

试样溶于硝酸后,在 5.5 mol/L 硝酸介质中通过 TBP 萃淋树脂,使待测元素与铀基体分离,收集杂质淋洗液。分别用空气-乙炔原子吸收法和火焰发射光谱法测定。

2. 测定步骤

(1)标准曲线

取 Li、Cs 混合标准溶液(5 μg/mL)0.0 mL、0.1 mL、0.5 mL 和 1.0 mL,置于 10 mL 容量瓶中,各加入 0.5 mL 氯化钾溶液(10 mg/mL),稀释至刻度,摇匀。分别用空气-乙炔火

焰原子吸收法测定锂(670.8 nm)的吸收度和空气-乙炔火焰发射法测定铯(852.1 nm)的发射强度,由计算机自动绘制锂、铯标准曲线。

(2) 样品溶解

称取 0.5 g(精确至 0.000 2 g)的样品于 25 mL 烧杯中,用少量水润湿后,缓缓加入 1 mL 浓硝酸,待激烈反应停止后,置电炉上加热使之完全溶解,蒸至近干,温热溶于 1 mL 5.5 mol/L 硝酸溶液,待上柱分离。

(3) 铀基体分离

将样品溶液移入平衡好的色层柱(CL-TBP 苯淋树脂柱)顶端。用 2 mL 5.5 mol/L 硝酸溶液分两次洗涤样品烧杯并转移到色层柱。继续用 5.5 mol/L 硝酸溶液 6 mL 淋洗色层柱,弃去起始的 3 mL 淋出液,收集其后的 6 mL 于 25 mL 小烧杯中,在电炉上将小烧杯中的溶液低温蒸干后,用水冲洗小烧杯数次,将冲洗液一并转移到 10 mL 容量瓶中,然后于容量瓶中加入 0.5 mL 氯化钾溶液(10 mg/mL),用水稀释到刻度,摇匀,得到样品溶液。

(4) 空白溶液

在不加样品的情况下,重复步骤(2)和(3),得空白溶液。

(5) 测定

用空气-乙炔火焰原子吸收法测定样品溶液中锂的吸光度,计算机根据绘制好的标准曲线进行测定,得出相应的锂的质量值 m_1,同样步骤测定试剂空白中锂的质量值 m_{01};用空气-乙炔火焰发射法测定样品溶液中铯的发射强度,计算机根据绘制好的标准曲线进行测定,得出相应的铯的质量值 m_2,同样步骤测定试剂空白中铯的质量值 m_{02}。

3. 分析结果计算

按下列公式计算含量:

$$w_i = \frac{(m_i - m_{0i})}{m_s} \tag{11-1}$$

式中:w_i——样品中 Li、Cs 的含量,$\mu g/g \cdot UO_2$;

　　　m_i——测得样品中 Li、Cs 的质量,μg;

　　　m_{0i}——空白后溶液中 Li、Cs 的质量,$\mu g/mL$;

　　　m_s——样品称样量,g。

二、锂及锂化合物中钾、钠的测定

测定方法见第八章第十五节中"锂及锂化合物中钾、钠的测定"。

第十二章　数据处理

学习目标：掌握质量控制图的使用方法，会对控制图出现失控现象的原因进行分析。学习标准不确定度、合成标准不确定度、扩展不确定度的评定，掌握评定测量结果不确定度的方法，能正确评定和表示测量不确定度，能正确表示测量不确定度。

第一节　质量控制图的使用

学习目标：掌握质量控制图的绘制方法，会对控制图出现失控现象的原因进行分析。

一、控制图的分类和使用场合

根据国标 GB/T 4091—2001，控制图的分类和使用场合有如下规定：

均值-极差控制图($\overline{X}-R$)：对于计量数据而言，这是最常用最基本的控制图。

均值-标准差控制图($\overline{X}-S$)：与 $\overline{X}-R$ 控制图相似，只是用标准偏差 s 图代替极差 R 图。

中位数-极差控制图(M_e-R)：与 $\overline{X}-R$ 控制图也很相似，只是用中位数 M_e 图代替均值 $\overline{X}$ 图。

单值-移动极差控制图($X-R_s$)：多用于对每个产品都进行检验，采用自动化检查和测量的场合；取样费时、昂贵的场合等。

不合格品率控制图(p)：用于控制对象为不合格频率或合格品率等计数质量指标的场合。

不合格品数控制图(np)：用于控制对象为不合格数的场合。

不合格数控制图(c)：用于控制任何一定的单位中所出现的不合格数目。如控制一部机器、一个部件、一定长度、一定面积等。

单位不合格数控制图(u)：当样品规格有变化时则应换算为平均每单位的不合格数后再使用 u 控制图。

二、控制图的绘制

1. $\overline{x}$ 控制图

（1）搜集数据

在分析测试系统 4M1E(人、机、料、法、环、测)处于稳定状态下，搜集近期连续重复测试同一控制样品，得到的某一质量特性值数据。数据至少 20 个以上。

（2）数据处理

计算 x_1、x_2、x_3、$\cdots$、x_n 的算术平均值 $\overline{x}_i$ 和标准偏差 s_i。

（3）绘制控制图

纵坐标为质量特性值 x_i，横坐标为分析测试样品的时间。图上绘有 3 条线，上面一条虚线叫上控制界限线（简称上控制线），用符号 UCL 表示，$\text{UCL} = \bar{x} + 3\dfrac{S}{\sqrt{n}}$；中间一条实线叫中心线，用符号 CL 表示，$\text{CL} = \bar{x}$；下面一条虚线叫下控制界限线（简称下控制线），用 LCL 表示，$\text{LCL} = \bar{x} - 3\dfrac{S}{\sqrt{n}}$。

使用时，在分析送检样品的同时，分析测试控制样品，把测得的控制样品质量特性值用点，按时间顺序一一描在图上。通过控制图上的点是否超越上、下控制线和点的排列情况来判断检验工序是否处于正常的控制状态，见图 12-1。

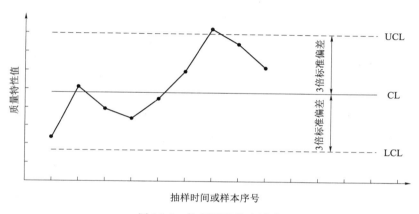

图 12-1　控制图的基本形式

$\bar{x}$ 质量控制图是控制图的基本形式，是实验室里最常用的一种控制图。

2. $\bar{x} - R$ 质量控制图

绘图方式基本与 $\bar{x}$ 质量控制图相同，不同处在于搜集数据一般取 100 个（最少 50 个以上），每次（同一时间）分析测试的样本个数用 n 表示，一般 $n = 3 \sim 5$。组数（按时间顺序分组）用 k 表示。例如：每组样本个数 $n = 5$，组数 $k = 12$，则搜集了 60 个数据。此时纵坐标为质量特性值的平均值 $\bar{x}$（或极差 R），横坐标为分析测试样本的组号（按时间顺序）。

作图步骤如下：

（1）计算各组平均值 $\bar{x}$ 和极差 R，得到 $\bar{x}_1, \bar{x}_2, \cdots, \bar{x}_5$ 及 $R_1, R_2, \cdots, R_5$。

平均值的有效数字应比原测量值多取一位小数。

（2）计算 $\bar{\bar{x}}$ 和 $\bar{R}$，$\bar{\bar{x}} = \Sigma \bar{x}_j / k$，$\bar{R} = \Sigma R_i / k$

（3）对 $\bar{x}$ 图：$\text{CL} = \bar{\bar{x}}$，$\text{UCL} = \bar{\bar{x}} + A_2\bar{R}$，$\text{LCL} = \bar{\bar{x}} - A_2\bar{R}$

式中 A_2 为随每次抽取样本个数 n 而变化的系数。由"控制图系数选用表"（见表 12-1）查得。

表 12-1　控制图系数选用表

系数 \ n	2	3	4	5	6	7	8	9	10
A_2	1.880	1.023	0.729	0.577	0.483	0.419	0.373	0.337	0.308
D_4	3.267	2.575	2.282	2.115	2.004	1.924	1.864	1.816	1.777
E_2	2.660	1.772	1.457	1.290	1.134	1.109	1.054	1.010	0.975
m_3A_2	1.880	1.187	0.796	0.691	0.549	0.509	0.43	0.41	0.36
D_3	—	—	—	—	—	0.076	0.136	0.184	0.223
d_2	1.128	1.693	2.059	2.326	2.534	2.704	2.847	2.970	3.087

注:表中"—"表示不考虑。

对 R 图:$CL = \overline{R}$　$UCL = D_4\overline{R}$　$LCL = D_3\overline{R}$

式中 D_4、D_3 为随每次抽取样本个数 n 而变化的系数。同样由表 12-1 查得。

一般把 $\overline{x}$ 质量控制图与 R 质量控制图上、下对应画在一起,称为 $\overline{x} - R$ 控制图。前者观察工序平均值的变化,后者观察数据的分散程度变化。两图同时使用(合称 $\overline{x} - R$ 质量控制图),可以综合了解质量特性数据的分布形态。

以某氯碱厂烧碱蒸发浓度为例,烧碱蒸发浓度数据记录见表 12-2。

表 12-2　烧碱蒸发浓度数据记录表

组号	时间	测定值						$\overline{x}$	R
		x_1	x_2	x_3	x_4	x_5			
1		420	419	415	418	418		418.0	5
2		419	424	423	420	421		421.4	5
3		420	420	419	418	420		419.4	2
4		421	421	420	419	417		419.6	4
5		420	423	422	420	419		420.8	4
6		420	420	420	419	421		420.0	2
7		423	423	419	421	418		420.8	5
8		418	417	419	415	423		418.4	8
9		423	420	418	420	421		420.4	5
10		416	418	420	419	417		418.0	4
11		417	418	416	420	423		418.8	7
12		421	420	418	413	421		418.6	8
合计								5 034.2	59

烧碱蒸发浓度控制图见图 12-2 和图 12-3。

对 $\overline{x}$ 图:$CL = \overline{\overline{x}} = 419.52$

$$UCL = \overline{\overline{x}} + A_2 \cdot \overline{R} = 419.52 + 0.577 \times 4.9 = 422.35$$

$$LCL = \overline{\overline{x}} - A_2 \cdot \overline{R} = 419.52 - 0.577 \times 4.9 = 416.69$$

对 R 图:$CL = \overline{R} = 4.9$

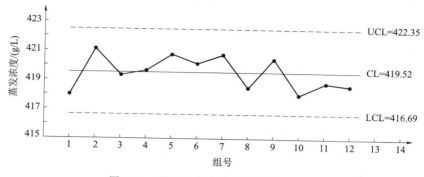

图 12-2　烧碱蒸发浓度 $\overline{x}$ 平均值控制图

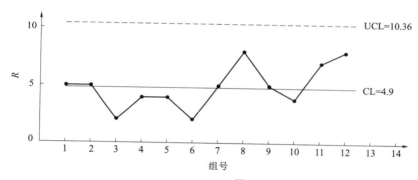

图 12-3　烧碱蒸发浓度 $\overline{R}$ 极差控制图

$$UCL = D_4\overline{R} = 2.115 \times 4.9 = 10.36$$

$$CLC = D_3\overline{R}，查表\ D_3\ 无值，不考虑。$$

三、质量控制图出现失控的原因分析

按照数理统计中"小概率事件"的原理，超出 $\pm 3\delta$ 范围的小概率事件几乎不会发生，若发生了，则说明测量过程已出现不稳定。也就是说测量过程中有系统性原因在起作用。控制图的使用无疑起了"预警"作用。

下面结合实践中经常遇到的事例进行讨论。

（1）当分析测试控制样品中的硅含量时，点落在控制界限线外或控制界限线上，显然，表明此时检验过程中出现了异常，但是是否能判断过程失控，则有待于对一段时间内连续重复测试该样品，通过观察按时间顺序描绘的点分布，才能确认。如果前后连续 35 个点，仅此 1 个点落在控制界限线外或控制界限线上，且无其他异常现象，根据判断准则不足以判断为过程失控。原因是很可能分析测试该样品当天，样品受到了沾污，或处理样品时，操作不当引起丢失。显然，由此不能得出一段时间以来检验过程处于不稳定状态的结论。这里所说的控制是分析和判断工序的质量动态控制，是连续运行过程中的动态控制，不是对某时刻瞬间的静态控制。

（2）当使用的控制样品保管不当，长期暴露在空气中，或在进行仪器分析时，主要分析设备关键电子元件逐渐老化，则在分析测试控制样品时，据此绘制的控制图，很可能出现多

个点在中心线一侧或点排列趋势呈上升或下降趋势的异常现象(见图 12-4)。也许所有点仍落在控制界限线内,但已表明检验过程有可能失控,处于不稳定状态,必须引起足够重视。对于控制样品保管不当出现的异常,足以说明该控制样品已失去控制样品的特性(如均匀性,稳定性),不能再用于绘制控制图使用。对于电子元件老化问题,一般短时间内是很难察

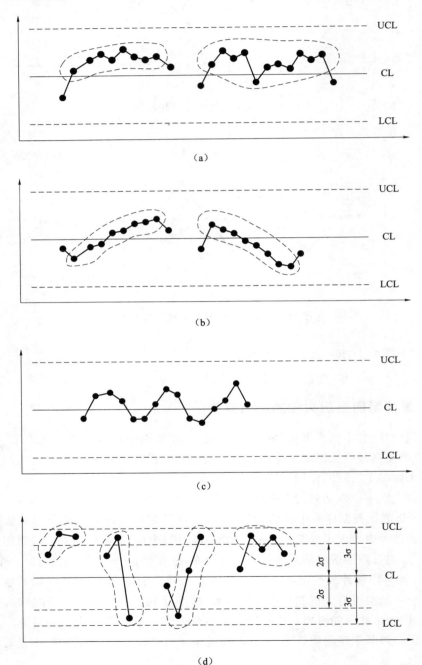

图 12-4　控制图排列异常

(a) 呈"链状"控制图;(b) 呈"趋势"控制图;(c) 有"周期性"变动控制图;(d) 点靠近控制界限线的控制图

觉的,控制图则比较容易暴露类似"渐变"性的系统原因引起的过程失控。此时,必须及时进行仪器维修,更换电子元件。

由上述例子可以说明质量控制图主要用来分析和判断某一周期内同一工序的检验过程是否受控,这种控制指的是连续运行状态的动态控制。质量控制图是依据分析测试条件处于稳定状态下,收集一段时间内连续重复测试同一控制样品得到的一系列数据,通过数理统计确认的控制界限线。显然,在应用控制图时,同样应通过测试相同控制样品获得的测量值按时间顺序描点,再根据判断准则正确判断。

此外,判断时,还应正确理解掌握判断准则,不能仅凭控制图上点是否落在控制界限线上或内、外来认定工序是否失控,还应根据点连线的形状、趋势,进行具体分析。

同时,使用的控制样品(又称管理样品)是类似于标准物质的样品,具有一定的质量特性值,且认为样品特性是均匀的。为了保证绘制的控制图正确有效,且在应用控制图时,不会因控制样品原因引起判断失误。必须对控制样品的制备、保管、存放予以足够重视。

第二节　测量结果不确定度的评定

学习目标:通过学习知道标准不确定度、合成标准不确定度、扩展不确定度的评定,正确表示测量不确定度。掌握评定测量结果不确定度的方法,能正确评定和表示测量不确定度。

一、测量不确定度评定步骤

1. 评定不确定度的基本程序

对测量不确定度来源的识别应从分析测量过程入手,即对测量方法、测量系统和测量程序作详细研究,为此应尽可能画出测量系统原理或测量方法的方框图和测量流程图。图12-5所示为不确定度评定流程。

不确定度可能来自:对被测量的定义不完善;实现被测量的定义的方法不理想;取样的代表性不够,即被测量的样本不能代表所定义的被测量;对测量过程受环境影响的认识不周全,或对环境条件的测量与控制不完善;对模拟仪器的读数存在人为偏移;测量仪器的分辨力或鉴别力不够;赋予计量标准的值或标准物质的值不准;引用于数据计算的常量和其他参量不准;测量方法和测量程序的近似性和假定性;在表面上看来完全相同的条件下,被测量重复观测值的变化。

有些不确定度来源可能无法从上述分析中发现,只能通过实验室间比对或采用不同的测量程序才能识别。

在某些检测领域,特别是化学样品分析,不确定度来源不易识别和量化。测量不确定度只与特定的检测方法有关。

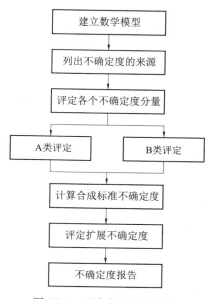

图 12-5　不确定度评定流程

2. 建立测量过程的模型

建立测量过程的模型,即被测量与各输入量之间的函数关系。若 Y 的测量结果为 y,输入量 Xi 的估计值为 x_i,则

$$y = f(x_1, x_2, \cdots, x_n)$$

在建立模型时要注意有一些潜在的不确定度来源不能明显地呈现在上述函数关系中,它们对测量结果本身有影响,但由于缺乏必要的信息无法写出它们与被测量的函数关系,因此在具体测量时无法定量地计算出它对测量结果影响的大小,在计算公式中只能将其忽略而作为不确定度处理。当然,模型中应包括这些来源,对这些来源在数学模型中可以将其作为被测量与输入量之间的函数关系的修正因子(其最佳值为 0),或修正系数(其最佳值为 1)处理。

此外,对检测和校准实验室有些特殊不确定度来源,如取样、预处理、方法偏离、测试条件的变化以及样品类型的改变等也应考虑在模型中。

在识别不确定度来源后,对不确定度各个分量作一个预估算是必要的,对那些比最大分量的三分之一还小的分量不必仔细评估(除非这种分量数目较多)。通常只需对其估计一个上限即可,重点应放在识别并仔细评估那些重要的分量特别是占支配地位的分量上,对难于写出上述数学模型的检测量,对各个分量作预估算更为重要。

3. 标准不确定度分量的评估和计算

(1) A 类不确定度分量的评估

对观测列进行统计分析所作的评估。

1) 贝塞尔公式法

在重复条件或复现性条件下,对同一被测量独立重复观测 n 次,得到 n 个测得值 x_i ($i=1,2,\cdots,n$),被测量 X 的最佳估计值是 n 个独立测得值的算术平均值 $\overline{x}$。

$$\overline{x} = \frac{1}{n} \sum_{i=1}^{n} x_i \tag{12-1}$$

单次测量结果的实验标准差为:

$$u(x_i) = s(x_i) = \sqrt{\frac{1}{n-1} \sum_{i=1}^{n} (x_i - \overline{x})^2} \tag{12-2}$$

观测列平均值即估计值的标准不确定度为:

$$u(\overline{x}) = s(\overline{x}) = \frac{s(x_i)}{\sqrt{n}} \tag{12-3}$$

2) 极差法

一般在测量次数较少时,可采用极差法评定获得 $s(x_i)$。在重复性条件或复现性条件下,对 x_i 进行 n 次独立重复观测,测得值中的最大值与最小值之差称为极差,用 R 表示。在 x_i 可以估计接近正态分布的前提下,单个测得值的实验标准偏差可按下面的公式计算:

$$s(x_i) = \frac{R}{C} \tag{12-4}$$

式中:C——极差系数。

极差系数 C 及自由度 v 可查表 12-3 得到。

表 12-3　极差系数 C 及自由度 υ

n	2	3	4	5	6	7	8	9
C	1.13	1.69	2.06	2.33	2.53	2.70	2.85	2.97
υ	0.9	1.8	2.7	3.6	4.5	5.3	6.0	6.8

被测量估计值的标准不确定度按公式(12-5)计算

$$u(\overline{x}) = s(\overline{x}) = s(x_i)/\sqrt{n} = \frac{R}{C\sqrt{n}} \tag{12-5}$$

例 12-1：对某被测件的长度进行 4 次测量的最大值与最小值之差为 3 cm，求长度测量的 A 类标准不确定度。

解：

查表 12-3 得到极差系数 C 为 2.06，则长度测量的 A 类标准不确定度为：

$$u(\overline{x}) = \frac{R}{C\sqrt{n}} = \frac{3}{2.06 \times \sqrt{4}} = 0.73 \text{ cm}，自由度为 2.7$$

3）A 类测量不确定度的评估一般是采取对用以日常开展检测的测试系统和具有代表性的样品预先评估的。除非进行非常规检测，对常规检测的 A 类评估，如果测量系统稳定，又在 B 类评估中考虑了仪器的漂移和环境条件的影响，完全可以采用预先评估的结果，这时如果测量结果是单次测量获得的，A 类分量可用预先评估获得的 $u(x)$，如提供用户的测量结果是两次或三次或 m 次测得值的平均值，则 A 类分量可用 $u(\overline{x}) = s(\overline{x}) = \frac{s(x_i)}{\sqrt{m}}$ 获得。

4）进行 A 类不确定度评估时，重复测量次数应足够多，但有些样品只能承受一次检测（如破坏性检测）或随着检测次数的增加其参数逐次变化，根本不能作 A 类评估。有些检测和校准则因难度较大、费用太高，不宜作多次重复测量，这时由上式算得的标准差有可能被严重低估，这时应采用基于 t 分布确定的包含因子。即用 $T = \frac{t_{0.95}(v)}{k}$（其中 $v = n-1$）作安全因子乘 $u_A = u(x_i)$ 后再和 B 类分量合成。

（2）B 类不确定度分量的评估

当输入量的估计量 x_i 不是由重复观测得到时，其标准偏差可用对 x_i 的有关信息或资料来评估。

B 类评估的信息来源可来自：校准证书、检定证书、生产厂的说明书、检测依据的标准、引用手册的参考数据、以前测量的数据、相关材料特性的知识等。

1）若资料（如校准证书）给出了 x_i 的扩展不确定度 $U(x_i)$ 和包含因子 k，则 x_i 的标准不确定度为：

$$u = u(x_j) = \frac{a}{k}$$

这里有几种可能的情况：

① 若资料只给出了 U，则 $a = U$；若没有具体指明 k，则可以认为 $k = 2$（对应约 95% 的包含概率）。

② 若资料只给出了 $U_p(x_i)$（其中 p 为包含概率），则包含因子 k_p 与 x_i 的分布有关，此时除非另有说明一般按照正态分布考虑，对应 $p=0.95$，k 可以查表得到，即 $k_p=1.960$。

③ 若资料给出了 U_p 及 v_{ieff}，则 k_p 可查表得到，即 $k_p=t_p(v_{ieff})$。

2）若由资料查得或判断 x_i 的可能值分布区间半宽度与 a（通常为允许误差限的绝对值）则：

$$u_B=u(x_j)=\frac{a}{k}$$

此时 k 与 x_i 在此区间内的概率分布有关（参见 JJF-1059 附录 B）。常见非正态分布的置信因子及 B 类不确定度关系见表 12-4。

表 12-4　常见非正态分布的置信因子及 B 类不确定度关系

分布类型	$P/\%$	k	$u_B(x_j)$
三角	100	$\sqrt{6}$	$a/\sqrt{6}$
梯形（$\beta=0.71$）	100	2	$a/2$
矩形	100	$\sqrt{3}$	$a/\sqrt{3}$
反正弦	100	$\sqrt{2}$	$a/\sqrt{2}$
两点	100	1	a

3）输入量的标准不确定度 $u(x_i)$ 引起的对 y 的标准不确定度分量 $u_i(y)$ 为：

$$u_i(y)=\frac{\partial f}{\partial x_i}u(x_i)$$

在数值上，灵敏系数 $C_j=\frac{\partial f}{\partial x_i}$（也称为不确定度传播系数）等于输入量 x_i 变化单位量时引起 y 的变化量。灵敏系数可以由数学模型对 x_i 求偏导数得到，也可以由实验测量得到。灵敏系数反映了该输入量的标准不确定度对输出量的不确定度的贡献的灵敏程度，而且标准不确定度 $u(x_i)$ 只有乘了该灵敏系数才能构成一个不确定度分量，即和输出量有相同的单位。

（3）合成标准不确定度 $u_c(y)$ 的计算

1）合成标准不确定度 $u_c(y)$ 的计算公式：

$$u_c(y)=\sqrt{\sum_{i=1}^{n}\left(\frac{\partial f}{\partial x_i}\right)^2 u^2(x_i)+2\sum_{i=1}^{n-1}\sum_{j=i+1}^{n}\frac{\partial f}{\partial x_i}\frac{\partial f}{\partial x_j}\cdot r(x_i,x_j)\cdot u(x_i)u(x_j)}$$

实际工作中，若各输入量之间均不相关，或有部分输入量相关，但其相关系数较小（弱相关）而近似为 $r(x_i,x_j)=0$，于是便可化简为：

$$u_c(y)=\sqrt{\sum_{i=1}^{n}\left(\frac{\partial f}{\partial x_i}\right)^2 u^2(x_i)} \tag{12-6}$$

当 $\frac{\partial f}{\partial x_i}=1$，则可进一步简化为：

$$u_c(y)=\sqrt{\sum_{i=1}^{n}u^2(x_i)} \tag{12-7}$$

此即计算合成不确定度一般采用的方和根法，即将各个标准不确定度分量平方后求其和再开根。

2) 对大部分检测工作(除涉及航天、航空、兴奋剂检测等特殊领域中要求较高的场合外),只要无明显证据证明某几个分量有强相关时,均可按不相关处理,如发现分量间存在强相关,如采用相同仪器测量的量之间,则尽可能改用不同仪器分别测量这些量使其不相关。

3) 如发现各分量中有一个分量占支配地位时(该分量大于其次那个分量三倍以上),合成不确定度就决定于该分量。

4. 扩展不确定度 U 的计算

(1) 通常提供给客户的应是特定包含概率下的扩展不确定度,当选择约95%的包含概率时,包含因子可取 $k=2$,即 $U=2u_c(y)$。

(2) 如果可以确定合成不确定度包含的分量中较多分量或占支配地位的分量的概率分布不是正态分布(如矩形分布、三角分布),则合成不确定度的概率分布就不能估计为正态分布,而是接近于其他分布,这时就不能按(1)中的方法来计算 U 了,例如合成不确定度中占支配地位的分量的概率分布为矩形分布,这时包含因子应取为 $k=1.65$ 即 $U=1.65u_c(y)$ 才对应95%的包含概率。

(3) 如果合成不确定度中A类分量占的比重较大,如 $u_c(y)<3$ 而且作A类评估时 U_A 重复测量次数 n 较少,则包含因子 k 必须查 t 分布表获得。

(4) 测量不确定度应是合理评估获得的,出具的扩展不确定度的有效数字一般取两位有效数字。

5. 检测实验室的不确定度报告

除非采用国际上公认的检测方法,可以按照该方法规定的测量结果表示形式外,在检测完成后,除应报告所得测量结果外,还应给出扩展不确定度 U。

不确定度报告中应明确写明

1) 相对不确定度的表示应加下标 r 或 rel。例如:相对合成标准不确定度 u_r 或 u_{rel};相对扩展不确定度 U_r 或 U_{rel}。测量结果的相对不确定度 U_{rel} 或 u_{rel}。

2) 不确定度单独表示时,不要加"±"号。

3) 通常最终报告的 $U_c(y)$ 和 U 根据需要取一位或两位有效数字。

对于评定过程中的各不确定度分量 $u(x_i)$ 或 $u(y)$,为了在连续计算中避免修约误差导致不确定度而可以适当保留多一些位数。

4) 当计算得到 U 有过多位的数字时,一般采用 GB/T 8170 进行修约,有时也可以将不确定度末位后面的数都进位而不是舍去。

二、测量不确定度评定的示例

1. 标准不确定度的B类评定方法举例

例 12-2: 校准证书上给出标称值为 1 000 g 的不锈钢标准砝码质量 m_s 的校准值为 1 000.000 325 g,且校准不确定度为 24 μg(按三倍标准偏差计),求砝码的标准不确定度。

解: $a=U=24\ \mu g$,$k=3$,则砝码的标准不确定度为:
$$u(m_s)=24\ \mu g/3=8\ \mu g$$

例 12-3: 校准证书上说明标称值为 10 Ω 的标准电阻,在 23 ℃ 时的校准值为

10.000 074 Ω,扩展不确定度为 90 μΩ,包含概率为 0.99,求电阻校准值的相对标准不确定度。

解:由校准证书的信息知道:

$$a=U_{99}=90 \ \mu\Omega, p=0.99;$$

设为正态分布,查表得到 $k=2.58$,则电阻的标准不确定度为:

$$u(R_S)=90/2.58=35 \ \mu\Omega$$

相对标准不确定度为: $u(R_S)/R_S=35/10.000\ 074=3.5\times10^{-6}$。

例 12-4:纯铜在 20 ℃时线膨胀系数 $a_{20}(Cu)$ 为 $16.52\times10^{-6} \ ℃^{-1}$,此值的误差不超过 $\pm0.40\times10^{-6} \ ℃^{-1}$,求 $a_{20}(Cu)$ 的标准不确定度。

解:根据手册提供的信息,$a=0.40\times10^{-6} \ ℃^{-1}$,依据经验假设为等概率的落在区间内,即均匀分布,查表得 $k=\sqrt{3}$。

铜的线热膨胀系数 $a_{20}(Cu)$ 的标准不确定度为:

$$u(a_{20})=0.40\times10^{-6} \ ℃/\sqrt{3}=0.23\times10^{-6} \ ℃$$

2. 单点校准的仪器测量例子

例 12-5:用 GC-14C 气相色谱仪测定氮中甲烷气体的含量例子。

假若被测氮中甲烷气体的含量为 $C_被$,其摩尔分数大约为 50×10^{-6};

选择编号为 GBW 08102 的一级氮中甲烷气体标准物质,其含量为 $C_标=50.1\times10^{-6}$,其相对扩展不确定度为 1%,用该标准气体校准气相色谱仪,则有:

$$\frac{C_被}{A_被}=\frac{C_标}{A_标}$$

$$故 \ C_被=C_标\frac{A_被}{A_标} \tag{12-8}$$

式中: $C_被$ ——被测氮中甲烷气体含量;

$\quad C_标$ ——一级标准氮中甲烷气体含量;

$\quad A_被$ ——被测气体在色谱仪中测得的色谱峰面积;

$\quad A_标$ ——一级标准氮中甲烷气体在色谱中测得的色谱峰面积。

表 12-5 给出氮中甲烷一级气体标准物质(瓶号为 009638)和被测氮中甲烷气体(瓶号为 B0203011)的色谱测定数据。

表 12-5　色谱测定数据表

样品编号		009638	B0203011
色谱峰面积 测量数据	x_1	1 160	1 140
	x_2	1 159	1 153
	x_3	1 159	1 139
	x_4	1 152	1 153
	x_5	1 153	1 142
	x_6	1 153	1 155
面积平均值,$\bar{x}$		1 156	1 147

续表

样品编号	009638	B0203011
面积测定的标准偏差,S	3.7	7.4
面积测定的相对标准偏差,$S/\overline{x}$	0.4%	0.7%

按照公式(12-7),由不确定度传播公式有:

$$\left[\frac{u_c(C_{被})}{C_{被}}\right]^2=\left[\frac{u_c(C_{标})}{C_{标}}\right]^2+\left[\frac{u_c(A_{被})}{A_{被}}\right]^2+\left[\frac{u_c(A_{标})}{A_{标}}\right]^2 \tag{12-9}$$

$C_{标}$的相对扩展不确定度为1%,按95%置信概率转化成标准不确定度则有:

$$\frac{u_c(C_{标})}{C_{标}}=\frac{1\%}{1.96}=0.5\times10^{-2}$$

$C_{标}$在色谱仪上测定峰面积,由表中可以看出相对标准不确定度为0.4×10^{-2}。

$C_{被}$在色谱仪上测定峰面积,由表中可以看出相对标准不确定度为0.7×10^{-2}。

由于是比较测定,色谱仪测定时B类不确定度可以几乎相互抵消,因此按式(12-9)有:

$$\left[\frac{u_c(C_{被})}{C_{被}}\right]^2=(0.5\times10^{-2})^2+(0.4\times10^{-2})^2+(0.7\times10^{-2})^2=0.000\,09$$

故

$$\frac{u_c(C_{被})}{C_{被}}=0.009\,5$$

由式(12-8)有:

$$C_{被}=1\,147/1\,156\times50.1\times10^{-6}=49.7\times10^{-6}$$

故

$$u(C_{被})=0.009\,5\times49.7\times10^{-6}=0.48\times10^{-6}$$

取$k=2$

则

$$U(C_{被})=2\times0.48\times10^{-6}=0.96\times10^{-6}\approx1.0\times10^{-6}$$

结果表示成:$(49.7\pm1.0)\times10^{-6}$

例 12-6:用K型热电偶数字式温度计直接测量温度示值400 ℃的工业容器的实际温度,分析其测量不确定度。

K型热电偶数字式温度计其最小分度为0.1 ℃,在400 ℃经校准修正值为0.5 ℃,校准的不确定度为0.3 ℃,测量的数学模型为:

$$t=d+b \tag{12-10}$$

式中:t——实际温度,℃;

　　d——温度计读取的示值,℃;

　　b——修正值,℃,$b=0.5$ ℃。

测量人员用K型热电偶数字式温度计进行10次独立测量,得到平均值及平均值的标准偏差为:

$$d=400.22\ ℃$$
$$s=0.33\ ℃$$

由式(12-10)得

$$t=400.22+0.5=400.72\ ℃$$

不确定度分析:

第一,测量的 A 类不确定度为 0.33 ℃;

第二,修正值的校准不确定度为 0.3 ℃,按正态分布转化应为 0.3/1.96＝0.15 ℃

第三,温度计最小分度为 0.1 ℃,假定读取到其一半,按均匀分布则读数产生的标准不确定度为 $\dfrac{0.1}{2\sqrt{3}}=0.029$ ℃

将以上三项合成得:

$$u_c(t)=\sqrt{0.33^2+0.15^2+0.029^2}$$
$$=0.37 \text{ ℃}$$

取 $k＝2$,则有:

$$U(t)=0.37\times2=0.74\approx0.8 \text{ ℃}$$

结果表达为:

$$(400.7\pm0.8)\text{℃}$$

例 12-7:用数字多用表测量电阻器的电阻数学模型为:

$$R＝R_{SZ} \tag{12-11}$$

式中:R——电阻器的电阻值,kΩ;

　R_{SZ}——数字多用表示值,kΩ。

数字多用表为 5.5 位,其最大允许差为±(0.005％×读数＋3×最小分度);数字多用表最小分度为 0.01 kΩ。

在相同条件下用数字多用表测量电阻器 10 次电阻,得到平均值和平均值的标准偏差为:

$$R_{SZ}=999.408 \text{ kΩ}$$
$$S=0.082 \text{ kΩ}$$

引用最大允许差按均匀分布得校准产生的标准不确定度为

$$\frac{0.005％\times999.408+3\times0.01}{\sqrt{3}}=0.046 \text{ kΩ}$$

将以上两项合成得:

$$u_c(R)=\sqrt{0.082^2+0.046^2}=0.094 \text{ kΩ}$$

取 $k＝2$,则有:

$$U(R)=0.094\times2=0.19 \text{ kΩ}$$
$$R=999.408\approx999.41$$

结果表示成:

$$(999.41\pm0.19) \text{ kΩ}$$

第三节　对测量方法及测量结果的评价方法

学习目标:通过学习,掌握对测量方法和测量结果的正确评价方法。

一、检验分析准确度的方法

1. 分析结果准确度的检验

常用的检验方法有三种。但这些方法只能指示误差的存在,而不能证明没有误差。

（1）平行测定

两份结果若相差很大，差值超出了允许差范围，这就表明两个结果中至少有一个有误，应重新分析。两份结果若很接近，可取平均值，但不能说所得结果正确无误。

（2）用标样对照

在一批分析中同时带一个标准样品，如操作无误而标样分析结果与标样的参考值一致，说明本次分析结果没有出现明显的误差。但分析试样的成分应与标样接近，否则不能说明问题。

（3）用不同的分析方法对照

这是比较可靠的检验方法。如用等离子体发射光谱法测定铀物料中铁的结果与原子吸收光谱法的结果取得了一致，则证明此结果是可靠的。反之，说明两种方法中至少有一种方法的测定结果不准确。

2. 分析方法可靠性的检验

为了验证一个新的分析方法的可靠性，可用标样对照法或标准方法对照法。这两种方法都用 t 检验法。可检验测定值和"真值"在一定置信概率下是否存在显著性差异。

t 检验法的统计量：

$$t = \frac{\overline{x} - \mu}{s/\sqrt{n}} \tag{12-12}$$

式中：$\overline{x}$——被检验量的测量平均值；

$\quad\mu$——真值，给定值或标准值；

$\quad s$——测量方法的标准偏差；

$\quad n$——测量的次数。

这个公式可以比较两组测定数据平均值的差异。将计算所得的 t 值与所确定置信度相对应的 t 值（表 12-6）进行比较，如果计算的 t 值大于表中所列的 t 值，则应承认被检验的平均值有显著性差异，即被检验的方法有系统偏差，反之，则不存在显著性差异，方法可靠。

表 12-6　t 检验临界值表

v	$t_{0.95}$	$t_{0.99}$	v	$t_{0.95}$	$t_{0.99}$
1	12.71	63.66	9	2.26	3.25
2	4.30	9.92	10	2.23	3.17
3	3.18	5.84	20	2.09	2.84
4	2.78	4.60	30	2.04	2.75
5	2.57	4.03	60	2.00	2.66
6	2.45	3.71	120	1.98	2.62
7	2.36	3.50	∞	1.96	2.58
8	2.31	3.35			

（1）标样对照法

此法是需要检验的分析方法对标样做若干次重复测定，取其平均值，然后用 t 检验法比较此平均值和标样的定值，从而判断分析方法是否有系统误差。

例 12-8：用某种新方法分析国家一级标准物质八氧化三铀中的铁，进行 11 次测定，获得以下结果：$\bar{x}=30.48$，$s=0.11$，$n=11$。标准物质中铁的给定值 31.60。试问这两种结果是否有显著性差异(置信度 95%)？

解：$t=\dfrac{|\bar{x}-\mu|}{s/\sqrt{n}}=\dfrac{|30.48-31.60|}{0.11}\times\sqrt{11}=33.8$

查 t 值表(表 12-6)，$t_{0.95,10}=2.23$，因为 33.8＞2.23，说明所得结果与标样结果有显著性差异，此新方法有系统误差。

（2）标准分析方法对照法

此法是用新方法与标准分析方法对同一试样各做若干次重复测定，将得到的两组数据进行比较。设两组测定数据的平均值、标准偏差和测定次数分别为：$\bar{x}_1$、s_1、n_1 和 $\bar{x}_2$、s_2、n_2。计算两个平均值之差的 t 值公式(12-13)，s 为合并标准偏差，因总数据来自两组数据，所以计算合并标准偏差时，自由度 $f=n_1+n_1-2$，见式(12-14)。

$$s=\sqrt{\dfrac{(n_1-1)s_1^2+(n_2-1)s_2^2}{n_1+n_2-2}} \qquad (12\text{-}13)$$

为了简化起见，有时不计算合并标准偏差。若 $s_1=s_2$，则 $s=s_1=s_2$；若 $s_1\neq s_2$，则式中常采用较小的一个值。将计算所得的 t 值与表 12-6 中的 t 值($f=n_1+n_1-2$)比较后进行判断。

例 12-9：用新方法与《二氧化铀芯块中杂质元素的测定》国家标准方法测定同一含铀物料中锌的含量，其报告如下：新方法 $\bar{x}_1=48.38$，$s_1=0.12$，$n_1=6$；$\bar{x}_2=48.50$，$s_1=0.11$，$n_2=5$。问新方法与标准方法是否有显著性差异(置信度 95%)？

解：$t=\dfrac{|\bar{x}_1-\bar{x}_2|}{s}\times\sqrt{\dfrac{n_1n_2}{n_1+n_2}}=\dfrac{|48.38-48.50|}{0.11}\times\sqrt{\dfrac{5\times6}{5+6}}=1.80$

当自由度 $f=n_1+n_1-2=6+5-2=9$ 时，置信度 95%，查 t 值(表 12-6)，$t_{0.95,9}=2.26$，因为 1.80＜2.26，说明所得结果与标样结果有显著性差异，此新方法有系统误差。

二、提高分析精密度和准确度的方法

除了选择适当的分析方法和最优化测量条件，使用校正过的器皿和仪器，必要的提纯试剂等之外，还可以采取以下措施来提高测定的精密度和准确度。

1. 提高精密度的措施

（1）增加测定次数

随着测定次数的增加，取多次测量的算术平均值作为分析结果，随机误差即可以减少。平均值的精密度常以平均值的标准偏差来衡量。如对一个样品进行 n 次测定，单次测定的标准偏差为 s，平均值的标准偏差为 $s/\sqrt{n}$ 与测定次数 n 的平方根成反比，因此平均值标准偏差的下降速度远比测定次数的增长速度慢得多。

（2）减低空白值

在痕量分析中，元素的测定值同空白值往往处于同一数量级水平。试样中某一成分的含量都是由测得的表观分析结果减去平行测定的空白值而得出的。实验表明，空白值大或不稳定，所得结果精密度就差，因此降低空白值就能提高痕量分析的精密度。

2. 提高测定准确度的措施

（1）校正

当某个误差不可能消除时，往往可以应用校正值对它造成的影响进行校正，以提高准确度。例如用重量法测定二氧化硅时，由于二氧化硅的沉淀实际上是不完全的，因此，精确分析应当用硅钼蓝光度法测定滤液中的二氧化硅，对结果进行校正。

（2）空白试验

对微量元素的测定，毫无例外地应进行空白试验，而对常量元素的测定则视情况而定，不一定都要做空白试验。

（3）增加测定次数

在消除系统误差的前提下，增加测定次数可以提高测定的精密度，同时提高了测定的准确度。

第十三章　仪器设备维护和保养

学习目标：掌握仪器安装和工作环境的要求，具备对仪器日常维护保养的操作技能，能对仪器常见故障现象进行诊断和排除。

对一台从未使用过或新的仪器，在动手操作之前，必须认真阅读仪器使用说明书，详细了解和熟练掌握仪器各部件的功能，仪器设备安装、调试、检定应严格按其安装、调试指导书和检定规程执行。在使用仪器的过程中，最重要的是注意安全，避免发生人身、设备事故。仪器的日常维护保养也是不容忽视的。这不仅关系到仪器的使用寿命，还关系到仪器的技术性能，有时甚至影响到分析数据的质量。仪器的日常维护保养是分析人员必须承担的职责。因此操作仪器时应严格遵守《检验规程》、《设备操作维护规程》、《设备检修规程》等制定的要求。

第一节　仪器安装和工作环境的要求

学习目标：了解仪器安装和工作环境的要求。

一、仪器安装

分析仪器包括的范围很广，像定氢仪、碳硫仪、质谱仪等仪器都是高精密的仪器，所以分析仪器对工作环境的要求也较高，在安装时需要注意以下几点。

1. 电源

作为精密测量仪器，要求有相对稳定的电源，供电电压：交流电源 210～230 V，15 A 或更大，电压变化一般不超过 5%，确保稳定的电压。

（1）使用自动调压器或磁饱和稳压器，不能使用电子稳压器，因为电子稳压器在电压高时形成电脉冲，影响电子计算机、微处理器及相敏放大器的工作，引起误动作。

（2）仪器供电线路不与大功率用电设备如通风机、空调机、马弗炉等共用一条供电线路。

（3）仪器必须连接地线。地线电阻要小于 5 Ω，计算机地线电阻要小于 0.25 Ω，防止相互干扰。

（4）在仪器的使用中，禁止在过压或欠压下工作。

2. 地面

确保仪器放置平稳，避免振动。

3. 外界温度和湿度

温度最好在 10～35 ℃，避免在有很大温差处安装使用；应在湿度 20%～80% 的地方安装仪器。

4. 安装

在平整坚固的平台上安装仪器。工作台具有较好的防震设施，台面应有较好的水平度。

有条件可在仪器与台面之间垫上一层具有一定弹性的材料。

5. 气氛及排气

不要使用爆炸性气体作为气氛,另外通常情况下不宜采用氧气,因为大部分物质在一定的温度下极易被迅速氧化,并释放出大量的热量,以至于温度在瞬间急剧升高,并可能超过仪器最高温度上限。由于测试过程中,试样可能会释放出有害气体,因此要采用有效的排气、通风措施,及时把有害气体排到室外,并确保室内空气的流通。

6. 避免在以下地点安装仪器

阳光能够直射或暴晒,附近有较大的振动源、油腻处、尘污处或暴露在腐蚀性气体处,有较高的局部接地电流和高压、电闸噪声等强电场和强磁场,有加热器或空调制出的热空气或冷气处。

二、仪器工作环境要求

1. 室温

放置仪器的实验室的环境温度应满足仪器使用要求。

2. 湿度

实验室相对湿度一般控制在 $45\%\sim65\%$,上限不超过 80%。要定期更换仪器内的干燥剂。当湿度大时应用去湿机对放有仪器的实验室进行去湿处理。

3. 防尘

实验室内的尘土对仪器的光学系统和电子系统都会产生不良影响,因而实验室应尽可能减少尘土的污染。

4. 防震和防电磁干扰

仪器必须安装在牢固的工作台上,尽可能远离强烈震动的震源,如机械加工、强通风电动机、公路上来往车辆等都会影响仪器的正常工作。外界电磁场使仪器电子系统产生扰动,尤其影响光源灯的稳定性,导致仪器的电子系统工作不稳定。因此仪器的电源最好采用专用线,不要与用电量变化大的其他大型仪器共用电源。

5. 防腐蚀

仪器工作室与化学操作室必须分开,避免化学操作室的酸雾及其他腐蚀性气体进入工作室;当测量具有挥发性或腐蚀性样品溶液时,必须安装抽风装置,实验结束时,应及时对仪器进行清理。

含有挥发性、腐蚀性的样品或化学试剂不能放在有仪器的工作室中。

第二节　仪器日常维护保养知识

学习目标:了解常用仪器的维护保养注意事项,能正确维护保养仪器设备。

一、分光光度计日常维护保养

1. 定期开机

如果仪器没有经常使用,应保证每星期开机 2 次,每次 $1\sim2$ h。这样既可去湿,避免光学元件和电子元件受潮;同时也可让各机械部件不会生锈,确保仪器能正常工作。

2. 保持机械运动部件维护保养

分光光度计有很多转动部件来确保仪器的正常使用,如光栅扫描机构、光源转换机构和狭缝传动机构等。对这些活动部件,应定期进行检查,必要时加一些钟表油,以确保其能活动自如。

3. 光源灯的保护

为了延长灯的使用寿命,仪器不工作时尽量不要开光源灯。停机后不要马上开机,应待光源冷却后,再重新启动。开机后需预热 15 min,然后再开始测量工作。

4. 正确选择光源及吸收池的材质

在可见光区(波长 400~850 nm)使用钨灯(或钨碘灯)为光源,吸收池使用玻璃或石英材质均可。紫外区(波长 200~400 nm)时应使用氢灯(或氘灯)为光源,吸收池只能用石英材质,因为玻璃本身对紫外光有吸收。

5. 选择适当的狭缝

狭缝宽度的大小与测定的灵敏度有关,狭缝波带的宽度应小于样品吸收带的半宽带,狭缝的选择应以减小狭缝的宽度时样品的吸收度不再增加为准。

6. 对样品溶液及溶剂的要求

样品溶液必须清亮,不得有悬浮物或气泡,溶剂的选择应以在测定波长下无吸收为原则。

7. 清洁设备

每次使用完毕,及时用酒精棉将样品池擦拭干净,确定样品池内干净无水渍。

二、原子吸收光谱仪的日常维护保养

1. 定期开机

如果仪器没有经常使用,应保证每星期开机 2 次,每次 1~2 h。这样既可去湿,避免光学元件和电子元件受潮;同时也可让各机械部件不会生锈,确保仪器能正常工作。

2. 保持机械运动部件维护保养

原子吸收光谱仪有很多转动部件来确保仪器的正常使用,如光栅扫描机构、狭缝传动机构等。对这些活动部件,应定期进行检查,必要时加一些钟表油,以确保其能活动自如。

3. 燃烧头的清洁

将燃烧头取下,用 3%~5%硝酸将倒起的燃烧头浸泡过夜,浸泡时注意不要浸泡到燃烧头的磁铁。将清洁干净的燃烧头晾干后装上。安装时注意磁环朝后,先搬开卡扣再将燃烧头装上。全钛燃烧头清洁周期为每年一次。

4. 火焰部分更换进样毛细管

毛细管沾污或变形,更换新的进样毛细管后,需要调节提升量。此时需要将连续谱线图打开以便于观看吸光度值,先将毛细管插在水中,逆向旋转进样毛细管上端旋钮直到水中有气泡冒出,然后用 5 μg/mL 的铜溶液来调,将毛细管插在铜溶液中,顺向旋转,此时提升量增大,再继续旋转直到提升量为最大。

5. 石墨炉自动进样器部分修复或更换新的毛细管

在"Furnace"上单击，显示"Furnace Control"窗口，再单击"Align tip"，显示"Align Autosampler Tip Wizard"窗口，在此窗口选择最后一项，单击下一步后，进样器手臂提伸出冲洗口，虚悬在冲洗口斜上方。在此状态下可进行以下操作，修复进样毛细管：从吊沟上解下管子，将管子拉出软管套外部约 10 mm，然后在约 7 mm 的地方，用剪刀剪下一个 30°左右的斜口后，将管子重新挂在吊沟上。或更换新的进样毛细管：旋开连接样品管和样品泵的螺丝，取下螺丝和塑料环，将旧管子从进样器手臂上的吊沟上取下，将新的进样毛细管安装上去，单击"Finish"。在"Furnace Control"窗口，单击"Flush Sampler"，系统自动完成冲洗进样毛细管的操作。

6. 更换石墨管

在"Furnace"上单击，显示"Furnace Control"窗口，再单击"Open/Close"，在此状态下，将石墨管支杆转向后边，将前接触座向下拉，可见石墨管在后接触座上，用木夹取出石墨管，不可用手指摸管子。然后将新的石墨管进样口向上，装有平台的管子面向石墨炉的后部，使用配备的木夹将石墨管插入后接触座上后，小心地将前接触座向上转向关闭位置，将支杆转至前接触座下面。再次单击"Open/Close"，最后单击"Conditioning the Graphite tube"，系统自动完成石墨管空烧的操作。

7. 自动进样器的调准

在修复、更换新的毛细管和更换石墨管后，要进行自动进样器的调准，也就是将石墨炉自动进样器的毛细管尖嘴对准石墨管上的进样孔。在"Furnace"上单击，显示"Furnace Control"窗口，再单击"Align tip"，显示"Align Autosampler Tip Wizard"窗口，在此窗口选择第一项，单击下一步后，进样器手臂提伸出冲洗口，虚悬在石墨管上方。在此状态下可调节毛细管尖嘴在石墨管上的进样孔里的前后、左右和深浅的位置，调节结束后，单击"Finish"。

8. 空心阴极灯的维护保养

（1）防止通光窗口沾污

取放空心阴极灯时，操作人员的手不能接触灯的通光面，禁止直接拿灯管，而要拿灯座，这样可以防止沾污灯的通光窗口使光通量下降。如果灯管沾污或窗口有油污、手印等，应用酒精棉球轻轻擦拭干净。

（2）灯电流选用要合适

在使用时不要超过空心阴极灯的额定电流，最好使用推荐电流。若没有推荐电流，使用者应尽量使用小的灯电流，无论如何不要超过额定电流。

（3）定期通电点灯

对长期不用的空心阴极灯，每三个月应通电点燃 2 h 以上。这样既可除湿和保障灯的性能，也可延长灯的寿命。

三、等离子体发射光谱仪的日常维护保养

1. 定期开机

每周至少开机维护保养一次，认真做好设备运行和维护保养记录，每次维护不得少于

4 h,维持点火 10 min。

2. 冷却循环水的维护

检查冷却循环水的水位,温度设定是否正确,每半年更换循环水箱的水。

3. 气体控制系统的维护

(1) 气体控制系统中应无漏气现象。

检查方法:打开气体控制系统的电源开关,使电磁阀处于工作状态,然后开启气瓶及减压阀,使气体压力指示在额定值上,然后关闭气瓶,观察减压阀上的压力表指针,应在几个小时内没有下降或下降很少,否则气路中有漏气现象,需要检查和排除。

(2) 由于氩气中常夹杂有水分和其他杂质,管道和接头中也会有一些机械碎屑脱落,造成气路不畅通,需要定期清理。

清理方法:拔下某些区段管道,然后打开气瓶,短促地放一段时间的气体,将管道中的水珠、尘粒等吹出。在安装气体管道,特别是将载气管路接在雾化器上时,要注意不要让管子弯曲太厉害,否则载气流量不稳而造成脉动,影响测定。

4. 对进样系统及炬管的维护

(1) 检查雾室和雾化器,连接处应结实无泄漏。雾化器是进样系统中最精密,最关键的部分,需要很好地维护和使用。

(2) 定期清洗矩管和雾化器。炬管上积尘或积炭都会影响点燃等离子体焰炬和保持稳定,也影响反射功率,因此要定期用酸洗,水洗,最后用无水乙醇洗并吹干,保持进样系统及炬管的清洁。特别是测定高盐溶液之后,雾化器的顶部,炬管喷嘴会积有盐分,造成气溶胶通道不畅,常常反映出来的现象是测定强度下降,仪器反射功率升高。

(3) 检查进样和排液系统是否正常,进样管和排液管有压扁和破损必须及时更换。

5. 使用中尽量减少开停机的次数

开机测定前,必须做好安排,事先标好各项准备工作,切忌在同一段时间里开开停停,仪器频繁开启容易造成损坏,这是因为仪器在每次开启的时候,瞬时电流大大高于运行正常时的电流,瞬时的脉冲冲击,容易造成功率管灯丝断丝,碰极短路及过早老化等,因此使用中需要倍加注意,一旦开机就一气呵成,把要做的事做完,不要中途关停机。

四、定氢仪的日常维护保养

1. 定期开机

每周至少开机维护保养 2 次,认真做好设备运行和维护保养记录,仪器预热时间不得少于 4 h。

2. 仪器气密性维护

(1) 检查并清洁位于载物器密封塞及活塞密封器等处的各个密封圈,将密封圈取下擦干净后涂一薄层硅脂。如损坏时需及时更换。

(2) 漏气自检　开启仪器漏气自检功能,仪器自动运行漏检程序,漏气自检通过后仪器才能进行分析工作。

3. 仪器试剂的更换

检查净化剂和催化剂,发现试剂明显变色、结块时进行更换。高氯酸镁、烧碱石棉或苏尔茨试剂的更换方法如下：

（1）更换试剂之前，应确认载气气源关断，并将系统内的气体放空。

（2）将需要更换的试剂管轻轻向上推到顶部。

（3）将试剂管底部向外移动约 15°，向下轻轻取出试剂管。

（4）使用专用工具取出试剂管内的金属过滤器。

（5）使用镊子取出试剂管内的玻璃丝棉。

（6）倒出试剂管内的试剂，并将试剂管清洁干净，备用。

（7）取一干净的金属过滤器，将其 O 形圈涂抹一薄层硅脂。

（8）使用专用工具将金属过滤器安装至试剂管一端。

（9）从试剂管另一端装入玻璃丝棉至金属过滤器，玻璃丝棉高度约为 2 cm。

（10）将所需试剂装入试剂管，再装入玻璃丝棉，玻璃丝棉高度约为 2 cm。

（11）对试剂管两端内壁涂抹一薄层硅脂。

（12）将试剂管以垂直约 15°角向上安装试剂管上端，然后将试剂管垂直向下移动到底。

4. 脉冲电极炉的清洁

每次测试完成用真空吸尘器清洁电极灰，用电极刷清洁上、下电极。

五、X 荧光光谱仪日常维护保养

1. 定期开机

每周至少开机维护保养 1 次，认真做好设备运行和维护保养记录，仪器预热时间不得少于 2 h。

2. 使用要求

（1）室温要求在 15～30 ℃，相对湿度要求在 20％～80％。

（2）操作人员工作之前应穿戴好劳保用品。

（3）开机前应检查气瓶压力。

（4）液体样品必须选用"Helium"（氦气）介质，使用专用的液体测量杯和塑料薄膜盛装，静置检漏。禁止在真空状态测量液体样品。固体样品（金属、合金、粉末压片、熔融样）直径介于 8～37 mm。金属、合金样品表面应光滑平整，粉末压片，熔融样应光滑不掉粉末。

（5）样品被测面与样品杯底部平面平行接触。

（6）样品室保持清洁，禁止带入灰尘、粉末、酸、碱等物质。

3. 光管老化

老化过程是缓慢增加光管电流、电压的过程。X 光管不能频繁开关，X 光管长期不开，使用前必须进行老化。X 光管停机时间超过 100 h，单击"Normal breed"进行正常老化，X 光管停机时间介于 24 小时和 100 小时之间，单击"Fast breed"进行快速老化。

4. 机箱的清洁维护

机箱外壳用棉布擦净，机箱内部的灰尘每 3 个月清洁一次，拆除机箱盖板的步骤如下：

（1）将设备电源关闭，并把电源插头拔下；

（2）松开 4 个紧固螺帽，把样品室盖板取下；

（3）把上部盖板揭开；

(4) 将前部盖板拔出;

(5) 松开紧固螺丝,拆掉剩下三面盖板。

5. 样品台的清洁

使用洁净的干棉花擦拭,避免沾污样品影响测量结果或使密封不严。

6. 样品室的清洁

使用干刷子(或吸尘器)消扫干净,不能清除的沾污,可用洁净的棉花蘸取少许酒精擦拭,并让酒精完全挥发。

7. 排气口与进气口的检查和清洁

附着灰尘可用棉布擦拭干净。

8. 真空检漏测试

遮光板与空气锁的密封不严是导致真空泄漏的主要原因,X 射线荧光光谱仪一般自带有真空检漏测试程序,在运行该测试程序时,样品室中不能放有液体试样。

检查真空泵,真空泵油液面不能低于要求刻度,泵油中不能有任何污染物,否则应重新更换真空泵油,步骤如下:

(1) 拆下排气管和进气管。

(2) 把真空泵从机箱中取出。

(3) 打开泵油排放口,排空旧的泵油,关闭泵油排放口。

(4) 把一升泵油重新加入真空泵中。

(5) 检查并擦净进气管过滤口,并清洁真空泵表面。

(6) 把真空泵放回机箱,连接好排气管和进气管。

9. 循环水的检查

循环水应每 3 个月进行更换,更换步骤如下:

(1) 把进水管和出水管从接口处取下。

(2) 把荧光光谱仪底座后部盖板拆下。

(3) 小心地把水冷单元从底座中拉出,置于地上。

(4) 检查水瓶中水的剩余量,若其低于要求的刻度,需要补充蒸馏水。

(5) 检查散热风扇,用棉花擦去附着其上的灰尘。

(6) 把循环水冷却单元重新装入底座。

10. 出现以下情况需要请专业技术维修人员进行维护

(1) 由于样品破裂,部分碎片落入光谱仪晶体测量室并聚积于晶体测量室底部。

(2) 遮光板密封圈老化破损导致真空泄漏。

六、气相色谱仪日常维护

1. 定期开机

气相色谱仪适用于长期开机。长期不使用时,每周开机 2 次进行维护保养。

2. 检测器的维护

(1) 当引起色谱噪声和尖峰信号时,清洗或更换 FID 检测器喷嘴(由专业维修人员协助）。

（2）TCD 检测器出现基线漂移、噪声增加或对测试色谱图的响应发生变化时，对 TCD 检测器在 400 ℃下烘烤 2 h 以上。

（3）TCD 检测器的清洗：清洗 TCD 采用烘烤的方法，此时不能漏进空气，否则将损坏热丝，必须关闭 TCD，并且盖上检测器柱接头，设置参比气流速在 20～30 mL/min 之间，设置检测器温度至 400 ℃，持续 2 h 以上，然后将系统冷却至正常操作温度。

七、质谱仪日常维护保养

1. 仪器型号

（1）MAT262 型质谱仪

MAT262 质谱仪是德国 Finnigan MAT 公司生产的全自动热表面同位素质谱仪，可全自动控制，也可手动控制，质量分离采用 90°扇形磁场单聚焦，最多可安装 9 个离子检测器。采用先进的转轮式进样系统。

主要技术指标

1）质量范围：1～280 u；

2）基线漂移：$<1\times10^{-16}$ A/h；

3）分辨率：$\geqslant$500；

4）系统稳定性：$\pm$30 ppm；

5）丰度灵敏度：$\leqslant$2 ppm。

（2）Thermo Finnigan TRITON 型质谱仪

Thermo Finnigan TRITON（见图 13-1）型质谱仪是热电公司生产的热电离同位素质谱仪，它采用全新的接收系统，具备 17 个通道（可安装 9 个法拉第杯和 8 个离子计数器），10 kV 加速电压，具有很高的丰度灵敏度，采用 90°单聚焦扇形磁场，新的自动化软件可实现远程控制，21 个样品位置的转轮式进样系统，灵敏度是 MAT262 的两倍。

图 13-1　Thermo Finnigan TRITON 型质谱仪

2. 质谱仪的维护要点

质谱仪是在高真空、乃至超高真空条件下工作的。在涉及其高真空部分的操作中，尤其是离子源，必须严格注意真空卫生要求。要戴无酯无尘手套，在清洁的台面上工作。要按规定进行清洁、清洗、除气等处理。

磁极面应保持清洁。质谱实验室应严格防止有腐蚀性气体和导电性、导磁性灰尘的侵袭。

不要忽视轻度的，但却是经常性的关于真空卫生的违章操作，因为这种行为的积累效果，或迟或早必定要在本底、极限真空、离子流的稳定性、电子部件的可靠性、离子源正常工作周期等某些方面有所反映。

3. 整机的维护

质谱仪处于常开状态时,每连续 6 个月应全停仪器一次进行必要的维护工作。

4. 循环水

仪器开启后应经常观察循环水水位,水位不能低于最低水位标志。水冷器必须使用去离子水,每 6 个月更换一次。循环水要求用去离子水或蒸馏水,防止微生物在循环水系统内繁殖。

5. 前级真空泵

通常前级真空泵泵油每 6 个月更换一次。当所获得的最终真空度低于分析要求时,须更换泵油,按照说明书进行。

6. 涡轮分子泵(Turbo Pump)

根据涡轮分子泵说明书要求进行维护。

7. 离子泵

不许可在真空较低的情况下启动离子真空泵。当启动离子真空泵时,离子源室内的压力须降至 2×10^{-4} Pa(2×10^{-6} mbar)以下。

8. 离子源

为了最佳调节,应该定时检查离子源。只要通过稍微变动电位看是否存在最佳强度就可以了。

(1) 离子源上的屏蔽板

先用专用的玻璃笔刷摩擦污染处,然后用白绸布醮少许无水乙醇擦洗之,最后干燥屏蔽板。每一星期清洁一次。

(2) 整体离子源

经过一定的时间以后,若有下述情况发生,则需要清洁离子源:离子光学系统严重偏离正常值的电位(即调整各旋钮不能使离子流强度最大),不稳定的离子流及灵敏度降低。

1) 金属部分:先用 Al_2O_3 粉或金相砂纸摩擦污染处,然后用蒸馏水或无水乙醇擦洗之,最后在烘箱内烘干待用。

2) 陶瓷部分:破损时需更换新的零部件。

3) 按照使用说明书装配离子源,需维修部门配合。

9. 密封圈(离子源密封法兰盘垫圈)

经常检查 O 形垫圈(离子源密封法兰盘垫圈)的清洁度。每一星期用干燥的软布清洁一次。

10. 电子学系统

按照灰尘沾污的程度,应经常地清洁电子学系统。

在清洁工作之前,首先断开电子学系统的电源,然后用干燥空气吹走松散的灰尘,用软毛刷清洁单个元件。

11. 仪器的外观清洁

每一星期把仪器的外观清洁一次。用干燥的软布清洁指示仪表、按钮开关和转换开关。

12. 烘烤系统

如果抽真空 30 分钟还不能达到日常的工作压力 2×10^{-6} mbar,则必须考虑对系统烘烤除气。

(1) 如需对系统烘烤除气,首先应从仪器上拆除如下部件:放大器及罩子、调整多接收器的刻度盘、SEM 放大器、电磁铁、低温泵、离子泵及外罩。

(2) 装配好专门用来烘烤仪器的加热罩。

(3) 按下 BAKING 键开始烘烤仪器,直到压力指示开始迅速地上升达到日常的工作压力 2×10^{-6} mbar 时,再断开 BAKING 键。

(4) 等仪器的加热温度降至室温时,拆除加热罩。

(5) 正确装配好从仪器上拆除的所有部件,此时系统的烘烤除气全部完成。

(6) 烘烤系统必须有维修部门的配合。

第三节　仪器常见故障诊断和排除

学习目标:正确判断常见故障,提出正确的排除故障方案。

一、分光光度计常见故障诊断和排除

紫外-可见分光光度计由光学部分、机械部分、电子元件等组成。其中的任一部分都有可能出现故障,如光学部分受潮发霉、机械部分磨损转动不灵活、电子元件老化等问题。因此,有必要掌握一般的故障诊断和排除方法,见表 13-1。

表 13-1　紫外-可见分光光度计常见故障和排除

故障现象	排除方法
打开主机,不能自检,主机风扇不转	① 检查电源开关是否正常; ② 检查保险丝是否熔断
自检时提示"钨灯能量低"	① 打开光源室盖,确认钨灯是已点亮;如未点亮,更换钨灯; ② 关机后再开机自检
自检时提示"氘灯能量低"	① 打开光源室盖,确认钨灯是已点亮;如未点亮,更换钨灯; ② 检查氘灯保险丝,如有故障立即更换; ③ 关机后再开机自检

二、原子吸收分光光度计常见故障诊断和排除

原子吸收分光光度计由光学部分、机械部分、电子元件等组成。其中的任一部分都有可能出现故障,如光学部分受潮发霉、机械部分磨损、电子元件老化等问题。因此,有必要掌握一般的故障诊断和排除方法,见表 13-2。

表 13-2　原子吸收分光光度计常见故障和排除

故障现象	排除方法
打开主机,不能自检,主机风扇不转	① 检查电源开关是否正常; ② 检查保险丝是否熔断
仪器开机自检时,某项不通过,或时过时不过,或出现错误信息	① 关机,稍等片刻后再开机自检; ② 重新安装软件后再自检
火焰点火困难	① 喷射乙炔的小火气流太大; ② 点火针与乙炔小火气流距离太远; ③ 喷火嘴堵死,乙炔气流量太少
火焰不稳	① 检查压缩空气出口压力是否稳定; ② 乙炔流量不稳造成火焰跳动; ③ 排风扇的排风量太大; ④ 乙炔管道过长,乙炔钢瓶压力过低; ⑤ 燃烧头的火焰不应有锯齿状,必须把燃烧头上脏物清除掉

三、等离子体发射光谱仪常见故障诊断及排除

电感耦合等离子体发射光谱仪是集机、电、光及计算机于一体的大型精密分析仪器,在长时间使用过程中,仪器或多或少都会出现一些小故障,仪器操作者要加强仪器的使用维护,根据具体情况分析故障原因,进行排除。对于控制正常的仪器,需要点燃等离子体才能开始分析工作,不能正常点火是 ICP-AES 仪器最常见的故障。等离子体发射光谱仪常见故障和排除方法见表 13-3。

表 13-3　等离子体发射光谱仪常见故障和排除

故障现象	排除方法
"点火"困难	① 检查氩气纯度和输出口压力; ② 检查矩管或同心雾化室中有积水; ③ 检查雾化系统是否漏气; ④ 检查点火头位置是否正确
精密度差	① 仪器点火后稳定时间不够,点火后稳定 15 min; ② RF 功率不稳定,检查氩气纯度和循环水温度; ③ 蠕动泵经常挤压,弹性变差,减缓进样量,更换泵管
突然"灭火"	① 保护性灭火,根据仪器报错信息进行检查; ② 等离子体不能维持; ③ 进样系统漏气或堵塞; ④ 排风或水循环流量维持在临界值附近; ⑤ 分析界面中激活打开的分析方法过多
出现"非零"空白数据	① 检查蠕动泵管泵夹是否松动; ② 检查雾化器或中心管是否被堵塞

故障现象	排除方法
运行缓慢 测试数据存储缓慢	① 数据库存储数据过多,将数据备份; ② 新建空白数据库

四、定氢仪常见故障诊断及排除

定氢仪常见故障和排除方法见表 13-4。

表 13-4　定氢仪常见故障和排除

故障现象	排除方法
漏气自检不通过	① 检查最近拆装的部件安装是否牢固; ② 检查需定期清洗或更换的密封件; ③ 检查在气路系统在工作中的动作部件,如电磁阀等
空白值异常	① 检查氢释放曲线是否正常; ② 检查分析参数是否正常,如载气流量、压力、纯度、冷却水温度等
冷却系统异常或功率加载不上	① 检查循环水机是否开启; ② 检查仪器内循环冷却水,必要时添加去离子水
脱气功率低	① 检查动力气气瓶压力; ② 检查坩埚放置位置是否正确; ③ 检查电极片是否变形

五、气相色谱仪常见故障诊断及排除

气相色谱仪常见故障和排除方法见表 13-5。

表 13-5　气相色谱仪常见故障和排除

故障现象	排除方法
火焰熄火或不点火	① 检查载气流量设置是否正确; ② 安装的喷嘴类型与使用的色谱柱不相符; ③ 注射大量的芳烃溶剂使火焰熄灭; ④ 点火补偿值太高或太低
基线漂移过大	① 火焰熄灭后基线漂移过大; 检查检测器是否被污染,清洗检测器; 检查检测器的温度是否正常,将检测器进行老化处理 ② 火焰熄灭后,基线不再漂移,减低色谱柱箱温度,基线漂移过大 检查各种气路是否被污染或; 检查检测器温度是否波动
温度控制不正常	① 检查电源电压; ② 检查微机板、检查加热丝是否损坏

续表

故障现象	排除方法
噪声过大	① 检查电源电压是否异常波动,仪器接地是否正确; ② 对色谱柱进行老化; ③ 火焰熄灭后噪声还是很大; ④ 检查清洗检测器喷嘴; ⑤ 考虑极化电压故障; ⑥ 火焰熄灭之后噪声降低或消失; ⑦ 检查气体纯度; ⑧ 检查是否有排风口对着仪器,需改变排风口或仪器位置
进样不出峰	① 检查火焰是否熄灭; ② 检查点火圈是否发红; ③ 检查进样是否正确; ④ 检查色谱柱、进样器、检测器温度以及分析参数是否合适

六、质谱仪常见故障诊断及排除

质谱仪常见故障和排除方法见表 13-6。

表 13-6　质谱仪常见故障和排除

故障现象	排除方法
真空达不到要求	① 检查真空机械泵泵油,如油量不足或油质变差,需更换泵油; ② 检查各连接头是否松动; ③ 检查离子源舱门垫; ④ 圈上是否有灰尘,清洁垫圈
离子流异常	① 检查离子源隔离阀是否开启; ② 检查离子源高压是否正常; ③ 检查质量数是否偏离,校正质量数; ④ 调节各聚焦参数及转轮位置
高压不稳定	① 检查环境温度、湿度是否符合要求; ② 检查离子源真空

第十四章 质量管理小组活动

学习目标:掌握质量管理小组活动的步骤。

1962 年,日本首创了质量管理小组(QC 小组),并把广泛开展 QC 小组活动作为全面质量管理的一项重要工作。之后,在中国、韩国、泰国等 70 多个国家和地区也开展了这一活动。

质量管理小组(Quality Control Circle,简称 QCC,中文简称 QC 小组)是"在生产或工作岗位上从事各种劳动的职工,围绕企业的经营战略、方针目标和现场存在的问题,以改进质量、降低消耗、提高人的素质和经营效益为目的组织起来,运用质量管理的理论和方法开展活动的小组。"

质量管理小组是职工参与全面质量管理特别是质量改进活动中的一种非常重要的组织形式。开展 QC 小组活动能够体现现代管理以人为本的精神,调动全体员工参与质量管理、质量改进的积极性和创造性,可为企业提高质量、降低成本、创造效益。

质量管理小组活动的步骤如下。

1. 选课题

QC 小组活动要取得成功,选题恰当非常重要。为做到有的放矢并取得成果,选择课题应该注意以下几个方面:

(1)选题要有依据,注意来源。QC 小组选题应以企业方针目标和中心工作为依据,注意现场关键和薄弱环节,解决实际问题。

(2)选题要具体明确,避免空洞模糊。具体明确的选题,可使小组成员有统一认识,目标明确。

(3)选题要小而实,避免大而笼统。

(4)选题要先易后难,避免久攻不下。先易后难是解决问题的一般规律,这样可以鼓舞士气,并促使较难的问题向容易的方面转化,对坚持开展活动有促进作用。

2. 调查现状

选题确定后,应从调查现状开始活动。通过调查现状,掌握必要的材料和数据,进一步发现问题的关键和主攻方向,同时也为确定目标值打下基础。

3. 设定目标值

目标值能为 QC 小组活动指出明确的方向和具体目标,也为小组活动效果的检查提供依据。设定目标时应注意:

(1)目标值应与课题一致 课题所要解决的问题应在目标值中得到体现。

(2)目标值应明确集中 QC 小组活动每次的目标值最好定 1 个,最多不超过 2 个。

(3)目标值应切实可行 QC 小组应对课题进行可行性分析,使确定的目标值既有高水准又能切实可行。

4. 分析原因

QC 小组进行现状调查,并初步找到主要质量问题所在后,可按人、机、料、法、环、测等 6 大因素进行分析,从中找出造成质量问题的原因。

5. 确定主要原因

通常在原因分析阶段,会发现可能影响问题的原因有很多条,其中有的确实是影响问题的主要原因,有的则不是。这一步骤就是要对诸多原因进行鉴别,把确定影响问题的主要原因找出来,将目前状态良好、对存在问题影响不大的原因排除掉,以便为制定对策提供依据。

一般来讲,要因需从因果图、系统图或关联图的末端因素中予以识别。确认要因常用的方法有:

(1) 现场验证　即将可疑的原因到现场通过试验取得数据来证明。

(2) 现场测试、测量　现场测试、测量是到现场通过亲自测试、测量、取得数据,与标准进行比较,看其符合程度来证明。

(3) 调查分析　有些因素不能用试验或测量的方法取得数据,则可设计调查表,进行现场调查、分析,取得数据来确认。

6. 确定对策

分析原因并确定主要原因后,要针对不同原因采取不同的对策,并对照目标值采取相应的措施以达到预期目的。制定对策,通常要回答 5W1H:(1)Why(为什么),回答为什么要制定此对策;(2)What(做什么),回答需要做些什么;(3)Where(在哪里),回答应在哪里进行;(4)Who(谁),回答由谁来做;(5)When(何时),回答何时进行和完成;(6)How(怎样),回答怎样来进行和完成。

7. 实施对策

实施对策是 QC 小组活动实质性的具体步骤,这一环节做得好才能使小组活动有意义,否则会使选题等前期工作失去作用。

8. 检查效果

检查的目的是确认实施的效果,通过活动前后的对比分析活动的效果。如果采用排列图对比时,主要项目的频数急剧减少,排列次序后移,总频数也相应减少,说明对策措施有效。如果各项目和频数虽然都有少量变化,但排列次序未变,说明对策措施效果不明显。如果虽然主要项目后移,次要项目前移,而总频数无多大变化,则说明几个项目之间存在着相互影响,有些措施可能有副作用。如果出现活动结果未达到预期目标值,也是正常和允许的,但是应进一步分析原因,再次从现状调查开始,重新设定目标值,开始一轮 PDCA 循环。

9. 巩固措施

巩固措施是指把活动中有效的实施措施纳入有关技术和管理文件之中,其目的是防止质量问题再次出现。

10. 总结回顾及今后打算

QC 小组活动一个周期后,要认真进行总结。总结可从活动程序、活动成果和遗留问题等方面进行。

第十五章　培训与指导

学习目标：学习培训方案的编制。掌握指导中、高级工的理论知识、相关知识培训内容，掌握对中、高级工进行岗位操作技能培训内容。

第一节　培训指导的方式

学习目标：根据培训对象和培训目的选择培训指导的方式。

一、备课

技师一般具有较高的专业理论基础，良好的专业操作技能和工作经验，或具有某些方面的技能特长，是企业中从事生产和将先进技术转换成现实生产力的重要力量。技师负有对中级工和高级工的理论培训、操作技能培训和指导的责任，并在不同程度上承担着生产现场的管理工作。

技师在给不同等级的工人讲课前，必须通过本教程中讲到的根据不同等级相应的专业知识准备培训讲义。但本教程的内容也是有限的，因此，备课时，应该结合本行业、本企业现状，对不同学习阶段的知识进行必要的扩展。培训内容还可以涵盖企业文化、价值观及相关的管理制度等。

二、培训指导的方式

技师对较低技术级别的工人培训与指导的方式有多种，可结合生产和工作的实际灵活采用，并在此基础上不断创新，创造出更多行之有效的方法。除了讲课以外，在实际工作当中应该建立"师徒关系"，即一名技师带一名或几名新工人，在实践中传授技术。

第二节　培训方案

学习目标：通过学习，能制定切实可行的培训方案。

培训方案是培训目标、培训内容、培训指导者、受训者、培训日期和时间、培训场所与设备以及培训方法的有机结合。培训需求分析是培训方案设计的指南，一份详尽的培训分析需求就大致勾画出培训方案的大概轮廓，下面就培训方案组成要素进行具体分析。

一、培训目标的设置

培训目标是培训方案的导航灯。应明确了解员工未来需要从事某个岗位，若要从事这个岗位的工作，现有员工的职能和预期职务之间存在一定的差距，消除这个差距就是我们的培训目标。有了明确的培训总体目标和各层次的具体目标，对于培训指导者来说，就确定了施教计划，积极为实现目的而教学；对于受训者来说，明确了学习目的之所在，才能少走弯路，朝着既定的目标而不懈努力，达到事半功倍的效果。

培训之后，可对照此目标进行效果评估。

二、培训内容的选择

一般来说，培训内容包括三个层次，即知识、技能和素质培训。

1. 知识培训

这是组织培训中的第一个层次。知识培训有利于理解概念，增强对新环境的适应能力，减少企业引进新技术、新设备、新工艺的障碍和阻挠。同时，要系统掌握一门专业知识，则必须进行系统的知识培训，如要成为"X"型人才，知识培训是其必要途径。虽然知识培训简单易行，但容易忘记，组织仅停留在知识培训层次上，效果不好是可以预见的。

2. 技能培训

这是组织培训的第二个层次，这里技能即是某些事情发生的操作能力，技能一旦学会，一般不容易忘记。招收新员工，采用新设备，引进新技术都不可避免要进行技能培训。因为抽象的知识培训不能立即适应具体的操作，无论你的员工有多优秀，能力有多强，一般来说都不可能不经过培训就能立即操作得很好。

3. 素质培训

这是组织培训的最高层次，此处"素质"是指个体能否正确的思维。素质高的员工应该有正确的价值观，有积极的态度，有良好的思维习惯，有较高的目标。素质高的员工，可能暂时缺乏知识和技能。但他会为实现目标有效地、主动地学习知识和技能；而素质低的员工，即使掌握了知识和技能，但他可能不用。

上面介绍了三个层次的培训内容，究竟选择哪个层次的培训内容，是由不同的受训者具体情况而决定的。一般来说，管理者偏向于知识培训与素质培训，而一般职员倾向于知识培训和技能培训，它最终是由受训者的"职能"与预期的"职务"之间的差异决定的。

三、谁来指导培训

培训资源可分为内部、外部资源。在众多的培训资源中，选择何种资源，最终要由培训内容及可利用资源来决定。

1. 内部资源

包括组织的领导，具备特殊知识和技能的员工。

组织内的领导是比较合适的人选。首先，他们既具有专业知识又具有宝贵的工作经验；其次，他们希望员工获得成功，因为这可以表明他们自己的领导才能；最后，他们是在培训自己的员工，所以肯定能保证与培训有关。无论采取哪种培训方式，组织的领导都是重要的内部培训资源。具备特殊知识和技能的员工也可以指导培训，当员工培训员工时，由于频繁接触，一种团队精神便在组织中自然形成，而且，这样做也锻炼了培训指导者本人的领导才能。

2. 外部资源

是指专业培训人员，学校，公开研讨或学术讲座等。

当组织业务繁忙，组织内部分不出人手来设计和实施员工的培训方案，那么就要求借助于外部培训资源。工作出色的员工并不一定能培训出一个同样出色的员工,因为教学有其自身的一些规律,外部培训资源恰好大多数是熟悉成人学习理论的培训人员。外部培训人员可以根据组织来量体裁衣,并且可以比内部培训资源提供更新的观点,更开阔的视野。但外部资源也有其不足之处,一方面,外部人员需要花时间和精力用于了解组织的情况和具体的培训需求,这将提高培训成本;另一方面,利用外部人员培训,组织的领导对具体的培训过程不负责任,对员工的发展逃避责任。

外部资源和内部资源各有优缺点,但比较之下,还是首推内部培训资源,只是在组织业务确实繁忙,分不开人手时,或确实内部资源缺乏适当人选时,才可以选择外部培训资源,但尽管如此,也要把外部资源与内部资源结合使用才最佳。

四、确定受训者

岗前培训是向新员工介绍组织规章制度、文化以及组织的业务和员工。新员工来到公司,面对一个新环境,他们不太了解组织的历史和文化、运行计划和远景规划以及公司的政策和岗位职责,不熟悉自己的上司、同僚及下属,因此新员工进入公司或多或少都会产生一些紧张不安。为了使新员工消除紧张情绪,使其迅速适应环境,企业必须针对上面各个岗位进行岗前培训,由岗前培训内容决定了受训者只能是组织的新员工,对于老员工来说,这些培训毫无意义。

对于即将升迁的员工及转换工作岗位的员工,或者不适应当前岗位的员工,他们的职能与既有的职务或预期的职务出现了差异,职务大于职能,就需要对他们进行培训。对他们可采用在岗前培训或脱产培训,而无论采用哪种培训方式,都是以知识培训、技能培训和素质培训确定了不同受训者。在具体培训的培训需求分析后,根据需要会确定具体的培训内容,根据需求分析也确定了哪些员工缺乏哪些知识和技能,培训内容与缺乏的知识及技能相吻合即为本次受训者。

五、培训日期的选择

培训日期的选择,什么时候需要就什么时候培训,这道理是显而易见的,但事实上,做到这一点并不容易,却往往步入一些误区,下面做法就是步入误区。许多公司往往是在时间比较方便或培训费用比较便宜的时候进行培训。如许多公司把计划定在生产淡季以防止影响生产,却不知因为未及时培训造成了大量次品、废品或其他事故,代价更高;再如有些公司把培训定在培训费用比较便宜的时候,而此时其实不需要进行培训,却不知在需要培训时进行再培训需要付出更高培训的成本。员工培训方案的设计必须做到何时需要何时培训,通常情况下,有下列四种情况之一就应该进行培训。

1. 新员工加盟组织

大多数新员工都要通过培训熟悉组织的工作程序和行为标准,即使新员工在进入组织时已拥有了优异的工作技能。他们必须了解组织运作中的一些差别,很少有员工刚进入组织就掌握了组织需要的一切技能。

2. 员工即将晋升或岗位轮换

虽然员工为组织的老员工,对于组织的规章制度、组织文化及现任的岗位职责都十分熟悉,但晋升到新岗位或轮换到新岗位,从事新的工作,则产生新的要求,尽管员工在原有岗位上干得很出色,对于新岗位准备得却不一定充分,为了适应新岗位,要求对员工进行培训。

3. 由于环境的改变,要求不断地培训老员工

由于多种原因,需要对老员工进行不断培训。如引进新设备,要求对老员工培训技术;购进新软件要求员工学会安装和使用。为了适应市场需求的变化,组织都在不断调整自己的经营策略,每次调整后,都需要对员工进行培训。

4. 满足补救的需要

由于员工不具备工作所需要的基本技能,从而需要培训进行补救。在下面两种情况下,必须进行补救培训。

(1) 由于劳动力市场紧缺或行政干预或其他各方面原因,你不得不招聘不符合需求的职员;

(2) 招聘时看起来似乎具备条件,但实际使用上表现却不尽如人意。

第三节　中、高级工的理论知识培训

学习目标:熟悉本职业中级工、高级工应掌握的知识内容。

一、中级工理论知识内容

(1) 实验室样品的管理;

(2) 实验室常用器皿和试剂知识;

(3) 滤纸及滤器使用知识;

(4) 实验室常用干燥剂与吸收剂;

(5) 受控计量器具的识别;

(6) 滴定分析法基础知识;

(7) 重量分析法基本知识;

(8) 气量分析法基本知识;

(9) 电化学分析基本知识;

(10) 分光光度法基本知识;

(11) 红外吸收光谱分析法基本知识;

(12) 原子发射光谱分析法基本知识;

(13) 气相色谱分析法基本知识;

(14) 质谱分析法基本知识。

二、高级工理论知识内容

(1) 实验室安全常识;

(2) 核燃料元件产品的技术条件;

(3) 采样和标准物质的基本知识;

(4) 空白值异常的常见原因;

（5）标准曲线与工作曲线；

（6）重量分析法的理论知识；

（7）电化学分析法理论知识；

（8）分光光度法的理论知识；

（9）红外吸收光谱分析法理论知识；

（10）原子吸收分析光谱法理论知识；

（11）原子发射光谱法理论知识；

（12）X荧光光谱法理论知识；

（13）气相色谱分析理论知识；

（14）质谱分析法理论知识；

（15）检验误差产生的原因；

（16）测量不确定度的基础知识；

（17）数理统计知识——异常数值的检验和处理；

（18）质量控制图的知识。

第四节　中、高级工操作技能的培训

学习目标：熟悉本职业中级工、高级工应掌握的技能。

一、对中级工的操作技能培训内容

（1）天平的操作培训；

（2）实验室常见加热设备的使用培训；

（3）玻璃仪器的洗涤、干燥和操作技能培训；

（4）试样的溶解操作技能培训；

（5）二氧化铀粉末、二氧化铀芯块的分析方法的操作技能培训；

（6）放射性废物的处置方法；

（7）各种记录和检验报告正确填写。

二、指导高级工的操作技能内容

（1）实验室用水的质量检验方法；

（2）标准溶液的配制；

（3）实验室装置气密性检查；

（4）色层柱的制备和使用；

（5）失效试剂的判断和更换；

（6）核物料分析样品的制备；

（7）氦气纯度的分析；

（8）燃料棒内冷空间当量水的分析；

（9）含钆核材料样品化学成分分析；

（10）锂化合物样品成分分析；

（11）核燃料组件清洗液（漂洗液）样品分析；

（12）IDR 尾气冷凝液中氢氟酸含量的分析；

（13）绘制质量控制图；

（14）检验结果的复核。

第四部分 核燃料元件性能测试工高级技师技能

第十六章 分析与检测

学习目标：了解抽样检验的基本名称术语、特点及抽样检验的类别，知道抽样检验中的两类错误，了解计数抽样检验的主要特点，并能够将计数抽样检查的一般原理用于核燃料元件测试的质量控制过程。了解实验室间比对的统计处理和能力评价方法，了解数据直方图等的应用。了解核反应堆的分类、组成及基本工作原理。

第一节 抽样检验

学习目标：通过学习抽样检验的知识，了解抽样检验的特点及抽样检验的分类，知道抽样检验的名称术语，知道抽样检验中的两类错误，了解计数抽样检验的主要特点，并能够将计数抽样检查的一般原理用于核燃料元件测试的质量控制过程。

一、抽样检验的基本概念

1. 抽样检验

抽样检验是按照规定的抽样方案，随机地从一批或一个生产过程中抽取少量个体（作为样本）进行的检验。其目的在于判定一批产品或一个过程是否可以被接收。

抽样检验的特点：检验对象是一批产品，根据抽样结果应用统计原理推断产品批的接收与否。不过经检验的接收批中仍可能包含不合格品，不接收批中当然也包含合格品。

抽样检验一般用于下述情况：

1) 破坏性检验；

2) 批量很大，全数检验工作量很大的产品的检验；

3) 测量对象是散料或流程性材料；

4) 其他不适于使用全数检验或全数检验不经济的场合。

2. 抽样检验的分类和名称术语

（1）抽样检验的分类

按检验特性值的属性可以将抽样检验分为计数抽样检验和计量抽样检验两大类。计数抽样检验又包括计件抽样检验和计点抽样检验，计件抽样检验是根据被检样本中的不合格产品数,推断整批产品的接收与否;而计点抽样检验是根据被检样本中的产品包含的不合格数,推断整批产品的接收与否。计量抽样检验是通过测量被检样本中的产品质量特性的具体数值并与标准进行比较,进而推断整批产品的接收与否。

(2)名词术语

根据 GB/T 2828.1,介绍抽样检验中若干常用的名词与术语。

1)检验

为确定产品或服务的各特性是否合格,测定、检查、试验或度量产品或服务的一种或多种特性,并且与规定要求进行比较的活动。

2)技术检验

关于规定的一个或一组要求,或者仅将单位产品划分为合格或不合格,或者仅计算单位产品中不合格的检验。

技术检验既包括产品是否合格的检验,又包括每百单位产品不合格数的检验。

3)单位产品

可单独描述和考察的事物。

例如:

① 一个有形的实体;一定量的材料;

② 一项服务,一次活动或一个过程;

③ 一个组织或个人;

④ 上述项目的任何组合。

4)不合格

不满足规范的要求。

注1:在某些情况下,规范与使用方要求一致;在另一些情况它们可能不一致,或更严,或更宽,或者不完全知道或不了解两者间的精确关系。

注2:通常按不合格的严重程度将它们分类,例如:

——A类　认为最被关注的一种类型的不合格。在验收抽样中,将给这种类型的不合格指定一个很小的 AQL 值。

——B类　认为关注程度比 A 类稍低的一种类型的不合格。如果存在第三类(C 类)不合格,可以给 B 类不合格指定比 A 类不合格大但比 C 类不合格小的 AQL 值,其余不合格依此类推。

注3:增加特性和不合格分类通常会影响产品的总接收概率。

注4:不合格分类的项目、归属于哪个类和为各类选择接收质量限,应适合特定情况的质量要求。

5)缺陷

不满足预期的使用要求。

6)不合格品

具有一个或一个以上不合格的产品。

注:不合格品通常按不合格的严重程度分类,例如:

① A类　包含一个或一个以上 A 类不合格,同时还可能包含 B 类和(或)C 类不合格的产品。

②B类　包含一个或一个以上B类不合格,同时还可能包含C类等不合格,但不包含A类不合格的产品。

7）批

汇集在一起的一定数量的某种产品、材料或服务。检验批可由几个投产批或投产批的几个部分组成。

8）批量

批中产品的数量。

9）样本

取自一个批并且提供有关该批的信息的一个或一组产品。

10）样本量

样本中产品的数量。

11）抽样方案

所使用的样本量和有关批接收准则的组合。

注1:一次抽样方案是样本量、接收数和拒收数的组合。二次抽样方案是两个样本量、第一样本的接收数和拒收数及联合样本的接收数和拒收数的组合。

注2:抽样方案不包括如何抽出样本的规则。

12）抽样计划

抽样方案和从一个抽样方案改变到另一抽样方案的规则的组合。

13）接收质量限AQL

当一个连续系列批被提交验收抽样时,可允许的最差过程平均质量水平。

14）使用方风险质量

对抽样方案,相应于某一规定使用方风险的批质量水平或过程质量水平。

注:使用方风险通常规定为10%。

15）极限质量LQ

对一个被认为处于孤立状态的批,为了抽样检验,限制在某一低接收概率的质量水平。它是对生产方的过程质量提出的要求,是容忍的生产方过程平均（不合格品率）的最大值。

二、抽样方案与接收概率

1. 抽样方案

抽样检验的对象是一批产品,一批产品的可接受性,即通过抽样检验判断批的可接收性与否,可以利用批质量指标来衡量。因此,在理论上可以确定一个批接收的质量标准 P_t,若单个交检批质量水平 $P \leqslant P_t$,则这批产品可接收;若 $P > P_t$,则这批产品不予接收。但在实际中,除非进行全检,不可能获得 P 的实际值,因此不能以此来对批的接收性进行判断。

在实际抽样检验过程中,将上述批质量判断规则转换为一个具体的抽样方案。最简单的一次抽样方案由样本量 n 和利用判定批接收与否的接收数 c 组成,记为 (n, c)。

抽样方案 (n, c) 实际上是对交检批起到一个评判的作用,它的判断规则是如果交检批质量满足要求,即 $P \leqslant P_t$,抽验方案接收该批产品的可能性就很大,如果批质量不满足要求,就尽可能不接收该批产品。因此使用抽验方案最关键的在于确定质量标准,明确什么样的批质量满足要求,什么样的批质量不满足要求,在此基础上找到合适的抽样方案。

2. 接收概率及可接收性的判定

所谓的接收概率是指批不合格品率为 P 的一批产品按给定的抽检方案检查后能判为合格批而被接收的概率。接收概率是不合格品率的函数,记为 $L(P)$。由于对固定的一批产品用不同的抽检方案检查,其被接收的概率也不会相同,因此,$L(P)$ 实质是抽检方案验收特性的表示,故又称 $L(P)$ 为抽样特性曲线,它是进行抽样方案分析、比较和选择的依据。

在这里仅介绍一般的标准一次抽检方案和二次抽检方案。

(1)一次抽检方案

标准型一次抽样检查的程序图如图 16-1 所示。

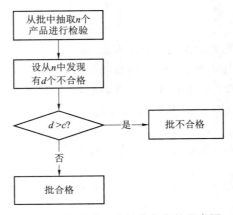

图 16-1　标准型一次抽检方案的程序图

由图可知这种检查是:从产品批中抽取 n 个产品进行检查,把 n 个产品中检出的不合格品数 d 和判定数 c 比较,满足 $d \leqslant c$ 时,判产品批为合格批;否则,即当 $d > c$ 时,判产品批为不合格批。可见标准型一次抽检方案规定了两个参数,即子样的容量 n 和判定数 c,故通常把它记为 (n,c)。很显然,采用 (n,c) 检查时,产品批被接受的概率为子样不合格品数,取值为 $0,1,2,\cdots,c$,这 $c+1$ 种情况出现的概率之和。

根据概率论知识可知,从容量为 N 的且其中有 N_p 个不合格品的产品批中,随机地抽取 n 个产品为子样,则子样中不合格品数唯一服从超几何分布的随机变量。所以对该批产品采用 (n,c) 方案检查时,接收概率可利用超几何分布来计算。

(2)二次抽检方案

二次抽样对批质量的判断允许最多抽两个样本。在抽检过程中,如果第一样本中的不合格(品)数 d_1 不超过第一个接收数 c_1,则判断批接收;如果 d_1 等于或大于第一个拒收数 c_1+1,则不接收该批。如果 d_1 大于 c_1,但小于 c_1+1,则继续抽第二个样本。设第二个样本中不合格(品)数为 d_2,当 d_1+d_2 小于等于第二接收数 c_2 时,判断该批产品接收;如果 d_1+d_2 大于或等于第二拒收数 c_2+1,则判断该批产品不接收。

3. 抽样特性曲线

当用一个确定的抽检方案对产品批进行检查时,产品批被接收的概率是随产品批的批

不合格品率 p 的变化而变化的,它们之间的关系可以用一条曲线来表示,这条曲线称为抽样特性曲线,简称为 OC 曲线。

(1) 抽样特性曲线的性质

1) 抽样特性曲线和抽样方案是一一对应关系,也就是说有一个抽样方案就有对应的一条 OC 曲线;相反,有一条抽样特性曲线,就有与之对应的一个抽检方案。

2) OC 曲线是一条通过(0,1)和(1,0)两点的连续曲线。

3) OC 曲线是一条严格单调下降的函数曲线,即对于 $p_1 < p_2$,必有 $L(p_1) > L(p_2)$。

(2) OC 曲线与 (n,c) 方案中参数的关系

由于 OC 曲线与抽样方案是一一对应的,故改变方案中的参数必导致 OC 曲线发生变化。但如何变化呢? 它们之间的变化有什么关系呢? 下面分 3 种情况进行讨论。

1) 保持 n 固定不变,令 c 变化,则如果 c 增大,则曲线向上变化,方案放宽;如果 c 减小,则曲线向下变形,方案加严。

2) 保持 c 不变,令 n 变化,则如果 n 增大,则曲线向下变形,方案加严;反之 n 减小,则曲线向上变形,方案放宽。

3) n,c 同时发生变化,则如果 n 增大而 c 减小时,方案加严;若 n 减小而 c 增大时,则方案放宽;若 n 和 c 同时增大或减小时,对 OC 曲线的影响比较复杂,要看 n 和 c 的变化幅度各有多大,不能一概而论。如果 n 和 c 尽量减少时,则方案加严;对于 n 和 c 不同量变化的情况,只要适当选取它们各自的变化幅度,就能使方案在 $(0,p_t)$ 和 $(p_t,1)$ 这两个区间的一个区间上加严,而另一个区间上放宽,这一点是很有用的。

4. 百分比抽样的不合理性

我国不少企业在抽样检查时仍沿用百分比抽检法,所谓百分比抽检法,就是不论产品的批量大小,都规定相同的判定数,而样本也是按照相同的比例从产品批中抽取。即如果仍用 c 表示判定数,用 k 表示抽样比例系数,则抽样方案随交检批的批量变化而变化,可以表示为 $(kN|c)$。通过 OC 曲线与抽样方案变化的关系很容易弄清楚百分比抽检的不合理性。因为,对一种产品进行质量检查,不论交检产品批的批量大小,都应采取宽严程度基本相同的方案。但是采用百分比抽检时,不改变判定数 c,只根据批量不同改变样本容量 n,因而对批量不同的产品批采用的方案的宽严程度明显不同,批量大则严,批量小则宽,故很不合理。百分比抽检实际是一种直觉的经验做法,没有科学依据,因此应注意纠正这种不合理的做法。

5. 抽检方案优劣的判别

既然改变参数,方案对应的 OC 曲线就随之改变,其检查效果也就不同,那么什么样的方案检查效果好,其 OC 曲线应具有什么形状呢? 下面就来讨论这一问题。

(1) 理想方案的特性曲线

在进行产品质量检查时,总是首先对产品批不合格品率规定一个值 p_0 来作为判断标准,即当批不合格品率 $p \leqslant p_0$ 时,产品批为合格,而当 $p > p_0$ 时,产品批为不合格。因此,理想的抽样方案应当满足:当 $p \leqslant p_0$ 时,接收概率 $L(p) = 1$,当 $p > p_0$ 时,$L(p) = 0$。其抽样特性曲线为两段水平线,如图 16-2 所示。

理想方案实际是不存在的,因为,只有进行全数检查且准确无误才能达到这种境界,但

检查难以做到没有错检或漏检的,所以,理想方案只是理论上存在的。

（2）线性抽检方案的 OC 曲线

所谓线性方案就是（1｜0）方案,因为 OC 曲线是一条直线而得名,如图 16-3 所示。

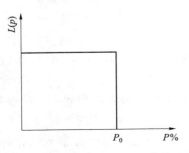

图 16-2　理想方案的特性曲线

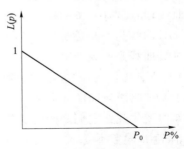

图 16-3　线性抽检方案的 OC 曲线

由图 16-3 可见,线性抽检方案是从产品批中随机地抽取 1 个产品进行检查,若这个产品不合格,则判产品为批不合格品,若这个产品合格,则判产品批合格。这个方案的抽样特性函数为：

因为它和理想方案的差距太大,所以,这种方案的检查效果是很差的。

理想方案虽然不存在,但这并不妨碍把它作为评价抽检方案优劣的依据,一个抽检方案的 OC 曲线和理想方案的 OC 曲线接近程度就是评价方案检查效果的准则。为了衡量这种接近程度,通常首先规定两个参数 p_0 和 p_1（$p_0 < p_1$）,p_0 是接收上限,即希望对 $p \leqslant p_0$ 的产品批以尽可能高的概率接收;p_1 是拒收下限,即希望对 $p \geqslant p_1$ 的产品批以尽可能高的概率拒收。若记 $\alpha = 1 - L(p_0)$,$\beta = L(p_1)$,则可以通过这 4 个参数反映一个抽检方案和理想方案的接近程度,当固定 p_0,p_1 时,α、β 越小的方案就越好;同理若对固定的 α、β 值,则 p_0 和 p_1 越接近越好;当 α 和 $\beta \to 0$,$p_0 \to p_1$ 时,则抽检方案就趋于理想方案。

6. 抽样检验的两类错误

抽样检查是一个通过子样来估计母体的统计推断过程,因此就可能出现两类错误判断,即可能把合格的产品批错判为不合格的产品批,这种错判称为第一类错误;还有可能把不合格的产品批判为合格品,后一类错误称为第二类错误。

同前面一样,继续规定 $p \leqslant p_0$ 的产品批为质量好的产品批,$p \geqslant p_1$ 的产品批为质量很差的产品批。由于存在着两类错判,所以就不能强求对 $p \leqslant p_0$ 的产品批一定要接收,而只能以高的概率接收,也就是说不能排除拒收这些产品的可能性,这一可能性的大小用 $\alpha = 1 - L(p_0)$ 来表示,称为第一类错判率,因这类错判会给生产方带来损失,因此 α 又称为生产者风险率。同样也不能强求对 $p \geqslant p_1$ 的产品一定拒收,而只能要求以高的概率拒收,即不能排除接收这样产品批的可能性,这种可能性的大小用 $\beta = (p_1)$ 表示,称为第二类错判率。由于第二类错判率表示给使用方带来的损失的大小,所以又称 β 为使用者风险率。实际工作中,通常取 $\alpha = 0.01, 0.05$ 或 0.1,取 $\beta = 0.05, 0.1$ 或 0.2。

p_0、p_1、α 和 β 都是抽样检查的重要参数,对一个确定方案,可以通过这几个参数去进行分析评价。

三、计数抽样检验

1. 概念和特点

计数抽样检验是根据过去的检验情况，按一套规则随时调整检验的严格程度，从而改变也即调整抽样检验方案。

计数调整型抽样方案不是一个单一的抽样方案，而是由一组严格度不同的抽样方案和一套转移规则组成的抽样体系。

因此，计数调整型方案的选择完全依赖于产品的实际质量，检验的宽严程度就反映了产品质量的优劣，同时也为使用方选择供货方提供依据。

以国家标准 GB/T 2828.1—2003 为代表的计数调整型抽样检验的主要特点如下。

（1）主要适用于连续批检验

连续批抽样检验是一种对所提交的一系列批的产品的检验。如果一个连续批在生产的同时提交验收，在后面的批生产前，前面批的检验结果可能是有用的，检验结果在一定程度上可以反映后续生产的质量。当前面批的检验结果表明过程已经变坏，就有理由使用转移规则来执行一个更为严格的抽样程序；反之若前面的检验结果表明过程稳定或有好转，则有理由维持或放宽抽样程序。GB/T 2828.1 是主要为连续批而设计的抽样体系。

与此相对应的是孤立批的抽样检验，在某种情形下，GB/T 2828.1 也用于孤立批的检验，但一般地，对孤立批检验应采用 GB/T 2828.2。

（2）关于接收质量限（AQL）及其作用

在 GB/T 2828.1 中接收质量限 AQL 有特殊意义，起着极其重要的作用。接收质量限是当一个连续批被提交验收抽样时，可允许的最差过程平均质量水平。它反映了使用方对生产过程质量稳定性的要求，即要求在生产连续稳定的基础上的过程不合格率的最大值。如规定 AQL=1.0%，是要求加工过程在稳定的基础上最大不合格品率不超过 1.0%。而且 AQL 在这个指标和过程能力也是有关的，如要求产品加工过程能力指数 C_p 为 1.0，则要求过程不合品率为 0.27%，此时设计抽样方案可规定 AQL 为 0.27%。

接收质量限 AQL 可由不合格品百分数或每百单位产品不合格数表示，当不合格品百分数表示质量水平时，AQL 值不超过 10%；当以每百单位产品不合格数表示质量水平时，可使用的 AQL 值最高可达每百单位产品中有 1 000 个不合格。

在 GB/T 2828.1 中 AQL 的取值从 0.01 至 1 000 共有 31 个级别，如果 AQL 的取值与表中所给数据不同，就不能使用该抽样表。因此在选取 AQL 值时应和 GB/T 2828.1 抽样表一致。

2. 不合格品数计数抽样方案

以 N 表示总体大小，n 表示样本大小，A_c 表示合格判定数，R_e 表示不合格判定数，且 $R_e=A_c+1$。则不合格品数计数抽样一次方案表示为（N,n,A_c）或（n,A_c）

例从批量为 $N=2\ 000$ 个产品的检验批中，随机抽取 $n=50$ 个作为样本进行检查，按标准的规定：样本的不合格品数少于或等于 $A_c=1$ 时，判为批合格；不合格品数等于或多于 $R_e=2$ 时，则判批为不合格，拒收这批产品。则该方案表示为（2 000,50,1）或（50,1）。

3. 缺陷数计数抽样方案

以 N 表示总体大小，n 表示样本大小，A_c 表示合格判定的累计总缺陷数，R_e 表示不合格判定的累计总缺陷数,且 $R_e = A_c + 1$。则缺陷数计数抽样一次方案表示为(N, n, A_c)或(n, A_c)。

例如从批量为 $N = 2\,000$ 个产品的检验批中,随机抽取 $n = 50$ 个作为样本进行检查,按标准的规定:样本的累计总缺陷数少于或等于 $A_c = 60$ 时,判为批合格;累计总缺陷数等于或多于 $R_e = 61$ 时,则判批为不合格,拒收这批产品。则该方案表示为$(2\,000, 50, 60)$或$(50, 60)$。

4. 二次计数抽样方案

以 N 表示总体大小,n_1 表示第一次抽样的样本大小,n_2 表示第二次抽样的样本大小,A_{c1} 表示第一次抽样时的合格判定数,A_{c2} 表示第二次抽样时的合格判定数,R_{e1} 表示第一次抽样时的不合格判定数,R_{e2} 表示第一次抽样时的不合格判定数,且 $R_{e1} > A_{c1} + 1$,$R_{e2} = A_{c2} + 1$。则缺陷数计数抽样方案表示为$(N, n_1, A_{c1}, R_{e1}; n_2, A_{c2}, R_{e2})$或$(n_1, A_{c1}, R_{e1}; n_2, A_{c2}, R_{e2})$。

例 16-1:以 r_1 表示第一次抽样的样本中的不合格数,r_2 表示第二次抽样的样本中的不合格数,$A_{c1} = 1$,$R_{e1} = 4$,$A_{c2} = 3$,$R_{e2} = 4$。当 $r_1 \leqslant A_{c1} = 1$ 时,判批合格,$r_1 > R_{e1} = 4$ 时,判批不合格;当 $A_{c1} < r_1 < R_{e1}$ 时,进行第二次抽样,检得 r_2。当 $r_1 + r_2 \leqslant A_{c2} = 3$ 时,判批合格,$r_1 + r_2 > R_{e2} = 4$ 时,判批不合格。

5. 多次计数抽样方案

多次计数抽样方案:抽三个或三个以上的样本才能对批质量做出判断的抽样方案。

多次计数抽样方案与二次抽样方案相似,只是抽样检验次数更多而已。

第二节 实验室间测量数据比对的统计处理和能力评价

学习目标:通过学习知道实验室间比对等相关的术语和定义,了解实验室间比对的统计处理和能力评价方法,了解数据直方图等的应用。

一、术语和定义

本文列出的以下术语和定义来自 GB/T 27043、GB/T 28043、ISO/IEC 指南 99。

(1) 实验室间比对(interlaboratory comparison)

按照预先规定的条件,由两个或多个实验室对相同或类似的物品进行测量或检测的组织、实施和评价。

(2) 能力验证(proficiency testing)

利用实验室间比对,按照预先制定的准则评价参加者的能力。

(3) 指定值(assigned value)

对能力验证物品的特定性质赋予的值。

(4) 能力评定标准差(standard deviation for proficiency assessment)

根据可获得的信息,用于评价能力验证结果分散性的度量。

注 1:标准差只适用于比例尺度和定距尺度的结果。

注 2:并非所有的能力验证计划都根据结果的分散性进行评价。

（5）z 比分数（z-score）

由能力验证的指定值和能力评定标准差计算的实验室偏倚的标准化度量。

注：z 比分数有时也称为 z 值或 z 分数。

（6）离群值（outlier）

一组数据中被认为与该组其他数据不一致的观测值。

注：离群值可能来源于不同的总体，或由于不正确的记录或其他粗大误差的结果。

（7）稳健统计方法（robust statistical method）

对给定概率模型假定条件的微小偏离不敏感的统计方法。

二、统计处理

1. 总则

实验室间的结果可以以多种形式出现，并构成各种统计分布。分析数据的统计方法应与数据类型及其统计分布特性相适应。分析这些结果时，应根据不同情况选择适用的统计方法。各种情况下优先使用的具体方法，可参见 GB/T 28043。对于其他方法，只要具有统计依据并向参加者进行了详细描述，也可使用。无论使用哪一种方法对参加者的结果进行评价，一般都包括以下几方面内容：

1）指定值的确定；

2）能力统计量的计算；

3）评价能力。

必要时，考虑被测样品的均匀性和稳定性对能力评定的影响。

2. 统计设计

应根据数据的特性（定量或定性，包括顺序和分类）、统计假设、误差的性质以及预期的结果数量，制定符合计划目标的统计设计。在统计设计中应考虑下列事项：

1）实验室间比对中每个被测量或特性所要求或期望的准确度（正确度和精密度）以及测量不确定度；

2）达到统计设计目标所需的最少参加者数量；当参加者数量不足以达到目标或不能对结果进行有意义的统计分析时，应将评定参加者能力的替代方法的详细内容提供给参加者；

3）有效数字与所报告结果的相关性，包括小数位数；

4）需要检测或测量的待检样品数量，以及对每个被测样品进行重复测量的次数；

5）用于确定能力评定标准差或其他评定准则的程序；

6）用于识别和（或）处理离群值的程序；

7）只要适用，对统计分析中剔除值的评价程序。

3. 指定值及其不确定度的确定

（1）指定值的确定有多种方法，以下列出最常用的方法。在大多数情况下，按照以下次序，指定值的不确定度逐渐增大。

1）已知值——根据特定能力验证物品配方（如制造或稀释）确定的结果；

2）有证参考值——根据定义的检测或测量方法确定（针对定量检测）；

3）参考值——根据对比对样品和可溯源到国家标准或国际标准的标准物质/标准样品

或参考标准的并行分析、测量或比对来确定；

　　4）由专家参加者确定的公议值——专家参加者（某些情况下可能是参考实验室）应当具有可证实的测定被测量的能力，并使用已确认的、有较高准确度的方法，且该方法与常用方法有可比性；

　　5）由参加者确定的公议值——使用 GB/T 28043 和 IUPAC 国际协议等给出的统计方法，并考虑离群值的影响。例如，以参加者结果的稳健平均值、中位值（也称为中位数）等作为指定值。

　　（2）对上述每类指定值的不确定度，可参照 GB/T 28043 等所描述的方法进行评定。此外，ISO/IEC 指南 98-3 中给出了确定不确定度的其他信息。

　　（3）指定值的确定应确保公平地评价参加者，并尽量使检测或测量方法间吻合一致。只要可能，应通过选择共同的比对小组以及使用共同的指定值达到这一目的。

　　（4）对定性数据（也称为"分类的"或"定名的"值）或半定量值（也称为"顺序的"值），其指定值通常需要由专家进行判断或由制造过程确定。某些情况下，可使用大多数参加者的结果（预先确定的比例，如 80% 或更高）来确定公议值。该比例应基于能力验证计划的目标和参加者的能力和经验水平来确定。

　　（5）离群值可按下列方法进行统计处理：

　　1）明显错误的结果，如单位错误、小数点错误、计算错误或者错报为其他能力验证物品的结果，应从数据集中剔除，单独处理。这些结果不再计入离群值检验或稳健统计分析。明显错误的结果应由专家进行识别和判断。

　　2）当使用参加者的结果确定指定值时，应使用适当的统计方法使离群值的影响降到最低，即可以使用稳健统计方法或计算前剔除离群值。

　　3）如果某结果作为离群值被剔除，则仅在计算总计统计量时剔除该值。但这些结果仍应当在能力验证计划中予以评价。

　　（6）需考虑的其他事项

　　理想情况下，如果指定值由参加者公议确定，应当有确定该指定值正确度和检查数据分布的程序。例如，可采用将指定值与一个具备专业能力的实验室得到的参考值进行比较等方法确定指定值的正确度。

　　通常，正态分布是许多数据统计处理的基础。正态分布的特点是单峰性、对称性、有界性和抵偿性。作为一个多家实验室能力比对计划的结果，由于参加者的测试方法、测试条件往往各不相同，而且能力验证结果的数量也是有限的，所以在许多情况下能力验证的结果呈偏态分布。对能力验证的结果只要求近似正态分布，尽可能对称，但分布应当是单峰的，如果分布中出现双峰或多峰，则表明参加者之间存在群体性的系统偏差，这时应研究其原因，并采取相应的措施。例如，可能是由于使用了产生不同结果的两种检测方法造成的双峰分布。在这种情况下，应对两种方法的数据进行分离，然后对每一种方法的数据分别进行统计分析。数据直方图和尧敦（Youden）图等可以显示结果的分布情况。

　　4. 能力统计量的计算

　　1）能力验证结果通常需要转化为能力统计量，以便进行解释和与其他确定的目标作比较。其目的是依据能力评定准则来度量与指定值的偏离。所用统计方法可能从不做任何处理到使用复杂的统计变换。

注："能力统计量"也称为"性能统计量"。

2）能力统计量对参加者应是有意义的。因此,统计量应适合于相关检测,并在某特定领域得到认同或被视为惯例。

3）按照对参加者结果转化由简至繁的顺序,定量结果的常用统计量如下：

① 差值 D 的计算：

$$D = x - X \tag{16-1}$$

式中：x——参加者结果；

X——指定值。

② 百分相对差 $D\%$ 的计算：

$$D\% = \frac{D}{X} \times 100 \tag{16-2}$$

③ z 比分数的计算：

$$z = \frac{x - X}{\sigma} \times 100 \tag{16-3}$$

式中：

σ 为能力评定标准差。可由以下方法确定：

——与能力评价的目标和目的相符,由专家判定或规定值；

——由统计模型得到的估计值(一般模型)；

——由精密度试验得到的结果；

——由参加者结果得到的稳健标准差、标准化四分位距、传统标准差等

具体方法参见 GB/T 28043 等。

4）需要考虑的其他事项

① 通过参加者结果与指定值之差完全可以确定参加者的能力,对于参加者也是最容易理解的。差值$(x - X)$也称为"实验室偏倚的估计值"。

② 百分相对差不依赖于指定值的大小,参加者也很容易理解。

③ 对于高度分散或者偏态的结果、顺序响应量、数量有限的不同响应量,百分位数是有效的。但该方法仍应慎用。

④ 根据检测的特性,优先或需要使用变换结果。例如,稀释的结果呈现几何尺度,需做对数变换。

⑤ 如果 σ 由公议(参加者结果)确定,σ 的值应可靠,即基于足够多次的观测以降低离群值的影响。

三、能力评定

1. 用于能力评定的方式

（1）专家公议,由顾问组或其他有资格的专家直接确定报告结果是否与预期目标相符合；专家达成一致是评估定性测试结果的典型方法。

（2）与目标的符合性,根据方法性能指标和参加者的操作水平等预先确定准则。

（3）数值的统计判定：这里的评价准则适用于各种结果值。一般将 z 比分数分为：

① $|z| \leqslant 2$ 表明"满意",无需采取进一步措施；

② $2<|z|<3$ 表明"有问题"，产生警戒信号；

③ $|z|\geqslant3$ 表明"不满意"，产生措施信号。

2. 使用 GB/T 28043 等描述的图形来显示参加者能力

可用如直方图、误差条形图，顺序 z 比分数图等来显示：

（1）参加者结果的分布；

（2）多个被测量样品结果间的关系；

（3）不同方法所得结果分布的比较。

有时，能力验证计划中某些参加者的结果虽为不满意结果，但可能仍在相关标准或规范规定的允差范围之内，鉴于此，在能力验证计划中，对参加者的结果进行评价时，通常不作"合格"与否的结论，而是使用"满意/不满意"或"离群"的概念。

四、实验室间能力比对计划结果示例

实验室间比对计划可以设计为使用单一样品，有时，为了查找造成结果偏离的误差原因，也可以采用样品对。样品对可以是完全相同的均一样品对，也可以是存在轻微差别的分割水平样品对。均一样品对，其结果预期是相同的。分割水平样品对，其两个样品具有类似水平的被测量，其结果稍有差异。对双样品设计能力验证计划，可按照附录 A 的方法对结果进行统计处理，统计处理是基于结果对的和与差值。

以中位值和标准化四分位距法为例。

假设结果对是从样品对 A 和 B 两个样品中获得的。

首先按下式计算每个参加者结果对的标准化和（用 S 表示）和标准化差（用 D 表示），即：$S=\dfrac{A+B}{\sqrt{2}}$，$D=\dfrac{A-B}{\sqrt{2}}$（保留 D 的符号）。

通过计算每个参加者结果对的标准化和以及标准化差，可以得出所有参加者的 S 和 D 的中位值和标准化四分位距，即 med(S)、NIQR(S)、med(D)、NIQR(D)。

根据所有参加者的 S 和 D 的中位值和 NIQR，可以计算两个 z 比分数，即实验室间 z 比分数（ZB）和实验室内 z 比分数（ZW），即：

$$ZB=\frac{S-\mathrm{med}(S)}{\mathrm{NIQR}(S)} \tag{16-4}$$

$$ZW=\frac{D-\mathrm{med}(D)}{\mathrm{NIQR}(D)} \tag{16-5}$$

$$IQR=Q_3-Q_1 \tag{16-6}$$

$$NIQR=0.7413\times IQR \tag{16-7}$$

式中：S——标准化和；

D——标准化差；

med——中位值；

Q_1——第一四分位值；

Q_3——第三四分位值；

IQR——四分位距；

NIQR——标准四分位距；

0.741 3——转化系数。

ZB 和 ZW 的判定准则同 z 比分数。ZB 主要反映结果的系统误差,ZW 主要反映结果的随机误差。对于样品对,ZB≥3 表明该样品对的两个结果太高,ZB≤−3 表明其结果太低,ZW≥3 表明其两个结果间的差值太大。

表 16-1 为 U_3O_8 中铀含量的测定结果和统计处理结果。样品 A 和 B 为一对分割水平样品。表中给出了结果数、中位值、NIQR、稳健变异系数(稳健 CV)、最小值、最大值和极差等统计量。

表 16-1　U_3O_8 中铀含量的测定结果和统计处理

实验室编号	U_3O_8-A	U_3O_8-B	S	ZB	D	ZW
01	84.340	84.310	119.253 6	0.68	0.021 2	−0.69
02	84.354	84.250	119.221 0	−0.02	0.073 5	0.88
03	84.355	84.251	119.222 4	0.02	0.07	0.88
04	84.165	84.161	119.024 5	−4.23	0.002 8	−1.24
05	84.254	84.236	119.140 4	−1.74	0.012 7	−0.95
06	84.285	84.279	119.192 7	−0.62	0.004 2	−1.20
07	84.187	84.477	119.263 5	0.89	−0.205 1	−7.50
08	84.397	84.332	119.309 4	1.88	0.046 0	0.05
09	84.380	84.170	119.182 8	−0.83	0.148 5	3.14
10	84.308	84.159	119.124 2	−2.09	0.105 4	1.84
11	84.350	84.270	119.232 3	0.23	0.056 6	0.37
12	84.330	84.410	119.317 2	2.05	−0.056 6	−3.03
13	84.320	84.260	119.204 1	−0.38	0.042 4	−0.05
14	84.360	84.260	119.232 3	0.23	0.070 7	0.80
结果数	14	14	14		14	
中位值	84.335	84.260	119.221 7		0.044 2	
NIQR	0.047 4	0.046 5	0.046 65		0.033	
稳健 CV/%	0.06	0.06	0.04		75.20	
最小值	84.165	84.159	119.024		−0.205	
最大值	84.397	84.477	119.317		0.148	
极差	0.232	0.318	0.293		0.354	

图 16-4 和图 16-5 为根据表 16-1 制作的 z 比分数序列图。图中按照大小顺序显示出每个实验室的 z 比分数(ZB 和 ZW),并标有实验室的代码,使每个实验室能够很容易地与其他实验室的结果进行比较。

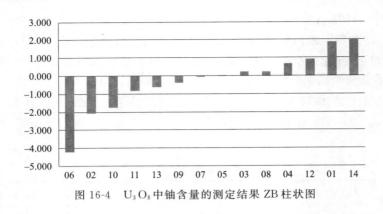

图 16-4　U_3O_8 中铀含量的测定结果 ZB 柱状图

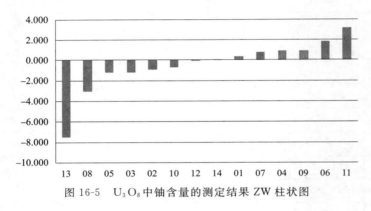

图 16-5　U_3O_8 中铀含量的测定结果 ZW 柱状图

第三节　相关反应堆基础知识

学习目标:通过学习了解核反应堆的分类,了解核反应堆的组成及工作原理。

一、反应堆及其分类

利用易裂变核素发生可控的自持核裂变链式反应的装置称为裂变反应堆,简称反应堆。尽管反应堆种类繁多,具体构造上又有较大差别,但从总体上均可分为反应堆本体和回路系统两部分。一般来说,反应堆的本体由堆芯、控制棒组件、反应堆容器及控制棒驱动机构、反射层和屏蔽等几部分组成。以热中子反应堆为例,堆芯集中了按一定方式排列的核燃料组件、慢化剂、冷却剂和堆内构件,自持裂变式反应就在此区进行。

1. 按引起裂变的中子能量分类

(1)分为热中子反应堆 引起核燃料裂变的中子能量在 0.025 3 eV 左右。目前大多数核电厂所用的反应堆都属于这种类型。

(2)快中子反应堆。

(3)中能中子反应堆。

2. 按核反应堆的用途分类

(1)生产堆 生产易裂变材料和热核材料、同位素,如通过 $^{238}U + n \rightarrow {}^{239}Pu$ 核反应生产^{239}Pu等,或用于工业规模辐照的反应堆。

（2）实验堆 主要包括零功率装置、实验研究堆和原型堆等。

（3）动力堆 主要用来发电或作为舰船动力以及工业提供热源的反应堆。我国大亚湾核电厂、秦山核电厂和田湾核电厂的反应堆就属于这种范畴。

3. 按冷却剂类型分类

（1）压水堆 轻水作为冷却剂、慢化剂。燃料一般采用低富集度的二氧化铀。轻水慢化,水的导热性能好。平均燃耗深,负温度系数,比较安全可靠。高压14～16 MPa使得在300 ℃左右不沸腾。在技术上,压水堆比较成熟,是核电厂系列化、大型化、商品化最多的堆型。

（2）沸水堆 与压水堆一样,冷却剂为水,但允许沸腾,压力低。通过一回路冷却水的汽化,直接进入汽轮机-发电机组,而省去一个回路(一回路与二回路合二为一)。

（3）重水堆 重水兼作慢化剂。由于重水的慢化性能好,热中子吸收截面小,故燃料可用天然铀。

（4）石墨水冷堆 石墨慢化、轻水冷却的反应堆。

（5）气冷堆 一般用二氧化碳、氦气作为冷却剂,石墨作为慢化剂。燃耗深,转换比高,体积大。根据堆型的不断改进,主要有石墨气冷堆、改进型气冷堆、高温气冷堆。

（6）钠冷堆 没有慢化剂,金属钠作为冷却剂。

二、核反应堆的组成及工作原理

尽管核反应堆可按用途、构型划分为多种不同种类,但无论是哪种核反应堆,它们都有一个共同的组成。以目前建造得最多的热中子反应堆为例,它主要由核燃料元件、慢化剂、冷却剂、堆内构件、控制棒组件、反射层、反应堆容器、屏蔽层构成。其中前四类部件是核反应堆的心脏,组成"堆芯";因核裂变反应就在该区域内发生,故堆芯也常称为活化区。堆外还有发电和安全的辅助设施,如蒸汽发生器或中间热交换器、汽轮发电机或涡轮机、蒸汽器、泵以及各种连接管道等。

压水堆核电厂的结构布置如图16-6所示,它由一(次水)回路和二(次蒸汽和水)回路组成,两个回路在蒸汽发生器会合。

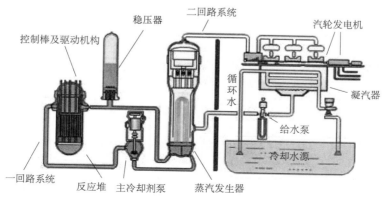

图 16-6 压水堆(PWR)核电厂的结构布置简图

一座电功率为 1 000 MWe 的压水堆堆芯由约 160 个燃料组件组成，组件长为 4 m，排在直径为 3.4 m 的下部支撑构件上。燃料组件内的燃料棒按(14×14)～(17×17)正方形排列，由定位格架和骨架固定，燃料棒外径约为 9.5 mm。燃料装量约为 70 余吨。轻水是压水堆的慢化剂和冷却剂，它在一回路系统内不发生沸腾的条件下运行。整个堆芯被包容在高 13 m，直径 4.5 m，重量约为 400 t 的压力容器内。反应堆的功率控制由约 50 个从顶部引入的控制棒组件和一回路冷却剂水中的可溶性硼酸来实现。每个控制棒组件内有 20 个控制棒，它控制反应堆的启动和停堆，而硼酸则用于控制长期的反应性变化。

被核裂变能量加热的一回路冷却水通过蒸汽发生器的传热管，把热量传给二次则产生温度为 287 ℃，压力为 7 MPa 的饱和蒸汽。一台热功率 1 000 MW 的蒸汽发生器约有 4 000 根传热管，饱和蒸汽进入汽轮机膨胀做功，带动发电机发电，而乏汽则通过凝汽器转变为液态凝结水再返回蒸汽发生器重复使用。

第十七章　技术管理与创新

学习目标：了解标准物质的制备程序，掌握制备内部标准物质（或标准样品）的操作技能。了解科技文献的检索意义及作用，掌握查找文献的方法。知道正态分布检验的方法，并会对测量数据进行正态性检验；会用单因子方差分析法对样品的均匀性进行检验。

第一节　标准物质的制备

学习目标：通过学习知道标准物质的制备程序，能够制备内部标准物质（或标准样品）。

标准物质是一种应用广泛、种类繁多的实物标准，是使用者直接使用的计量标准。因此在制备标准物质时应注意以下方面。

一、候选物的选择

由于标准物质可用于校准仪器、评价测量方法和给物质赋值，因此候选物的选择应满足适用性、代表性及容易复制的原则。

候选物的基体应和使用的要求相一致或尽可能接近，这样可以消除方法基体效应引入的系统误差。如：富集度标准棒的制备，要求标准棒的制造工艺应符合燃料棒的制造工艺要求。

候选物的均匀性、稳定性以及待定特性量的量值范围应适合该标准物质的用途。只有物质是均匀的才能保证在不同空间测量的一致性和可比性。只有物质是稳定的才能保证在不同时间测量的一致性和可比性。

系列化标准物质特性量的量值分布梯度应能满足使用要求，以较少品种覆盖预期的范围。

候选物应有足够的数量，以满足在有效期间使用的需要。

二、标准物质的制备

根据候选物的性质，选择合理的制备程序、工艺，并防止外来污染、易挥发成分的损失以及待定特性量的量值变化。在研制八氧化三铀中杂质元素系列标准物质中，为了防止外来污染，研磨过程中，为了避免铁、铬的污染，在球磨时采用玛瑙罐和玛瑙球进行球磨。

对待定特性量不易均匀的候选物，在制备过程中除采取必要的均匀措施外，还应进行均匀性初检。

候选物的待定特性量有不易稳定趋向时，在加工过程中应注意研究影响稳定性的因素，采取必要的措施改善其稳定性，选择合适的贮存环境也是保持稳定性的重要措施。如二氧化铀芯块中铀含量标准物质，应贮存在惰性气氛中以防止氧化。

包装样品的物料应选择材质纯、水溶性小、器壁吸附性和渗透性小，密封性好的容器。

容器器壁要有足够的厚度。对于气体标准物质钢瓶容器的选择以及容器内壁的处理具有重要意义,例如一氧化碳和氮的混合气在内衬石蜡的不锈钢瓶中可长期保持稳定,而二氧化硫和氮的混合气却必须保存在铝钢瓶中。最小包装单元中标准物质的实际质量或体积与标称的质量或体积应符合规定的允差要求。

当候选物制备量大,为便于保存和便于发现产生的问题,可采取分级分装,如几十千克的大桶、几千克的大瓶、几十克的小瓶等。最小包装单元应以适当方式编号并注明制备或分装日期。

标准物质的制备常有以下 4 种方式:

(1) 从生产物料中选择,如富集度标准棒中的 UO_2 芯块选取化学成分、密度、几何尺寸等与 UO_2 芯块产品技术要求一致;

(2) 用纯物质配制,化学气体的标准物质,是用高纯气中加入一种或几种特定成分气体的方法配制;

(3) 直接选用高纯物质作标准物质,例如用经提纯后的高纯八氧化三铀,作为铀含量标准物质;

(4) 特殊的制备,如八氧化三铀中杂质元素系列标准物质,需在八氧化三铀基体中加入所需杂质元素。

三、标准物质的均匀性

标准物质均匀性是标准物质最基本的属性,它是用来描述标准物质特性空间分布特征的。均匀性的定义是:物质的一种或几种特性具有相同组分或相同结构的状态,通过检验具有规定大小的样品,若被测量的特性值均在规定的不确定度范围内,则该标准物质对这一特性来说是均匀的。从这一定义可以看出,不论制备过程中是否经过均匀性初检,凡成批制备并分装成最小包单元的标准物质必须进行均匀性检验。对于分级分装的标准物质,凡由大包装分装成最小包装单元时,都需要进行均匀性检验。

1. 最小取样量的确定

物质的均匀性是个相对概念。当取样量很少时,物质的特性量可能呈现不均匀,当取样量足够多时,物质的均匀程度能够达到预期要求,就可认为是均匀的。一旦最小取样量确定,该标准物质定值和使用时都应保证用量不少于该最小取样量。一般来说,取样量越少物质越能均匀,就表明该标准物质性能优良。当一种标准物质有多个待定特性量时,以不易均匀待定特性量的最小取样量表示标准物质的最小取样量或分别给出每个特性量的最小取样量。

2. 取样方式的选择

在均匀性检验的取样时,应从待定特性量值可能出现差异的部位抽取,取样点的分布对于总体样品应有足够的代表性。例如对粉状物质应在不同部位取样(如每瓶的上部、中部、下部取样);对于溶液可在分装最小包装单元的初始、中间和终结阶段取样。当引起待定特性量值的差异原因未知或认为不存在差异时,这时均匀性检验则采用随机取样,可使用随机数表决定抽取样品的号码。

3. 取样数目的决定

抽取单元数目对样品总体要有足够的代表性。抽取单元数取决于总体样品的单元数和对样品的均匀程度的了解。当总体样品的单元数较多时,抽取单元也相应增多。当已知总体样品均匀性良好时,抽取单元数可适当减少。抽取单元数以及每个样品的重复测量次数还应适合所采用的统计检验模式的要求。以下取样数目可供参考:

当总体单元数少于 500 时,抽取单元数不少于 15 个;当总体单元数大于 500 时,抽取单元数不少于 25 个;对于均匀性好的样品,当总体单元数少于 500 时,抽取单元数不少于 10 个;当总体单元数大于 500 时,抽取单元数不少于 15 个。

若记 N 为总体单元数,也可按 $3\sqrt[3]{N}$ 来计算出抽取样品数。

4. 均匀性检验项目的选择

一般来说对将要定值的所有特性量都应进行均匀性检验。对具有多种待定特性量值的标准物质,应选择有代表性的和不容易均匀的待定特性量进行检验。

5. 测量方法的选择

选择检验待定特性量是否均匀所使用的分析方法(也可能是物理方法)除了要考虑最小取样量大小外,还要求该分析方法不低于所有定值方法的精密度并具有足够灵敏度。由于均匀性检验取样数目比较多,为防止测量系统误差对样品均匀性误差的干扰,应注意在重复性的实验条件下做均匀性检验。推荐以随机次序进行测定以防止系统的时间变化干扰均匀性评价。如果待定特性量的定值不是和均匀性检验结合进行的话,作为均匀性检验的分析方法,并不要求准确计量物质的特性量值,只是检查该特性量值的分布差异,所以均匀性检验的数据可以是测量读数不一定换算成特性量的量值。

6. 测量结果的评价

选择合适的统计模式进行均匀性检验结果的统计检验。检验结果应能给出以下信息:

(1) 检验单元内变差与测量方法的变差并进行比较,确认在统计学上是否显著;

(2) 检验单元间变差与单元内变差并进行比较,确认在统计学上是否显著;

(3) 判断单元内变差以及单元间变差统计显著性是否适合于该标准物质的用途。

一般来说有以下 3 种情况:

① 相对于所用测量方法的测量随机误差或相对于该特性量值不确定度的预期目标而言,待测特性量的不均匀性误差可忽略不计,此时认为该标准物质均匀性良好。

② 待测特性量的不均匀性误差明显大于测量方法的随机误差并是该特性量预期不确定度的主要来源,此时认为该物质不均匀。在这种情况下,这批标准物质应该弃去或者重新加工,或对每个成品进行单独定值。

③ 待定特性量的不均匀性误差与方法的随机误差大小相近,且与不确定度的预期目标相比较又不可忽略,此时应将不均匀性误差记入定值的总的不确定度内。

四、标准物质的稳定性

标准物质的稳定性是指在规定的时间间隔和环境条件下,标准物质的特性量值保持在规定范围内的性质。可见标准物质的稳定性是用来描述标准物质的特性量值随时间变化的。规定的时间间隔愈长,表明该标准物质的稳定性愈好。这个时间间隔被称为标准物质的有效期或在颁布和出售标准物质时应明确给出标准物质的有效期。

使用者在规定的有效期内,按规定的条件保存和使用标准物质,才能保证校准的测量仪器、评价的测量方法或确定的其他材料的特性量值准确。

1. 影响标准物质稳定性的因素

标准物质的稳定性是有条件的、相对的。影响标准物质稳定性的因素如下。

(1) 标准物质本身的性质

不同标准物质的稳定性是不同的。一般来说,钢铁标准物质比生物标准物质稳定。标准物质的浓度也影响其稳定性。浓度高的标准物质比浓度低的标准物质稳定,所以一般溶液标准物质都配制成浓度较高的储备液,使用者可根据具体情况进行必要的稀释。

(2) 标准物质加工制备过程的影响

在加工、研磨、粉碎等过程中,由于样品温度升高、吸收水分及氧化等因素会引起标准物质稳定性能的改变,故选择合适的制备工艺、限定制备状态是十分必要的。

(3) 标准物质贮存容器的影响

标准物质贮存容器的材质、密封性能对标准物质的稳定性也产生影响,例如,贮存不同液体标准物质所用容器是不同的。一般对于 Ag、As、Cd 和 Pb 等单元素溶液标准物质,采用玻璃安瓿瓶密封;对于 F^-、Cl^- 和 SO_4^{2-} 等溶液标准物质,采用聚乙烯塑料瓶贮存。贮存气体标准物质所用的钢瓶,存在着钢瓶内壁吸附、解吸及组分气体在高压下与共存成分起化学反应而使特性量值随时间发生变化的问题,因此,对于不同的气体标准物质应使用不同材质的钢瓶。

(4) 外部条件的影响

标准物质的稳定性受物理、化学、生物等因素的制约,例如,光、热、温度、吸附、蒸发、渗透等物理因素,化合、分解等化学因素,生化反应、生霉等生物因素都影响标准物质的稳定性,而且这些不同的影响因素之间又相互影响。

2. 保证标准物质稳定性的措施

(1) 标准物质候选物的选择

为保证标准物质具有良好的稳定性,在标准物质研制的初始阶段,应选择具有长时间稳定性能的材料作为标准物质的候选物;正确选择标准物质的候选物是研制标准物质成功最根本的保证之一。

(2) 标准物质制备工艺的研究

在标准物质加工制备过程中、应注意控制温度、湿度及污染等因素对标准物质稳定性的影响。一般来说,颗粒细的标准物质比颗粒粗的标准物质容易氧化,在制备铀含量标准物质时,为了防止二氧化铀的氧化,将二氧化铀中铀含量标准物质制备成块状,并在装有标准物质的容器中,充入惰性气体,以减少氧化的可能性。

(3) 标准物质贮存容器和保存条件的选择

应选择合适的贮存容器贮存标准物质,例如,选择材质纯、水溶性小、器壁吸附性和渗透性小、密封性好的容器贮存标准物质。在使用新钢瓶贮存气体标准物质时,必须对钢瓶内壁进行去锈、镜面研磨等内壁处理,使内壁尽可能光滑。在某些情况下,还要进行衬蜡、涂防氧化漆等防锈处理。对曾经贮存过其他气体的钢瓶,应事先把钢瓶内残留的其他气体全部放出,并进行必要的处理,防止其他气体对配制气体标准物质的干扰。

应通过条件实验选择切实可行的保存条件,例如,低温、低湿环境是保存生物标准物质的最佳条件,一般来说,标准物质应在干燥、阴凉、通风、干净的环境中保存。

3. 标准物质的稳定性监测

标准物质的稳定性监测是一个长期的过程。监测的目的是为了给出该标准物质确切的有效期。标准物质稳定性监测中应注意以下几个问题:

(1) 应在规定的贮存或使用条件下,定期地对标准物质进行待定特性量值的稳定性试验。

(2) 标准物质稳定性监测的时间间隔可以按先密后疏的原则安排,在有效期内,应有多个时间间隔的监测数据。

(3) 当标准物质有多个待定特性量值时,应选择那些易变的和有代表性的待定特性量值进行稳定性监测。

(4) 选择不低于定值方法精密度和具有足够灵敏度的测量方法对标准物质进行稳定性监测,并注意每次实验时,操作及实验条件的一致。

(5) 考察标准物质稳定性所用样品应从分装成最小包装单元的样品中随机抽取,抽取的样品数目对于总体样品应有足够的代表性。

4. 标准物质的稳定性评价

当按时间顺序进行的测量结果在测量方法的随机不确定度范围内波动,则该特性量值在试验的时间间隔内是稳定的。该试验间隔可作为标准物质的有效期、在标准物质发放和使用期间要不断积累稳定性监测数据,以延长有效期。当按时间顺序进行的测量结果出现逐渐下降或逐渐升高并超出不确定度规定的范围时,该标准物质应停止使用。

五、标准物质的定值

标准物质的定值是对标准物质特性量赋值的全过程。标准物质作为计量器具的一种,它能复现、保存和传递量值,保证在不同时间与空间量值的可比性与一致性。要做到这一点就必须保证标准物质的量值具有溯源性。即标准物质的量值能通过连续的比较链以给定的不确定度与国家的或国际的基准联系起来。要实现溯源性就需要对标准物质研制单位进行计量认证,保证研制单位的测量仪器应进行计量校准,要对所用的分析测量方法进行深入的研究,定值的测量方法应在理论上和实践上经检验证明是准确可靠的方法,应对测量方法、测量过程和样品处理过程所固有的系统误差和随机误差,如溶解、消化、分离、富集等过程中被测样品的沾污和损失,测量过程中的基体效应等进行仔细研究,选用具有可溯源的基准试剂,要有可靠的质量保证体系。要对测量结果的不确定度进行分析,要在广泛的范围内进行量值比对,要经国家计量主管部门的严格审查等。

1. 定值方式的选择

以下 4 种方式可供标准物质定值时选择:

(1) 用高准确度的绝对或权威测量方法定值

绝对(或权威)测量方法的系统误差是可以估计的,相对随机误差的水平可忽略不计。测量时,要求有两个或两个以上分析者独立地进行操作,并尽可能使用不同的实验装置,有条件的要进行量值比对。

(2) 用两种以上不同原理的已知准确度的可靠方法定值。

研究不同原理的测量方法的精密度,对方法的系统误差进行估计,采用必要的手段对方法的准确度进行验证。

(3)多个实验室合作定值

参加合作的实验室应具有标准物质定值的必备条件,并有一定的技术权威性。每个实验室可以采用统一的测量方法,也可以选该实验室确认为最好的方法。合作实验室的数目或独立定值组数应符合统计学的要求。定值负责单位必须对参加实验室进行质量控制和制订明确的指导原则。

(4)用级别高的标准物质比较定值

如:当已知有一种一级标准物质,欲研制类似的二级标准物质时,可使用一种高精密度方法将欲研制的二级标准物质与已知的一级标准物质以直接比较的方式而得到欲研制标准物质的量值。此时该标准物质的不确定度包括:一级标准物质给定的不确定度、用高精密度方法测定一级标准物质和该标准物质的方法重复性。

2. 对特性量值测量时的影响参数和影响函数的研究

对标准物质定值时必须确定操作条件对特性量值及其不确定度的影响大小,即确定影响因素的数值,可以用数值表示或数值因子表示。如标准毛细管熔点仪用熔点标准物质,其毛细管熔点及其不确定度受升温速率的影响,因此定值要给出不同升温速率下的熔点及其不确定度。

有些标准物质的特性量值可能受到测量环境条件的影响。影响函数就是其特性量值与影响量(温度、湿度、压力等)之间关系的数学表达式。

3. 定值数据的统计处理

(1)当用绝对或权威测量方法定值时,测量数据可按如下程序处理:

1)对每个操作者的一组独立测量结果,在技术上说明可疑值的产生并予剔除后,可用格拉布斯(Crubbs)法或狄克逊(Dixon)法从统计上再次剔除可疑值。当数据比较分散或可疑值比较多时,应认真检查测量方法、测量条件及操作过程。列出每个操作者测量结果:原始数据、平均值、标准偏差、测量次数。

2)对两个(或两个以上)操作者测定数据的平均值和标准偏差分别检验是否有显著性差异。

3)若检验结果认为没有显著性差异,可将两组(或两组以上)数据合并给出总平均值和标准偏差。若检验结果认为有显著性差异,应检查测量方法,测量条件及操作过程,并重新进行测定。

(2)当用两种以上不同原理的方法定值,测量数据可按如下程序处理:

1)对两个方法(或多个)的测量结果分别按(1)中的1)步骤进行处理。

2)对两个(或多个)平均值和标准偏差按(1)中的2)进行检验。

3)若检验结果认为没有显著性差异,可将两个(或多个)平均值求出总平均值,将两个(或多个)的标准偏差的平方和除以方法个数,然后开方求出标准偏差。若检验结果有显著性差异应检查测量方法、测量条件及操作过程式。或可考虑用不等精度加权方式处理。

(3)当用多个实验室合作定值时,测量数据可按如下程序处理:

1)对各个实验室的测量结果分别按(1)中的1)步骤进行处理。

2）汇总全部原始数据,考察全部测量数据分布的正态性。

3）在数据服从正态分布或近似正态分布的情况下,将每个实验室的所测数据的平均值视为单次测量构成一组新的测量数据。用格拉布斯法或狄克逊法从统计上剔除可疑值。当数据比较分散或可疑值比较多时,应认真检查每个实验室所使用的测量方法、测量条件及操作过程。

4）用科克伦(Cochran)法检查各组数据之间是否等精度。当数据是等精度时,计算出总平均值和标准偏差。当数据不等精度时可考虑用不等精度加权方式处理。

5）在全部原始数据服从正态分布或近似正态分布情况下,也可视其全部为一组新的量数据,按格拉布斯法或狄克逊法从统计上剔除可疑值,再计算全部原始数据的总平均值和标准偏差。

6）当数据不服从正态分布时,应检查测量方法和找出各实验室可能存在的系统误差对定值结果的处理持慎重态度。

4. 定值不确定度的估计

特性量的测量总平均值即为该特性量的标准值。标准值的不确定度由 3 个部分组成:第一部分是通过测量数据的标准偏差、测量次数及所要求的置信水平按统计方法计算出。第二部分是通过对测量影响参数和影响函数的分析、估计出其大小。第三部分是物质不均匀性和物质在有效期内的变动性所引起的不确定度。

5. 定值结果的表示

定值结果一般表示为:标准值±不确定度。

要明确指出不确定度的含义并指明所选择的置信水平,不确定度可以用标准不确定度表示也可用扩展不确定度表达。

不确定度一般保留一位有效数字,最多只保留两位有效数字。标准值的最后一位与不确定度相应的位数对齐来决定标准值的有效数字位数。

第二节　科技文献检索

学习目标:通过学习了解科技文献检索的意义及作用,掌握查找文献的方法。

文献检索(Literature Review)就是从众多的文献中查找并获取所需文献的过程。"文献"是指具有历史价值和资料价值的媒体材料,通常这种材料是用文字记载形式保存下来的。"检索"是寻求、查找并索取、获得的意思。

一、文献检索的意义

人类的知识是逐渐积累的,任何研究都是在前人的理论或研究成果的基础上,有所发明、创造和进步的。研究成果的价值往往与研究人员占有资料的数量和质量相关。文献检索是研究过程中必不可少的步骤,它不仅在确定课题和研究设计时被运用,而且贯穿于研究的全过程。

二、文献检索的作用

1. 可以从整体上了解研究的趋向与成果

通过对相关文献的充分阅览,才能了解研究问题的发展动态,把握需要研究的内容,避免重复前人已经做过的研究,避免重蹈前人失败的覆辙。

2. 可以澄清研究问题并界定变量

文献检索可以了解问题的分歧所在,进一步确定研究问题的性质和研究范围。检索还可以在有关文献中找到研究变量的参考定义,发现变量之间的联系,澄清研究问题。

3. 可以为如何进行研究提供思路和方法

通过对研究文献的阅览,可以从别人的研究设计和方法中得到启发和提示,可以在模仿或改造中培养自己的创意。可以为自己的研究提供构思框架和参考内容,避免重蹈别人的覆辙。

4. 可以综合前人的研究信息,获得初步结论

阅览文献可以为课题研究提供理论和实践的依据,最大限度地利用已有的知识经验和科研成果。可以通过综合分析,理出头绪,寻求新的理论支持,构建初步的结论,作为进一步研究的基础。

三、文献资料的类型

1. 按照文献资料的性质、内容、加工方式和可靠性程度分类

(1) 一次文献

指未经加工的原始文献,是直接反映事件经过和研究成果,产生新知识、新技术的文献。一次文献的形式主要有:调查报告、实验报告、科学论文、学位论文、专著、会议文献、专利、档案等,也包括个人的日记、信函、手稿和单位团体的会议记录、备忘录、卷宗等。由于这类文献是以事件或成果的直接目击者身份或以第一见证人身份出现,因此具有较高的参考价值。

(2) 二次文献

又称检索性文献,指对一次文献加工、整理、提炼、压缩后得到的文献,是关于文献的文献。二次文献的形式主要有:辞典、年鉴、参考书、目录、索引、文摘、题录等。它的目的是使原始文献简明并系统化为方便查找一次文献提供线索。

(3) 三次文献

又称参考性文献,指在对一次文献、二次文献的加工、整理、分析、概括后撰写的文献,是研究者对原始资料综合加工后产生的文献。三次文献的形式主要有:研究动态、研究综述、专题评述、进展报告、数据手册等。三次文献覆盖面广,信息量大,便于研究人员在较短的时间里了解某一研究领域最重要的原始文献和研究概况。

文献资料的检索往往是先通过二次文献、三次文献进行,再根据二次文献、三次文献所提供的线索查找所需的一次文献。

2. 按照文献载体形式分类

(1) 文字型文献

如以纸为媒介,用文字表达内容的文献。

（2）音像型文献

以声频、视频等为媒介，来记录、保存、传递信息的文献。

（3）机读型文献

以磁盘、光盘为媒介，来记录、保存、传递信息的文献。又称为机读型文献。

四、文献检索的要求与过程

文献检索就是根据研究目的查找所需文献的过程。

1. 文献检索的基本要求

文献检索的基本要求可以概括为准、全、高、快四个字，"准"是指文献检索要有较高的查准率，能准确查到所需的有关资料；"全"是指文献检索要有较高的查全率，能将需要的文献全部检索出来；"高"是指检索到的文献专业化程度要高，并能占有资料的制高点；"快"是指检索文献要快捷、迅速、有效率。

2. 文献检索的基本过程

主要有常规检索法和跟踪检索法。

（1）常规检索法指利用题录、索引、文摘等检索工具查找所需文献的方法，它可以采用按时间顺序由远及近地进行检索，也可以逆着时间顺序由近及远地进行检索。

（2）跟踪检索法是以著作和论文最后的参考文献或参考书目为线索，跟踪查找有关主题文献的方法。

文献检索的基本过程见图 17-1。

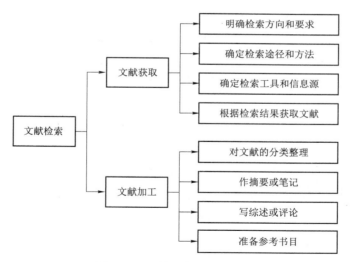

图 17-1　文献检索基本过程图

图书馆是文献资源最集中的地方。一般综合性图书馆都有大量的第二手资料，二手资料通常并不提供第一手资料。因此，最好的方法就是从二手资料入手来查找文献资料。图书馆中经常用到的第二手资料主要有：专业辞典、年鉴、研究评论、研究手册、专著、报纸杂志的文章等。

五、查阅文献的方法

如何应用各种检索工具,从文献的"海洋"中,快速、准确地找到自己所需的文献、知识和信息,的确不是一件容易的事。这里介绍几种查阅方法。

1. 人工快速查阅法

一般遇到以下几种情况,可以采用快速查阅,应用有关的工具书、参考书和手册等快速查看。

(1) 查找合适的分析方法,但不求最新、最好;

(2) 查找一种元素或化合物的性质、反应、衍生物等;

(3) 查找一种化合物的光谱、质谱或 NMR 的数据和图谱等;

(4) 查找某种试剂的制备方法或纯化方法等;

(5) 查找试剂、仪器零部件和仪器的出产厂家等。

手工检索通常是根据文献的信息特征,利用一定的检索工具进行检索。文献的特征由外表特征和内容特征两个方面构成,外表特征有作者名、书名、代码,内容特征有分类体系和主题词(见图 17-2)。

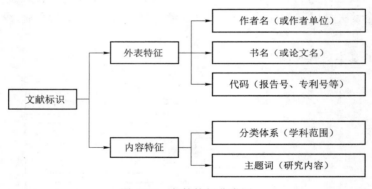

图 17-2 文献特征分类图

2. 系统查阅法

当围绕一项专题研究或了解某一个领域的发展前景和研究前沿寻找研究课题,需要系统查阅有关的文献,应用系统查阅法。

(1) 系统查阅前的准备工作。在进行系统查阅文献之前,查阅者应具备有关专题必要的基础知识。

(2) 利用有关专题的综述、专著和进展报告文献综述。

(3) 多种检索工具配合使用。分析化学工作者,最常使用的索引是分析化学文摘(AA)和化学文摘(CA)的配合使用,再配合使用其他专业文摘索引。如:CT-Chemical Title,化学题录索引,CC-Current Contents,当今目录,CAC&IC-Current Abstracts of Chemistry and Index Chemicus,当今化学文摘与索引。

(4) 收集和利用最新文献。在系统查阅文献时,还应注意查阅有关专业的核心期刊的最新卷或期,以便掌握最新的文献。

（5）顺查法与逆查法结合使用。顺查法是由远而近，从早期文献查到最近文献；逆查法则由近及远，从近期文献开始往前追查。两者如何配合使用，可根据实际情况作出安排。

（6）查阅与分析思考相结合。在查阅文献的过程中，要注意分析、思考，以便去粗取精，去伪存真，把握重点，有效地利用文献。

3．计算机查阅法

采用计算机检索，是现代文献查阅的趋势，可以在几分钟内完成一个课题的全面检索。

（1）计算机检索服务方式

1）定题情报检索（Selective dissemination of information，SDI）针对某一个检索课题，利用计算机定期地在新到的文献检索磁带上进行检索，然后将结果提供给查阅者。

2）追溯检索（restrospective search，RS）是根据查阅者的要求，对专题文献进行彻底、详细的追溯检索，把与专题有关的文献目录甚至包括一些必要原文提供给查阅者的服务方式。

3）数据（事实）咨询服务。查阅者需要查阅数据或某种资料来源，可采用数据（事实）咨询服务来解决问题。通常在计算机检索不能解答的情况下，只有依靠有关的专家来解答。

4）国际联机检索。利用国际联机终端，可以及时解决某些课题急需的信息或文献，时效性好。目前世界上最大的联机情报检索系统有 DIALOG 系统（设立在美国加利福尼亚州）、ORBIT 系统（美国系统发展公司建立）以及 ESAIRS 系统（欧洲空间组织情报检索中心建立）。

（2）计算机检索方法

计算机检索只能用一定的程序进行，用户必须与检索服务人员配合编制检查方案和程序。

1）选择检索文档。

当用户确定检索的课题之后，在计算机检索"文档一览表"中选择检索的文档。这是计算机检索的首要步骤。

2）选择检索词。

3）编写检索式。

六、选择检索的方法和编写检索式知识

不论是手工检索或计算机检索，选择检索词是很重要的环节。在计算机检索时，用户应有编写检索式的知识，以便与专业检索人员配合，更好地完成检查任务。因此，扼要地介绍一下检索词的选择方法和检索式的编写知识是很必要的。

1．选择检索词的方法

检索是索引的标引词。某一领域中，一切可以用来描述信息内容和信息要求的词汇或符号及其使用规则构成的供标引或检索的工具，都是检索词或标引词。有些标引词如分子式、著作者和专利号等是专一性的，不存在选择的问题。主题索引和关系词索引是计算机检索服务中使用的索引，在确定检索课题或领域之后，就要选择检索词，可以帮助人们按照不同的检索目的选择检索词。

目前国际上把检索词的逻辑关系归纳为三种：等级关系（即包含与被包含，上位与下位关系）；等同关系（即词义相同或相近关系）；类缘（相关）关系（即上面两种关系之外的逻辑关

系,如交叉关系、反对关系等)。按照检索词的逻辑关系,可有如下几种选择检索词的方法:

(1) 上取法按检索词的等级关系向上取一些合适的上位词。此法又称扩展法。

(2) 下取法按检索词的等级关系向下取一些合适的下位词。

(3) 旁取法从等同关系的词中取同位词或相关词。

(4) 邻取法浏览邻近的词,选取一些含义相近的词作为补充检索词。

(5) 追踪法通过审阅已检出的文献,从其中选择可供进一步检索的其他检索词。

(6) 截词法截去原检索词的词缀(前缀或后缀),仅用其词干或词根作为检索词,又称词干检索法。

2. 编写检索式的方法

检索式用于计算机检索系统,有以下几种不同的检索式构造方法可供不同检索要求的用户选择。

(1) 专指构造法在检索式中使用的检索词是专一性的,以提高检索式的查准率。

(2) 详尽构造法将检索问题中包含的全部(或绝大部分)要选的检索词都列入检索式中,或在原检索式中再增加一些检索词进一步检索。

(3) 简略构造法减少原检索式所含的检索要素或检索词再进一步检索。

(4) 平行构造法将同义词或其他具有并列关系的平行词编入检索式,使检索范围拓宽。

(5) 精确构造法减少检索式中平等词的数量,保留精确的检索词,使检索式精确化。

(6) 非主题限定法对文献所用的语言、发表时间和类型等非主题性限制,缩小检索的范围。

(7) 加权法分别给编入检索式中的每一个词一个表示重要性大小的数值(即权重)限定,检索时对含有这些加权词的文献进行加权计算,总权重的数值达到预定的阈值的文献才命中。

在编写检索式时各种算符的灵活运用也很重要,应在实际检索中注意积累经验。

3. 检索手段的选择

检索手段有人工检索和计算机检索两类。计算机检索又分为联机检索和脱机光盘检索两种。查阅者可以根据检索的目的要求和条件选择合适的检索手段,有时可以三种方法配合使用,充分利用各种检索手段的优势。

第三节　常用统计技术

学习目标:通过学习知道正态分布检验的方法,并会对测量数据进行正态性检验;会用单因子方差分析法对样品的均匀性进行检验。

一、正态分布及正态性检验

在理化检验及分析工作中,往往会获得大量数据。如何正确表述分析结果? 如何评价结果的可靠程度? 依赖于分析数据的正确处理。

在数据处理中首先要解决真值的最佳估计值以及确定估计值的不确定度,而解决这些问题的最基本手段是应用统计学原理。

使用数据处理与统计检验方法的前提条件是处理的这组数据必须服从正态分布规律。

1. 正态分布

如果用一个量 ζ 来描述试验结果，ζ 取什么值不能预先断言，是随试验结果的不同而变化的，则称 ζ 为随机变量，记 $P(\zeta<x)$ 为 ζ 小于 x 的事件的概率，而

$$F(x)=P(\zeta<x)=\int_{-\infty}^{x} f(x)\mathrm{d}x \tag{17-1}$$

$F(x)$ 为随机变量的分布函数，$f(x)$ 为 ζ 的分布密度

若随机变量 ζ 的分布函数可表示为：

$$F(x)=\int_{-\infty}^{x} \frac{1}{\sqrt{2\pi}\delta}\mathrm{e}^{\frac{(x-\mu)^2}{2\sigma^2}}\mathrm{d}x \tag{17-2}$$

则称 ζ 服从正态分布，记为 $N(\mu,\sigma)$。其中 μ 称为 ζ 的数学期望或均值，它表征了随机变量的平均特性。σ^2 称为 ζ 的方差，它表征了随机变量取值的分散程度。

若记 $\delta=\zeta-\mu$，则误差 δ 服从均值为 0，方差为 σ^2 的正态分布，即服从 $N(0,\sigma)$，可推导出误差正态分布曲线的数学表达式为：

$$f(\delta)=\frac{1}{\sqrt{2\pi}\sigma}\mathrm{e}^{\frac{-\delta^2}{2\sigma^2}} \tag{17-3}$$

式中：$f(\delta)$ 为分布密度。

在进行数据处理和统计检验时，往往是基于该数据服从正态分布，因此对原始独立测定数据进行正态性检验就显得十分必要。下面介绍几种比较常用的正态性检验方法。

2. 正态性检验

检验偏离正态分布有多种方法。在 GB/T 4882—2001《数据的统计处理和解释 正态性检验》中有图方法、用偏态系数和峰态系数检验、回归检验和特征函数检验。

如果没有关于样本的附加信息可以利用，则建议先做一张正态概率图。也就是正态概率纸画出观测值的累积分布函数，正态概率纸上的坐标轴系统使正态分布的累积分布函数呈一条直线。它让人们立即看到观测的分布是否接近正态分布。有了这种进一步的信息，可决定是进行一个有方向检验，还是进行回归检验或特征函数检验，或者不再检验。另外，这样的图示虽然不能作为一个严格的检验，但它提供的直观的信息，对于任何一种偏离正态分布的检验都是一种必要的补充。

（1）图方法

在正态概率纸上画出观测值的累积分布函数。这种概率纸，一个坐标轴（纵轴）的刻度是非线性的，它是按标准正态分布函数的值刻画的，对具体数据则标出其累积相对频率的值。另一个坐标轴刻度是线性的，顺序标出 X 的值。正态变量 X 的观测值的累积分布函数应近似一条直线。

有时这两个坐标轴被相互对调。另外，如果对变量 X 作了一个变换，线性刻度可以变成对数、平方、倒数或其他刻度。

图 17-3 给出了一张有注释的正态概率纸。在纵轴上累积相对频率的值是百分数，而横轴是线性刻度。

如果在正态概率纸上所绘的点散布在一条直线附近，则它对样本来自正态分布提供了一个粗略的支持。而当点的散布对直线出现系统偏差时，这个图可提示一种可供考虑的分

布类型。

这种方法的重要性在于它容易提供对正态分布偏离的类型的视觉信息。

必须注意,这样一张图从严格意义上来说并不是一个检验偏离正态分布的方法。在小样本场合,表示的曲线可能呈现为正态分布,但是,在大样本场合,一些不显眼的曲线也可能是非正态分布的显示。

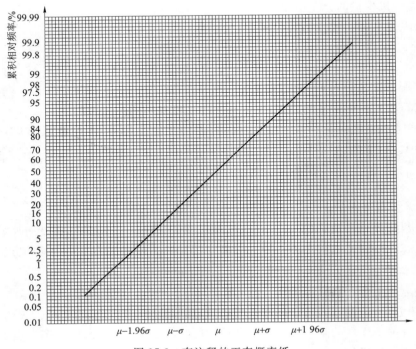

图 17-3 有注释的正态概率纸

(2) 用偏态系数和峰态系数检验数据正态性

设对某量进行测定,得到一组独立测量结果:x_1、x_2、$\cdots$、$x_n(x_1 \leqslant x_2 \leqslant \cdots \leqslant x_n)$,可计算得:

$$m_2 = \sum_{i=1}^{n} \frac{(x_i - \overline{x})^2}{n} \tag{17-4}$$

$$m_3 = \sum_{i=1}^{n} \frac{(x_i - \overline{x})^3}{n} \tag{17-5}$$

$$m_4 = \sum_{i=1}^{n} \frac{(x_i - \overline{x})^4}{n} \tag{17-6}$$

式中:

$$\overline{x} = \sum_{i=1}^{n} \frac{x_i}{n}$$

称 $A = \dfrac{|m_3|}{\sqrt{(m_2)^3}}$ 为偏态系数,用于检验不对称性;

$B = \dfrac{|m_4|}{\sqrt{(m_2)^2}}$ 为峰态系数,用于检验峰的锐度。

当 A 和 B 分别小于相应的临界值 A_1 和落入区间 B_1-B_1' 中，则测量数据服从正态分布。A_1 和 B_1-B_1' 的值与要求的置信概率(或称置信度)P 和测量次数 n 有关。其值分别见表 17-1 和表 17-2。当用测量数据计算的 $A<A_1$、$B<B_1-B_1'$ 时，数据服从正态分布。

表 17-1 不对称性检验的临界值 A_1

n	P		n	P	
	0.95	0.99		0.95	0.99
8	0.99	1.42	45	0.56	0.82
9	0.97	1.41	50	0.53	0.79
10	0.95	1.39	60	0.49	0.72
12	0.91	1.34	70	0.46	0.67
15	0.85	1.26	80	0.43	0.63
20	0.77	1.15	90	0.41	0.60
25	0.71	1.06	100	0.39	0.57
30	0.66	0.98	125	0.35	0.51
35	0.62	0.92	150	0.32	0.46
40	0.59	0.87	175	0.30	0.43

表 17-2 峰值检验的临界值 $B_1-B'_1$

n	P	
	0.95	0.99
7	1.41~3.55	1.25~4.23
8	1.46~3.70	1.31~4.53
9	1.53~3.86	1.35~4.82
10	1.56~3.95	1.39~5.00
12	1.64~4.05	1.46~5.20
15	1.72~4.13	1.55~5.30
20	1.82~4.17	1.65~5.36
25	1.91~4.16	1.72~5.30
30	1.98~4.11	1.79~5.21
35	2.03~4.10	1.84~5.13
40	2.07~4.06	1.89~5.04

(3)夏皮罗－威尔克法检验数据正态性

同样将数据按由小到大的顺序排列。

夏皮罗－威尔克法检验的统计量是：

$$w = \left\{ \sum \alpha_k [x_{n+1-k} - x_k] \right\}^2 / \sum_{k-1}^{n} (x_k - \overline{x})^2 \tag{17-7}$$

式中分子的下标的 k 值，对测量次数 n 是偶数时，为 $1\sim n/2$，比如 $n=100$，k 为 $1\sim50$；n 是奇数时，为 $1\sim(n-1)/2$，比如 $n=99$，k 为 $1\sim49$。

式中 α_k 是与 n 及 k 有关的特定值，见表 17-3。

表 17-3　系数 a_k 的值

k＼n	1	2	3	4	5	6	7	8	9	10
1		0.707 1	0.707 1	0.687 2	0.664 6	0.643 1	0.623 3	0.605 2	0.588 8	0.573 9
2		—	—	0.167 7	0.241 3	0.280 6	0.303 1	0.316 4	0.324 4	0.329 1
3						0.087 5	0.140 1	0.174 3	0.197 6	0.214 1
4								0.056 1	0.094 7	0.122 4
5										0.039 9

k＼n	11	12	13	14	15	16	17	18	19	20
1	0.560 1	0.547 5	0.535 9	0.525 1	0.515 0	0.505 6	0.496 8	0.488 6	0.480 8	0.473 4
2	0.331 5	0.332 5	0.332 5	0.331 8	0.330 6	0.329 0	0.327 3	0.325 3	0.323 2	0.321 1
3	0.226 0	0.234 7	0.241 2	0.246 0	0.249 5	0.252 1	0.254 0	0.255 3	0.256 1	0.256 5
4	0.142 9	0.158 6	0.170 7	0.180 2	0.187 8	0.193 9	0.198 8	0.202 7	0.205 9	0.208 5
5	0.069 5	0.092 2	0.109 9	0.124 0	0.135 3	0.144 7	0.152 4	0.158 7	0.164 1	0.168 6
6	—	0.030 3	0.053 9	0.072 7	0.088 0	0.100 5	0.110 9	0.119 7	0.127 1	0.133 4
7	—	—	—	0.024 0	0.043 3	0.059 3	0.072 5	0.083 7	0.093 2	0.101 3
8						0.019 6	0.035 9	0.049 6	0.061 2	0.071 1
9								0.016 3	0.030 3	0.042 2
10	—	—	—						—	0.014 0

当 $w < w(n,P)$ 时,则测定数据为正态分布,$w(n,P)$ 是与测量次数及置信概率 P 有关的数值,其值见表 17-4。

表 17-4　$W(n,P)$ 的值

n	P=0.99	P=0.95	n	P=0.99	P=0.95	n	P=0.99	P=0.95	n	P=0.99	P=0.95
3	0.753	0.767	15	0.835	0.881	27	0.894	0.923	39	0.917	0.939
4	0.687	0.748	16	0.844	0.887	28	0.896	0.924	40	0.919	0.940
5	0.686	0.762	17	0.851	0.892	29	0.898	0.926	41	0.920	0.941
6	0.713	0.788	18	0.858	0.897	30	0.900	0.927	42	0.922	0.942
7	0.730	0.803	19	0.863	0.901	31	0.902	0.929	43	0.923	0.943
8	0.749	0.818	20	0.868	0.905	32	0.904	0.930	44	0.924	0.944
9	0.764	0.829	21	0.873	0.908	33	0.906	0.931	45	0.926	0.945
10	0.781	0.842	22	0.878	0.911	34	0.908	0.933	46	0.927	0.945
11	0.792	0.850	23	0.881	0.914	35	0.910	0.934	47	0.928	0.946
12	0.805	0.859	24	0.884	0.916	36	0.912	0.935	48	0.929	0.947
13	0.814	0.866	25	0.888	0.918	37	0.914	0.936	49	0.929	0.947
14	0.825	0.874	26	0.891	0.920	38	0.916	0.938	50	0.930	0.947

（4）达戈斯提诺法检验数据正态性

将数据由小到大顺序排列,检验的统计量为

$$\gamma = \sqrt{n} \left[\frac{\sum\left[\left(\frac{n+1}{2}-k\right)(x_{\mu+1-k}-x_k)\right]}{n^2\sqrt{m_2}} - 0.282\,094\,79 \right] / 0.029\,985\,98 \quad (17\text{-}8)$$

式中:m_2 见式(17-4),n 为测定次数。

下标 k 值,对 n 是偶数时,为 $1\sim n/2$;n 是奇数时,为 $1\sim(n-1)/2$。

统计量 γ 值的判据:当置信概率为 95% 时,γ 应落在 a—a 区间内。当置信概率为 99% 时应落在 b—b 区间内,测定数据为正态分布。区间值见表 17-5。

表 17-5　达戈斯提诺法检验临界区间

n	区间	
	a—a ($P=0.95$)	b—b ($P=0.99$)
50	$-2.74\sim1.06$	$-3.91\sim1.24$
60	$-2.68\sim1.13$	$-3.81\sim1.34$
70	$-2.64\sim1.19$	$-3.73\sim1.42$
80	$-2.60\sim1.24$	$-3.67\sim1.48$
90	$-2.57\sim1.28$	$-3.61\sim1.54$
100	$-2.54\sim1.31$	$-3.57\sim1.59$
150	$-2.45\sim1.42$	$-3.41\sim1.75$
200	$-2.39\sim1.50$	$-3.30\sim1.85$
250	$-2.35\sim1.54$	$-3.23\sim1.93$
300	$-2.32\sim1.53$	$-3.17\sim1.98$
350	$-2.29\sim1.61$	$-3.13\sim2.03$
400	$-2.27\sim1.63$	$-3.09\sim2.06$

二、方差分析

方差分析是通过质量特性数据差异的分析与比较,寻找影响质量的重要因子。方差分析是常用的统计技术之一。实际中有时会遇到需要多个总体均值比较的问题,下面是一个例子。

例 17-1:现有甲、乙、丙三个车间生产同一种零件,为了解不同车间的零件的强度有无明显差异,现分别从每一个车间随机抽取 4 个零件测定其强度,数据如表 17-6 所示,试问这三个车间零件的平均强度是否相同?

表 17-6　三个车间的零件强度

车间	零件强度			
甲	103	101	98	110
乙	113	107	108	116
丙	82	92	84	86

在这个问题中,我们遇到需要比较 3 个总体平均值的问题。如果每个总体的分布都服

从正态分布,并且各个总体的方差相等,那么比较各个总体平均值是否一致的问题可以用方差分析来解决。

1. 几个概念

称上述从每个车间随机抽取 4 个零件测定其强度为试验,在该试验中考察的指标是零件的强度,不同车间的零件强度不同,因此可以将车间看成影响指标的一个因素,不同的车间便是该因素的不同状态。

为了方便起见,将在试验中会改变状态的因素称为因子,常用大写字母 A、B、C 等表示。在例 17-1 中,车间便是一个因子,用字母 A 表示。

因子所处的状态称为因子水平,用因子的字母加下标来表示,譬如因子 A 的水平记为 A_1、A_2、$\cdots$在例 17-1 中因子 A 有 3 个水平,分别记为 A_1、A_2、A_3。

试验中所考察的指标通常用 Y 表示,它是一个随机变量。

如果一个试验中所考察的因子只有一个,那么这是单因子试验问题。一般对数据做以下一些假设:假定因子 A 有 r 个水平,在每个水平下指标的全体都构成一个总体,因此共有 r 个总体。假定第 i 个总体服从均值为 μ_i,方差为 σ^2 的正态分布,从该总体获得一个样本量为 m 的样本为 $y_{i1}, y_{i2}, \cdots, y_{im}$,其观察值便是我们观测到的数据,$i=1, 2, \cdots, r$,最后假定各样本是相互独立的。

数据分析主要是要检验如下假设:

$H_0 : \mu_1 = \mu_2 = \cdots = \mu_r$

$H_1 : \mu_1, \mu_2, \cdots, \mu_r$ 不全相等

检验这一假设的统计技术便是方差分析。

当 H_0 不真时,表示不同水平下的指标的均值有显著差异,此时称因子 A 是显著的;否则称因子 A 不显著。

综上所述,方差分析是在相同方差假定下检验多个正态均值是否相等的一种统计分析方法。具体地说,该问题的基本假设是:

(1) 在水平 A_i 下,指标服从正态分布;

(2) 在不同水平下,方差 σ^2 相等;

(3) 数据 y_{ij} 相互独立。方差分析就是在这些基本假设下对上述一对假设(H_0 对 H_1)进行检验的统计方法。

如果在一个试验中所要考察的影响指标的因子有两个,则是一个两因子试验的问题,它的数据分析可以采用两因子方差分析方法。

2. 单因子方差分析

以均匀性检验为例解释单因子方差分析法。此法是通过组间方差和组内方差的比较判断各组测量值之间有无系统误差,即方差分析的方法,如果二者的比值小于统计检验的临界值,则认为样品是均匀的。

为检验样品的均匀性,设抽取了 m 个样品,用高精度分析方法,在相同条件下得到 m 组等精度测量数据如下:

$x_{11}, x_{12}, \cdots, x_{1n_1}$,平均值$\overline{x}_1$;

$x_{21}, x_{22}, \cdots, x_{2n_2}$,平均值$\overline{x}_2$;

……

$x_{m1}, x_{m2}, \cdots, x_{mn_m}$，平均值$\overline{x}_m$。

全部数据的总平均值：

$$\overline{\overline{x}} = \frac{\sum\limits_{i=1}^{m} \overline{x}_i}{m} \tag{17-9}$$

测试总次数：

$$N = \sum\limits_{i=1}^{m} n_i \tag{17-10}$$

引起数据差异的原因有以下两个：

组间平方和：

$$Q_1 = \sum\limits_{i=1}^{m} n_i \, (\overline{x}_i - \overline{\overline{x}})^2 \tag{17-11}$$

组内平方和：

$$Q_2 = \sum\limits_{i=1}^{m} \sum\limits_{j=1}^{n_i} (x_{ij} - \overline{x}_i)^2 \tag{17-12}$$

自由度 $\upsilon_1 = m - 1$，$\upsilon_2 = N - m$

作统计量 F：

$$F = \frac{Q_1/\upsilon_1}{Q_2/\upsilon_2} \tag{17-13}$$

根据自由度 (υ_1, υ_2) 及给定的显著水平 α，可由 F 表查得 $F_{\alpha(\upsilon_1,\upsilon_2)}$ 数值。若 $F < F_{\alpha(\upsilon_1,\upsilon_2)}$，则认为组内与组间无显著性差异，样品是均匀的。

第十八章　实验室管理

学习目标：了解实验室质量管理知识，知道质量、全面质量管理、质量改进、质量检验等相关的概念及定义，知道质量检验的基本要点、必要性及主要功能等，了解检验的分类。了解 CNAS 认可作用与意义及实验室能力认可准则的构成要素，并能够将知识融汇贯通运用于生产中。熟悉编制检验规程及校准规范的基本步骤及要求，会编制本专业的检验规程和校准规范。知道规划设计实验室，了解实验室的一般布局要求。熟练掌握核燃料元件性能测试的各种实际操作技能，具备必要的创新技能和开发能力。熟练掌握中级工、高级工、技师、高级技师应掌握的全部专业基础知识，除了掌握本教材内容外，还应积极学习本专业的相关国际标准，追踪国内国外测试技术发展走向和研究成果，了解先进的测量设备，为学员讲解测试技术的新动向。

第一节　质量管理知识

学习目标：通过学习质量管理知识，知道质量、全面质量管理、质量改进、质量检验等相关的概念及定义，知道质量检验的基本要点、必要性及主要功能等，了解检验的分类。了解 CNAS 认可作用与意义及实验室能力认可准则的构成要素，并能够将知识融会贯通运用于生产中。

一、术语和定义与原则

1. 术语和定义

（1）质量

质量包括产品质量和工作质量。它是反映实体满足明确和隐含需要的能力的特性总和。"实体"是指产品（含有形产品和无形产品）、过程、服务，以及它们的组合。

（2）产品质量

产品的适用性，是产品在使用过程中满足用户要求的程度。

（3）工作质量

是与产品质量有关的工作对于产品质量的保证程度。它是提高产品质量，增加企业效益的基础和保证。

（4）质量管理

对确定和达到质量要求所必需的职能和活动的管理。

（5）质量保证

为使人们确信某一产品、过程或服务质量能满足规定的质量要求所必需的有计划、有系统的全部活动。

（6）质量保证体系

通过一定的活动、职责、方法、程序、机构等把质量保证活动加以系统化、标准化、制度化,形成的有机整体。它的实质是责任制和奖惩。它的体现是一系列的手册、程序、汇编、图表等。

（7）程序

为进行某项活动或过程所规定的途径。

（8）文件

信息及其承载媒体。

（9）质量手册

规定组织质量管理体系的文件。

（10）质量计划

对特定的项目、产品、过程或合同,规定由谁及何时应使用哪些程序和相关资源的文件。

2. 质量管理原则

为了成功地领导和运作一个组织,需要采用一种系统和透明的方式进行管理。针对所有相关方的需求,实施并保持持续改进其业绩的管理体系,可使组织获得成功。质量管理是组织各项管理的内容之一。

八项质量管理原则已得到确认,最高管理者可运用这些原则,领导组织进行业绩改进。

（1）以顾客为关注焦点

组织依存于顾客。因此,组织应当理解顾客当前和未来的需求,满足顾客要求并争取超越顾客期望。

（2）领导作用

领导者确立组织统一的宗旨及方向。他们应当创造并保持使员工能充分参与实现组织目标的内部环境。

（3）全员参与

各级人员都是组织之本,只有他们的充分参与,才能使他们的才干为组织带来收益。

（4）过程方式

将活动和相关的资源作为过程进行管理,可以更高效地得到期望的结果。

（5）管理的系统方法

将相互关联的过程作为系统加以识别、理解和管理,有助于组织提高实现目标的有效性和效率。

（6）持续改进

持续改进总体业绩应当是组织的一个永恒目标。

（7）基于事实的决策方法

有效决策是建立在数据和信息分析的基础上。

（8）与供方互利的关系

组织与供方是相互依存的,互利的关系可增强双方创造价值的能力。

这八项质量管理原则形成了 ISO9000 族质量管理体系标准的基础。

二、质量管理体系

1. 质量管理体系的理论说明

质量管理体系能够帮助组织增强顾客满意。

顾客要求产品具有满足其需求和期望的特性,这些需求和期望在产品规范中表述,并集中归结为顾客要求。顾客要求可以由顾客以合同方式或由组织自己确定。在任一情况下,产品是否可接受最终由顾客确定。因为顾客的需求和期望是不断变化的,以及竞争的压力和技术的发展,这些都促使组织持续地改进产品和过程。

质量管理体系方法鼓励组织分析顾客要求,规定相关的过程,并使其持续受控,以实现顾客能接受的产品。质量管理体系能提供持续改进的框架,以增加顾客和其他相关方满意的机会。质量管理体系还就组织能够提供持续满足要求的产品,向组织及其顾客提供信任。

2. 质量管理体系过程方法

建立和实施质量管理体系的方法包括以下步骤:

(1) 确立顾客和其他相关方的需求和期望;

(2) 建立组织的质量方针和质量目标;

(3) 确定实现质量目标必需的过程和职责;

(4) 确定和提供实现质量目标必需的资源;

(5) 规定测量每个过程的有效性和效率的方法;

(6) 应用这些测量方法确定每个过程的有效性和效率;

(7) 确定防止不合格并消除产生原因的措施;

(8) 建立和应用持续改进质量管理体系的过程。

上述方法也适用于保持和改进现有的质量管理体系。

采用上述方法的组织能对其过程能力和产品质量树立信心,为持续改进提供基础,从而增进顾客和其他相关方满意度并使组织成功。

任何使用资源将输入转化为输送的活动或一组活动可视为一个过程。

为使组织有效运行,必须识别和管理许多相互关联和相互作用的过程。通常,一个过程的输出将直接成为下一个过程的输入。悉数地识别和管理组织所应用的过程,特别是这些过程之间的相互作用,称为"过程方法"。

国家标准 GB/T 19001:2008《质量管理体系 要求》(等同采用 ISO9001:2008)。由 ISO9001 族标准表述的,以过程为基础的质量管理体系模式如图 18-1 所示。该图表明在向组织提供输入方面相关方起重要作用。监视相关方满意程度需要评价有关相关方感受的信息,这种信息可以表明其需求和期望已得到满足的程度。图 18-1 中的模式没有表明更详细的过程。

3. 质量方针和质量目标

建立质量方针和质量目标为组织提供了关注的焦点。两者确定了预期的结果,并帮助组织利用其资源达到这些结果。质量方针为建立和评审质量目标提供了框架,质量目标需要与质量方针和持续改进的承诺相一致,其实现需是可测量的。质量目标的实现对产品质量、运行有效性和财务业绩都有积极影响,因此对相关方的满意和信任也产生积极影响。

4. 最高管理者在质量管理体系中的作用

最高管理者通过其领导作用及各种措施可以创造一个员工充分参考的环境,质量管理体系能够在这种环境中有效运行。最高管理者可以运用质量管理原则作为发挥以下作用的基础:

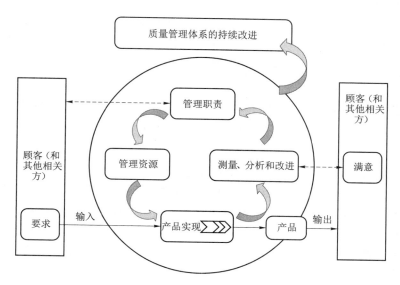

图 18-1　以过程为基础的质量管理体系模式

（1）制定并保持组织的质量方针和质量目标；

（2）通过增强员工的意识、积极性和参与程度，在整个组织内促进质量方针和质量目标的实现；

（3）确保整个组织关注顾客要求；

（4）确保实施适宜的过程以满足顾客和其他相关方要求并实现质量目标；

（5）确保建立、实施和保持一个有效的质量管理体系以实现这些质量目标；

（6）确保获得必要资源；

（7）定期评审质量管理体系；

（8）决定有关质量方针和质量目标的措施；

（9）决定改进质量管理体系的措施。

5．文件要求

质量管理体系文件应包括：

（1）形成文件的质量方针和质量目标；

（2）质量手册；

（3）要求形成文件的程序和记录；

（4）组织确定的为确保其过程有效策划、运行和控制所需的文件，包括记录。

燃料元件制造厂应对下列文件进行控制：

（1）设计文件；

（2）采购文件；

（3）质保大纲及质保大纲程序；

（4）用于加工、修改、安装、试验和检查等活动的细则和程序；

（5）指导或记载实施情况的文件；

（6）专题报告；

(7) 不符合项报告。

在各种活动实施前必须编制所需文件,文件的编制、审核和批准部门和人员应按各自的责任和规定要求编制、审核和批准文件,只有经过审核和批准的文件才能生效。所形成的文件必须有编号、版次、文件名称及编审人员签字。

6. 人员配备与培训

基于适当的教育、培训、技能和经验,从事影响产品要求符合性工作的人员应是能够胜任的。适当时,提供培训或采取其他措施以获得所需的能力。

7. 采购控制

组织应确保采购的产品符合规定的采购要求。制定选择、评价供方和重新评价供方的准则。组织应根据供方按组织的要求来提供产品的能力进行评价和选择供方应制定选择、评价和重新评价的准则。对供方及采购产品的控制类型和程度取决于采购产品对随后的产品实现过程或最终产品的影响。

核燃料元件制造应根据所需原材料、外购(协)件、工装、设备等有关服务的要求,建立如下的采购活动控制措施:

(1) 采购计划的制订;

(2) 采购文件的制定;

(3) 对供方的评价和选择;

(4) 对所购物项和服务的控制。

8. 监视和测量设备的控制

组织应确定需实施的监视和测量以及所需的监视和测量设备,为产品符合确定的要求提供证据。建立过程,以确保监视和测量活动可行并与监视和测量的要求相一致的方式实施。

9. 测量、分析和改进

应策划并实施以下方面所需的监视、测量分析和改进过程:

(1) 证明产品要求的符合性;

(2) 确保质量管理体系的符合性;

(3) 持续改进质量管理体系的有效性。

10. 持续改进

组织应利用质量方针、质量目标、审核结果、数据分析、纠正措施和预防措施以及管理评审,持续改进质量管理体系的有效性。

三、质量检验

1. 质量检验基本知识

(1) 质量检验的定义

1) 对产品而言,是指根据产品标准或检验规程对原材料、中间产品、成品进行观察,适当时进行测量或试验,并把所得到的特性值和规定值作比较,判定出各个物品或成批产品合格与不合格的技术性检查活动。

2) 质量检验就是对产品的一个或多个质量特性进行观察、测量、试验,并将结果和规定的质量要求进行比较,以确定每项质量特性合格情况的技术性检查活动。

（2）质量检验的基本要点

1）产品为满足顾客要求或预期的使用要求和政府法律、法规的强制性规定，都要对其技术性能、安全性能、互换性能及对环境和人身安全、健康影响的程度等多方面的要求做出规定，这些规定组成对产品相应质量特性的要求。不同的产品会有不同的质量特性要求，同一产品的用途不同，其质量特性要求也会有所不同。

2）对产品的质量特性要求一般都转化为具体的技术要求在产品技术标准（国家标准、行业标准、企业标准）和其他相关的产品设计图样、作业文件或检验规程中明确规定，成为质量检验的技术依据和检验后比较检验结果的基础。经对照比较，确定每项检验的特性是否符合标准和文件规定的要求。

3）产品质量特性是在产品实现过程形成的，是由产品的原材料、构成产品的各个组成部分（如零、部件）的质量决定的，并与产品实现过程的专业技术、人员水平、设备能力和环境条件密切相关。因此，不仅要对过程的作业（操作）人员进行技能培训、合格上岗，对设备能力进行核定，对环境进行监控，明确规定作业（工艺）方法，必要时对作业（工艺）参数进行监控，而且还要对产品进行质量检验，判定产品的质量状态。

4）质量检验是要对产品的一个或多个质量特性，通过物理的、化学的和其他科学技术手段和方法进行观察、试验、测量，取得证实产品质量的客观证据。因此，需要有适用的检测手段，包括各种计量检测器具、仪器仪表、试验设备等等，并且对其实施有效控制，保持所需的准确度和精密度。

5）质量检验的结果，要依据产品技术标准和相关的产品图样、过程（工艺）文件或检验规程的规定进行对比，确定每项质量特性是否合格，从而对单件产品或批产品质量进行判定。

6）质量检验要为判断产品质量符合性和适用性及决定产品质量重大决策提供正确、可靠依据，这就要保证产品质量检验结果的正确和准确。依据不正确、不准确甚至错误的检验结果就可能导致判断和决策的错误，甚至会使生产者蒙受重大的损失，因此生产者必须重视对检验结果的质量控制。

（3）质量检验的必要性

1）产品生产者的责任就是向社会、向市场提供满足使用要求和符合法律、法规、技术标准等规定的产品。但交付（销售、使用）的产品是否满足这些要求，需要有客观的事实和科学的证据证实，而质量检验就是在产品完成、交付使用前对产品进行的技术认定，并提供证据证实上述要求已经得到满足，确认产品能交付使用所必要的过程。

2）在产品形成的复杂过程中，由于影响产品质量的各种因素（人、机、料、法、环）变化，必然会造成质量波动。为保证产品质量，产品生产者必须对产品从投入到实现的每一过程的产品进行检验，严格把关，才能使不合格的产品不转序、不放行、不交付；以确保产品最终满足使用的要求，确保消费者的合法利益，维护生产者信誉和提高社会效益。

3）因为产品质量对人身健康、安全，对环境污染，对企业生存、消费者利益和社会效益关系十分重大，因此，质量检验对于任何产品都是必要的，而对于关系健康、安全、环境的产品就尤为重要。

（4）质量检验的主要功能

1）鉴别功能

根据技术标准、产品图样、作业（工艺）规程或订货合同的规定，采用相应的检测方法观察、试验、测量产品的质量特性,判定产品质量是否符合规定的要求,这是质量检验的鉴别功能。鉴别是"把关"的前提,通过鉴别才能判断产品质量是否合格。不进行鉴别就不能确定产品的质量状况,也就难以实现质量"把关"。鉴别主要由专职检验人员完成。

2)"把关"功能

质量"把关"是质量检验最重要、最基本的功能。产品实现的过程往往是一个复杂过程,影响质量的各种因素(人、机、料、法、环)都会在这过程中发生变化和波动,各过程(工序)不可能始终处于等同的技术状态,质量波动是客观存在的。因此,必须通过严格的质量检验,剔除不合格品并予以"隔离",实现不合格的原材料不投产,不合格的产品组成部分及中间产品不转序、不放行,不合格的成品不交付(销售、使用),严把质量关,实现"把关"功能。

3)预防功能

现代质量检验不单纯是事后"把关",还同时起到预防的作用。检验的预防作用体现在以下几个方面:

① 通过过程(工序)能力的测定和控制图的使用起预防作用。

无论是测定过程(工序)能力或使用控制图,都需要通过产品检验取得批数据或一组数据,但这种检验的目的,不是为了判定这一批或一组产品是否合格,而是为了计算过程(工序)能力的大小和反映过程的状态是否受控。如发现能力不足,或通过控制图表明出现了异常因素,需及时调整或采取有效的技术、组织措施,提高过程(工序)能力或消除异常因素,恢复过程(工序)的稳定状态,以预防不合格品的产生。

② 通过过程(工序)作业的首检与巡检起预防作用。

当一个班次或一批产品开始作业(加工)时,一般应进行首件检验,只有当首件检验合格并得到认可时,才能正式投产。此外,当设备进行了调整又开始作业(加工)时,也应进行首件检验,其目的都是为了预防出现成批不合格品。而正式投产后,为了及时发现作业过程是否发生了变化,还要定时或不定时到作业现场进行巡回抽查,一旦发现问题,可以及时采取措施予以纠正。

③ 广义的预防作用。

实际上对原材料和外购件的进货检验,对中间产品转序或入库前的检验,既起把关作用,又起预防作用。前过程(工序)的把关,对后过程(工序)就是预防,特别是应用现代数理统计方法对检验数据进行分析,就能找到或发现质量变异的特征和规律。利用这些特征和规律就能改善质量状况,预防不稳定生产状态的出现。

④ 报告功能

为了使相关的管理部门及时掌握产品实现过程中的质量状况,评价和分析质量控制的有效性,把检验获取的数据和信息,经汇总、整理、分析后写成报告,为质量控制、质量改进、质量考核以及管理层进行质量决策提供重要信息和依据。

2. 质量检验的步骤

(1)检验的准备

熟悉规定要求,选择检验方法,制定检验规范。首先要熟悉检验标准和技术文件规定的质量特性和具体内容,确定测量的项目和量值。为此,有时需要将质量特性转化为可直接测量的物理量;有时则要采取间接测量方法,经换算后才能得到检验需要的量值。有时则需要有标准实物样品(样板)作为比较测量的依据。要确定检验方法,选择精密度、准确度适合检验要求的计量器具和测试、试验及理化分析用的仪器设备。确定测量、试验的条件,确定检验实物的数量,对批量产品还需要确定批的抽样方案。将确定的检验方法和方案用技术文件形式做出书面规定,制定规范化的检验规程(细则)、检验指导书,或绘成图表形式的检验流程卡、工序检验卡等。在检验的准备阶段,必要时要对检验人员进行相关知识和技能的培训和考核,确认能否适应检验工作的需要。

（2）获取检测的样品

样品是检测的客观对象,质量特性是客观存在于样品中的,样品的符合性已是客观存在的,排除其他因素的影响后,可以说样品就客观地决定了检测结果。

获取样品的途径主要有两种:一种是送样,即过程(工艺)、作业完成前后,由作业者或管理者将拟检材料、物品或事项送达及通知检验部门或检验人员进行检测。另一种是抽样,即对检验的对象按已规定的抽样方法随机抽取样本,根据规定对样本全部或部分进行检测,通过样本的合格与否推断总体的质量状况或水平。

（3）样品和试样的制备

有些产品或材料(物质)的检测,必须事先制作专门测量和试验用的样品或试样,或配制一定浓度比例、成分的溶液。这些样品、试样或试液就是检测的直接对象,其检验结果就是拟检产品或材料的检验结果。

样品或试样的制作是检验和试验方法的一部分,要符合有关技术标准或技术规范规定要求,并经验证符合要求后才能用于检验和试验。

（4）测量或试验

按已确定的检验方法和方案,对产品质量特性进行定量或定性的观察、测量、试验,得到需要的量值和结果。测量和试验前后,检验人员要确认检验仪器设备和被检物品试样状态正常,保证测量和试验数据的正确、有效。

（5）记录和描述

对测量的条件、测量得到的量值和观察得到的技术状态用规范化的格式和要求予以记载或描述,作为客观的质量证据保存下来。质量检验记录是证实产品质量的证据,因此数据要客观、真实,字迹要清晰、整齐,不能随意涂改,需要更改的要按规定程序和要求办理。质量检验记录不仅要记录检验数据,还要记录检验日期、班次,由检验人员签名,便于质量追溯,明确质量责任。

（6）比较和判定

由专职人员将检验的结果与规定要求进行对照比较,确定每一项质量特性是否符合规定要求,从而判定被检验的产品是否合格。

（7）确认和处置

检验有关人员对检验的记录和判定的结果进行签字确认。对产品(单件或批)是否可以"接受"、"放行"做出处置。

3. 质量检验的分类

（1）按检验阶段分类:进货检验、过程检验、最终检验

（2）按检验场所分类:固定场所检验、流动检验(巡回检验)。

（3）按检验产品数量分类:全数检验、抽样检验。

（4）按检验执行人员分类:自检、互检、专检。

(5) 按检验目的分类：生产检验、验收检验、监督检验、仲裁检验。

(6) 按检验地位分类：第一方检验、第二方检验、第三方检验。

(7) 按检验技术分类：理化检验(包括物理和化学检验)、感官检验(包括分析感官检验、嗜好型感官检验)、生物检验(微生物检验、动物毒性试验)、在线检测。

(8) 按检验对产品损害程度分类：破坏性检验、非破坏性检验。

四、实验室认可体系基础知识

1. CNAS 认可的作用与意义

中国合格评定国家认可委员会(China National Accreditation Service for Conformity Assessment,CNAS),是根据《中华人民共和国认证认可条例》的规定,由国家认证认可监督管理委员会批准设立并授权的唯一国家认可机构,统一负责实施对认证机构、实验室和检查机构等相关机构的认可工作。CNAS 秘书处设在中国合格评定国家认可中心,中心是 CNAS 的法律实体,承担开展认可活动所引发的法律责任。CNAS 的宗旨是推进我国合格评定机构按照相关的标准和规范等要求加强建设,促进合格评定机构以公正的行为、科学的手段、准确的结果有效地为社会提供服务。

认可定义为："正式表明合格评定机构具备实施特定合格评定工作的能力的第三方证明。"

实验室、检查机构获得 CNAS 认可后：

(1) 表明认证机构符合认可准则要求,并具备按相应认证标准开展有关认证服务的能力;实验室具备了按相应认可准则开展检测和校准服务的技术能力;检查机构具备了按有关国际认可准则开展检查服务的技术能力;

(2) 增强了获准认可机构的市场竞争能力,赢得政府部门、社会各界的信任;

(3) 取得国际互认协议集团成员国家和地区认可机构对获准认可机构能力的信任;

(4) 有机会参与国际和区域间合格评定机构双边、多边合作交流;

(5) 获准认可的认证机构可在获认可业务范围内颁发带有 CNAS 国家认可标志和国际互认标志(仅限 QMS、EMS)的认证证书;获准认可的实验室、检查机构可在认可的范围内使用 CNAS 认可标志和 ILAC 国际互认联合标志;

(6) 列入获准认可机构名录,提高知名度。

实验室认可益处：由于 CNAS 实施的实验室认可工作是利用国际上最新的对实验室运行的要求来运作的,因此一个实验室按该要求去建立质量管理体系,并获得认可,可提高自身的管理水平,得到公众和社会的接受,提高在经济和贸易中的竞争能力,更好地得到客户的信任。

2. 实验室质量管理体系的通用要求

CNAS-CL01《检测和校准实验室能力认可准则》等同采用 ISO/IEC 17025:2005《检测和校准实验室能力的通用要求》。本准则包含了检测和校准实验室为证明其按管理体系运行、具有技术能力并能提供正确的技术结果所必须满足的所有要求。同时,本准则已包含了 ISO 9001 中与实验室管理体系所覆盖的检测和校准服务有关的所有要求,因此,符合本准则的检测和校准实验室,也是依据 ISO 9001 运作的。

《检测和校准实验室能力认可准则》由如下 25 个要素构成。

（1）管理要素

1）组织；

2）管理体系；

3）文件控制；

4）要求、标书和合同的评审；

5）检测和校准的分包；

6）服务和供应品的采购；

7）服务客户；

8）投诉；

9）不符合检测和/或校准工作的控制；

10）改进；

11）纠正措施；

12）预防措施；

13）记录的控制；

14）内部审核；

15）管理评审。

（2）技术要求

1）总则；

2）人员；

3）设施和环境条件；

4）检测和校准方法及方法的确认；

5）设备；

6）测量溯源性；

7）抽样；

8）检测和校准物品的处置；

9）检测和校准结果质量的保证；

10）结果报告。

第二节　检验或校准操作规范的编写

学习目标：通过学习熟悉编制检验规程及校准规范的基本步骤及要求，会编制本专业的检验规程和校准规范。

一、编制检验规程的过程

（1）读文件清单。根据已批准的适用文件清单，确定和领取所需要的相关文件，如核燃料组件总体设计书、相关标准、具体技术条件、图纸等。

（2）读总体设计书。学习和理解核燃料组件总体设计书的相关要求，如对某一零部件或某类零部件的总体要求，包括材料性能、焊接性能、未注尺寸的公差要求、适用的相关标准、清洁度要求、外观缺陷(印迹、划伤、机械损伤)等。

(3) 收集、学习和理解相关标准,为将相关要求落实到检验规程做准备。

(4) 学习和理解具体技术条件。

(5) 学习和理解相关的图纸,掌握结构、熟悉每一项技术指标和技术要求。

(6) 确定检验项目。检验项目应包括总体设计书、相关标准、技术条件、图纸等文件的指标和要求。

(7) 确定检验步骤。检验步骤应体现检验效率和降低劳动强度。

(8) 设计和验证检验方法。确定检验方法主要体现对设备及仪器的选择和优化,及使用检验的方法。特别强调,应核实现场是否具备所选的仪器设备和实施相应检验所需具备的检验环境。

(9) 编制检验规程。按照要求的格式,把已确定的检验项目、检验步骤、检验方法、检验频率、验收准则(必要时)等内容编写进检验规程中。

(10) 审核检验规程。编制的检验规程应交本部门有相关资历的人员或质量管理部有相关资历的人员审核,并答复他们提出的审核意见单。

(11) 批准检验规程。经审核通过的检验规程,交由质量管理部相关负责人批准。至此,完成检验规程的编制任务。经批准的检验规程方可下发给生产岗位用于指导检验。

二、检验规程或校准规范内容的构成

1. 检验规程内容构成

检验规程内容主要由以下内容构成,也可根据实际情况调整。

(1) 适用范围。说明规程的适用范围。

(2) 引用文件或依据文件。注明编制规程所引用的文件或进行检验结果判定所依据的文件。

(3) 方法提要(可选项)。对检验的原理或方法进行简要说明。

(4) 设备与材料。列出主要的检验设备、工装、材料和试剂的名称、规格或型号等。

(5) 检验步骤。可采用流程图、表格与文字叙述相结合的方式,直观、准确和简洁地描述完成检验的步骤及要求。

(6) 结果处理(可选项)。规定对检验结果进行处理的要求或方法。

(7) 方法精密度(或不确定度)(可选项)。规定对方法精密度(或不确定度)的要求。

(8) 记录归档。明确记录归档要求。

(9) 附录。检验所产生的记录表格或其他。

2. 校准规范内容构成

当无国家、地方、行业检定规程及非标测量设备时,又有自编校准规范的要求,可按照下述内容来编写。

(1) 目的及概述。主要说明自编校准规范编制的原因、用途、主要原理等。

(2) 适用范围。说明校准规范适用的领域或对象,必要时可以写明其不适用的领域或对象。

(3) 引用文件。注明正文与附录所引用的依据标准、技术条件。

（4）术语和定义。

（5）计量特性和技术要求。主要说明被校准对象开展工作的基本要求（如外观及附件的要求、工作正常性要求、环境适应性要求等）和校准对象各参数的测量范围，各技术指标的要求（如示值误差、分辨率、重复性等）以及校准与相关技术要求的关系（如校准与技术条件、技术图纸的关系）。

（6）校准条件。主要说明校准的环境条件（如环境温度、相对湿度、大气压强等）；校准用设备（说明其名称、测量范围、不确定度规定或允许误差极限或准确度等级等具体技术指标）。

（7）校准项目和方法。

（8）校准结果处理和校准周期。

（9）校准记录归档。规定校准所采用的校准记录格式。

（10）附录。校准规范正文所提及内容的附加说明。

第三节　培训与指导

学习目标：高级技师作为教师，应语言表达清晰准确，有亲和力，认真耐心，责任心强。熟练掌握核燃料元件性能测试的各种实际操作技能，具备必要的创新技能和开发能力。熟练掌握中级工、高级工、技师、高级技师应掌握的全部专业基础知识。除了掌握本教材内容外，还应积极学习本专业的相关国际标准，追踪国内国外测试技术发展走向和研究成果，了解先进的测量设备，为学员讲解测试技术的新动向。

一、简介

培训是指各个组织为适应业务及培育人才的需要，用补习、进修、考察等方式，进行有计划的培养和训练，使其适应新的要求不断更新知识，拥有旺盛的工作能力，更能胜任现职工作，及将来能担当更重要职务，适应新技术革命必将带来的新知识结构、技术结构、管理结构和干部结构等方面的深刻变化。总之现代培训指的是员工通过学习，使其在知识、技能、态度上不断提高，最大限度地使员工的职能与现任或预期的职务相匹配，进而提高员工现在和将来的工作绩效。

培训理论随着管理科学理论的发展，大致经过了传统理论时期的培训（1900—1930）、行为科学时期（1930—1960）、系统理论时期的培训（1960—现在）三个发展阶段。进入 90 年代以后，组织培训可以说已是没有固定模式的独立发展阶段，现代组织要真正搞好培训教育工作，则必须了解当今的培训发展趋势，使培训工作与时代同步，当今世界的培训发展趋势可以简单归纳为以下几点：

其一，员工培训的全员性。培训对象上至领导下至普通的员工，这样通过全员性的职工培训极大地提高了组织员工的整体素质水平，有效地推动了组织的发展。同时，管理者不仅有责任要说明学习应符合战略目标，要收获成果，而且也有责任来指导评估和加强被管理人员的学习。另外，培训的内容包括生产培训、管理培训、经营培训等组织内部的各个环节。

其二，员工培训的多样性。单凭学校正规教育所获得一点知识是不能迎接社会的挑战，必须实行终身教育，不断补充新知识、新技术、新经营理论。

其三,员工培训的计划性。即组织把员工培训已纳为组织的发展计划之内,在组织内设有职工培训部门,负责有计划、有组织的员工培训教育。

其四,员工培训的国家干预性。西方一些国家不但以立法的形式规定参加在职培训是公职人员的权利与义务,而且以立法的形式筹措培训经费。

二、教学计划制定原则

1. 适应性原则

专业设计要主动适应行业发展的需要。教师在广泛调查相关行业现状和发展趋势的基础上,根据其对技能人才规格的需求,积极引入行业标准,确定专业的发展方向和人才培养目标,构建"知识-能力-素质"比例协调、结构合理的课程体系,使教学计划具有鲜明的时代特征,逐步形成能主动适应社会发展需求的专业群。

2. 发展性原则

教学计划的制定必须体现技能人才的教育方针,努力使全体学员实现"理论扎实,实操技能达标"的要求,同时要使学员具有一定的可持续发展的能力,充分体现职业教育的本质属性。

3. 应用性原则

制定专业教学计划应根据培养目标的规格设计课程,课程内容应突出以培养技术应用能力为主旨。基础理论课以必须、够用为度,以讲清概念、强化应用为教学重点;专业课程要加强针对性和实用性,同时要使学员具有一定的自主学习能力和实操能力。

4. 整合性原则

制定专业教学计划要充分考虑校内外可利用的教学资源的合理配置。选修课程在教学计划中要占一定的比例。各门课程的地位、边界、目标清晰,衔接合理,教学内容应有效组合、合理排序,各系可根据自身的优势,在教学内容、课程设计和教学要求上有所侧重,发挥特色。

5. 柔性化原则

各专业教学计划应根据社会发展和行业发展的实际,在保持核心课程相对稳定的基础上及时调整专业课程的设计或有关的教学内容,对行业要求变化具有一定的敏感性,及时体现科技发展的最新动态和成果,妥善处理好行业需求的多样性、多变性和教学计划相对稳定性的关系。

6. 实践性原则

制定专业教学计划要充分重视职业技能教育更注重学员技能培养的特点,加强实践环节的教学。实践教学学时应达到规定的比例,实验教学要减少演示性和验证性实验,增加实习实训学时,实践课程可单独设计,使学员获得较系统的职业技能训练,具有较强的实践能力。

7. 产学研相结合原则

产学研结合是培养技能型人才的基本途径,教学计划的制定和实施应主动争取企事业单位参与,各专业教学计划应通过专业建设指导委员会的讨论和论证,使教学计划既符合教育教学规律又能体现生产单位工作的实际需要。

三、培训方案

培训方案是培训目标、培训内容、培训指导者、受训者、培训日期和时间、培训场所与设备以及培训方法的有机结合。培训需求分析是培训方案设计的指南,一份详尽的培训分析需求就大致勾画出培训方案的大概轮廓,在前面培训需求分析的基础上,下面就培训方案组成要素进行具体分析。

1. 培训目标的设置

培训目标的设置有赖于培训需求分析,在培训需求分析中讲到了组织分析、工作分析和个人分析,通过分析,明确了解员工未来需要从事某个岗位,若要从事这个岗位的工作,现有员工的职能和预期职务之间存在一定的差距,消除这个差距就是培训目标。有了目标,才能确定培训对象、内容、时间、教师、方法等具体内容,并可在培训之后,对照此目标进行效果评估。培训目标是宏观上的、抽象的,它需要员工通过培训掌握一些知识和技能,即希望员工通过培训后了解什么,够干什么,有哪些改变,这些期望都以培训需求分析为基础的,通过需求分析,明了员工的现状,知道员工具有哪些知识和技能,具有什么样职务的职能,而企业发展需要具有什么样的知识和技能的员工,预期中的职务大于现有的职能,则需要培训。明了员工的现有职能与预期中的职务要求二者之间的差距,即确定了培训目标,把培训目标进行细化,明确化,则转化为各层次的具体目标,目标越具体越具有可操作性,越有利于总体目标的实现。

培训目标是培训方案的导航灯。有了明确的培训总体目标和各层次的具体目标,对于培训指导者来说,就确定了施教计划,积极为实现目的而教学;对于受训者来说,明了学习目的之所在,才能少走弯路,朝着既定的目标而不懈努力,达到事半功倍的效果。相反,如果目的不明确,则易造成指导者、受训者偏离培训的期望,造成人力、物力、时间和精力的浪费,提高了培训成本,从而可能导致培训的失败。培训目标与培训方案其他因素是有机结合的,只有明确了目标才能科学设计培训方案其他的各个部分,使设计科学的培训方案成为可能。

2. 培训内容的选择

在明确培训目的和期望达到的结果后,接下来就需要确定培训中所应包括的传授信息了,尽管具体的培训内容千差万别,但一般来说,培训内容包括三个层次,即知识、技能和素质培训,究竟该选择哪个层次的培训内容,应根据各个培训内容层次的特点和培训需求分析来选择。

知识培训,是组织培训中的第一个层次。员工只要听一次讲座,或看一本书,就可能获得相应的知识。在学校教育中,获得大部分的就是知识。知识培训有利于理解概念,增强对新环境的适应能力,减少企业引进新技术、新设备、新工艺的障碍和阻挠。同时,要系统掌握一门专业知识,则必须进行系统的知识培训。

技能培训,是组织培训的第二个层次,这里技能指使某些事情发生的操作能力,技能一旦学会,一般不容易忘记。招收新员工,采用新设备,引进新技术都不可避免要进行技能培训。因为抽象的知识培训不能立即适应具体的操作,无论你的员工有多优秀,能力有多强,一般来说都不可能不经过培训就能立即操作得很好。

素质培训,是组织培训的最高层次,此处"素质"是指个体是否有正确的思维。素质高的员工应该有正确的价值观,有积极的态度,有良好的思维习惯,有较高的目标。素质高的员工,可能暂时缺乏知识和技能,但他会为实现目标有效地、主动地学习知识和技能;而素质低的员工,即使掌握了知识和技能,但他可能不用。

上面介绍了三个层次的培训内容,究竟选择哪个层次的培训内容,是由不同的受训者具体情况而决定的。一般来说,管理者偏向于知识培训与素质培训,而一般职员倾向于知识培训和技能培训,它最终是由受训者的"职能"与预期的"职务"之间的差异决定的。

第四节　实验室规划设计

学习目标:通过学习了解实验室设计的要求,知道规划设计实验室,了解实验室的一般布局要求。

一、实验室设计的要求

建实验室时,地址应选择远离灰尘、烟雾、噪音和震动源的环境中,不应建在交通要道、锅炉房、机房近旁,位置最好是南北朝向。实验室应用耐火或不易燃烧材料建成,注意防火性能,地面不采用水磨石,窗户要能防尘,室内采光要好。门应向外开,大的实验室应设两个出口,以便在发生事故时,人员容易撤离。实验室应有防火与防爆设施。

实验室用房大致分为三类:化学分析室、精密仪器室、辅助室(办公室、储藏室、天平室及钢瓶室等)。

二、实验室的一般布局

1. 化学分析室

化学分析室最常见的布局如图 18-2 所示。在化学分析室中要进行样品的化学处理和分析测定,常用一些电器设备及各种化学试剂,有关化学分析室的设计除应按上述要求外,还应注意以下几点。

(1)供水和排水:供水要保证必要的水压、水质和水量,水槽上要多装几个水龙头,室内总闸门应设在显眼易操作的地方,下水道应采用耐酸碱腐蚀的材料,地面要有地漏。

(2)供电:实验室内供电功率应根据用电总负荷设计,并留有余地,应有单相和三相电源,整个实验室要有总闸,各个单间应有分闸。照明用电与设备用电应分设线路。日夜运行的电器,如电冰箱应单独供电。烘箱、高温炉等高功率的电热设备应有专用插座、开关及熔断器。实验室照明应有足够亮度,最好使用日光灯。在室内及走廊要安装应急灯。

(3)通风设施:化验过程中常常产生有毒或易燃的气体,因此实验室要有良好的通风条件。通风设施通常有 3 种:

1)采用排风扇全通风,换气次数通常为每小时 5 次。

2)在产生气体的上方设置局部排气罩。

3)通风柜是实验室常用的局部排风设备。通风柜内应有热源、水源、照明装置等。通风柜采用防火防爆的金属材料或塑料制作,金属上涂防腐涂料,管道要能耐酸碱气体的腐蚀,风机应有减小噪音的装置并安装在建筑物顶层机房内,排气管应高于屋顶 2 m 以上。

一台排风机连接一个通风柜为好。

（4）实验台：台面应平整、不易碎，耐酸、碱及有机溶剂腐蚀，常用木材、塑料或水磨石预制板制成。通常木制台面上涂以大漆或三聚氰胺树脂、环氧树脂漆等。

（5）供煤气：有条件的实验室可安装管道煤气。

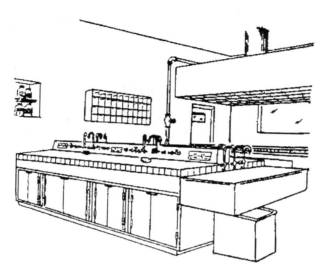

图 18-2　化学分析室

2. 精密仪器室

（1）精密仪器价值昂贵、精密，多由光学材料和电器元件构成。因此要求精密仪器具有防火、防潮、防震、防腐蚀、防电磁干扰、防尘、防有害气体侵蚀的功能。室温尽可能维持恒定或一定范围，如 $15\sim30$ ℃，湿度在 $60\%\sim80\%$。要求恒温的仪器应安装双层窗户及空调设备。窗户应有窗帘，避免阳光直接照射仪器。

（2）使用水磨石地面与防静电地面，不宜使用地毯，因易积聚灰尘及产生静电。

（3）大型精密仪器应有专用地线，接地电阻要小于 $4\ \Omega$，切勿与其他电热设备或水管、暖气管、煤气管相接。

（4）放置仪器的桌面要结实、稳固，四周要留下至少 50 cm 的空间，以便操作与维修。

（5）原子吸收、发射光谱仪与高效液相色谱仪都应安装排风罩。室内应有良好通风。高压气体钢瓶，应放于室外另建的钢瓶室。

（6）根据需要加接交流稳压器与不间断电源。

（7）在精密仪器室就近设置相应的化学处理室。

3. 辅助室

试剂材料储藏室用于存放少量近期要用的化学药品，且要符合化学试剂的管理与安全存放条件。一般选择干燥、通风的房屋，门窗应坚固，避免阳光直接照射，门朝外开，室内应安装排气扇，采用防爆照明灯具。少量的危险品，可用铁皮柜或水泥柜分类隔离存放。

易燃液体储藏室室温一般不许超过 28 ℃，爆炸品不许超过 30 ℃。少量危险品可用铁板柜或水泥柜分类隔离贮存。室内设排气降温风扇，采用防爆型照明灯具。备有消防器材。

4. 天平室

分析天平应安放在专门的天平室内，天平室以面北底层房间为宜。室内应干燥洁净，室内温度应符合天平对环境温度的要求。室内应宽敞、整洁，并杜绝有害于天平的气体和蒸气进入室内，窗上设置帷帘。天平室应尽可能远离街道、铁路及空气锤等机械，以避免震动。

天平应安放在天平台上，台上最好设有防震、防碰撞和防冲击的专用装置，或在台上铺放多层叠放的弹性橡胶布（板）以减轻振动，台板用表面光滑的金属、大理石、石板等坚硬材料制成。

一般实验室在分析天平的玻璃罩内应附一个盛放蓝色硅胶的干燥杯以保持天平箱的干燥。硅胶吸湿后成玫瑰红色，可于 110～130 ℃时烘干脱水再用。对称量准确度要求极高的实验室，玻璃罩内则不宜放置干燥剂，以免由吸湿所形成的微细气流移动而影响称量的准确性。若天平室内潮湿，可在室内放置石灰和木炭并定期更换。

第十九章　科技报告编写规则

学习目标：了解科技报告的基本特征及分类，知道科技报告的组成，能够编写本专业的科技报告。了解科技报告的格式要求，能够正确撰写科技报告。

第一节　科技报告的组成

学习目标：了解科技报告的基本特征及分类，知道科技报告的组成，能够编写本专业的科技报告。

一、科技报告的基本特征及分类

1. 科技报告的基本特征

科技论文是在科学研究、科学实验的基础上，对自然科学和专业技术领域里的某些现象或问题进行专题研究，运用概念、判断、推理、证明或反驳等逻辑思维手段，分析和阐述，揭示出这些现象和问题的本质及其规律性而撰写成的论文。科技论文区别于其他文体的特点，在于创新性科学技术研究工作成果的科学论述，是某些理论性、实验性或观测性新知识的科学记录，是某些已知原理应用于实际中取得新进展、新成果的科学总结。因此，完备的科技论文应该具有科学性、首创性、逻辑性和有效性，这也就构成了科技论文的基本特征。

科学性——这是科技论文在方法论上的特征，它不仅仅描述的是涉及科学和技术领域的命题，而且更重要的是论述的内容具有科学可信性，是可以复现的成熟理论、技巧或物件，或者是经过多次使用已成熟能够推广应用的技术。

首创性——这是科技论文的灵魂，是有别于其他文献的特征所在。它要求文章所揭示的事物现象、属性、特点及事物运动时所遵循的规律，或者这些规律的运用必须是前所未见的、首创的或部分首创的，必须有所发现、有所发明、有所创造、有所前进，而不是对前人工作的复述、模仿或解释。

逻辑性——这是文章的结构特点。它要求科技论文脉络清晰、结构严谨、前提完备、演算正确、符号规范，文字通顺、图表精制、推断合理、前呼后应、自成系统。

有效性——指文章的发表方式。当今只有经过相关专业的同行专家的审阅，并在一定规格的学术评议会上答辩通过、存档归案；或在正式的科技刊物上发表的科技论文才被认为是完备和有效的。这时，不管科技论文采用何种文字发表，它表明科技论文所揭示的事实及其真谛已能方便地为他人所应用，成为人类知识宝库中的一个组成部分。

2. 科技论文的分类

从不同的角度对科技论文进行分类会有不同的结果。从目前期刊所刊登的科技论文来看主要涉及以下 5 类：

第一类是论证型。对基础性科学命题的论述与证明，或对提出的新的设想原理、模型、材料、工艺等进行理论分析,使其完善、补充或修正。如维持河流健康生命具体指标的确定,流域初始水权的分配等都属于这一类型。从事专题研究的人员写这方面的科技论文多些。

第二类是科技报告型。科技报告是描述一项科学技术研究的结果或进展,或一项技术研究试验和评价的结果,或论述某项科学技术问题的现状和发展的文件。记述型文章是它的一种特例。专业技术、工程方案和研究计划的可行性论证文章,科技报告型论文占现代科技文献的多数。从事工程设计、规划的人员写这方面的科技论文多些。

第三类是发现、发明型。记述被发现事物或事件的背景、现象、本质、特性及其运动变化规律和人类使用这种发现前景的文章。阐述被发明的装备、系统、工具、材料、工艺、配方形式或方法的功效、性能、特点、原理及使用条件等的文章。从事工程施工方面的人员写这方面的科技论文多些。

第四类是设计、计算型。为解决某些工程问题、技术问题和管理问题而进行的计算机程序设计,某些系统、工程方案、产品的计算机辅助设计和优化设计以及某些过程的计算机模拟,某些产品或材料的设计或调制和配制等。从事计算机等软件开发的人员写这方面的科技论文多些。

第五类是综述型。这是一种比较特殊的科技论文(如文献综述),与一般科技论文的主要区别在于它不要求在研究内容上具有首创性,尽管一篇好的综述文章也常常包括某些先前未曾发表过的新资料和新思想,但是它要求撰稿人在综合分析和评价已有资料基础上,提出在特定时期内有关专业课题的发展演变规律和趋势。它的写法通常有两类:一类以汇集文献资料为主,辅以注释,客观而少评述。另一类则着重评述,通过回顾、观察和展望,提出合乎逻辑的、具有启迪性的看法和建议。从事管理工作的人员写这方面的科技论文较多。

3. 科技报告的定义

GB/T 7713.3《科技报告编写规则》中科技报告定义为:科学技术报告的简称,是用于描述科学或技术研究的过程、进展和结果,或描述一个科学或技术问题状态的文献。

描写科技报告的数据,用于实现检索、管理、使用、保存等功能称为元数据。科技报告应包含三类必备的元数据:描述元数据,如责任者、题名、关键词等;结构元数据,如图表、目次清单等;管理元数据,如软件类型、版本等。

二、科技报告组成

国家标准 GB/T 7713.3 中将科技报告分为 3 个组成部分:① 前置部分;② 主体部分;③ 结尾部分。各组成部分的具体结构及相关的元数据信息见表 19-1。

表 19-1　科技报告构成元素表

	组　成	状　态	功　能
前置部分	封面	必备	提供题名、责任者描述元数据信息
	封二	必备	可提供权限等管理元数据信息
	题名页	必备	提供描述元数据信息
	摘要页	必备	提供关键词等描述元数据信息
	目次页	必备	结构元数据
	图和附表清单	图表较多时使用	结构元数据

续表

组　成		状　态	功　能
前置部分	符号、缩略语等注释表	符号较多时使用	结构元数据
	序或前言	可选	描述元数据
	致谢	可选	内容
主体部分	引言（绪论）	必备	内容
	正文	必备	内容
	结论	必备	内容
	建议	可选	内容
	参考文献	有则必备	结构元数据
结尾部分	附录	有则必备	结构元数据
	索引	可选	结构元数据
	辑要页	可选	提供描述和管理元数据信息
	发行列表	进行发行控制时使用	管理元数据
	封底	可选	可提供描述元数据等信息

本章根据 GB/T 7713.3 的内容，重点介绍科技报告主要包含的要素：题目，作者，单位，摘要，关键词，引言或前言，正文，结论，参考文献。

1. 前置部分

（1）封面

科技报告应有封面。封面应提供描述科技报告的主要元数据信息，一般主要有下列内容：

1）题目

题目一定要恰当、简明。避免出现题名大、内容小，题名繁琐、冗长，主题不鲜明；不注意分寸，有意无意地拔高等问题。

题目应该避免不常见的缩写词，题目不宜超过 20 个字；题目语意未尽，可以采用副标题补充说明论文中的内容。

2）作者（或责任者）

科技报告封面题目下面署名作者。作者只限于那些对于选定研究课题和制定研究方案、直接参加全部或主要部分研究工作并做出主要贡献以及参加撰写论文并能对内容负责的人，按贡献大小排列名次。其他参加者可作为参加工作的人员列入致谢部分。

3）完成机构（或完成单位）

科技报告主要完成者所在单位的全称。作者单位应写出完整的、正规的名称，一般不用缩写。如果有两个以上单位，应按作者所在单位按顺序号分别标明。

4）完成日期

科技报告撰写完成日期，可置于出版日期之前，宜遵照 YYYY-MM-DD 日期格式著录。

（2）摘要

科技论文应有中文摘要，若需要也可有英文摘要。摘要应具有独立性和自含性，即不读论文的全文，就能获得必要的信息。摘要是简明、确切、完整记述论文重要内容的短文。应包括目的、方法、结果和结论等,应明确解决什么问题,突出具体的研究成果,特别是创新点。摘要应尽量避免采用图、表、化学结构式、引用参考文献、非公知公用的符号和术语等。

论文摘要控制在 200～300 字,应避免简单重复论文的标题,要用第三人称叙述,不用"本文"、"作者"、"文章"等词作摘要的主语。

(3) 关键词

关键词是从论文的题目、层次标题、摘要和正文中精选出来的,能反映论文主要概念的词和词组。严格遵守一词一义原则,关键词控制在 3～5 个。

2. 主体部分

(1) 引言(绪论)

引言(绪论)应简要说明相关工作背景、目的、范围、意义、相关领域的前人工作情况、理论基础和分析、研究设想、方法、实验设计、预期结果等。但不应重述或解释摘要。不对理论、方法、结果进行详细描述,不涉及发现、结论和建议。

引言作为论文的开端,主要是作者交代研究成果的来龙去脉,即回答为什么要研究相关的课题,目的是引出作者研究成果的创新论点,使读者对论文要表达的问题有一个总体的了解,引起读者阅读论文的兴趣。包括学术背景、应用背景、创新性三部分。

短篇科技报告也可用一段文字作为引言。

(2) 正文内容

正文是科技报告的核心部分,应完整描述相关工作的理论、方法、假设、技术、工艺、程序、参数选择等,本领域的专业读者依据这些描述应能重复调查研究过程。应对使用到的关键装置、仪器仪表、材料原料等进行描述和说明。

正文内容一般按提出观点,分析交代论据,得出结果和结论思路写作。可以分为:理论分析,分析交代论据,结果和讨论四部分来进行写作。

正文的层次结构应符合逻辑规律,要衔接自然、完整统一,可采用并列式、递进式、总分式等结构形式。

(3) 结论

结论是整篇文章的最后总结。论文结论部分要做到概括准确、结构严谨,明确具体、简短精练,客观公正、实事求是。

结论不是科技论文的必要组成部分。主要是回答"研究出什么"(What)。它应该以正文中的试验或考察中得到的现象、数据和阐述分析作为依据,由此完整、准确、简洁地指出:一是由研究对象进行考察或实验得到的结果所揭示的原理及其普遍性;二是研究中有无发现例外或本论文尚难以解释和解决的问题;三是与先前已经发表过的(包括他人或著者自己)研究工作的异同;四是本论文在理论上与实用上的意义与价值;五是对进一步深入研究本课题的建议。如果不能导出应有的结论,可以通过讨论提出建议意见、研究设想、仪器设备改进意见、尚待解决的问题等。

(4) 参考文献

论文中引用的文献、资料必须进行标注,文中标注应与参考文献一一对应。应著录最新、公开发表的文献,参考文献的数量不宜太少。内容顺序为:序号、作者姓名、文献名称、出版单位(或刊物名称)、出版年、版本(年、卷、期号)、页号等。

3. 结尾部分

（1）附录

附录可汇集以下内容：

1）编入正文影响编排，但对保证正文的完整性又是必需的材料；

2）某些重要的原始数据、数学推导、计算程序、图、表或设备、技术等的详细描述；

3）对一般读者并非必要但对本专业同行具有参考价值的材料。

（2）索引

索引应包括某一特点主题及其在报告中出现的位置信息，例如，页码、章节编码或超文本链接等。可根据需要编制分类索引、著者索引、关键词索引等。

第二节　科技报告格式要求

学习目标：通过学习了解科技报告的格式要求，能够正确编写科技报告中的图、表、公式等。

一、编号

1. 章节编号

科技报告可根据需要划分章节，一般不超过 4 级，分为章、条、段、列项。第一层次为章，章下设条，条下可再设条，依此类推。

章必须设标题，标题位于编号之后。章以下编号的层次为"条"，第一层次的条（例如1.1），可以细分为第二层的条（例如 1.1.1）。章、条的编号顶格排，编号与标题或文字之间空一个字的间隙。段的文字空两个字起排，回行时顶格排。前言或引言不编号。

第三层次按数字编号加小括号编写，例如：（1）、（2）……，第四层次按字母编号加小括号编写，例如：（a）、（b）……第三和第四层次采用居左缩进两个字符。

2. 图、表、公式编号

图、表、公式等一律用阿拉伯数字分别依序连续编号。可以按出现先后顺序统一编号，如：图 1，表 2，式（3）等，也可分章依序编号，如：图 2-1，表 3-1，式（3-1）等，但全文应一致。

3. 附录编号

附录宜用大写拉丁字母依序连续编号，编号置于"附录"两字之后。如：附录 A、附录 B等。附录中章节的编排格式与正文章节的编排格式相同，但必须在其编号前冠以附录编号。如，附录 A 中章节的编号用 A1，A2，A3，……表示。

附录中的图、表、公式、参考文献等一律用阿拉伯数字分别依序连续编号，并在数字前冠以附录编号，如：图 A1；表 B2；式（B3）等。

二、图示和符号资料

1. 表

每个表在条文中均应明确提及，并排在有关条文的附近。不允许表中有表，也不允许将表再分为次级表。表均应编号。用阿拉伯数字从 1 开始对表连续编号，并独立于章和图的编号。只有一个表也应标明"表1"。表必须有表题和表头。表号后空一个字接排表题,两者排在表的上方居中位置。如果表中内容不能在同一页中排列,则以"续表X"排列,表头不变。

表头设计要简洁、清晰、明了。栏中使用的单位应标注在该栏表头名称的下方。如果所有单位都相同,应将计量单位写在表的右上角。表格中某栏无内容填写时,以短横线表示。表格中相邻参数的数字或文字内容相同时,不得使用"同上"或"同左"等,应以通栏形式表示。表格中系列参数的极限偏差,如不同,应另辟一栏分别填写在基本值后面,如相同,应辟一通栏填写。表格采用三线表形式,可适当添加必要的辅助线,以构成各种各样的三线表格,其中表格首尾主线线宽1.5磅,辅助线宽0.5磅。表注应在表的下方与表对齐,居左空两个字,六号宋体字。

表号与表题之间空一个汉字,表题段前段后间距0.5行,表后正文段前间距0.5行。

2. 图

图包括曲线图、构造图、示意图、框图、流程图、记录图、地图、照片等。

图应能够被完整而清晰地复制或扫描。图要清晰、紧凑、美观,考虑到图的复制效果和成本等因素,图中宜尽量避免使用颜色。每个图在条文中均应明确提及,并排在相关条文附近。

图宜有图题,置于图的编号之后。图的编号和图题应置于图的下方。图均应用阿拉伯数字从1开始连续编号。并独立于章、条和表的编号。只有一幅图也应标明"图1"。只能对图进行一个层次的细分,例如:图1a,图1b。必须设图题。图号后空一个字接排图题,两者排在图的下方居中位置。图注应区别于条文中的注,图注应位于图与图题之间,图注应另起行左缩进两个字符。图中只有一个注时,应在注的第一行文字前标明"注"。当同一图中有多个注时,应在"注"后用阿拉伯数字从1开始连续编号,例如:注:1-×××,2-×××。每个图中的注应各自单独编号。图中坐标要标注计量单位、符号等。

图号与图题之间空一个字符,图题段前段后间距0.5行。

3. 公式

科技报告中有多个公式时应用带括号的阿拉伯数字从1开始连续编号,编号应位于版面右端。公式与编号之间可用"…"连接。

每个公式在条文中均应明确提及,并排在有关条文之后。公式应另起一行居中排,较长的公式尽可能在等号处换行,或者在"+"、"-"等符号处换行。上下行尽量在"="处对齐。

公式下面符号解释中的"式中:"居左起排,单独占一行。符号按先左后右,先上后下的顺序分行空两个字排,再用破折号与解释的内容连接,破折号对齐,换行时与破折号后面的文字对齐。解释量和数值的符号时应标明其计量单位。

公式中分数线的横线,长短要分清,主要的分数线应与等号取平。

参考文献

[1] 刘珍.化验员读本(第四版)[M]. 北京:化学工业出版社,2007.
[2] 李昌厚.紫外分光光度计[M]. 北京:化学工业出版社,2005.
[3] 李昌厚.原子吸收分光光度计仪器及应用[M]. 北京:科学出版社,2006.
[4] 刘虎威.气相色谱分析法及应用[M]. 北京:化学工业出版社,2000.
[5] 傅若农.色谱分析概论[M]. 北京:化学工业出版社,2001.
[6] 刘国铨,余兆楼.色谱柱技术[M]. 北京:化学工业出版社,2005.
[7] 傅若农.色谱分析概论[M]. 北京:化学工业出版社,2005.
[8] 王立、汪正范.色谱分析样品处理[M]. 北京:化学工业出版社,2005.
[9] 吴方迪.色谱仪器维护和故障排除[M]. 北京:化学工业出版社,2005.
[10] 吴塞书.化学检验实训[M]. 北京:化学工业出版社,2007.
[11] 辛仁轩.等离子体发射光谱仪分析[M]. 北京:化学工业出版社,2005.
[12] 刘明宗.原子荧光光谱分析[M]. 北京:化学工业出版社,2008.
[13] 邓勃,何华坤.原子吸收光谱分析[M]. 北京:化学工业出版社,2004.
[14] 黄达峰.同位素质谱技术与应用[M]. 北京:化学工业出版社,2006.
[15] 刘崇华.光谱分析仪器使用与维护[M]. 北京:化学工业出版社,2010.
[16] 章诒学.原子吸收光谱仪[M]. 北京:化学工业出版社,2007.
[17] 翁诗甫.傅里叶变换红外光谱仪[M]. 北京:化学工业出版社,2005.
[18] 罗立强.X 射线荧光光谱仪[M]. 北京:化学工业出版社,2008.
[19] 杨小林.分析检验的质量保证与计量认证[M]. 北京:化学工业出版社,2007.
[20] 刘炳寰.质谱学方法与同位素分析[M]. 北京:科学出版社,1983.
[21] 季欧.质谱分析法[M]. 北京:原子能出版社,1988.
[22] 陈复生.精密分析仪器及应用[M]. 成都:四川科学技术出版社,1988.
[23] 沈旭辉.计算机基础与应用[M]. 成都:电子科技大学出版社,2003.
[24] 华东化工学院分析化学教研组,成都科学技术大学分析化学教研组.分析化学(第三版)[M]. 北京:高等教育出版社,1982.
[25] 戚维明.全面质量管理(第三版)[M]. 北京:中国科学技术出版社,2011.
[26] 全浩,韩永志.标准物质及其应用技术(第二版)[M]. 北京:中国标准出版社,2003.
[27] 漆德瑶,肖明耀.理化分析处理手册[M]. 北京:中国计量出版社,1990.
[28] GB/T 6682—1992 分析实验室用水规格和试验方法[S]. 北京:中国标准出版社,1992.
[29] GB/T 10265—2008 核级可烧结二氧化铀粉末技术条件[S]. 北京:中国标准出版社,2008.
[30] GB/T 10266—2008 烧结二氧化铀芯块技术条件[S]. 北京:中国标准出版社,2008.
[31] GB/T 4882—2001 数据的统计处理和解释 正态性检验[S]. 北京:中国标准出版

社,2001.

[32]　GB/T 2828.1 计数抽样检验程序　第一部分:按接收质量限(AQL)检索的逐批检验抽样计划[S]. 北京:中国标准出版社,2003.

[33]　GB/T 8170 数值修约规则与极限数据的表示和判定[S]. 北京:中国标准出版社,2008.

[34]　GB/T 4883 数据的统计处理与解释[S]. 北京:中国标准出版社,2008.

[35]　GB/T 3100—1993 国际单位制及其应用[S]. 北京:中国标准出版社,1993.

[36]　GB 7144 气瓶颜色标志[S]. 北京:中国标准出版社,1999.

[37]　GB 13690 常用危险化学品的分类及标志[S]. 北京:中国标准出版社,1992.

[38]　JJF 1059.1 测量不确定度评定与表示[M]. 北京:中国质检出版社,2012.

[39]　JJG 196 常用玻璃量器检定规程[M]. 北京:中国计量出版社,2007.

[40]　EJ/T 542 烧结三氧化二钆－二氧化铀技术条件[S]. 北京:核工业标准化研究所出版,2005.

[41]　EJ/T 1202 烧结氧化钆－二氧化铀芯块分析方法[S]. 北京:核工业标准化研究所出版,2008.

[42]　EJ/T 894 燃料棒内总当量水量的测定[S]. 北京:核工业标准化研究所出版,1994.

[43]　EJ/T 973 二氧化铀粉末芯块中铀同位素丰度的热电离质谱法测定[S]. 北京:核工业标准化研究所,1995.

[44]　GB/T 7713.3—2009 科技报告编写规则[S]. 北京:中国标准出版社,2009.

[45]　GB/T 13698—2015 二氧化铀芯块中总氢的测定[S]. 北京:中国标准出版社,2015.

[46]　GB/T 5832.1—2003 气体湿度的测定　第1部分:电解法[S]. 北京:中国标准出版社,2003.

[47]　陈宝山,刘成新. 轻水堆燃料元件[M]. 北京:化学工业出版社,2007.

[48]　李文琰. 核材料导论[M]. 北京:化学工业出版社,2007.

[49]　戚维明. 全面质量管理(第三版)[M]. 北京:中国科学技术出版社,2011.

[50]　全国质量专业技术人员职业资格考试办公室. 质量专业综合知识[M]. 北京:中国人事出版社,2014.

[51]　GB/T 19001—2008 质量管理体系要求[S]. 北京:中国标准出版社,2008.

[52]　GB/T 5832.2—2008 气体中微量水分的测定 第2部分:露点法[S]. 北京:中国标准出版社,2008.

[53]　CNAS－CL01. 检测和校准实验室能力认可准则[S]. 北京:中国合格评定国家认可委员会,2006.

[54]　ISO/IEC 17025:2005. Accreditation Criteria for the Competence of Testing and Calibration Laboratories (检测和校准实验室能力的通用要求) [S]. ISO/CASCO (国际标准化组织/合格评定委员会),2005.